KB166994

공룡사냥꾼

추천사

매혹적이고 재미있고 심오한 이 작품은 근래 출간된 논픽션 중에 가장 강력하다.

– 에드 용, 뉴욕타임스 베스트셀러 『내 속엔 미생물이 너무도 많아』의 저자

저술과 보도의 놀라운 업적. 자연사, 인간 본성, 상업, 범죄, 과학, 정치에 깊이 파고든 낯설고 거부할 수 없고 아름답기까지 한 이야기. 나는 등장인물들의 깊이와 생생한 세부 사항과 진실에 관한 페이지 윌리엄스의 엄청난 작업에 마음을 송두리째 빼앗겨버렸다. 우리 시대 최고의 논픽션 작가 중 한 사람이 탄생시킨 놀라운 데뷔작이다.

– 레베카 스클루트,
뉴욕타임스 99주 연속 베스트셀러 『헨리에타 렉스의 불멸의 삶』의 저자

나는 페이지 윌리엄스를 경외한다. 이처럼 공감과 경이와 엄격함을 근사하게 버무려 등장인물을 그려내는 논픽션 작가는 거의 찾아볼 수 없다.

– 리자 먼디, 뉴욕타임스 베스트셀러 『코드 걸스』의 저자

범죄, 공룡 그리고 최고 수준의 탐사 저널리즘의 뛰어난 결합.

– 스티브 브루셋, 미국자연사박물관의 고생물학자

실화를 바탕으로 하는, 범죄소설보다 더 흥미진진하고 매혹적인 이 이야기는 화석사냥꾼에서부터 지구의 진화에 이르기까지 모든 것을 조명한다. 페이지 윌리엄스는 한 가지 주제를 모든 차원에서 다루며, 모든 어두운 구석과 비밀을 끝까지 파고든다. 이 책은, 그러니까, 엄청나다.

– 데이비드 그랜, 2017년 아마존 올해의 책 『플라워 문』의 저자

당신이 공룡, 고생물학 또는 단지 신나고 재미있는 이야기를 좋아한다면, 이 책을 사랑하게 될 것이다. 나는 도저히 책을 내려놓을 수가 없었다.

– 제니퍼 애커먼, 뉴욕타임스 베스트셀러 『새들의 천재성』의 저자

페이지 윌리엄스는 책의 소재인 화석사냥꾼과 공룡 복원 전문가들만큼이나 솜씨가 좋다. 그 결과 그녀의 책은 하나의 예술작품이 되었다.

– 잭 E. 데이비스, 2018년 퓰리처상 역사 부분 수상자

이 책은 화석 사냥꾼과 관련된 특이한 법정 사건에 대한 이야기를 다루고 있다. 이야기는 상업주의와 야심에 찬 사람들에서부터 정치와 과학에 이르기까지 광범위한 조사를 통해 전개된다. 이 책의 저자 윌리엄스에 의해 이 지하세계에 입성하게 되는 독자들은 암시장의 비밀스러운 지식에 대해 전율을 느끼게 될 것이다. – 《뉴욕타임스》

손에 잡힐 것 같은 생생한 스토리텔링으로 무장한 대단한 책!

– 《퍼블리셔스 위클리》

집착과 욕망
그리고 지구 최고의
전리품을 얻기 위한 모험

공룡
사냥꾼

페이지 윌리엄스 지음 | **전행선** 옮김

The DinoSaur Artist

흐름출판

지구 위에서 펼쳐진 생명의 역사는

살아 있는 것과 주변 환경 사이 상호작용의 역사였다.

– 레이철 카슨Rachel Carson

이 책의 독자들에게

　이 작품은 실화입니다. 등장인물의 이름은 전혀 바꾸지 않았고, 새롭게 끼워 넣은 정보도 없습니다. 내 탐사 보도는 2009년에 시작되었지만, 최종적으로 책의 형태가 되어 나오기까지 심도 있는 연구는 2012년에서 2018년 사이에 이루어졌습니다. 나는 미국 애리조나, 코네티컷, 플로리다, 조지아, 매사추세츠, 몬태나, 뉴저지, 뉴욕, 펜실베이니아, 사우스다코타, 버지니아, 워싱턴DC, 와이오밍에서 기자 생활을 했습니다. 몽골에서는 고비사막, 토프 지방, 울란바토르에서 활동했습니다. 캐나다 앨버타 주의 에드먼턴에서도 보도 활동을 했고, 유럽에서는 독일 뮌헨과 영국 런던, 차머스, 라임레지스에서도 활동했습니다. 내가 고생물학자, 지질학자, 화석 상인, 박물관 표본 준비 작업자, 수집가, 박물관 큐레이터, 경매인, 법 집행기관이나 다양한 정부 기관 관계자와의 인터뷰에서 수집한 정보가 이곳에 모두 들어 있지는 않지만, 이 관대한 사람들의 통찰력이 이 작품에 영향을 미쳤음은 두말할 필요가 없습니다. 서면 자료, 물론 그중 일부는 정보공개법을 통해 얻은 것인데, 어쨌든 거기에는 기밀이 아니거나, 기밀이 해제된 미 대사관 전보문, 국무부 보고서, 민사재판 판결문, 법무부 형사 사건 파일과 자산 몰수 기록, 도서관 소장품, 뉴스 자료, 연구 논문, 카운티법원 문서 등이 포함되어 있습니다. 나는 또한 정보원의 개인 사진, 비디오, 편지, 논문도 참고했습니다. 몽골 문서는 몽골 정부나 이 책의 주 사건인 T. 바타르 사건과 관련이 없는 몽골인이 번역했습니다.

이 책의 내용 중 상당 부분은 내가 2013년 1월 《뉴요커The New Yorker》에 기고했던 글에서 발전해 나온 것입니다. 이 책에서와 마찬가지로, 그 기사에서도 나는 자연의 역사를 누가 소유해야 하는지 또는 누가 그것을 소유하게 해야 할지를 가리는 논쟁의 암묵적 의미를 전달하려고 노력했으며, 어떻게 그 갈등이 공공 정책, 과학, 박물관, 지정학 등을 포함한 다양한 관심사에 차례로 영향을 미칠지를 논의했습니다.

작품에 등장하는 다양한 장면은 내가 직접 목격한 것이기도 합니다. 책에서는 편의상 '공룡', '공룡 화석', '뼈대', '유골' 등의 표현을 번갈아 사용합니다. 따라서 누군가가 '공룡을 구매했다' 라는 표현은 당연히 멸종된 그 동물의 단단하게 굳은 유해를 사들였음을 의미합니다. 마찬가지로, 가끔 화석화로 암석이 만들어진 것을 설명하면서 '뼈'를 '화석' 대신 사용하기도 했습니다.

페이지 윌리엄스

프롤로그

　2009년 여름, 나는 공룡을 훔친 죄로 유죄판결을 받은 한 남성에 관한 기사를 접하게 되었다. 그 이야기는 터무니없어 보였다. '어떻게 공룡을 훔친다는 거지? 대체 누가 그런 걸 원하는 거야?'

　몬태나 주 디스강 근처의 지질층으로 떠나는 화석사냥 여행을 주도했던 네이트 머피Nate Murphy는 레오나르도라는 이름의, 백악기 후기 초식 공룡이자 지금까지 가장 잘 보존된 공룡 뼈인 브라킬로포사우루스Brachylophosaurus를 최초 공개한 것으로 유명해졌다. 댄 스티븐슨Dan Stephenson이라는 화석사냥꾼이 머피와 여행하다 몰타의 작은 마을 근처 목장에서 그 뼈를 발견했다.《내셔널 지오그래픽National Geographic》에 따르면, 그것은 기록상 최초로 성장기가 거의 끝난 공룡 뼈로 판명되었고, 놀랍게도 여전히 "피부, 비늘, 근육, 발바닥의 흔적이 남아 있었으며, 심지어 위 속에는 마지막 식사의 흔적까지 남아 있었다."

　"그렇게 많은 부분이 남아 있는 화석을 찾아낸다는 건 마치 말과 마차의 시대에서 증기기관의 시대로 넘어가는 것과 같습니다."

네이트 머피는 《내셔널지오그래픽》과의 인터뷰에서 말했다.

"이것이 우리의 과학을 비약적으로 발전시킬 거예요."

'우리의 과학'은 매우 흥미로운 말이었다. 머피는 숙련된 과학자가 아니라, 일종의 야외활동가였다. 그는 와이오밍, 유타, 몬태나, 사우스다코타 같은 주를 돌아다니면서 백악기의 흔적이 남은 지질층이 형성되어 있고, 사진을 찍을 수 있을 만큼 접근성도 좋은 지역에서 화석을 찾는 법을 스스로 터득했다. 그는 자신이 고생물학에 도움이 될 만한 것을 제공할 수 있으리라 믿었고, 어쩌면 그런 생각을 증명하기 위해 남의 화석(레오나르도가 아닌 또 다른 공룡)을 무단으로 취했는지도 모른다.

처음에 이 사건은 단지 기괴한 범죄 사건쯤으로만 보였다. 하지만 시간이 흐를수록 내 눈에는 오래전에 세상에서 사라진 유물을 품고 있는 자연의 역사와 우리의 지속적인 관계에 관한 흥미진진한 이야기로 보였다.

우리는 지구상에 어떤 생명체가 존재하는지 알고 있다. 하지만 이전에는 어떤 생명체들이 있었을까? 그 해답은 바위 속에서 찾을 수 있다. 만약 상어 이빨이나 나뭇잎 자국이 찍힌 돌을 주워본 적이 있다면, 당신은 차원의 문이자 단서인 화석을 손에 쥐고 있었던 것이다. 의미상 화석은 이런저런 자연적인 이유로 지구의 지각 속에 보존된 선사시대의 유기 유물이다.

당신이 훗날 화석이 되고 싶다면, 일련의 특정 사건에 노출되어야 한다. 일단 당신의 시신은 시체를 먹는 동물에게 먹히거나 흩어져서는 안 되고, 변하는 날씨나 흐르는 물과 같은 힘에 파괴되어서도 안 된다. 대신 침전물이나 모래에 빠르게 묻혀야 한다. 하지만 변성암과 화성암은 화석을 만드는 데는 아무런 쓸모가 없다. 쉽게 가열되고 휘발성이 강한 조건에서 형성되기 때문에 무언가를 보존하기에는 적당치 않다. 대신 퇴적암인 석회암, 사암 등은 훌륭한 무덤이 되어준다. 인체의 연조직과 기관은 분해되겠지만, 치아와 뼈 같은 단단한 구성물은 지구의 끊임없는 화학적, 구조적 움직임에 의해 제거되지 않는 한은 계속 남을 것이다. 여기에 지하수가 침투하면 무덤이 되어준 흙 속에 어떤 요소가 있는지에 따라 당신은 광물화되어, 결국에는 결정체나 철이 될 수도 있다. 그런 다음, 과학적으로 쓸모가 있어지려면 누군가에게 발견되어야 한다. 어쨌든 그 모든 과정에는 행운이 깃들어야 한다. 지금까지 살았던 동물 종의 채 1퍼센트도 되지 않는 숫자만이 화석이 된 것으로 추산된다.

화석화 과정이 이렇듯 드물게 일어나기는 하지만, 적어도 일부 종의 화석은 도처에 존재한다. 하지만 어떤 화석이 과학에 중요하고, 또 그것들은 어떻게 보호되어야 하는 걸까? 고생물학자에게는 하나의 해답이 있고, 상업적으로 화석을 거래하는 장사꾼들에게도 나름의 해답이 있기에 그들은 수세대 동안 다퉈왔다.

지구에 생명이 살았다는 유일한 기록이 되어주는 화석은 지구의 역사와 그것의 잠재적인 미래를 이해하게 해줄 열쇠를 쥐고 있다. 화석을 연구함으로써, 과학자들은 대량 멸종과 기후변화 같은 긴급한 문제를 더욱 잘 감시할 수 있다. 한편 화석을 사냥하고 수집하고 바라보면서 누군가는 우주의 무한한 수수께끼와 너무나 명백한 지구의 과거, 양쪽 모두에 연결되어 있다고 느낄지도 모른다. 중국 동북부 랴오닝 지방의 공룡 뼈 지층을 보는 것은 1억 2,000만 년 전에 활화산의 그늘 속에 존재했던 녹음이 우거진 호수와 숲의 풍경을 보는 것과 같다. 암석에 각인된 글로소프테리스Glossopteris(남미, 아프리카, 호주, 남극 등지에서 발견되는 멸종한 소철 모양의 양치류 – 옮긴이)와 조우한다는 것은 그것이 발견된 대륙들이 한때는 단일 대륙으로 존재했었다는 증거를 지켜보는 것과 마찬가지다.

화석은 세계 모든 지역에서 발견되며, 화석 수집가도 마찬가지다. 엄청난 수의 화석 수집가들은 화석을 찾고, 연구하고, 구매하고, 전시하고, 거래할 뿐만 아니라 화석을 보기 위해 박물관에도 간다. 또한 화석에 관해 이야기하고, 이야기하고, 또 이야기하면서 삶의 상당 부분을 보낸다. 화석 애호가는 지금까지 존재해온 자연사 애호가 중에서도 가장 강박적인 성향을 보인다.

"나는 화석으로 뒤덮인 집들을 방문해본 적이 있습니다."

미국 자연사박물관의 고생물학자 마크 노렐Mark Norell이 말했다.

"심지어 식기 세척기 속에도 삼엽충이 들어 있더군요."

인간이 계속해서 이런저런 생명체의 유물을 수집해오는 동안, 자연주의자들은 지구에 살았던 이전 거주자들의 목록을 작성해왔다. 오늘날 이 목록은 잃어버린 시간의 초상화를 제공하는 화석 기록으로 알려져 있다. 한마디로 고생물학자가 연구를 통해 가정하고, 토론하고, 수정해온 개요서다.

화석이 없다면, 지구의 형성과 역사를 이해하지 못했을 것이다. 화석이 없다면, 46억 년이라는 지구의 나이도 알지 못했을 것이다. 어떤 시기에 어떤 생물이 살았으며, 언제 죽었으며, 무엇을 먹고 살았는지도 알지 못했을 것이다. 화석이 없다면, 자연사박물관은 존재하지 않았을 수도 있다. 지구의 층서학이나 단층에 대한 지식이 존재하지 않을 테니, 지질학적 시간 척도 역시 존재하지 않았을 것이다. 우리는 대륙이 항상 현재의 위치에 있지는 않았다는 사실이나, 지구가 계속 움직이는 가운데 지구 내부의 판이 미끄러지면서 육지와 바다의 위치를 다시 배열한다는 사실도 알지 못했을 것이다. 기후가 더워졌다가 식었으며, 지금도 여전히 변화하고 있다는 것도 알지 못했을 것이다. 지구가 다섯 번의 대규모 멸종을 겪었고, 이제 여섯 번째 멸종 위기에 처해 있다는 사실도 까맣게 몰랐을 수도 있다. 빙하기에 관해서도 전혀 모를 수 있다. 화석이 없다면, 우리는 새들이 공룡으로부터 진화했다는 것을 알 수 없었을 것이다. 또는 꽃피는 식물이 출현했을 때, 지구의 나이가 이미 수십억 년이 되었다는 것이나, 바다 생물은 육지 생물로, 영장류는 도구를 만들고 작물을 재배하고 전쟁을 일으키는 생명체로 이행되어갔다는 사실도 알지 못했을 것이다. 또한 지질연대상으로는 동종의 첫 번째 동물보다 인간에 가까웠던 T. 렉스보다 스테고사우루스Stegosaurs가 수백만 년쯤 앞선 시대에 살았다는 사실도 알지 못했을 것이다.

지구의 층은 유한하다. 각각에는 시작, 중간, 끝이 있다. 가장 최근의 층은 오늘날 우리가 보고 있는 것과 아주 다르지 않은 포유류, 물고기, 조류를 품고 있지만, 뒤로 이동해갈수록 더 환상적인 생물체가 들어앉아 있다. 화석 기록은 지구상의 생명체가 미세한 유기체로부터 시작되어 약 6,550만 년 전에 끝나기까지, 1억 6,000만 년간 지속되었던 중생대의 거대한 동물들로까지 번성했다는 사실을 보여준다. 파충류 시대에 공룡은 숲을 돌파해 다니고, 먹잇감을 위협하고, 질주하고, 잎이 무성한 먹을거리를 찾아다니고, 잡아먹히지 않기 위해 애를 썼다. 그들의 사체는 날씨, 침식작용 그리고 문명이 지구의 층을 하나씩 벗겨냄에 따라 계속해서 표면으로 드러나고 있다.

화석은 지구의 진화를 이해할 가장 중요한 단서이지만, 그들을 보호하려는 태도는 대륙마다 매우 다르다. 특히 화석이 풍부한 나라인 미국의 태도는 예외적이다. 정책 입안자들이 사유재산에 관여하고 싶어 하지 않는 까닭에 화석을 자신의 토지에서 발견하거나 수집이 허락된 개인 소유지에서 발견하면, 그것이 과학적으로 얼마나 중요한지와는 상관없이 발견자가 갖거나 팔거나 무시하거나 파괴하더라도 국가가 관여하지 않는다.

기본적으로 세 그룹, 즉 고생물학자, 수집가, 상업적인 화석사냥꾼이 화석을 찾아다니고 탐낸다. 고생물학자들은 학사, 석사, 박사 과정을 밟아나가는 동안 지질학, 진화생물학, 동물학, 컴퓨터과학, 통계분석학, 생태학, 화학, 기후학, 기타 수학과 과학에 몰두해 전문성을 연마한다. 그들은 고식물(화석식물), 무척추 고생물, 미세 고생물(현미경을 사용해야 하는 미세화석) 그리고 척추동물 등의 분야에서 전문성을 추구한다.

고생물학자는 주로 학계와 박물관에서 일하면서 과학 저널에 연구 논문을 게재하는 경향이 있다. 과학자들은 화석의 거래를 금지함으로써 특정 유형의 화석을 보호해야 한다고 생각한다.

반면 상업적으로 화석을 거래하는 사람들은 화석을 사냥해서 박람회나 개인 소유의 자연사 매장 또는 온라인에서 사고판다. 몇몇 화석을 판매하는 것은 전적으로 합법이고 어떤 것들은 불법이지만, 사실상 소비자가 그 차이를 알기란 어려운 일이다. 많은 거래상이 화석을 사냥하면서 자랐고, 기회가 있었다면 대학에서 자연과학을 공부하기도 했을 것이다. 하지만 대부분은 독학이다. 그중 많은 사람이 자유주의자들이라서 다른 사람에게 해를 끼치지 않는 한은 자신들이 원하는 무엇이든 할 수 있어야 한다고 믿는다. 많은 사람이 지구는 모든 사람의 것이라는 관점을 갖기 때문에 정부의 규제를 혐오할 뿐만 아니라 자신들에게도 화석에 대한 권리가 있다고 느낀다.

대부분의 화석 상인은 자신들이 화석을 수집하고 판매함으로써 자칫 침식되어 사라져버렸을 유물을 구해내고 있다고 생각한다. 또한 자신들이 강의실이나 수집가 또는 때에 따라서는 박물관에 화석을 공급함으로써 그리고 자연계에 대한 광범위한 관심을 불러일으킴으로써 가치 있는 서비스를 제공한다고 생각한다. 상업적인 화석사냥꾼은 박물관에 화석을 판매하는 것에 자부심을 느끼면서도 부유한 개인 수집가의 환심을 사려고도 애쓴다. 성공한 화석 거래상은 화석을 팔아 생계를 이어갈 수 있지만, 수익의 상당 부분이 다시 화석 사냥에 들어가기 때문에 사실상 돈

방석에 올라앉았기란 하늘의 별 따기다.

해외 박물관, 특히 중국, 일본, 중동에서 빠르게 증가하고 있는 박물관의 경우 상업적인 화석사냥꾼에게 화석을 구매해도 아무런 문제가 되지 않는다. 반면 세금을 지원받는 미국의 공공 박물관은 과학적 환경하에서 나름대로 자료를 수집하고 싶어 하기에 화석사냥꾼에게는 화석을 구매하지 않는 경향이 있다. 직업적 화석사냥꾼과 고생물학자 모두 수집가가 될 수는 있지만, 유명한 고생물학자는 절대로 거래상이 되지 않는다. 즉 그들은 화석을 팔지 않는다. 혈액학자가 피를 병에 담아 팔지 않는 것과 같은 이유에서다. 말하자면, 화석은 자료이기 때문이다.

화석에 담긴 맥락적인 정보는 화석 그 자체만큼이나 중요하다. 서로 상관관계가 있는 자료를 제외하고 화석을 추출하는 것은 살인 현장에서 탄피는 물론, 정액이나 혈흔 같은 생물학적 증거를 무시하고 시신을 수습하는 것에 비교되어왔다. 그렇게 해도 대략적인 사망 원인과 시간 정도는 추측해낼 수 있을 것이다. 하지만 하나의 화석만 가지고는 맥락이 존재하는 전체 이야기를 들려줄 수 없다. 하지만 화석생성론이라 불리는 화석화의 상황, 다른 화석 동식물의 존재, 해당 동물이 살던 때를 이해하도록 도움을 주는 층서학(층위학이라고도 하며 지층을 연구하는 지질학의 한 갈래 – 옮긴이) 등과 관련된 분석이 함께 진행된다면, 차츰 하나의 이야기를 들려줄 수 있게 된다. 켄터키의 빅본릭 늪지에서 튀어나온 채로 발견된(1700년대 일이다) 거대한 대퇴골은 하나의 이야기를 들려준다. 그리고 매사추세츠의 코네티컷강 계곡에서 발가락 세 개인 거대한 발자국으로만 발견된(1800년대에 일어난 일이다) 흔적은 또 다른 이야기를 들려준다.

수십 년 동안 연방정부는 화석, 특히 무척추동물보다 흔하지 않은 척추동물의 화석 수집을 규제해야 할지, 만약 규제한다면 어떤 식으로 해야 할지 논의해왔다. 가장 극단적인 성향의 고생물학자들은 상업적인 수집을 금지해줄 것을 오랫동안 원했지만, 화석 거래상은 그 의견에 반대하며 한데 뭉쳤다. 그들은 자신들의 거래를 옹호했고, 고생물학자들은 과학의 근간이 되는 대상을 옹호했다.

자신들을 '상업적 고생물학자'라고 부르는 거래상들은 많은 경험과 현장 지식에도 불구하고 사실상 고생물학자가 아니다. 하지만 그들이 없었다면 고생물학은 존재하지 않았을 것이다. 고생물학이라 불리는 과학 분야는 과학과 고생물학이라는 단어가 존재하기 이전부터 자연사 애호가들에게서 시작되었고 그들은 발견과 발굴 면에서 자신들의 공로를 주장한다. 이로써 고생물학은 상업적인 측면을 가진 유일한 과학 분야가 되었고 이는 과학자들을 격분하게 했다. 상업적인 화석사냥꾼은 고생물학자에게 가장 큰 돌파구를 제시해주고 박물관에는 가장 놀라운 전시물을 제공해준다. 박물관 관람객은 자신이 들여다보는 표본이 과학자가 아니라 자신과 같은 평범한 사람이 발견한 것이라는 사실을 모를 수도 있다.

캘리포니아 출신의 소년인 할리 가르바니Harley Garbani는 아버지의 쟁기 자국을 따라가다가 낙타의 대퇴골 일부를 찾아내게 되었고, 이를 계기로 1930년대부터 화석에 집착하게 되었다. 나중에 그는 배관공이 되어서도 특별하고 작은 화석들을 찾아다녔다. 그렇게 반세기쯤 지났을 때, 그는 처음으로 중요한 트리케라톱스Triceratops 뼈를 발견했다. 이후 발견한 T. 렉스 화석은 상태가 너무도 좋았다. 다른 사람이 그보다 상태가 좋은 화석을 찾아내기까지 몇 년이 걸렸다. 2011년 죽기 전까지 그는 로스앤젤레스의 자연사박물관과 캘리포니아 버클리대학교의 고생물학 박물관을 위해 수집 활동을 했다. 버클리대학원에서 가르바니를 처음 만났던 미국 자연사박물관AMNH의 고생물학자 로웰 딩거스Lowell Dingus는 그를 "가장 위대한 화석 수집가 중 한 명이자 내가 아는 그리고 함께 일했던 가장 위대한 화석 수집가"라고 평가했다.

좀 더 최근의 수집가로는 자칭 '세계의 T. 렉스 수도'인 사우스다코타 하딩카운티 출신의 전기공이자 배관공인 스탠 새크리슨Stan Sacrison이 있다. 1980년대와 1990년대에 새크리슨이 주목할 만한 렉스의 표본을 발견할 때마다 역시 재능 있는 화석사냥꾼이던 그의 쌍둥이 형제 스티브Steve Sacrison도 함께했다. 지금까지 열다섯 점도 안 되는 T. 렉스 화석이 발견되었다는 사실을 고려해보면, 그들이 발견한 화석은 한 마리 전부든 부분이든 간에 모두 큰 업적이라 할 수 있다. 버펄로의 작은 마을에 살았던 새크리슨 쌍둥이는 화석 지층 근처에서 자랐고 화석사냥을 따라다녔다. 그들은 날씨와 침식이 화석을 세상에 드러내주기 때문에 큰 폭풍이나 봄철 해빙기 이후에 수색을 나가는 것이 좋다는 사실을 배웠다. 그들은 지질학에도 정통했기에, 1억 년 된 암석에서 마스토돈Mastodon을 찾는 것은 홍적세에 쌓인 퇴적물에서 불카노돈Vulcanodon을 찾는 것만큼이나 무의미한 일이라는 사실을 알았다.

우리가 기억해야 할 또 다른 이름은 캐시 반켈Kathy Wankel이다. 스미스소니언국립자연사박물관NMNH은 5년간 4,800만 달러를 들여 개보수를 마치고 새로운 공룡 전시실을 공개했다. 그곳에는 최초의 박물관 소유인 티라노사우루스 렉스가 전시되어 있다. 이 티라노사우루스 렉스는 몬태나의 농장주인 반켈이 1988년에 발견한 이후 '미국의 T. 렉스The Nation's T. rex'로 불린 화석으로서 최초로 완전한 T. 렉스의 앞다리를 포함하고 있는 등 여러 이유에서 상당히 중요하게 여겨진다.

아마추어들의 이런 공헌에도 불구하고, 고생물학자와 직업적 화석사냥꾼은 극명하게 상반된 주장을 펼쳐왔다.

화석사냥꾼: 과도한 규제는 자연에 대한 대중의 관심을 꺾는다.

고생물학자: 상업화는 지구에 대한 인류의 이해를 더는 진화하지 못하게 한다.

화석사냥꾼: 한 종에 수백 개, 심지어는 수십 개의 표본이 필요하지는 않다.

고생물학자: 다양한 표본은 하나의 유기체와 주변 환경이 어떻게 변해왔는지를 설명해준다.

화석사냥꾼: 개인 수집가들은 어쨌든 박물관에 그들의 소장품을 기증한다.

고생물학자: 비과학적인 조건에서 수집된 표본은 연구할 가치가 없다.

화석사냥꾼: 대부분의 박물관 화석은 보관만 되어 있을 뿐, 전혀 연구되지 않는다.

고생물학자: 보관된 화석은 발견된 지 수십 년이 지난 후에 심오한 발전을 끌어냈다.

화석사냥꾼: 과학자들은 잘난 박사 학위를 가진 인색한 엘리트주의자들이다.

고생물학자: 직업적 화석사냥꾼들은 파괴적이고 탐욕스럽다.

겉보기에는 좀처럼 해결이 힘들 것 같은 갈등의 등고선을 이루고 있지 않은가.

"화석 거래의 정당성 여부는 자유기업 체제에 맞서는 엄격한 분석과 정직한 전문성을 토대로 토론해야 하는 과학적이고 윤리적인 문제다."

고생물학자 켄슈 시마다Kenshu Shimada와 필립 커리Philip Currie 등은 학술지 《팔레온톨로기아 일렉트로니카Palaeontologia Electronica》에서 이렇게 주장했다. 그들은 화석의 "고조된 상업화에 대한 투쟁"이 "21세기 고생물학의 가장 큰 도전"이라고 덧붙였다.

이런 의견 불일치는 양측 모두를 부끄럽게 했다. 사실 과학자와 화석사냥꾼은 적어도 한 가지, 즉 '화석'에 대한 사랑이라는 공통점이 있었기 때문이다. 화석식물 연구자 커크 존슨Kirk Johnson은 언젠가 "더 많은 사람이 '자신에게 말을 걸어주는 돌덩이'에

진지한 관심을 가지면 얼마나 좋을까요"라고 말했다. 그는 이렇게 덧붙였다.

"우리의 행성이 그 뼈를 파묻어버린다는 건 놀라운 일입니다. 화석으로 지구의 역사를 읽을 수 있다니 얼마나 근사한 일이에요. 영리한 아이는 화석을 찾아내 40억 년 전 지구에서 일어난 일을 당신에게 말해줄 수도 있죠. 우리는 마침내 지구가 어떻게 작동하는지 알아냈습니다. 바로 화석을 통해서요."

죄를 자백한 공룡 도둑 네이트 머피가 과학과 이익 사이의 긴장감을 상징하게 되었다고 하더라도 그의 이름이 회자되는 시기는 그리 오래가지 않았다. 2012년 봄, 수집가, 밀수, 결혼, 민주주의, 빈곤, 예술성, 박물관, 광업, 할리우드, 러시아, 중국, 형사재판, 대통령의 정책, 탐험가, 몽골 문화, 경매 산업, 과학사를 모두 건드리는 사건이 하나 벌어졌다.

1부

제1장

최상급 티라노사우루스 화석

그 날, 그 공룡 사냥꾼은 해변으로 갔다. 2012년 다섯 번째 달의 스무 번째 날로, 구름이 잔뜩 낀 일요일 아침이었다. 에릭 프로코피Eric Prokopi는 서른여덟 살이었다. 그의 딸 리버스는 세 살이 되려는 참이었다. 에릭과 그의 아내 어맨다는 게인스빌에 있는 집에서 파티용품을 차에 하나 가득 싣고 북부 플로리다반도를 가로질러 4세기 신학자의 이름을 딴 16세기 도시인 세인트오거스틴으로 향했다.

프로코피 가족은 곧장 해안으로 차를 몰고 가서, 모래사장에서 파티를 준비했다. 올해의 주제는 인어공주였다. 파티 초대장에는 생일을 맞은 소녀 리버스의 사진이 있었다. 갈색 눈동자와 연갈색 머리카락의 소녀는 인어 지느러미가 달린 옷을 입고 은색 가발을 쓰고 있었다. 등 뒤로는 굽실굽실한 인조 머리카락이 폭포처럼 떨어져 내렸다. 리버스보다 두 살 많은 오빠 그레이슨은 거대한 백상아리 윤곽이 그려진 검은색의 긴 팔 수영 셔츠를 입고 아빠처럼 얼굴을 감싸는 선글라스를 썼다. 텐트, 테이블, 햇빛 가림막, 컵케이크 같은 모든 필수품들이 곧 제자리를 찾아갔다. 투명 아크릴 쿨러에서는 진청색의 하와이안 펀치가 제공되었다. 입을 쩍 벌린 상어 모양으로 잘린 수박은 루비처럼 빛나는 생선 모양의 젤리를 입안 가득 물고 있었다.

에릭은 뉴욕에서 들려온 소식에 갈수록 조바심을 느끼며 몇 분에 한 번씩 블랙베리를 귀에 대고 파티장에서 벗어나 모래사장 위를 오갔다. 수년간 축적된 긴장감이 그의 몸에도 영향을 미치기 시작했다. 도토리처럼 짙은 갈색 눈은 눈가의 깊어진 잔주름에 파묻혀 있었다. 오른쪽 눈에는 염증이 생겨 경련이 일었다. 큼지막한 손에는 굳은살이 박이고 여기저기 상처도 보였다. 어맨다는 친구들에게 남편이 너무 힘들게 일하기 때문에, 밥을 먹으려면 말 그대로 그의 몸을 부축해주고 있어야 한다고 말했다. 아이들은 아빠를 거의 만나지도 못했다. 최근까지 그는 술을 거의 입에 대지 않았지만, 이제는 잠들기 전에 적어도 보드카 칵테일 한 잔은 마셔야 했다. 그만큼 술이 주는 위안이 절실했다.

늦은 밤 어맨다는 그들의 집('세레놀라'라는 이름을 붙였다) 뒤편 유리창으로 다가가서 뒷마당에 설치한 거대한 조립식 작업장을 내다보곤 했다. 최근 사업상의 변화 탓에 에릭은 더 많은 작업 공간이 필요했다. 460제곱미터(약 140평) 넓이에 경사 진 지붕이 설치된 작업장은 수영장 너머에 있었다. 가까이에 다른 집들이 없었기에, 에릭은 얼마든지 늦은 시간까지 일할 수 있었다. 그런 날이면 밤새 그의 에어 스크라이브가 시끄럽게 진동했다. 은은한 개구리 울음소리가 들려오는 시간이면, 어맨다는 작업장 밖으로 용접기의 불꽃이 뿜어져 나오는 것을 볼 수 있었다.

에릭의 회사는 '플로리다 포실즈'였다. 그는 고대 생물, 주로 상어의 이빨이나 거대한 땅늘보 같은 빙하기 포유류의 화석을 사냥, 복원, 구매, 판매하는 일을 했다. 그는 1년에 몇 번씩 투손, 덴버, 뮌헨 등 세계 최대 자연사 박람회에 판매 부스를 열어 관람객을 맞이했고, 프랑스의 생트-마리-오-민 같은 곳에서 열리는 전시회에도 참석했다. 그렇지 않으면 화석을 이메일 광고나 이베이를 통해서 또는 개인적으로 고객에게 판매했다. 어맨다는 걱정하는 어머니에게 그들의 생활방식을 축제나 기근에 비유해 설명했다.

"큰 물건이 팔리기 전에는 기근이에요. 그러다가 그게 팔리면, 그때는 축제가 되는 거죠. 빌린 돈도 다 갚고, 밀린 청구서도 전부 해결하고, 그러고도 재투자할 돈이 남거든요. 부동산을 사서 개발하는 것과 같다고 생각하면 돼요."

최근, 자연사 관련 거래상 쪽은 유망하고, 고생물학자라는 직업은 골치 아픈 것처럼 인식되기 시작했다. 이제 유서 깊은 미술품 경매회사들은 거장의 명화나 치펜데일(18세기 영국의 가구 제작자 - 옮긴이)의 책상에 제공될 법한 고품격 프레젠테이션과 함께 화석 경매를 진행한다. 이런 경매는 워싱턴DC에 있는 스미스소니언이나 뉴욕의 미국 자연사박물관과 같은 기관에서나 찾아볼 수 있는 화석 표본을 자신들도 소유할 수 있다는 사실을 깨달은 개인 수집가는 물론, 종종 해외 박물관도 구매자로 끌어들였다. 충분한 가처분소득과 넓은 부동산을 가진 수집가라면, 자신만의 개인 박물관을 시작할 수도 있게 된 것이다.

가장 인기 있는 수집품은 운석이나 포유류 뼈 같은, 선반 위에 올려놓고 대화의 소재로 삼기에 좋은 것들이었다. 하지만 공룡은 모든 것을 초월했다. 몸집은 작지만 자기보다 두 배쯤 큰 맹수도 쓰러뜨릴 만큼 빠르고 치명적인, 날개가 달린 육식동물, 평화를 사랑하는 거대 초식 공룡, 파괴를 일삼으며 먹이사슬의 꼭대기에 오른 최고 포식자에 이르기까지, 공룡은 그 크기와 다양성만으로도 어른 아이 할 것 없이 모두를 매료시켰다. 공룡은 전 세계적인 인지도를 자랑한다. 티라노사우루스 렉스는 척추동물 전문 고생물학자인 토머스 홀츠Thomas Holz가 즐겨 말했듯이, 모르는 사람이 없는 공룡이다. 공룡은 치명적인 죽음과 강인한 생명력을 둘 다 상징했다. 인간을 기준으로 하면, 공룡들은 훨씬 더 성공적이었다. 공룡은 1억 6,600만 년 동안 지구를 지배하다가 대량 멸종의 나락으로 떨어졌지만, 6,600만 년 후에는 문화적으로 재기해 명성을 누리고 있다(여전히 새들이 남아 있으니, 전부는 아니고 거의 멸종한 것이다).

"공룡은 과학으로 가는 관문이고, 과학은 기술로, 기술은 미래로 가는 관문입니다."

커크 존슨이 말했다. 만약 한 소녀가 어린 시절을 스테고사우루스에 흠뻑 빠져 보낸다면, 그 아이는 자라서 바다, 알고리즘, 전염병, 녹조, 화산, 블랙홀, 박테리아, 벌, 뇌, 섹스, 날씨, 수면 등을 연구하게 될 것이다.

"이제부터라도 우리는 과학과 기술의 관점에서 이 행성을 바라봐야 합니다. 그렇게 하지 않으면 정말 심각한 상황에 직면하게 될 거예요."

공룡에 대한 에릭의 가벼운 관심은 어린 시절에 시작되었지만, 성인이 된 이후 그는 공룡을 자신의 사업에 접목했다. 그는 두 개의 거대한 티라노사우루스 두개골을 유명한 영화배우 두 명에게 연달아 판매해서 다른 사람들이 평생 벌어들일 돈보다 더 많은 돈을 한 번에 벌어들였다. 그는 앞으로 몇 년간 가족을 먹여 살릴 방법을 찾은 것이다. 에릭이 해변에서 딸의 생일 파티를 하고 있던 그 시각, 맨해튼에서는 그가 작업한 공룡 한 마리가 댈러스에 본사가 있는 경매회사인 헤리티지 옥션스 Heritage Auctions 를 통해 수백만 달러를 벌어들일 준비를 하고 있었다.

그 뼈는 티라노사우루스 렉스의 아시아 쪽 사촌이나 거의 쌍둥이쯤 되는 타르보사우루스 바타르 또는 T. 바타르의 것으로, 지금까지 존재했던 생명체 중에 가장 유명했다. 이 T. 바타르는 어른 공룡이 되지는 못했지만, 키가 2.4미터, 몸길이는 7.2미터에 이르렀다. 만약 이 공룡의 치악력이 T. 렉스와 맞먹었다면 상당히 치명적이었을 것이다. 녀석의 먹이가 된 동물의 뼈는 '거의 폭발'했을 테니까.

수천 년이 지나는 동안 이 특별한 T. 바타르의 유해는 독특하게 사랑스러운 모래색으로 광물화되었다. 에릭은 잉글랜드 해안에 사는 동업자인 베테랑 화석사냥꾼 크리스 무어 Christ Moore 와 함께 그 화석을 헤리티지 옥션스에 위탁했다. 이 경매는 몇 주 동안 광고되고 뉴스에도 특집으로 소개되었다. 헤리티지 옥션스의 카탈로그는 이 종의 독창적이고 매력적인 분류학적 유형에 대해 언급하면서 "최상급 티라노사우루스 화석"으로 소개했다.

예비 입찰자들은 카탈로그를 통해 짙은 푸른색 배경 위에서 우아하게 빛을 발하는 공룡의 전체 골격을 볼 수 있었다. 판매 문구에는 T. 바타르가 "오늘날의 고비사막인 고대의 범람원"을 "지배했다"라고 적혀 있었다. "믿을 수 없을 만큼 완전한 뼈대"는 "공들여 발굴해서 복원 작업"을 거친 것이었다. 이빨은 "나무의 따뜻한 갈색"이었다. 그 공룡은 한마디로 "기쁨"이었다.

에릭은 고생물학자들이 자신과 같은 화석 거래상을 부패하고 파괴적인 존재로(그리고 특히 이번 경우에는 범죄자로. 이는 나중에 밝혀질 것이다) 여긴다는 것을 잘 알았다. 하지만 그는 자신이 파괴가 아닌 창조를 한다고 생각했다. 그는 사냥을 즐기기 때문에 이일을 했다. 생계를 해결하는 즐거움도 있었다. 하지만 그는 자신이 선사시대를 보존하는 오랜 전통을 지키고 있다고도 보았다. 다른 모든 화석사냥꾼처럼, 그도 일단 공기에 닿기만 하면 바로 풍화되어버릴, 귀한 유물을 자신이 찾아내 지키고 있다고 느꼈다. 그가 생각하기에 진짜 범죄는 화석이 버려지도록 손을 놓고 있는 것이었다. 그가 가장 최근의 빙하기인 플라이스토세층에서 발굴한 유물은 찰스턴에서 상하이에 이르기까지 여러 자연사박물관에 전시되어 있었다. 그는 박물관에 세워놓기에 적합한 유물을 발굴하며 남은 생을 보내고 싶어 했다. 심지어 어맨다를 만나기 전에도 에릭은 가정을 이루면 가족과 함께 자신이 복원한 유물을 찾아다니는 여정을 꿈꾸곤 했었다. 거대한 뼈 앞에 서 있는 동안, 그는 자신의 아이들에게 어떻게 그 동물의 뼈가 인간이 헤아리는 세월보다 수백만 년쯤 더 오랫동안 땅속에 누워 있었는지 그리고 침식과 문명의 힘이 어떻게 그런 화석을 지구 표면으로 계속 밀어냈는지 설명해줄 작정이었다. 자기 지시적(작가나 예술가가 자기 자신이나 자신의 다른 작품에 관해 언급하는 것 – 옮긴이) 말을 하는 것이 잘난 체하는 것처럼 느껴졌음에도 그는 누군가 물어오면, 자신이 어떻게 그 뼈들을 3차원 퍼즐처럼 조립해놓았는지를 설명하곤 했다. 그가 조립을 마치면 그 공룡은 마지막 숨을 몰아쉰 이후 처음으로 다시 두 발로 일어나 받침대 위에 서 있게 되었다.

헤리티지 옥션스 측은 T. 바타르의 낙찰 금액이 95만 달러에서 150만 달러 사이가 되리라고 추산했지만, 에릭과 경매인들은 그보다 훨씬 높은 금액을 예상했다. 그런 거대하고 훌륭한 티라노사우루스는 1997년 사우스다코타에서 발견된 T. 렉스인 수^{Sue}가 소더비를 통해 836만 달러에 팔린 이후로는 경매에 나온 적이 없었다. 에릭은 이번에 큰 건이 하나 터지면 빚더미에서 빠져나오고도 남을 만큼 큰 수입을 올릴 수 있으리라 믿었다. 그리고 대략 72시간 전만 해도 그의 앞길을 가로막는 것은 아무것도 없는 것 같았다.

그 주 초, 볼로르체체그 민진^{Bolortsetseg Minjin}은 뉴욕의 어퍼웨스트사이드에 있는 미국 자연사박물관 근처에서 점심을 먹다가 그 경매에 관한 뉴스를 들었다. 40대 초반의 몽골 고생물학자인 볼로르는 미국에서 대부분의 성년기를 보냈다. 그녀는 롱아일랜드의 북쪽 해안에 있는 포트워싱턴에서 미국인 남편과 어린 딸과 함께 살았다.

볼로르는 1970년대 울란바토르에서 성장했다. 일명 'UB'라고도 불리는 울란바토르는 국토의 중북부에 자리 잡은 몽골의 수도다. 몽골이 소련의 위성국가에서 벗어나려던 참인 1980년대에 그녀는 성인이 되었다. 당시 그녀는 위풍당당한 정부 청사와 공산당 영웅들의 지하무덤과 동상이 있는, 도시의 주요 광장인 수흐바타르 서쪽의 아파트 단지에서 부모 형제와 함께 살았다. 아버지 철루운 민진Chuluun Minjin은 동료들과 마찬가지로 러시아에서 훈련받은 지질학자로 몽골 과학기술대학MUST에서 고생물학을 가르치고 무척추동물 화석을 연구했다. 어린 시절 볼로르는 아버지의 고비사막 탐험에 따라다니지 못했다. 현장에 나가는 건 남자들의 일이라는 게 어머니의 설명이었다. 하지만 볼로르는 아버지가 배낭에 담아올 돌멩이들을 학수고대하며 기다렸다. 어느 날 아버지가 그녀에게 산호 하나를 보여주었다. 산호는 해양생물이었기 때문에 볼로르는 북쪽은 러시아에, 나머지 방향은 온통 중국에 에워싸인 그녀의 광대한 조국이 한때는 바다와 이어져 있었다는 사실을 떠올리며 매혹되었다.

고비사막의 가장 놀랄 만한 생물은 공룡이었다. 그들은 그 지역의 다양성과 풍요를 누리며 살았고, 그 뼈도 평온한 사막에 유난히 깨끗하게 보존되어 있었다. 볼로르는 그 사실을 아버지에게서 들었기 때문에 잘 알았다. 서양 아이들은 공룡에 관한 정보를 많이 접할 수 있었다. 특히 미국 아이들은 박물관이 주최하는 발굴에 참여하고, 박물관 연구실에서 복원 작업을 관람하고, 전시회를 즐기고, 자연 클럽에 가입하고, 집에서 공룡 장난감, 책, 퍼즐, TV 쇼 등에 흠뻑 빠질 수 있었다.

유타주의 국립공룡화석유적지 같은 곳에 가면, 전에는 카네기 자연사박물관 발굴장이었으나 이제는 법으로 보호되는 절벽 면에 아직도 1,000여 개 이상의 쥐라기 시대 생물의 뼈가 박혀 있는 것을 볼 수 있다. 사우스다코타에 있는 배들랜즈 국립공원 산책로에는 후기 에오세와 올리고세 포유류가 흙 밖으로 튀어나와 있다. 그러나 볼로르에 따르면, 몽골은 "세계에서 가장 큰 공룡 화석 저장소"로서 중요한 위치를 차지하고 있음에도 고생물학에 "아이들을 위한 공간은 없다." 일단 울란바토르 시내에 있는 쓸쓸한 자연사박물관을 벗어나게 되면, "기본적으로 이 흥미롭고 신기한 동물에 관해 좀 더 배울 수 있는 정보의 원천이 없다."

볼로르의 생일이면 아버지는 딸과 딸의 친구들에게 공룡 슬라이드쇼를 보여주었고, 자신이 가르치는 대학에 볼로르를 데려가 고생물학 수업에 사용하는 플라스틱 모형과 화석을 살펴보게 해주었다. 훗날 볼로르가 몽골 과학기술대학MUST에서 지질학을 공부하게 되었을 때, 그녀의 아버지는 공식적으로 딸의 교수가 되었고, 대학원에서는 지도 교수가 되어주었다.

민진 교수는 몽골 과학아카데미와 미국 자연사박물관이 함께 하는 역사적인 공동 답사에 참여하기로 했다. 그가 몽골 측의 인

사들에게 딸도 답사에 참여시켜달라고 부탁했을 때, 그들은 볼로르가 요리를 할 줄 안다면 참가해도 좋다고 했다. 볼로르는 물 끓이는 법도 몰랐지만, 어쨌든 그 제안을 받아들였다. 그리고 나서 일단 현장에 나간 후에는 "나는 고생물학자예요. 그러니 고생물학자의 일을 할 겁니다"라고 말하면서 내내 화석 발굴에 매달렸다.

그때 맺은 AMNH와의 인연 덕분에 그녀는 그 박물관의 척추동물 고생물학 부서의 단기 방문 과학자 자격을 얻게 되었다. 볼로르가 처음 경험한 미국은 뉴욕이었다. 그녀는 인구가 겨우 200만 명밖에 되지 않는 광대한 나라에서 700만 명이 넘는 밀집된 도시로 이주했다. 1997년 몽골에서 석사 과정을 마친 후, 맨해튼으로 돌아와 뉴욕 시립대학과의 공동 AMNH 프로그램에서 박사 과정을 마친 그녀는 서구에서 교육받은 최초의 몽골 고생물학자가 되었다.

2012년 봄, 그녀는 자신만의 프로젝트를 진행하면서 몇 년째 학교를 쉬고 있었다. 대학원 과정 중에 그녀는 백악기 후기의 이런저런 틈새나 그림자 속에 머물며 다섯 번째 멸종에서 살아남았던 작은 포유류인 다구치목(쥐와 비슷한 멸종 포유류군 - 옮긴이)을 연구했다. 하지만 그녀의 또 다른 관심사는 공룡이었다. 볼로르는 고생물학에서 가장 위대한 발견 가운데 일부가 몽골에서 이루어졌음에도 심지어 고비 골층(화석을 다량으로 포함하고 있는 고비의 지층 - 옮긴이)까지 걸어갈 수 있는 거리에 사는 유목민조차도 그 사실을 전혀 알지 못한다는 사실에 매우 놀랐다. 볼로르는 울란바토르의 거리를 걸으면서 벨로키랍토르Velociraptor, 오비랍토르Oviraptor, 프로토케라톱스Protoceratops, 프시타코사우루스Psittacosaurus, 알리오라무스Alioramus, 테리지노사우루스Therizinosaurus가 아닌 몽골 공룡의 이름을 하나라도 댈 수 있는 사람을 다섯 명도 만날 수 없었다.

수년간 그녀는 고비 화석의 중요성을 넘어 고국에 대한 인식을 높이기 위해 노력해왔다. 몽골에서 가장 똑똑한 학생들을 공학이나 광업과 같은 일반적인 학과 대신 고생물학 쪽으로 끌어들이고 싶었다. 그녀는 몽골과 관련된 연구는 몽골 고생물학자들이 주도해야 한다고 자주 언급해왔다. 볼로르는 몽골 고생물학자들이 외국 과학자들에게 너무 많은 권한을 양보해왔다고 생각했다. 그들은 고비 화석으로 자신들의 경력을 쌓았음에도 몽골에는 거의 아무것도 보답하지 않았다.

그녀는 고비의 공룡 유적지를 점점 더 자주 찾아오는 밀렵꾼들에 대해 걱정했다. 화석 밀렵꾼과 화석사냥꾼의 차이는 야생동물 밀렵꾼과 야생동물 사냥꾼의 차이점과 같다. 한쪽은 경계를 존중하는 반면 다른 한쪽은 그렇지 않다. 야생동물 밀렵꾼은 법이 허락하는 양보다 두 배나 많은 사슴을 사냥해 갈지도 모른다. 마찬가지로 화석 밀렵꾼도 사적인 수집 활동이 금지된 땅에서 또는 아예 불법적인 거래가 금지된 국가에서 공룡 뼈를 훔쳐갈 수도 있다. 현대의 도둑은 삽과 같은 기본적인 도구에서부터 헬리콥터나 구글어스 같은 최첨단 장비까지 이용해 화석을 추적한다. 지질학과 지리학은 모두 유리한 조건을 제공한다.

공룡은 감시하기 힘든 오지와 사막 같은, 광대하고 외지고 인구 밀도가 낮은 미개발 지역에서 주로 발견된다. 밀렵꾼들은 수집된 화석의 기원을 추적하기가 거의 불가능하다는 사실을 이용한다. 과학자들이 미량의 희토류 원소를 구분해낼 수 있는 완벽한 중합 기술을 개발해내기 전까지는 누구도 일말의 의심 없이 지구의 특정 구멍에서 특정 화석이 나왔다고 확정 지을 수 없을 것이기 때문이다.

몽골의 법은 화석 거래를 금지한다. 법에 따르면, 화석은 국가의 재산이다. 그러나 불법적으로 발굴된 고비사막의 공룡들이 공개 시장에서 팔리고 있다. 캐나다의 저명한 티라노사우루스 전문가이자 척추동물 고생물학회 회장이었던 필립 커리는 약탈당한 T. 바타르의 유적지 수를 2000년부터 단독으로 기록하기 시작했는데, 그 수가 거의 100여 개를 넘어섰다.

볼로르는 몽골 정부가 공룡 밀렵에 관해 조치하도록 노력해왔지만, 아무런 관심도 끌지 못했다. 하지만 최근에 그녀는 첫 임기를 마칠 예정인 차히아긴 엘베그도르지Tsakhiagiin Elbegdorj 대통령의 보좌관이자 여성 인권 운동가인 오윤게렐 '오유나' 체데브담바Oyungerel 'Oyuna' Tsedevdamba를 동맹군으로 얻었다. 우연히 헤리티지 옥션스가 주관하는 경매에 관한 소식을 들은 날, 그녀는 자세히 귀를 기울였다. '티라노사우루스'는 북아메리카 종이지만, '바타르'는 그녀의 언어였다. 그 단어는 '영웅'을 의미했다. 헤리티지가 암시장에서 나온 몽골 공룡을 팔고 있음을 확신한 볼로르는 오유나에게 이메일을 보냈다.

뉴욕의 목요일 밤은 인구 120만 명의 도시 울란바토르에서는 금요일 아침이다. 오유나는 출근 준비를 하고 있었다. 의회 선거가 몇 주 앞이었기에, 출마 준비를 하는 그녀는 정신없이 바빴다. 그녀가 막 이메일을 확인하려던 순간, 비상근으로 일하는 미국인 변호사인 남편 제프리 폴트Jeffrey Falt가 방금 온라인에서 읽은 경매에 관해 말해주기 위해 목욕가운 차림으로 아래층으로 뛰어내려왔다. 볼로르의 이메일은 상황을 더욱 급박하게 했다. 오유나는 그녀에게 "무슨 수를 써서라도 경매를 중단시키세요"라는 답장을 보냈고, 볼로르와 다른 고생물학자들에게 헤리티지 옥션스에 다음과 같은 질문을 보내게 했다. 판매자는 누구입니까? 그 공룡은 어떻게 획득한 것입니까? 하지만 볼로르는 AMNH 동료였던 마크 노렐 박사에게 이미 이메일을 보내놓은 참이었다.

50대 중반의 척추동물 고생물학자인 노렐은 고비사막으로 떠날 준비를 하느라 바빴다. 작고 둥근 안경을 끼고 은색 머리카락은 제멋대로 자라게 내버려둔 그는 꽉 끼는 카키 바지에 짙은 색의 리넨 셔츠를 입고 오른쪽 손목에는 여러 개의 가느다란 은색 팔찌를 끼고 있었다.

어린 시절 그가 다니던 로스앤젤레스의 초등학교에서는 주말에 로스앤젤레스카운티의 자연사박물관을 방문하는 것으로 과학 수업을 대체하곤 했다. 분자생물학을 공부하거나 로스쿨에 다니면서 잠깐씩 한눈을 팔기는 했어도 그는 결국 고생물학을 택했다. 비록 "수학도 없고, 증거도 없고, 경험치 같은 것도 없다"는 사실 때문에 그쪽 분야를 다소 가볍게 여기기는 했지만 말이다. 다행히 그런 경향은 바뀌어가는 중이었다.

"우리는 예전보다 경험적으로 접근합니다."

그가 말했다.

"그게 훨씬 더 생물학적이죠."

노렐은 공룡을 동물로 좋아하지는 않았다. 많은 고생물학자가 그랬다. 하지만 그는 과학으로 공룡을 좋아했다. 그에게 과학자가 된다는 것은 올바른 질문을 하는 것을 의미했다. 그는 과학의 창의성, 즉 "우리가 어떻게 아이디어를 내는가"에 관해 생각해보는 것을 좋아했다. 1989년 8월 미국 자연사박물관에 고용된 그는 1920년대 이후 처음으로 미국 팀이 고비사막을 답사할 수 있도록 허가를 받아냈으며, 1990년 여름까지 고비사막에 머물렀다.

노렐은 미국 자연사박물관 고생물학 부서의 책임자이자 큐레이터였다. 그는 딸이 태어난 해를 제외하고는 매년 여름 몽골로 돌아갔다. 그의 팀원들은 그곳에서 완전히 "야생으로 돌아가는" 것으로 유명했다. 그러니까 몇 주나 샤워를 하지 않고 화석을 사냥했으며, 온종일 화석을 발굴한 후에는 밤마다 훌륭한 음식과 맥주, 와인 등을 원 없이 즐겼다.

노렐은 현장에 나가 있지 않을 때면 빛으로 가득한 박물관 사무실에서 일했다. 그의 고상한 사무실의 중심은 골동품 책상이었다. 그 외에 아이맥과 싱싱한 난초가 있었고, 고비사막에 가져갈 더플백들도 놓여 있었다. 큐레이터용 보관함에는 노렐이 깃털 달린 공룡을 연구하기 위해 수십 년간 모아온, 뼈대가 작고 섬세한 몽골과 중국 화석이 보관되어 있었다. 화석을 사고파는 것이 양쪽 국가 모두에서 불법임에도 시장을 돌아다니던 뼈들이었다. 밀렵꾼들은 몽골-중국 국경에 걸쳐 있는 고비사막의 공룡 부지를 '초토화'시키고 있었다. 발굴된 사료들은 종종 온라인에 등장했다. 투손에서는 매년 2월이면 2주 동안 보석 원석과 광물, 화석 등을 전시하는 박람회가 열렸는데, 대략 5만 5,000명 정도의 인파가 방문했다. 노렐은 수집가들이 넘지 말아야 할 선을 지키는 한은 그들의 열정을 존중했다.

"나는 과학자만이 화석을 가질 자격이 있다고 생각하지는 않습니다. 세상에는 합법적이고 양심적인 거래상들도 많으니까요."

그가 언젠가 말했다.

"내가 중요하게 생각하는 것은 그것들이 나라에서 나라로 밀수될 수도 있으므로, 어디까지나 법을 따라야 한다는 겁니다."

그러나 국제적인 규제는 매우 다양했고, 자주 바뀌었으며, 대개는 영어로 번역되어 있지도 않았고, 어떤 사냥꾼은 아직 법으로 제재되지 않은 애매한 부분을 악용했다. 그들은 "공룡을 거래하는 실크로드"를 창조해낸 것이다.

노렐은 최선을 다해 그 거래들을 주시했다. 그의 사무실에는 경매 카탈로그가 쌓여 있었고, 그는 투손 쇼에도 정기적으로 참석했다. 화석 거래상들이 그곳에 밀실을 차려놓고 의심스러운 화석을 팔거나 즉석에서 그것을 공개할 수도 있었기 때문이다. 주변을 돌아다니다 보면, 어떤 자료가 뜨거운 관심을 받는지 바로 알 수 있었다. 아르헨티나의 공룡 뼈는 말 그대로 '뜨거운' 관심을 받았다. 중국 공룡도 마찬가지였다. 브라질 역시 뜨거웠다. 모로코에서 온 공룡 역시 '핫'했다. 캐나다에서는 척추동물 화석이 왕실 소유였다. 예를 들어, 앨버타의 황무지에서 나온 고르고사우루스^{Gorgosaurus} 뼈가 경매나 박람회에 등장한다면 그게 바로 '핫'한 것이었다.

노렐이 가장 잘 아는, 화석 관련 법이 있다면, 그것은 두말할 필요도 없이 몽골의 법이었다. 많은 시간을 그곳에서 보냈기 때문이었다. 그래서 헤리티지 옥션스가 T. 바타르의 뼈를 경매에 올린 것을 보았을 때, 그는 단번에 그 표본의 불법성을 알아차렸다.

고비사막에서 나온 뼈와 두개골은 고생물학자들의 무능한 분노를 비웃기라도 하듯이 오랫동안 시장에서 팔렸지만, 노렐은 표본 작업을 마치고 받침대에 설치한 박물관 수준의 대형 뼈를 경매에 내놓을 만큼 대담한 사람은 이제껏 본 적이 없었다. 헤리티지 옥션스의 라인업에서 적어도 다른 네 가지 품목 역시 몽골에서 출토된 것 같았다. 그중 하나가 백악기 후기의 거대한 초식동물인 사이카니아^{Saichania}의 두개골이었는데, 장식용 가면과 비슷한 화석 형태로 비늘 달린 머리와 긴 꼬리뼈가 함께 있었다. 설명에는 고비사막에 대한 직접적인 언급과 함께 '중앙아시아'에 대한 모호한 언급이 포함되어 있었다. 이는 화석 밀거래에서 중국과 몽골을 의미하는 암호였다.

노렐은 헤리티지 옥션스에 보내는 메일에 T. 바타르와 사이카니아의 표본은 "몽골에서 발굴된 것이 분명합니다. 세계에서 그 공룡들이 알려진 유일한 지역이 바로 몽골이기 때문입니다"라고 적었다. 이어서 "몽골에서 척추동물 화석을 가지고 나가는 것은 법적으로 허용되지 않습니다(지난 50년 이상 그랬습니다). 그 표본은 몽골의 유산이며 몽골 박물관에 있어야 합니다"라고 덧붙였다. 볼로르 민진은 자신의 메일에서 "그런 표본을 경매하는 것은 불법적인 화석 거래를 부채질하는 것이기에 반드시 중단되어야 합니다"라고 썼다. 그녀는 두 명의 희귀 동전 수집가가 설립한 36년 전통의 헤리티지 옥션스가 애초에 어떻게 몽골 공룡을 인수하게 되었는지 정중하게 물었다.

그 종의 이름도 해당 뼈가 몽골에서 발굴되었다는 단서가 되었지만, 무엇보다도 뼈 자체가 최고의 증거였다. 그들의 추측이 사실인지 확인하기 위해, 노렐과 볼로르는 경매장에 가서 표본을 직접 보기로 했다.

경매는 일요일 오후 2시, 첼시의 웨스트 22번가에서 예정되어 있었다. 이전에 디아아트 재단의 소유였던 창고였다. 디아아트 재단은 예술가들이 "규모와 범위 때문에 구현하지 못하는" 프로젝트를 후원하기 위해 1970년대에 세워진 단체였다. 노렐과 볼로르는 그 규모와 범위에 압도당했다. 한때 모더니스트 작가들의 작품을 전시했던 공간에는 이제 거의 수십억 년간 제작되어 온 200여 점의 작품이 전시되어 있었다. 광물과 원석은 플라밍고 핑크, 카나리아 노랑, 프린스 보라색으로 빛났다. 희귀 석영과 크리스털은 지저분한 〈반지의 제왕〉 소품을 연상시켰다. 호박 속에 들어 있는 한 쌍의 곤충은 아름다운 모습으로 끔찍한 타이밍에 관해 들려주었다. 그 벌레들은 사랑을 나누다가 죽음을 맞이했고, 나무 화석의 수지 속에 영원히 갇힌 채로 너무나도 선명한 황금색으로 방부 처리되었다. 각각의 작품은 단지 눈으로 보기에만 매혹적인 것이 아니었다. 그것은 이 행성의 역사와 지질학적 변화 속의 한순간을 대표했다. 황금색 '볼더boulder(풍화작용으로 반들반들해진 바위 – 옮긴이)'는 흘러 나온 암석이 식어서 고형화되었음을 의미했다. 석회암에 각인된 거대한 엽상체와 가오리는 약 5,000만 년 전에 지금의 와이오밍 지역에 야자수와 바다 생물이 살고 있었음을 보여주었다. 헤리티지 옥션스 최초의 자연사 전용 경매인 이 행사를 기획한 데이비드 허스커비츠David Herskowitz가 이 작품들을 직접 선정하고 관리했다.

전시장에서 가장 시선을 끄는 작품은 보안 밧줄 뒤에 웅장하게 서 있었다. 바로 제49135호 품목인 '최고의 보석' T. 바타르였다. 그 공룡은 앞발을 밖으로 뻗고 턱을 벌린 채, 푸른색 벨벳 위에서 코모도왕도마뱀 근처에 웅크리고 앉아 그것을 사냥하고 있는 듯했다. 상당량의 T. 바타르 유골이 발굴되는 유일한 지역에서 20년을 보낸 노렐은 그 공룡이 몽골 출신임을 확신했다.

한편 몽골에서는 오유나가 코네티컷에 있는 한 친구와 연락을 취했고, 지금 그는 바타르 경매에 관한 소문을 퍼뜨리고 있었다. 뉴스 기사가 온라인에 게재되었다. 캘리포니아의 한 고생물학자는 인터넷 청원을 시작했다. 그러자 2,000개에 가까운 서명과 댓글이 빠른 속도로 달렸다.

"몽골의 화석은 환상적입니다. … 그것을 마치 벽난로처럼 판매하는 것은 〈모나리자〉를 식탁 매트로 사용하는 것과 다를 바 없습니다."

"이런 행위는 과학 공동체에 오직 불신만 고조시킬 뿐이기에, 지금 그 어느 때보다도 더 세계적인 단결이 필요합니다."

"이것은 과학이나 정치뿐 아니라, 전 세계에 해로운 일입니다."

그러나 헤리티지 옥션스는 굴복하지 않았다. 뉴욕에 있는 헤리티지 옥션스의 변호사는 볼로르의 편지에 대해 "부적절한 점은 존재하지 않는다"라는 답변을 보내왔다. 헤리티지 옥션스는 자신들이 미국 법을 어겼다고 믿을 만한 이유가 없으며, "몽골 법이 몽골에서 화석이 반출되는 것을 막는다는 사실도 알지 못했다"고 주장했다. 게다가 그 메일은 "몽골은 1921년에 독립했지만, 이 표본은 그보다 훨씬 나이가 많다"라고 덧붙였다.

볼로르는 어이가 없었다. 그녀는 오유나에게 말했다.

"우리도 변호사가 필요합니다."

경매는 계획대로 진행되었다. 48초간 진행된 입찰에서 낙찰가는 105만 2,500달러였다. 에릭 프로코피는 이 돈이 절박하게 필요했다. 세인트오거스틴 해변에서 그는 불안감을 느끼며 전화를 끊었다. 이제 되돌리기에는 모든 것이 너무 멀리 와버린 듯한 기분이었다.

제2장

바다에서 건져 올린 상어 이빨

주로 평지로 이루어진 플로리다는 다른 주에 비해 별다른 특색이 없었다. 이런 지형상의 단조로움을 물이 보충해준다. 에버글레이드 습지는 풀의 강이자 물의 초원으로 불려왔다. 8,000개에 달하는 호수의 표면적은 적어도 10에이커(약 4만 500평방미터)에 이른다. 개울과 강과 수로의 길이가 1만 8,000킬로미터이고, 해안의 길이도 3,200킬로미터 이상이며, 미 전역에서 가장 많은 주요 온천이 있다. 히말라야인이 모두 산에 오르는 것처럼 플로리다 사람이라면 당연히 바다에 들어간다.

바로 이 물의 도시를 방문한 독일인이 있었다. 라인강의 무역항인 쾰른 출신의 도로시어 '도리스' 트라페Dorothea 'Doris' Trappe였다. 정비사였던 그녀의 아버지는 "엄청, 엄청, 엄청, 엄청, 엄청나게" 커다란 보트를 가지고 있었지만, 사고로 그만 잃어버리고 말았다. 도리스가 네 살이고 제2차 세계대전이 한창이던 1940년 5월, 연합군의 폭탄이 쾰른에 떨어지기 시작했다. 그다음 5년 동안 도리스의 가족을 포함해 수만 명이 피란을 갔고, 전후 도리스의 가족은 수가 하나 줄어든 채로 쾰른에 돌아왔다. 도리스의 언니가 집으로 돌아오던 여정에서 디프테리아로 사망했기 때문이었다.

쾰른은 파괴되었다. 그녀의 가족은 반쪽만 남은 집에서 살았다. 도리스의 아버지는 도시 재건 사업에서 일자리를 얻었지만, 심장마비로 사망하고 말았다. 도리스는 결국 남자 친구를 따라 뉴욕으로 갔다가 플로리다에서 그와 결혼했다.

도리스가 아들 고든을 낳고 얼마 지나지 않아서, 그녀의 격정적인 결혼 생활은 이혼으로 끝나고 말았다. 하지만 도리스는 아이를 포기하지 않았고, 레이크 코모로 이주했다. 거주민 소유의 협동조합인 레이크 코모는 모텔, 통나무집, 텐트는 물론이고 테니스나 배구 경기 같은 여가 활동도 제공했다. 조합원들은 베어 번스 카페에서 식사를 하고 버트 허트에서 술을 마셨다. 레이크 코모의 일원이자 직원이기도 했던 도리스는 주방에서 일하고 객실도 청소했다. 공동체 밖에서는 초등학교 급식 요리사로 일했다. 그렇게 모은 돈으로 그녀는 레이크 코모 모래사장 언저리에 작은 땅과 이동식 주택 하나를 장만했고, 그곳에 거주하며 뼛속까지 그을릴 듯한 중부 플로리다의 햇빛 속에서 홀로 아들을 키웠다. 그것이 1960년대 후반에서 1970년대의 일이었다.

어느 날 레이크 코모의 구내식당에서 그녀는 빌 프로코피Bill Prokopi라는 40대 초반의 독신 남성과 우연히 마주쳤다. 빌은 캐나다 출신의 초등학교 음악 교사였고 그의 가족은 우크라이나에서 캐나다로 이주한 이민자였다. 음악을 하는 빌은 자신이 존경하는 작곡가가 있는 대학에서 공부하기 위해 플로리다 탤러해시로 이주해온 뒤, 그곳을 떠난 적이 한 번도 없었다. 미혼이었던 그는 도로시를 만나기 전까지는 결혼하고 싶은 사람을 만난 적이 없었다. 그는 그녀에게 함께 외륜보트를 타고 영화도 보러 가자고 했다. 그 후에 그는 "나 캐나다에 다녀와야 해요. 캐나다에서 돌아오면 당신에게 청혼할게요. 그러니 생각해보고 있어요"라고 말했다.

그들은 1973년 5월 17일에 결혼했고, 그다음 해 8월 13일, 도리스는 아들 에릭을 낳았다. 도리스의 두 아들은 거의 열다섯 살이나 차이가 났다. 사실상 큰아들 고든은 에릭이 아직 기저귀를 차고 있을 때 집에서 독립해 나갔다. 빌의 어머니는 아들의 가족이 "집시들처럼" 트레일러에서 사는 것이 못마땅했기에, 에릭이 두 살이 되었을 때, 10분의 4에이커(약 1,000평방미터 – 옮긴이) 면적의 집을 사도록 도와주었다. 갈색 치장벽토로 마감한 집에는 차고도 딸려 있었다. 위치는 탬파 북쪽으로 30분 거리에 있는 인구 3만 1,000명의 랜드오레이크스^{Land O'Lakes}였다.

이름에 걸맞게도 이 지역(랜드오레이크스는 호수의 땅이라는 의미다 – 옮긴이)에는 수백 개의 호수가 있었다. 프로코피 가족은 한때 오렌지 숲이었던 파젯 호수 근처의 그로브레인에서 살았다. 지은 지 3년 된 그들의 집은 목장식의 주택으로, 침실 몇 개와 욕실 두 개가 있었고, 바닥에는 카펫이 깔려 있었으며, 뒤쪽 테라스로 나가는 문은 미닫이였다. 그들은 도리스가 수집한 독일 맥주잔들에 둘러싸인 식당의 식탁에서 밥을 먹었다. 도리스는 에릭에게 헌신적인 어머니라서 가끔 빌은 짜증을 내곤 했다. "그런 건 아들이 아니라 남편에게 해줘야 하는 거예요"라면서 말이다.

도리스는 에릭을 자전거 뒤에 태우고 동네를 돌아다니는 것을 좋아했다. 그녀는 레이크 코모의 집들을 청소하거나 고객을 위해 쇼핑을 하거나 그들을 재향군인 병원으로 태워다줄 때면 에릭을 함께 데리고 갔다. 그는 다른 사람에게 맡겨진 적이 없었고, 어린이집이나 유치원에도 다니지 않았다. 매일 산책을 나갈 때면, 도리스와 에릭은 함께 알루미늄 깡통을 모아 요란하게 흔들어서 뱀을 쫓아버렸다. 뭔가 흥미로운 것을 발견하면, 그들은 곧장 집어 들었다.

에릭은 다른 아이들을 싫어하거나 두려워하지는 않았지만, 혼자 있는 것도 전혀 꺼리지 않는 듯했다. 그의 수다스러운 부모는 에릭이 나중에 무슨 일을 하고 싶어 할까 궁금해했다. 빌은 아들이 음악을 좋아하기를 바랐다. 그는 아코디언과 바순을 연주했고, 우크라이나 정교회에서 성가대를 지휘했다. 빌은 에릭에게 색소폰을 추천해주었다. 에릭은 싫었지만, 어쨌든 일단은 배웠다. 〈캔터베리 서곡Canterbury Overture〉을 학교 교향악단에서 공연하기 위해 파란색 새틴 제복을 차려입고 깃털 장식 모자를 쓰는 것은 그의 천성에 맞지 않았다.

"나 하기 싫어요. 아빠한테 얘기 좀 해줘요."

그는 엄마에게 말했다. 도리스는 남편의 의견도 묻지 않고 바로 아들의 바람을 들어주었다. 에릭은 제복을 벗고 악기의 취구를 빼냈으며, 아버지의 레코드에서 나오는 은은한 클래식과 일요일 라디오에서 나오는 오페라를 제외하고는 음악과 완전히 담을 쌓았다.

도리스는 아이들에게 억지로 이런저런 활동을 하게 하면 안 된다는 얘기를 들었기 때문에 에릭에게는 "네가 선택해"라고 제안했다. 그는 가라테를 비롯해서 몇 가지를 배우다가 마침내 수영에 집중하기로 했다. 도리스는 남편 빌이 수영은 전혀 하지 못한다는 사실을 알고 있었다. 따라서 자신이 아이에게 물을 좋아하는 유전자를 물려줬을지도 모른다는 사실에 기뻐하면서 직접 에릭을 가르쳤다.

———

에릭은 최고의 수영 선수는 아니었다. 하지만 그의 노력과 집중력이 클럽팀 코치에게 깊은 인상을 남겼다. 랜드오레이크스 고등학교에는 수영팀이 없었기 때문에 도리스는 에릭만의 1인 선수단을 만들기 위해 로비를 했다. 지역 신문들은 사실상 엄마가 코치인 "'무명의 수영 선수' 프로코피"에 관한 기사를 실었다.

"수영은 그 애의 피 속에 있어요."

도리스는 언론과의 인터뷰에서 말했다. 에릭이 1인 선수단으로 주 선수권대회에 참가하게 되었을 때, 《탬파베이 타임스^{Tampa Bay Times}》의 칼럼니스트는 다음과 같이 썼다.

"그래서 게이터스('Gators'는 플로리다 스포츠 선수단, 예를 들어, 미식축구나 수영, 농구팀 등의 명칭이다 – 옮긴이)들이 릴레이 경기에는 참가할 수 없게 되었다. 하지만 이것이 실제 상황이다."

기자들은 대체로 에릭의 가장 두드러진 성격적 특징에 관해서는 논평을 보류했다. 한 명만은 제외하고.

프로코피가 조용하다고 말하는 것은 피카소가 화가였다고 떠드는 것이나 다름없다.

"별일 아니에요. 나는 단지 수영을 하고 싶을 뿐이에요. 그거면 충분해요."

프로코피가 말했다. 어쩌면 이것이 그가 낯선 사람에게 가장 길게 말한 기록일지도 모른다.

에릭이 말할 때마다 그의 언어는 결함 있는 지퍼처럼 자꾸만 뭔가에 걸렸다. 말을 더듬는 것은 아니었다. 오히려 하고 싶은 말을 재는 것처럼 단어와 단어 사이에 적당히 거리를 두었다. 따라서 듣는 사람의 인내심을 요구했고, 때로는 상대를 당황스럽게 하기도 했다.

"왜 수영을 해요?"

사람들이 물으면, 에릭은 "그냥 좋아서요"라고 대꾸했다. 그는 학교 규칙을 두어 번 어기고 종이비행기를 날렸고, 역시 규칙을 어기고 교실에서 뛰어다녔다. 이는 "권위에 대한 도전"이라고, 학교에서 가정통신문을 보냈다. 도리스는 자신의 폭스바겐 버스나 스테이션왜건을 몰고 학교로 가서 주근깨 덮인 어깨를 으쓱해 보일 뿐이었다.

'뭐가 문제라는 걸까? 애가 애처럼 굴고 있을 뿐인데.'

도리스는 항상 에릭의 편에서 이야기했다.

에릭은 늘 반에서 최고의 성적을 거두었고, 대학 진학을 위한 심화학습 과정에서는 전과목 A학점으로 우등상을 받았다. 도리스는 성적표와 수영 메달과 신문 기사는 물론, 에릭의 성실함과 긍정적인 태도에 관한 교사들의 칭찬, 아들의 아침과 점심을 해결해준 무료 급식 프로그램 통지서 등을 모두 보관해두었다.

빌은 아내가 집에서 살림만 하기를 바랐지만, 1년에 1만 8,000달러의 소득만으로 네 가족이 살아가는 것은 현실적이지 않다고 도리스는 믿었다. 전시에 어린 시절을 보내고 검소하게 생활해온 탓에 그녀는 푼돈도 낭비하지 않고 저축했다. 중고 매장에서 쇼핑할 때도 염가 상품만 보면 좋아서 어쩔 줄 몰랐다. 어느 순간, 그녀와 에릭은 회사를 하나 차려서 반쯤은 기발하다고 할 수 있는 명함을 돌리고 있었다.

> 도리스&에릭 프로코피
> 굴뚝 청소와 잔디 깎기

주말이면 프로코피 가족은 종종 멕시코만에서 베니스 해안 마을까지 차를 몰고 갔다. 그곳에는 도리스의 이모가 살고 있었다.

대략 300만 년에서 1만 2,000년 전에 플로리다는 얼음에서 솟아나와 얕은 바다 밑에서 데워졌다. 시간이 지남에 따라 해수면이 낮아지면서 현재 플로리다 땅이 표면으로 드러나게 되었다. 이 시

대, 즉 플라이스토세의 동물들은 대륙 사이를 걸어서 오갔다. 날씨가 온화했던 간빙기에는 물속과 땅 위에 검치호랑이와 이리, 매머드, 마스토돈 같은 특별한 동물이 풍성하게 살았다. 거대 동물로는 날개폭만 4미터에 육박하는 새들과 폭스바겐 비틀 크기의 아르마딜로 등이 있었다. 플로리다에는 작은 곰 크기의 비버와 개 크기의 말 그리고 사막쥐 크기의 개가 있었다. 그들의 사체는 강바닥에 가라앉거나 바다로 떠내려간 다음 바다 밑에 가라앉아 퇴적물에 덮여 보존되었다.

"플로리다에서는 도로를 정비하거나 도랑을 재배치할 때면 거의 어김없이 화석이 발견된다."

1959년 올슨S. J.Olsen은 플로리다 지질조사국 자료에 이렇게 적었다. 채석이나 준설 작업, 주차장 포장 공사 도중에 화석이 발굴되었다. 그런 화석은 수집가에게 매우 큰 인기를 얻었기에, 취미로 화석을 발굴하는 사람들은 자신들이 발견한 것을 공유할 단체를 만들었다.

자연사 애호가들은 종종 쉽게 사냥이 가능한 품목을 중심으로 수집품을 구성한다. 와이오밍에서 관문 화석(화석 수집에 관심을 갖도록 처음 계기를 만들어주는 화석을 의미한다 - 옮긴이)은 종이처럼 얇은 암석 조각에 보존된 에오세 어류일 수 있고, 캔자스에서는 선사시대의 바다나리일 수 있다. 사우스다코타 사람들은 거북, 모로코인들은 삼엽충, 독일인들은 석회질 셰일에서 뽑아낸 잠자리의 흔적일 것이다. 잉글랜드 남서부 해안의 도싯Dorset에서는 매번 폭풍우가 지날 때마다 깎아지른 듯한 절벽이 조금씩 무너져 내리는 탓에 수집가들은 그 아래의 해변에서 암모나이트 등의 화석을 사냥한다. 몬태나와 유타에서도 특별한 공룡을 찾을 수 있다.

플로리다의 관문 화석은 상어 이빨이다. 상어는 3억 년이 넘도록 바다를 헤엄쳐 다니고 있는데, 한 마리가 최대 3,000개의 이빨을 가질 수도 있다. 다시 말해, 마치 털갈이하듯이 치아가 빠지고 새로 나기를 반복한다. 상어 이빨은 파랗고 노랗고 검은 싸구려 보석처럼 바다 밑바닥에 흩어져 있는데, 가끔은 여전히 법랑질이 남아 반짝거리기도 한다. 마녀의 모자, 뚱뚱한 쉼표, 작은 송곳 등을 연상시키는 다양한 모양은 상어의 일생에 걸친 서식지와 행동을 드러낸다. 황소상어의 작은 치아는 마치 가시처럼 손가락 끝에 끼울 수도 있다. 거대한 잠수함처럼 바다를 순찰했던 신생대 상어 메갈로돈의 치아는 길이가 거의 10인치(약 25센티미터)에 육박해서 그보다 훨씬 앙증맞은 후손인 대백상어의 이빨을 왜소해 보이게 한다.

베니스는 주변의 넓고 얕고 잔잔한 바다에서 쉽게 상어 이빨을 찾아낼 수 있었기 때문에 오래전부터 '세계 상어 이빨의 수도'라는 별명을 얻게 되었고, 5월이면 축제도 열었다. 그러면 해변은, 마치 마을 전체가 잃어버린 콘택트렌즈 한 짝을 찾아다니기라도 하는 것처럼 바닥만 쳐다보며 천천히 걸어 다니는 사람들로 발 디딜 틈이 없어진다. 수집가들은 직접 만든 거름망을 들고 파도 속에 웅크리고 앉아 있거나 상자 모양으로 만든 그물을 들고 걸어 다녔다. 기념품 가게에서는 『해변에서 화석 찾기Let's

Find Fossils on the Beach』같은 안내 책자를 판매했는데, 책에는 "인내심과 양동이와 튼튼한 허리로 두 눈을 부릅뜨고 찾다 보면 당신도 시대의 수집가가 될 수 있다"라고 조언하는 내용도 있었다.

베니스에서 처음으로 상어 이빨을 발견했을 때, 에릭의 나이는 다섯 살이었다. 그 이빨의 가장자리는 작은 빗의 갈퀴 살이나 새로 발행한 동전의 테두리처럼 톱니바퀴 모양이었다. 그 이빨은 단순한 기념품이 아니었다. 그것은 지금 그의 맨발을 훑고 지나는 진짜 바다와 조금도 다르지 않은 바다를 헤엄쳐 다니던 진짜 동물의 입속에 있었던 것이다.

"반드시 기억해야 할 중요한 사실은 척추동물의 화석이 실제로 그 동물의 삶을 대변한다는 것이다."

어느 안내 책자에는 이렇게 적혀 있었다.

"화석은 단순히 뼈가 아니라, 오늘날 비슷한 동물들과 거의 같은 방식으로 먹고 마시고 싸우고 번식했던 동물들이다."

에릭은 건져 올린 이빨을 주머니에 집어넣었다.

제3장

빙하기의 왕, 가르시아

플로리다의 웨스트탬파 구시가지에는 뉴욕 출신의 프랭크 가르시아Frank Garcia가 살고 있었다. 쿠바 이민자인 그의 부모는 가족을 위해 열심히 일했지만, 프랭크는 아버지가 좀 더 따뜻한 부모였으면 하는 바람을 항상 품고 있었다. 1학년을 낙제한 프랭크는 "넌 죽었다 깨어나도 뇌 전문 외과 의사는 될 수 없을 거야"라고 말했던 아버지를 그냥 용서하기로 했다. 하지만 그런 말을 들었다는 사실 자체는 잊을 수 없었기 때문에 아버지에게 뭔가를 증명해 보여야 한다는 생각을 계속 하고 있었다. 4학년 때 그는 비누 팔기 대회에서 우승했다. 고등학교 때는 정확히 딱 한 번 색소폰을 연주하고는 밴드를 시작했다. 그는 구두닦이, 잔디깎이, 밀크셰이크 판매원, 방문 꽃게 판매원 등 여러 직업을 전전했다. 첫 결혼에 실패한 후에도 그는 좌절하지 않고 다섯 번이나 더 결혼했다. 마지막에는 드넓은 하늘과 커다란 총과 고대의 뼈를 향한 열정을 공유한 여성과 지붕이 덮인 다리 위에서 결혼식을 올렸다.

젊은 시절 프랭크 가르시아는 부스스한 머리에 콧수염을 덥수룩하게 기르고 한쪽 귀에 귀고리를 하고 다녔다. 민소매 셔츠 밖으로 드러난 삐쩍 마른 양팔은 새로 꺼낸 시가 색깔처럼 갈색으로 진하게 그을려 있었다. 그는 목소리가 좋았고, 늘 웃는 낯이었으며, 턱 보조개가 패어 있었다. 언론은 때때로 그를 플로리다에서 가장 유명한 고생물학자라고 불렀고, 프랭크는 자기 자신을 "세계에서 가장 흥미로운 사람"이라고 부르는 것으로 유명했지만, 갓 어른이 되어서는 상당 기간, 파이프와 보일러를 석면 시멘트로 감싸는 절연 시공업자로 일했다.

프랭크가 열 살쯤 되었을 때, 할아버지와 함께 팜비치 근처의 오키초비 호수로 낚시를 하러 갔다. 그 호수는 면적이 1,100제곱킬로미터가 넘는 자연 담수호였다. 그는 입질이 오길 기다리다가 준설된 석회암 폐석 속에서 성게 화석을 발견했다. 그는 그중 하나를 파내서 양손에 조심스럽게 쥐었다. 나중에 그에게 "삶의 연료"가 되어줄 바로 그것이었다.

프랭크는 학교 성적은 그리 뛰어나지 못했지만, 도서관은 좋아했다. 그곳에서 그는 공룡에 관한 책들을 접했다. 플로리다에서는 공룡이 발견된 적이 없었다. 중생대층은 지상에서 수천 미터 아래 있기 때문이었다. 가장 가까운 노출부는 셀마, 앨라배마, 투펠로 그리고 미시시피 근처라고들 말한다. 하지만 그런 사실도 프랭크가 어마어마한 발견의 꿈을 꾸는 것을 막지는 못했다. 중학교 2학년 때 그는 힐스버러 강둑에 묻혀 있는 마스토돈 뼈를 발견했다. 또 한 번은 정체불명의 뼈를 발견한 후 그것을 사우스플로리다대학의 고생물학자에게 가져갔다. 그 고생물학자는 프랭크의 표본을 조사해보고 나서 낙타의 뼈라고 알려주었다.

"플로리다에 낙타가 있었다는 거군요?"

이를 계기로 프랭크는 수천 년간 플로리다에서는 대개 현대 아프리카와 관련 있는 선사시대 생물의 화석들이 발견되어왔음을 알게 되었다.

보석과 광물 박람회들이 차츰 화석을 전시 대상에 포함시키는 동안 프랭크도 자연사에 빠져들기 시작했다. 해군에서 제대하고 얼마 지나지 않았을 때, 그는 텍사스 토박이 조 라니드^{Joe Larned}가 레저용 자동차에 꾸며둔 화석 박물관에 우연히 들어가게 되었다. 카우보이 셔츠에 상어 이빨 문양이 들어간 끈 넥타이를 맨 라니드는 제2차 세계대전 당시 공군 정비사였고 '과학 광신도'였다. 그는 특히 기상학에 관해 이야기하는 것을 좋아했고, 종종 "인간의 화전식 경작" 때문에 새로운 빙하기가 찾아올 것이라는 말을 하곤 했다. 그는 인산염 광산에서 일했고 탬파 동쪽의 포크카운티에 살았다. 포크카운티는 많은 화석이 발견된 까닭에 본 밸리^{Bone Valley}(뼈의 계곡)라고 불렸다. '국제광물화학공사' 같은 기업은 그들의 부지에서 화석 사냥을 하는 것을 허용했기 때문에 라니드는 그곳에서 현장 답사를 이끌기도 했다. 몇몇 수집가들은 여기 합류하기 위해 온종일 차를 몰아 달려왔다.

"당신이 그걸 본 최초의 인류입니다."

누군가 오래된 뼈를 발견해 새로운 주인이 되면 그는 이렇게 말해주곤 했다.

"그게 저기 누워 있었을 때, 우리는 심지어 신의 계획 속에도 없었어요."

라니드는 한 주석 창고에 박물관을 만들고 '본밸리 박물관'이라는 이름을 붙였으며, 나중에는 그곳의 소장품을 멀베리 마을에 3만 달러를 받고 팔았다. 그는 프랭크가 바라는 방식대로 살고 있었다. 처음으로 둘이 함께 사냥을 나갔을 때, 프랭크는 평생 자신이 기꺼이 행복하게 해나갈 수 있는 일을 발견했음을 깨달았다.

프랭크는 과학에도 공헌하여 유명해지고 싶었다. 그의 사촌이 이상한 화석 뿔을 발견했을 때, 프랭크는 그 종류를 확인하기 위해 사촌을 차에 태우고 게인스빌의 플로리다 자연사박물관FMNH에 갔다. FMNH는 플로리다 고생물학회를 설립하여 화석에 대한 대중의 관심을 불러일으켰고, 《더 플래스터 재킷The Plaster Jacket》이라는 회보도 발행했다. '플래스터 재킷'이란 발굴 현장에서 실험실까지 표본 운반에 쓰이는 보호용 석고 포장을 의미했다. 플로리다 고생물학회는 사람들을 교육하고 영감을 불어넣었으며, 누가 화석을 사냥하고 무엇을 발견했는지 등도 비공식적으로 감시했다.

프랭크는 FMNH의 척추동물 고생물학 큐레이터이자 플라이스토세 동물을 연구하는 데이비드 웹David Webb 박사에게 사촌이 발견한 뿔을 보여주기 위해 자리를 마련했다. 그는 "지적이고 고상하고, 어쩌면 겸손한 태도의 전형적인 과학자"를 만날 것으로 기대했다. 하지만 그의 멘토 조 라니드와는 달리 카우보이 셔츠에 하얀 모자를 쓰고 나타난 웹을 보고는 무척이나 즐거워했다. 화석 뿔을 보고 상당히 감동한 웹은 프랭크의 사촌에게 그것을 박물관에 기증해달라고 했고, 나중에 그것이 멸종한 사슴 종류 의 뿔이라고 결론 내렸다. 프랭크도 자신이 가지고 있던 그와 비 슷한 화석을 게인스빌로 보냈고, 웹은 복제품을 만들어 건네며 그에게 감사의 마음을 전했다.

"아마도 고생물학에 관련된 사람이라면 누구나 느끼겠지만, 프랭크에게 가장 인상 깊었던 점은, 그가 가진 정말 깊은 신비 의 식이었어요. 그는 마치 '당신은 지금 과거를 만지고 있는 겁니다. 고대의 삶에 관해 새로운 이해를 얻고 있는 거예요.'라고 말하는 듯했죠."

웹이 훗날 말했다.

답사 영역을 확장해 나가는 동안, 프랭크는 스쿠버다이빙도 독학으로 터득했다. 강에서 그는 플라이스토세 포유류의 뼈뿐 만 아니라 창 촉과 스크레이퍼(표면에 묻은 것을 긁어내는 도구 – 옮 긴이)와 작살도 발견했는데, 일부는 상아 재질이었다. 육지에서 는 광산업자들과 친분을 쌓아 땅속 깊은 곳도 답사할 수 있었다. 그는 "세계에서 가장 큰 돌고래 두개골"을 비롯해 진귀한 아메 벨로돈Amebelodon 유적지, 유일하게 알려진 선사시대 기린의 두개 골, 향유고래의 턱, 지금까지 발견된 가장 큰 나무늘보 발톱 그리 고 바다소인 듀공의 뼈 여러 점을 발견했다. 듀공의 뼈 중에는 새 로운 피그미 종의, 최초 인시투in situ(다른 장소에서 그곳으로 운반되 어 만들어진 화석이 아니라 '그 자리'에서 형성되었음을 의미하는 표현 –

옮긴이) 화석이 포함되어 있었다. 스미스소니언 소속의 한 과학자가 나중에 프랭크 가르시아의 이름을 따서 그 화석에 네노시렌 가르시아에Nanosiren garciae라는 이름을 붙였다.

자연사박물관에 전시된 뼈는 모든 과정의 끝이다. 다시 말해 실제 화석은 영화에 등장하는 것처럼 깨끗하고 말끔한 상태로 발견되지 않는다. 절대로. 영화에서 화석의 발굴 과정은 손빗자루로 몇 번 쓸려낸 다음에 전체 유골을 간단히 들어 올리면 끝나지만 현실은 그렇지 않다. 일부 뼈는 관절로 연결되어 끊어지거나 손상되지 않았다. 하지만 대부분은 흩어져 있거나 뭉개져 있다. 때로는 바닥에 떨어뜨린 이쑤시개 상자처럼 완전히 뒤죽박죽으로 뒤섞여 있기도 하다. 암반 기질(결정체나 화석 같은 더 큰 입자 사이사이를 채우고 있는 미세한 입자 덩어리 – 옮긴이)에 박혀 있는 화석은 종종 전체를 한꺼번에 들어 올려야 한다. 그렇게 하기 위해 시아노아크릴레이트 접착제로 분해된 뼈를 경화시키고 화석 덩어리 주위를 일종의 참호처럼 파내야 한다. 그런 다음 화석 덩어리에 알루미늄포일 같은 보호재를 겹겹이 대고, 석고에 흠뻑 적신 삼베나 종이로 꼼꼼하게 감싼 후에 조심스럽게 뒤집어 재킷을 입히듯이 빈틈없이 에워싼다. 이 석고 반죽이 백색으로 건조되면 분필로 만든 물방울이나 석관처럼 보이고, 아직 현장에 있을 때는 쌓인 눈덩이 같기도 하다. 그것을 실험실로 가져가 톱으로 썰면, 안쪽의 내용물은 마치 거대한 반쪽짜리 달걀에 박힌 흙과 뼈처럼 보인다. 표본 담당자들은 화석이 깨끗해질 때까지 오랫동안 아주 섬세하고 조심스럽게 긁고 털고, 깨뜨리고 털고,

끌질하고 털어내면서 힘겨운 시간을 보낸다. 프랭크가 특별한 돌고래 두개골을 발견했을 때, 그는 이런 과정에 관해 거의 알지 못했다. 평생 이런 작업을 해본 적이 없었지만 옆에서 지켜본 적은 있었다. 그는 석고를 사러 갔다. 다시 현장으로 돌아왔을 때, 그는 삼베를 빼먹었음을 깨달았다. 그래서 입고 있던 청바지를 벗어 다리 부분을 주머니칼로 길게 가른 다음 엉덩이 아랫부분을 잘라내 두개골에 씌웠다.

미국 땅은 건축이나 도로 건설 또는 광업으로 헤집어지고 있었다. 그러자 자연사 클럽이 주마다 우후죽순 등장했다. 프랭크는 '탬파베이 광물과 과학 클럽'의 소식지에 "화석에 관한 사실과 철학Fossil Facts and Philosophy"이라는 칼럼을 쓰기 시작했다. 여러 단체와 교사들이 그를 초청해 프레젠테이션과 강연을 들었다.

"대학에서 화석에 관해 배우셨나요?"

가끔 학생들이 묻곤 했다. 프랭크는 대학 대신 해군에 입대했었지만, 질문자를 만족시킬 만한 대답을 내놓았다. 즉 자신은 자연이라는 학교의 학생이 되어 화석에 관해 배웠다는 것이었다.

프랭크는 수염고래의 특이한 두개골을 발견하여 박물관에 기증한 후 스미스소니언의 '답사 회원'이 되었다. 그 명예로운 칭호는 한 과학자가 그의 '영웅적인' 수집품을 인정해준 결과였다. 하워드대학교의 해부학자이자 스미스소니언의 회원인 대릴 돔닝Daryl Domning은 자신이 국립과학재단에서 받은 연구 보조금을 프랭크와 공유했다. 듀공을 연구하기 위해서였다. 그때쯤 프랭크는 플로리다 화석에 관해 직접 글을 쓰고 그림까지 그린『척추동물 화석에 관한 일러스트 가이드Illustrated Guide to Fossil Vertebrates』
라는 책을 자비 출판까지 했음에도 자신이 스미스소니언의 인정
을 받았다는 사실에 당황했다. 그는 그토록 자기 자신이 자랑스
러웠던 적이 없었다. 공식 서한을 받은 날, 그는 고등학교 졸업장
밖에 없는 서른세 살의 파이프 단열시공 기술자인 자신이 세계
적으로 권위 있는 과학기관의 인정을 받았다는 사실에 감격해서
문간에 걸터앉아 울었다.

1983년 6월 27일 비 오는 월요일, 프랭크는 러스킨으로 차를
몰았다. 그곳은 과거 토마토밭이었으나 지금은 조개껍데기 발굴
장이 된, 그가 가장 좋아하는 사냥터였다. 땅주인은 '리지 셀사'
라는 가족 회사였는데, 그는 종종 그 회사의 허가를 받아 그곳을
발굴했다. 한번은 그곳에서 강바닥의 화석 흔적을 따라가다가
코끼리 두개골을 발견한 적도 있었다. 그때 이후 그는 더 많은 뼈
가 표면으로 드러나기를 바라며 굴착기를 수시로 확인했다.

며칠 전 그곳에 새로운 구멍을 하나 팠고, 굴착기 기사는 즉시
휴가를 떠났다. 프랭크가 구덩이에 들어섰을 때쯤에는 이미 채
굴장 전체가 초토화되어 있었다. 그는 높은 둑에 둘러싸인 채 구
덩이를 살펴보기 시작했다. 그리고 마침내 꿈도 꾸지 못했던 화
석들을 발견했다. 그것들은 60센티미터 두께에 18미터 길이로
자라난, 다루기 힘든 나무뿌리처럼 바닥에서 튀어나와 있었다.
흙벽에는 너무 많은 뼈가 튀어나와 있어서 속을 너무 많이 채워
넣은 흙 샌드위치를 보고 있는 것 같았다.

너무 기뻐서 잠시 흐느껴 울던 그는 데이비드 웹에게 전화를

걸었다. 하지만 FMNH는 리지 셸사 구덩이에는 관심이 없었다. 그는 단열 시공일로 알고 지내던 친구들에게 전화를 걸어 사람들을 모으고 독립적으로 발굴 작업을 시작했다.

발굴팀은 매일 사진을 찍고 측정을 했으며 발굴 과정을 기록했다. 긴 머리에 수염을 덥수룩하게 기른 프랭크는 발굴품을 일정 비율로 스케치했다. 그의 처남 미키가 RV(왜건, 미니밴 등의 레저용 차량 – 옮긴이)를 가져온 덕분에 그들은 발굴 작업 내내 24시간 구덩이를 지키면서 그날그날 작업량을 완수했다. 구덩이의 표면 온도는 섭씨 34도에 육박했고 모기들은 거의 말벌 크기였지만, 200명에 달하는 지역 화석 클럽 회원들이 도움을 주기 위해 달려왔다. 프랭크는 이미 자신이 뭔가 중요한 일을 하고 있다는 사실을 알았다. 발굴 인원이 7월 4일 독립기념일 축제에 참여하기 위해 자리를 비운 사이, 그는 파헤쳐놓은 폐석 위에 기어 올라가 미국 국기를 꽂아놓았다.

리지 셸사 구덩이에서는 100만 년에서 200만 년 된, 140종의 생물을 대표하는 뼈가 나왔고, 그중 많은 수가 이전까지는 과학계에 전혀 알려지지 않았던 종이었다. 그 현장은 치타, 재규어, 라마, 곰, 몽크물범, 상어, 놀래기, 농어, 거북, 플라밍고, 두꺼비 등의 사체가 홍수에 떠내려 와 쌓인 것처럼 다리, 갈비뼈, 두개골, 척추, 엄니, 팔, 치아, 발 등이 더미를 형성하고 있었다. 멸종된 생물에는 목화쥐, 날개 길이가 3.3미터가 넘는 콘도르 그리고 희귀 곰포테리움gomphothere 등이 있었다. 왕아르마딜로는 키가 1.2미터, 비버는 거의 2.4미터, 땅늘보는 거의 6미터 가까이 되었다. 이후 몇 주 동안 러스킨의 인구는 일시적으로 거의 세 배쯤으로 늘어난 듯했다. FMNH는 결국 공식적인 발굴 작업을 시작했고, 발굴한 화석들의 보관소가 되었다. 이 시점에 웹은 "이것은 생명체의 역사에 새로운 장을 찾은 것과 같다"라고 말하면서, 이 발견이 "지극히 중요"하다고 강조했다.

프랭크는 북미 전역에서 가장 풍부한 플라이스토세 화석층을 발견한 것이고, 지역 화석 클럽 회원들은 그 뼈를 발굴해내는 것을 도운 것이었다. 행복감에 도취된 그는 플로리다 스튜디오에서 진행된 NBC의 〈투데이Today〉 쇼 생방송에 출연해 사회자 브라이언트 검벨Bryant Gumbel과 대화를 나누었다. 부스스한 머리에 흰 청바지와 오렌지 무늬 셔츠를 입은 그는 자신이 소품으로 가져온 나무늘보 발톱과 다른 화석들이 놓인 작은 탁자 옆에 앉아 있었다.

"발굴하신 화석 가격으로 거액을 제안받았음에도, 그걸 팔지 않고 과학계에 기부하기로 하셨다고 들었습니다. 왜죠?"

검벨이 말했다.

"그것들은 플로리다 주민의 것이니까요."

프랭크가 긴장한 표정으로 웃으며 대답했다.

"고생물학을 정식으로 교육받으신 적이 없다면서요? 그런데 왜 그쪽 계통으로 나가신 건가요?"

검벨이 물었다.

프랭크는 냉방 시설을 갖춘 건물에서 인생을 보내고 싶지는 않다고 설명했다.

"나는 현장에 나가서 발굴 작업 하는 걸 좋아합니다. 흥미진진하거든요."

"그렇다면 당신이 발굴해낸 것을 보고 놀라움을 금치 못한 과학자들은 어떤가요? 그들은, 음, 좀 이상한 질문이 될지도 모르겠지만, 그들이 당신을 동등하게 받아들이나요, 아니면 그저 운이 좋았던 아마추어로 바라보나요?"

검벨이 물었다.

흥미로운 질문이었다. 프랭크는 박물관에 수많은 발굴품을 기부했다. 스미스소니언은 그에게 보조금을 지급했다. 과학자들은 그의 이름을 따서 종의 이름을 명명했다. 프랭크는 화석 기록에 적어도 5종의 기준 표본을 추가했다. 그 말은 그가 정기준표본, 다른 말로 종의 원형을 나타내는 표본 또는 그 생물 종의 첫 번째 화석을 발견했다는 의미이고, 거기에는 데이비드 웹이 모든 아마추어 화석사냥꾼에게 명예를 돌리기 위해 킵토세라스 아마토룸Kyptoceras amatorum이라고 명명한 낙타의 기괴하고 먼 친척도 포함되어 있었다. 스미스소니언의 클레이튼 레이Clayton Ray는 프랭크를 "현장답사에 관한 한은 완전히 프로지만, 그것을 통해 돈은 전혀 벌지 못하는 지상 최고의 감각을 가진 아마추어"라고 평가했다. 웹의 표현에 따르면 그는 "20년 동안 플로리다에서 활동해온 다른 어떤 사람보다 더 흥미로운 새로운 화석들을 발굴해냈다."

프랭크는 브라이언트 검벨에게 "아니요, 나는 그들이 이제는 나를 존경한다고 생각합니다"라고 대답했다. 검벨은 프랭크의 이후 계획을 알고 싶어 했다.

"당신이 이 일을 해냈다는 것은 확실합니다. 하지만 다음번에도 이걸 능가할 만한 뭔가를 발견해내게 될까요? 그런 기대는 어렵지 않을까요?"

프랭크는 씩 웃으며 대꾸했다.

"아, 할 수 있어요. 할 수 있고말고요."

그해 여름, 프랭크는 화석 수집과 관련된 플로리다 주법을 강화하기 위해 주 의원들을 설득해달라는 요청을 받았다. 연방정부는 국가의 화석을 어떻게 보호할지로 고심하고 있었고, 다른 주에서도 나름대로 그 문제를 해결하려 애쓰는 중이었다. 세상에는 합법적인 거래상이 그렇지 않은 경우보다 많았고, 법이 그들에게 화석 수집을 허락하는 한은 그들도 전문가로서 인정받고 싶어 했다. 1970년대 후반 상업적인 화석사냥꾼들은 무역 단체인 응용고생물학협회AAPS를 결성했고, 마침내는 존경받는 과학학술지들을 모델 삼아 그들만의 출판물인《고생물학 저널Journal of Paleontological Sciences》('협력 정신의 고생물학')을 창간했다. 화석 거래상들은 그들의 사업에 뭔가 과학적으로 들리는 이름을 부여했다. 그들은 AAPS 회원은 모든 규정을 준수해야 하고, 기관과 단체 등과 협력해야 하며, 적어도 "연구, 조사, 보존"을 위해 책임감 있는 구매자에게 "독특한 과학적" 관심을 불러일으키는 품목을 판매하려고 노력해야 한다는 윤리 강령을 제정했다.

수집가와 애호가들은 그 기구의 환상적인 화석 박람회장을 돌아다녔고, 온라인으로 쇼핑을 했다. 그중 많은 사람들이 "심지어 화석 거래가 문제가 된다는 사실조차 알지 못했다"고 이야기했다. 고생물학자의 관점에서 보면, 미국은 규제 문제가 있었고, 일부 국가에는 암거래 문제가 있었으며, 고생물학 전반에는 홍보 문제가 있었다. 화석에 대한 대중의 '잘못된 인식'은 학술 연구를 수행하는 과학자를 방해했을 뿐만 아니라 자금 확보와 일자리 유지도 저해했다. 그리고 갈수록 커져만 가는 화석의 상업적 가치는 불법 발굴을 성행시켰다. 고생물학자들은 직업적 화석사냥꾼이 화석에 접근하는 것을 아예 금지해야 한다고 정부에 점점 더 강력한 로비를 하고 있었다. 화석연료가 풍부한 다른 국가들은 이미 고생물 자원의 사적 소유와 판매를 전면 금지했지만, 미국은 과학, 무역, 취미의 근간이 되는 대상을 어떻게 공정하게 처리해야 할지 고심하고 있었다. 특히 화석 관련 취미는 갈수록 모니터 앞에만 앉아 있는 사람이 늘어가는 시대에 수백만의 사람을 자연의 세계로 끌어들이고 있었다.

프랭크는 고생물학자와 상업적 화석사냥꾼 사이에 흐르는 긴장의 양면을 모두 보았지만, 그럼에도 아마추어들에게 매년 5달러짜리 수집 허가증을 사게 하고 뭔가 특이하거나 잠재적으로 중요한 발견물은 보고하게 하고 그것을 누가 소유할지는 주정부에서 결정하게 하는 법안에 찬성한다고 플로리다 상원에서 진술했다. 이 법률 개정안은 잉글랜드 법안을 어렴풋이 반영했는데, 차이점이라면 잉글랜드에서는 과학자들이 그 화석을 원하지 않을 경우 왕실이 사들이거나 사냥꾼들이 원하는 곳에 팔 수 있게 했다는 것이었다. 플로리다 법안에는 그런 조항이 포함되어 있지 않았다. 사냥꾼 입장에서는 시간과 돈을 들여 뭔가 대단한 것을 찾아내고도 전혀 보상받지 못한다는 것은 아무래도 공정하지 않은 듯했다. 많은 사냥꾼이 그런 규제를 만들려는 것은 그들이 좋아하는 취미와 생계 수단에 위협을 가하려는 시도라고 생각하며 분노했고, 프랭크는 자신이 살해 위협까지 받았다고 주장했다.

어쨌든 법안은 통과되었다. 프랭크는 계속 새로운 목적으로 불타올랐다. 그는 유명한 난파선 탐험가인 멜 피셔^{Mel Fisher}가 받았던 상을 받았고, 프로레슬러인 더스티 로즈^{Dusty Rhodes}와 싱가포르 슬링 칵테일을 마셨으며, 탬파베이 화석클럽을 창설했다. 대학 강연에 초대받았을 때는 원래 고생물학 강의로 예정되어 있던 것을 아주 근사한 (물론 조금 당황스럽기는 했지만) 동기부여 강연으로 바꾸어놓았다.

"태도, 모든 게 태도와 관련되어 있습니다!"

그는 예일대학교 등에서 학생들에게 말했다.

절연제 시공 사업은 그를 붙잡아둘 만큼 크지 않았다. 그는 일을 그만둘 계획을 발표했다. 그러자 노동조합 측은 한 달만 기다리면 황금 핀을 받게 될 거라고 했다.

"진짜 금이에요, 도금이에요?"

프랭크가 물었다.

"도금이죠."

노조 측이 대답하자 "나중에 또 봅시다"라고 프랭크가 말했다.

이제 온종일 화석을 찾아다니게 된 그는 자신을 프리랜서 고생물학자라고 불렀다. 어떤 이들은 프랭크의 자신감에 감탄했지만, 일부는 그가 너무 과하다고 생각했다. 프랭크는 상관하지 않았다. 그가 직접 쓴 자기소개는 "그의 강의는 항상 교육적이고 즐거우며 대체로 '만원'이 된다"라는 내용이었다. 그의 목표는 "무언가를 발견하고 배우기에 당신은 결코 너무 나이 많고, 너무 약하고, 너무 아프고, 너무 가난하고, 너무 바쁘고, 너무 멀리 있지 않다"라는 생기 넘치는 메시지를 전달하는 것이었다.

수집가들은 떼돈을 벌기 위해서든, 아니면 더 많은 화석을 저장할 공간을 확보하기 위해서든 끊임없이 화석을 처분한다. 그리고 프랭크도 인산염 회사에 개인 수집품을 일부 팔아서 탬파 과학산업박물관에 기부했다고 발표했다. 프랭크는 플로리다의 간판이었다. 그리고 그의 제자 중에는 랜드오레이크스 출신의 에릭 프로코피가 있었다.

제4장

화석, 깊은 시간의 기록

리지 셸사 구덩이는 태양 빛이 내리쬐는 뜨거운 2차선 도로 옆에 있었다. 프랭크 가르시아가 자신을 도울 사람들을 데려온 순간부터 주차된 차들이 도로에 줄지어 늘어섰다. 삽과 거름망이 전리품들 사이에 흩어져 있었다. 사냥꾼들은 골프 우산을 세워 그늘을 마련했다. 물을 마시기 위해 냉각기를 설치했고, 여자들은 비키니 차림으로 일했다. 무전기는 항상 작동 중이었다. 잠깐 내린 소나기가 뼈를 씻어내 김이 모락모락 피어올랐다. 직사광선이 마치 저격수처럼 작업자들을 쓰러뜨릴 수 있었기에 의료 전문가가 항상 대기 중이었다. 어린아이에게 이보다 더 유혹적인 장면이 있었을까?

주말마다 시간이 나면, 에릭과 그의 엄마는 카크로치만 근처의 빙하기 무덤으로 90분간의 왕복 여행을 다녀왔다. 그들은 모든 화석사냥꾼이 그래왔던 것처럼 바닥에 무릎을 꿇고 앉아 화석을 찾는 군중에 합류했다. 고생물학자들은 어떻게 발굴물을 찾아냈는지 늘 질문받는데, 그때마다 이렇게 대답한다.

"그냥 아래를 내려다봤는데, 보이더라고요."

고생물학의 모든 기술적 진보, 즉 3D, 디지털 데이터 공유, 사진 측량법, 싱크로트론 등에도 불구하고, 화석 채취는 여전히 아날로그적 활동으로 남아 있다. 그 활동은 일단 주변 환경과 잘 조화되지 않는 부지나 토양 등을 찾아 주위를 돌아보며 관심을 기울이는 것으로 시작된다. 자원봉사자들이 일하는 동안, 프랭크는 허리에 찬 단검을 덜렁거리면서 그들의 질문에 답을 했다.

"이게 화석인가요?"라고 물으면, 화석 사냥꾼은 "화석 같아요?"라고 되묻는다. 그것은 고래의 귀 뼈일 수도 있고, 가운데 뭔가 비밀스러운 것을 감추고 있는, 산탄처럼 둥근 응결체일 수도 있다. 그것을 발굴용 망치로 두드려서 깔끔하게 갈라놓으면, 그게 발견된 곳이 세계 어느 지역인가에 따라 선사시대의 벌레나 다른 환상적인 유물이 모습을 드러낼지도 모른다. 혹은 그냥 단순한 돌멩이일 수도, 스크래포사우루스(고철로 만든 공룡이라는 의미 – 옮긴이)나 쓰레기, 부유물이나 수류탄 파편일 수도 있다.

프랭크 같은 사냥꾼은 화석을 '보는' 능력을 타고난 것 같았다. 즉 다른 사람은 그걸 배워야만 했고, 또 어떤 사람은 결코 배우지 못했다. 도리스와 에릭은 빌을 사냥에 데려가곤 했지만, 엄마와 아들의 양동이가 넘치는 동안 빌은 아무것도 찾지 못했다. 도리스는 눈썰미가 좋았지만, 에릭은 그보다 더 뛰어났다.

"저 애는 냄새를 맡아."

도리스가 말했다. 사실 도리스는 에릭이 가르시아의 재능을 타고났을지도 모르겠다고 생각했다.

거대 동물의 유골은 건설용 굴착기의 갈퀴 삽 속에서나 물속에서 정기적으로 나타났다. 강은 5,000만 년 전까지 거슬러 올라가는 플로리다주의 화석들을 아름답게 보존하고 있었다. 사냥꾼들은 강줄기 속으로 걸어 들어가 거대한 나무늘보의 거의 완벽한 뼈대를 발견했다고 보고했다. 화석은 싱크홀이나 강 또는 채석장 등에서 발견되었고, 플로리다 전역에 흩어져 있는 석회암 동굴에서도 발견되었다. 강풍과 거친 파도가 지나가고 나면, 사냥꾼들은 해변으로 떠밀려온 해초 더미 사이에서 뼈를 발견했다. 프랭크 가르시아의 멘토였던 조 라니드는 친구들과 함께 카누를 타고 강을 따라가다 보면 엄청나게 많은 화석을 볼 수 있었기에 "원하는 것은 무엇이든 노로 그냥 집어 올리곤 했다"라고 말한 적이 있었다. 그는 "심지어 우린 배를 멈출 필요도 없었다. 만약 커다란 이빨이 보이면, 빵을 꺼내는 제빵사처럼 노를 쭉 뻗으면 그만이었다"라고 덧붙였다.

그때쯤 에릭은 다이빙을 했다. 열 살이 되었을 때, 그는 엄마에게 시내로 들어가는 고속도로에 자리 잡은, 가게 전면 기둥에 잠수 깃발이 걸려 있는 랜드오레이크스 스쿠버 센터에 들르자고 했다. 가게에는 오리발, 탱크, 호스, 마스크, 부낭, 밧줄, 벨트, 조명, 칼 등 인간이 지상과 물속, 두 세계를 오갈 때 필요한 모든 장비가 갖춰져 있었다.

에릭은 어린 시절부터 계속 수영을 했고 일곱 살 때부터는 뛰어난 수영 실력을 자랑했다. 에릭이 다이빙에 관심을 갖게 된 계기는 물고기가 보고 싶었기 때문이었지만, 가게 안에 들어섰을 때 그의 시선을 끌어당긴 것은 유리 진열장 속에 들어 있는 물건이었다. 상어 이빨보다 크고 흥미로운, 퍼지(설탕, 우유, 버터로 만든 서양 캔디의 일종 - 옮긴이) 색깔의 거대한 어금니 같은 것이 그 안에 누워 있었다. 그런 종류의 화석을 갖고 싶으면 다이빙을 해야 한다고, 가게 주인이 에릭에게 말했다.

그들은 맑은 물에서 다이빙 훈련을 시작했다. 보트 위에서 뒤돌아 물속에 뛰어들거나 배의 측면에서 다리를 벌리고 뛰어내리는 법, 침착하게 호흡하는 법, 천천히 위로 떠오르는 법, 항상 파트너와 함께 다이빙하는 법을 배웠다. 여객선과 충돌하고 싶지 않으면 잠수 부낭을 절대로 잊지 말아야 한다는 것도 배웠다. 이후 강에서 다이빙 훈련을 했다. 강에 들어가면 물고기, 뱀, 거북, 오래된 유리병, 화살촉, 폐타이어, 심지어 기차 바퀴도 볼 수 있었다. 악어가 보이면 침착하게 일단 그곳을 벗어나야 한다. '가라앉은 통나무'도 보게 될 것이다. 1800년대에서 1900년대 초반까지 수천 개의 벌목된 통나무가 강을 따라 제분소로 떠내려가다가 강바닥으로 침몰했기 때문이다. 맹목적으로 손을 진흙 속에 집어넣고 휘저어대면 베이거나 상처를 입을 수 있다. 화석을 발견하려면, 침전물을 전혀 건드리지 말아야 한다. 물만 휘저어 그 힘에 화석이 드러나게 해야 한다.

에릭은 2년도 되지 않아 탁한 물에서 다이빙 훈련을 했다. 너무나 어두워서 헤드램프의 노란빛 속에서 소용돌이치는 원시수프밖에 보이지 않는 그런 강물 속에서 자신을 시험했다.

그로브레인에 있는 집에 화석이 쌓이기 시작했다. 빌은 에릭이 아빠의 취미에 관심을 보이기를 기대하면서 종종 자신이 수집한 우표를 보여주었다. 에릭은 아빠가 거실 창문 옆에 놓인 책상에 몇 시간이고 앉아 오래된 봉투에서 우표를 잘라내 우표책에 정리하는 모습을 지켜봤다. 에릭은 내적인 삶에는 거부감이 없었지만 실내에서만 보내는 시간은 괴로웠다.

그러나 에릭은 아버지처럼 지도에는 관심이 있었다. 매년 여름, 캐나다 쪽의 가족을 만나기 위해 위니펙으로 운전해 가기 전에 빌은 자신의 지도책을 꺼내서 그들이 아직 방문해보지 않은 카운티를 통해 북쪽으로 가는 새로운 길을 선택해서 노랗게 표시해두었다. 때로 그들은 강을 만나면 차를 멈추었고, 에릭은 보트 진입로 근처에서 스노클링을 하면서 물살이 씻어낸 곳을 살펴보았다.

에릭은 어린 시절 많은 시간을 물에 잠겨 보냈다. 나이 많은 잠수부들이 수백만 년 전에 떠내려가던 사체가 걸려서 파묻혔을 가능성이 높은, 강의 굽이진 곳을 목표로 삼는 법을 그에게 가르쳐주었다. 어느 날 위드라쿠치강에서 그는 난생처음 마스토돈 이빨을 발견했다. 그의 손만큼이나 크고 검게 변한, 끝이 뾰족한 상아 덩어리였다. 집에 도착한 그는 노련한 사냥꾼처럼 엘머 접착제와 뜨거운 물을 섞은 용액에 그 이빨을 담가두었다. 화석을 청소하고 보존하기 위한 조치였다. 말려놓고 보니, 그것은 캐러멜 색깔의 나무 조각과 흡사했다. 화석을 찾기 위한 다이빙은 육지에서의 화석사냥보다 쉽지 않았다. 에릭은 심지어 물속이라고 해서 땀이 덜 나는 것도 아니라는 사실에 놀랐지만, 적어도 강에서 찾은 화석은 깨끗이 닦아내기는 훨씬 쉬웠다. 그렇지만 여전히 에릭은 보석 세공사들이 보석을 연마하는 것보다 더 오랜 시간을 들여 자신의 발굴품을 다듬었다.

———————

최초로 누군가 이상한 돌덩이를 집어 들고 '도대체 이게 뭐야?'라고 궁금해했던 것은 고대 그리스 시대로 거슬러 올라간다. 사람들은 대체 하늘과 땅의 어떤 힘이 '돌멩이'를 '돌돌 감아' 놓았는지 또는 어떻게 양치식물의 갈라진 잎을 마치 바람에 흩날리는 머리카락처럼 단단한 바위에 각인시켰는지 자기 자신에게 물어봤다. 이 물체들은 유기체였을까? 무생물이었을까? 자연에서 온 것일까, 초자연적인 존재일까?

그리스인들은 자신들이 하는 행위, 즉 과학이라는 행위를 명명할 단어를 아직 가지고 있지 않았다. 모든 과학은 물리적 우주에서 시작되었는데, 그 속에서 인간은 천둥, 용암, 유충, 불, 산, 부리, 나무껍질 같은 자연 세계를 인식하고 의문을 제기하기 시작했다. 그들은 새의 비행 패턴, 나뭇잎의 푸른색, 그림자의 각도, 토양의 색깔, 신생아 양육, 달의 모양, 소금의 쓴맛, 과일의 숙성에 대한 설명을 모색했다. 자연에서 의미를 찾기 위한 탐색을 가리키는, 그들 최고의 용어는 '인식'이나 '지식'을 의미하는 에피스템Episteme이었다. 러셀 로슨Russell M. Lawson이 『고대의 과학 Science in the Ancient World』에 쓴 것처럼 당시 과학자들은 "사제, 정부 관료, 왕, 황제, 노예, 상인, 농부 그리고 귀족"이었다. 그들은 예

술가, 탐험가, 시인, 음악가, 추상적인 사상가 및 관능주의자이기
도 했다.

아주 오랜 시간, 자연현상은 마술과 미신을 통해 설명되었다.
그러다가 기원전 600년경부터 오늘날 터키의 서부에 해당하는
이오니아의 밀레토스에서 철학자들은 합리성을 적용하기 시작
했다. 그리스의 초기 철학자인 탈레스는 우주가 물에서 기원했
고, 자연물에도 영혼이 있다고 믿었다. 그의 제자 아낙시만드로
스Anaximandros는 자신의 시에서 인간을 물고기의 후손으로 묘사
했고, 무규정과 무한함이 만물을 지배한다고 주장했다. 즉 창조
와 파괴는 모든 존재를 지배하는 신비롭고 비인격적이며 막을
수 없는 순환으로 작용한다는 것이 그의 주장이었다. 아낙시만
드로스의 제자로 기원전 400년대 중반에 살았던 방랑 시인인 크
세노파네스Xenophanes of Colophon는 산에서 발견한 조개를 이용해 지
구가 습하고 건조한 기간을 번갈아 경험했음을(어느 정도는 옳은
얘기였다) 이론화했다. 그는 평평한 지구(완전히 틀린 사실이었다)가
태양에 의해 점화되어 습한 기간과 건조한 기간의 주기마다 인
류가 진흙 속으로 내려갔다가 나중에야 그 모습을 드러냈을 것
으로 추측했다. 지구가 한때 흙 속에서 헤엄쳤다는 생각이 독창
적인 것은 아니었지만, 크세노파네스는 화석을 사용해 그런 결론
에 다다른 최초의 사람이었을지 모르겠다. 그는 소크라테스에게
영향을 주었고, 소크라테스는 플라톤을, 플라톤은 고대의 가장
위대한 과학자인 아리스토텔레스를 가르쳤다. 그리고 아리스토
텔레스는 로마의 저자이자 군인이며 자연철학자이기도 했던 대^大

플리니우스에게 영향을 주었다. 플리니우스가 폼페이를 멸망시킨 화산 폭발로 죽기 2년 전인 77년에 완성한, 열 권짜리 백과사전 『자연주의 역사^{Naturalis historia}』는 로마 제국에서 살아남은, 몇 안 되는 완성작 중 하나였다. 『자연주의 역사』는 그 후 수세기 동안 과학자들에게 영향을 주었다.

하지만 화석은 무엇이었을까? 16세기에 처음 등장한 이 용어는 '파헤친다'라는 폭넓은 의미의 라틴어인 포실리스^{Fossilis}에서 파생되었다. 화석은 아마도 바다의 증기, 번개 또는 달의 변해가는 주기의 산물이었으리라고 혹은 거인의 잔해였으리라고 자연주의자들은 결론 내렸다. 또는 비처럼 폭풍우 치는 하늘에서 떨어졌을지도 모르고 식물처럼 땅에서 자라났을지도 모른다는 것이 그들의 생각이었다. 땅에 흩어져 있는 삼각형의 돌들은 뱀의 혀가 분명했다. 성 바울이 뱀에 물린 복수로 몰타의 독사들에게 저주를 퍼부어 돌로 변하게 했던 것이다. 중국 사람들은 간혹 땅속에 박힌 거대한 해골을 발견하곤 했는데, 어떤 것은 마치 낮잠을 자는 것처럼 웅크리고 있었다. 그것의 허벅지 뼈 하나만 해도 성인 남자의 키보다도 더 큰 180센티미터에 달했다. 중국인들은 이 생물을 메이롱^{寐龍}, 즉 '잠자는 용'이라고 불렀다. 롱구^{龍骨}, 즉 '용의 뼈'가 치유력이 있다고 믿었기에, 불면증에서 심장질환에 이르기까지 모든 병에 그 뼈를 갈아서 섭취했다. 11세기 학자 레이 샤오^{Lei Xiao}가 남긴 조리법은 다음과 같다.

용의 뼈를 사용하려면 먼저 향이 나는 식물을 다듬고, 뼈를 뜨거운 물에 두 번 씻은 다음 가루로 빻아서 면포에 넣는다. 어린 제비 두 마리를 잡아 내장을 꺼낸 후, 면포를 제비 배 속에 넣고 우물에 매달아둔다. 하룻밤이 지난 후 제비 배 속에서 면포를 꺼내 가루를 문질러서 신장을 강화하기 위해 약에 섞어 넣는다. 그런 약의 효능은 마치 신의 효험과도 같다!

오늘날에도 한의사는 용의 뼈를 처방한다. 얼마 전, 〈내셔널지오그래픽〉의 작가 한 명이 유명한 고생물학자인 쉬 싱^{Xu Xing}에게 물었다.

"어떻게 중국 사람들은 21세기를 살아가면서도 여전히 신화 속의 짐승을 믿을 수가 있습니까?"

쉬 싱은 "어떻게 그 많은 미국인이 여전히 진화를 믿지 않을 수 있나요?"라고 되물었다.

1666년 10월 이탈리아 리보르노 근처에서 어부들이 백상아리 한 마리를 잡았다. 투스카니의 대공이었던 메디치가의 페르디난도 2세는 상어의 절단한 머리를 해부학자이자 피렌체의 의사인 니콜라스 스테노^{Nicolas Steno}에게 보내라고 명령했다. 자연주의자들은 이미 '혈구'(분자)가 모든 물질을 구성한다고 추론해냈다. 레오나르도 다빈치와 17세기 과학자인 로버트 후크^{Robert Hooke}는 이미 화석이 동물의 사체라고 추측했다. 후크는 사람들이 "이런 고대 기록은 전혀 고려하지 않는" 경향이 있음을 안타까워했다. 검은 머리에 슬픈 눈을 가진 덴마크 사람인 스테노 역시 화석이 하늘에서 떨어지거나 발밑에서 자라났다는 개념을 거부했다. 공작이 보내온 썩은 상어 머리를 해부하면서 그는 그 생물의 이빨이 혓바닥 돌이라고 알려진 물체와 같다는 사실을 알아차렸다. 화석이 동물의 잔재라는 개념을 상세히 설명하면서 그는 뼈가 광천수를 흡수해 돌로 변한 후 화석화되었다고 추측했다. 그러나 광물화 이론은 오직 커다란 퍼즐의 일부만을 설명하는 듯했다. 바위 속에 들어 있는 바위를 발견하거나 스테노가 설명했듯이 "고형물 안에 자연스럽게 둘러싸인 고체"를 발견하게 되는 이상한 일은 대체 어떻게 설명할 수 있을까? 산꼭대기에 조개껍데기가 존재하는 상황은 무엇으로 설명해야 할까?

스테노는 이탈리아의 풍경을 자세히 분석한 후, 지구에 깊숙이 묻혀 있는 화석이 한때는 유동하는 지구 표면의 일부였다고 이론화했다. 시간이 지남에 따라 그 표면들은 가장 나이 많은 층이 맨 아래로 가고 가장 어린 층이 맨 위에 남아 있는 상태에서 연속적인 수평층으로 정착해간 것이 틀림없었다. 한때는 지평선과 직각을 이루거나 "지평선 쪽으로 기울어 있던" 지층이 지평선과 평행을 이루게 되었으리라는 게 그의 추론이었다. 지층은 확실히 "다른 단단한 물체에 방해받지 않는 한은 지표면 위에 계속 존재했다." 만약 용융 암석이 지층을 뚫고 들어간다면 그 녹아내린 암석은 그것을 방해한 지층보다 더 어리다는 것이 합리적이었다. 그러므로 각각의 층은 특정 시기에 살았던 생명체의 '스냅 샷'을 제공한다. 깔끔하게 잘린, 복잡하지 않은 지구의 횡단면을 바라보면, 우리는 스테고사우루스가 티라노사우루스 아래에 파묻혀 있고, 마스토돈은 그들보다 여러 층 위에 묻혀 있으리라 기대할 수 있다. 그들은 몇백만 년 간격을 두고 존재했기 때문이다. 그러나 가장 오래된 층이 반드시 가장 깊은 층을 형성하는 것은 아니다. 지구가 지속적으로 이동하고 들썩거리면서 지형을 재배치하기 때문에 때로는 매우 오래된 층을 맨 위에 남겨두기도 한다.

스테노의 지층 이론은 중첩의 법칙(여러 입력 신호가 합쳐질 때 나오는 결과가, 개별적인 입력 신호에 의한 결과물들을 합했을 때와 같다는 원리 – 옮긴이)으로 알려진 원리로 살아남아 현대 고생물학, 지질학, 진화론을 떠받치는 중요한 기둥이 되었다. 절단된 상어의 머리를 그린 그의 펜화(뾰족한 코에 입을 벌리고 있는 머리는 만화 같은 동시에 기괴하다)는 과학적 스케치의 정전으로 남아 있다.

스테노가 자신의 이론을 고안했던 비슷한 시기에 시칠리아 과학계의 스타 화가였던 아고스티나 쉴라Agostino Scilla가 자신의 관찰을 바탕으로 중요한 고생물학 논문을 발표했다. 고생물학자이자 과학역사가인 스티븐 제이 굴드는 쉴라가 한 손에는 상어 이빨과 성게를 움켜쥐고 "다른 손으로는 화석으로 뒤덮인 산비탈을 가리키고 있는" 한 남자의 스케치를 논문의 권두 삽화로 사용했다고 썼다. 쉴라는 다른 물체와 화석을 비교함으로써 화석이 유기체라고 추론했다. 그는 과학에서 경험적 증거의 가치, 즉 인지의 중요성을 강조했다.

경험주의는 심오한 개념이었다. 고대의 과학자들은 성직자이기도 했기에, 모든 것에 신성을 개입시켰기 때문이다. 사람들은 일반적으로 지구의 나이가 6,000년쯤 된 것으로 믿었는데, 그 숫자는 1650년경 제임스 어셔^{James Ussher}라는 아일랜드 대주교가 출판한 글을 통해 대중의 의식으로 들어가게 되었다. 어셔는 성경을 분석한 후, 지구의 출생 순간이 기원전 4004년 10월 22일 오후 8시라고 선언했고, 지구상에서 어떤 화석이 발견되든 간에 그것은 대홍수로 죽은 생물체의 것이라고 말했다. 존 레이^{John Ray}와 같은 '성직자 겸 자연주의자'는 종교와 과학을 둘 다 지원하려 했지만, 갈수록 새로운 과학 시대의 표어인 '추측보다는 관찰'을 더 선호하게 되었다. 심지어 경험주의가 인기를 얻어가는 동안에도, 쉴라는 화석이 대표하는 이전 생명체에 관한 깊은 관심을 고백했다.

"대체 바다가 어떻게 그렇게 먼 내륙까지 도달할 수 있었는지 모르겠다. …그리고 사실 어떻게 그랬든 신경 쓰지 않는다."

그는 적었다.

"나는 산호, 조개, 상어 이빨, 돔발상어, 성게 등이 진짜 산호, 진짜 조개, 진짜 치아라는 사실을 매우 잘 알고 있다."

누군가는 이 모든 지식을 정리해야 했기에, 스웨덴의 식물학자이자 동물학자인 칼 린네^{Carl Linnaeus}가 그 작업을 했다. 1735년에 그는 식물, 동물, 광물의 왕국을 개괄하는 『자연의 체계^{Systema Naturae}』를 출판하여 현대 분류학의 토대를 마련했다. 이전 사람들도 생물의 분류를 시도하기는 했지만, 린네의 이명 체계는 속명^{genera}이 먼저 나오고 종명^{species}이 그 뒤를 따랐다. 데이비드 콰먼^{David Quammen}은《내셔널지오그래픽》에 다음과 같이 썼다.

"그는 자연의 다양성을 단지 신학적인 교화를 위해서가 아니라, 그 자체로 소중히 여겼고, 그 모든 가능성을 마음에 품기를 갈망했다. 그는 인류가 지구상에 존재하는 모든 종류의 생물을 발견하고, 이름 짓고, 수를 헤아리고, 이해하고, 감사할 줄 알아야 한다고 믿었다. 이것이 바로 그를 우리 시대의 영웅으로 만든 자질이다."

호모사피엔스를 과학적으로 기술할 때, 린네가 사용한 표본은 그 자신이었다. 비록 그의 시신이 왕과 성인들과 함께 웁살라대성당에 안치되었다 하더라도 그것은 인류 전체를 과학적으로 대변하는 기준표본이었다.

1700년대 후반, 지구 역사에 관한 호기심이 확산하면서 스코틀랜드 농부이자 자연주의자인 제임스 허튼James Hutton이 지구라는 행성은 현재도 움직이는 역동적 작업체라는 개념을 확장시켰다. 그는 지구가 과열, 침전, 냉각, 풍화의 지질학적 순환을 통해 끊임없이 변화하고 있다고 주장했다. 에든버러에 있는 허튼의 서재는 한때 "화석과 화학 기구가 너무 많아서 앉을 자리조차 없는 곳"이라고 묘사되기도 했다. 그는 어셔의 젊은 지구 이론을 반박하면서 층의 축적은 지구의 구조적 변화가 불과 수천 년간 일어난 것이 아니라 그보다 훨씬 느리게 진행된다는 사실을 보여준다고 주장했다.

허튼의 결론은 보트 여행에서 시작되었다. 1788년, 62세였던 그는 친구들과 함께 배를 타고 스코틀랜드 해안을 따라 항해해

가다가 북해의 기암절벽인 시카포인트와 마주치게 되었다. 시카포인트는 기하학적으로 배열된 붉은 사암과 3억 8,000만 년간 형성된 사암의 비스듬한 층이 나란히 놓인 곳으로, 그 기괴한 배치는 지구의 강력하고 지속적인 열과 압력의 힘을 보여준다. 허튼과 함께 여행한 존 플레이페어^{John Playfair}는 나중에 이 중요한 목격의 순간을 다음과 같이 묘사했다.

"그토록 먼 시간의 심연을 들여다보고 있자니, 마음이 점점 아득해지는 것 같았다."

허튼은 새로이 창립된 에든버러 왕립학회의 회지에 자신이 발견한 것(현재는 위대한 경사 부정합 또는 허튼의 경사 부정합이라고 불리는 시카포인트)을 발표했다. 그가 "암석과 토양이 바다로 밀려 들어가 암반으로 압축되고, 그것이 화산 작용 때문에 표면으로 밀려 올라가 결국 다시 한번 퇴적물로 마모되는, 연속적인 순환으로 형성된… 우주"를 묘사했을 때, 그의 동료들은 놀라움을 금치 못했다고, 에드먼드 마테즈^{Edmond Mathez}가 『지구: 안과 밖^{Earth: Inside and Out}』에서 이야기했다. 이런 순환이 바로 산을 만들고, 물길을 내고, 바다를 움직였던 것이다. 그러고 나서 허튼은 지질학의 아버지로서 명성을 굳혀줄 문장 하나를 이야기했다.

"그러므로 이런 물리적 조사의 결과는 우리가 시작의 흔적도 끝의 전망도 찾지 못한다는 것이다."

그처럼 먼 과거는 너무도 가늠하기 힘들기에, 허튼은 그의 친구 플레이페어의 "심연"이라는 발언을 듣고 나서 그 개념을 "깊은 시간^{deep time}"이라는 표현으로 축소시켰다. 200년이 지난 후,

작가 존 맥피John McPhee는 아마도 현재까지 최고라고 할 만한 과학적 은유를 이용해 깊은 시간을 설명했다.

구식 측정법인 영국식 야드는 헨리 1세의 코끝에서 그가 뻗은 손끝까지의 길이로 정해졌다. 지구의 역사를 영국식 야드라고 생각해보자. 그의 가운뎃손가락에 손톱 다듬는 줄이 한 번 스쳐 지나가면 인간의 역사가 지워진다.

지질학자들은 지구의 구조를 지질학적 척도로 도표화하기 위해 허튼의 것과 같은 정보를 사용했고, 연대순 역사를 에라eras, 피어리어드periods, 에포크epochs 그리고 에이지ages로 분류했다. 원소주기율표는 깔끔한 정사각형들이 수평과 수직으로 늘어선 모양이지만, 지질학 도표는 지구의 중심을 수직으로 자른 모습이다. 그것은 일종의 유동적인 문서다. 인간은 지구에 관해 알아야 할 모든 것을 결코 다 배우지 못할 것이고 그럼에도 그 이야기를 하는 데 도움이 될 화석을 영원히 찾아헤맬 것이기 때문이다.

에릭과 그의 부모는 본밸리 화석협회와 탬파베이 화석클럽에 속해 있었다. 이 단체들은 영국에서는 1830년대부터, 미국에서는 남북전쟁 직후부터 존재해왔던 자연사 '현장 답사 클럽'의 연장선상에서 번영해왔다. 수천에 이르는 회원들 중에는 교사, 간호사, 소방관, 제트 엔진 기술자, 보험 판매원, 의사, 제재소 직원

들도 있었다. 화석사냥을 시작하고 나서 회원들은 일요일마다 온종일 소파에 앉아 나스카자동차경주나 시청하던 것을 그만두었다.

1년에 15달러면 회원들은 월간 회의와 정기적인 현장 견학 그리고 화석 쇼에 참여할 수 있었다. 광산들은 문제가 생길 것을 우려해 개별 탐방자를 제한하거나 금지하기 시작했지만, 일부 클럽은 후원자에 대학과 박물관이 포함되어 있었기 때문에 여전히 단체로 탐방할 수 있었다. 회원 자격을 얻으려면 클럽의 월간 회보를 구독해야 했다. 회보는 자원봉사자들이 쓰고 관리했으며, 종종 과학자들이 편집을 맡았다. 회원들은 추천 서적을 공유하고 광고면을 통해 화석을 사고팔았다. 영리한 아이라면 회보를 읽는 것만으로도 많은 것을 배울 수 있었다. 사냥 등에서 발견한 자료의 종류를 확인해줄 삽화가 종종 실려 있었기 때문이다.

에릭은 모든 회보를 보관했다. 빠르게 부피를 늘려가던 그의 책장에는 미국 자연사박물관에 모든 경력을 바친, 한때 유명했던 1920년대 탐험가 로이 채프먼 앤드루스Roy Chapman Andrews의 책들도 있었다. 1950년대에 저술한 앤드루스의 작품 중 두 권은 『공룡에 관한 모든 것All About Dinosaurs』과 『공룡의 시대In the Days of the Dinosaurs』였다. "다이너소어(공룡)라는 단어는 '무시무시한 도마뱀'을 의미한다. 다이너소어는 파충류로 알려진 '과科'에 속한다"라고 앤드루스는 적었는데, 이런 정보는 당시의 인기 있는 아동도서에 실리기에는 유별나게 과학적이었다.

"아기 공룡은 알에서 부화했다."

"첫 번째 동물은 한 대륙에서 다른 대륙으로 걸어갈 수 있었다. 그래서 공룡 뼈가 세계의 많은 지역에서 발견된다."

"화석을 찾아보기에 가장 좋은 지역은 사막 국가다."

"1922년에 나는 몽골의 대고원으로 출발할 … 답사대를 조직했다. 그곳에 사막이 있기 때문이었다. 아시아에서 가장 큰 사막 고비가."

제5장

공룡 화석, 돈이 되다

자연사 수집에 관한 최초의 문서화된 이미지는 1599년 이탈리아 나폴리의 페란테 임페라토Ferrante Imperato라는 약제사의 책에 등장했다. 그는 『자연사Dell'historia naturale』라는 저서에서 자신의 "캐비닛"을 스케치한 그림을 소개했다. '방'이라는 의미의 캐비닛은 기본적으로는 박물관을 의미했다. 아치형 천장이 있는 이 캐비닛에는 숨겨진 작은 보관함과 비밀 서랍이 달린 복잡한 붙박이 책장이 설치되어 있었다. 방의 구석구석에는 야외에서 잡은 동물과 해마, 조류, 거대한 악어 등의 표본이 놓여 있었는데, 특히 악어는 천장의 한가운데를 차지했다. 그 모습을 보다 보면 임페라토가 독일의 화가 가브리엘 칼테막트Gabriel Kaltemarckt의 조언을 따른 것은 아닌가 생각될 정도였다. 가브리엘 칼테막트는 독일 작센의 크리스티안 1세에게 훌륭한 개인 소장품에는 조각과 그림뿐만 아니라 "신기하고 흥미로운 동물들의 가지 친 뿔과 매끈한 뿔, 앞발, 깃털 등도 포함되어야 한다"고 충고했던 인물이다.

그런 캐비닛은 또한 분더캄머^{Wunderkammer}나 '경이의 방'이라고도 불렸는데, 분더캄머는 고생물학, 지질학, 종교학, 민속학, 고고학 등과 관련된 모든 물품을 백과사전식으로 정리한 목록을 일컬었다. 17세기 초반 러시아에서 가장 화려한 동물 목록을 가지고 있던 박학다식한 표트르대제도 경이의 방에 수많은 수집품을 모아두었다. 오늘날 러시아과학아카데미의 기초가 된 그의 수집품에는 머리가 네 개 달린 수탉과 머리가 두 개인 양도 있었고, 보존액에 잠긴 채로 커다란 유리병 속에서 곤히 잠든 듯한, 분홍색 뺨에 부풀어 오른 입술을 가진 아기들도 있었다. 인간의 치아도 수집했던 표트르대제는 즉흥적으로 "빠르게 걷는 전령" 또는 "식탁보를 만든 사람" 등을 비롯해서 거리에서 만나는 아무에게서나 치아를 뽑으라고 명령하곤 했다. 스티븐 제이 굴드는 표트르대제가 "화장실에 너무 오래 앉아 있던 어느 훌륭한 신사"의 항문에서 나온 파리 알을 유명한 해부학자에게서 사들이기도 했다고 자신의 저서에서 밝혔다. 또한 수집가들은 캐비닛을 채우기 위해 "가장 크고 아름답고 이상하고 특이한 것을 구하러 다녔다"라는 말도 덧붙였다.

자연사박물관은 이런 경이의 방에서 자라 나왔다. 1635년 파리에도 프랑스 자연사박물관이 설립되었다. 옥스퍼드대학교의 애쉬몰리언 박물관은 1667년에 문을 열었다. 1753년, 한스 슬론^{Hans Sloane} 경은 자신의 엄청난 개인 소장품을 대영박물관에 기증했고 여기서 독립적인 자연사박물관이 탄생했다. 1841년 '다이너소어'라는 단어를 만든 리처드 오언^{Richard Owen} 경 덕분이었다.

1900년까지 베를린, 빈, 마드리드, 필라델피아, 뉴욕, 피츠버그 등 많은 도시가 자연사박물관을 갖게 되었다. 그리하여 분더캄머는 골동품 장식용 선반인 큐리오 캐비닛, 라이커 디스플레이 상자, 책꽂이, 섀도박스 같은 한 점의 가구로 축소되었다.

에릭의 수집품은 맥주 상자와 시가 상자에서 시작되었다.

도리스의 서류와 기념품은 가족 서재에 쌓이게 되었다. 빌이 수집한 앨범은 그가 우표를 보관해두고 음악을 듣는 방의 벽마다 바닥에서 천장까지 쌓여 있었다. 수천 개에 달하는 에릭의 화석은 그의 침실을 뒤덮고 공동 공간과 차고까지 온통 차지해서 마치 한밤중에 생물체 행렬이 프로코피 가족의 집을 통과하며 이빨과 앞발 등을 떨어뜨린 듯했다.

화석에 관한 한, 그가 싫어하는 것은 아무것도 없었다. 에릭은 화석을 사냥하고 청소하고 식별하고 분류하면서 배우는 것을 즐겼다. 그는 특정 생물체를 묘사하는 회보에 해설을 달기도 했다.

"마스토돈, 스테고돈, 곰포테리움 그리고 코끼리 같은 장비목은 오스트레일리아와 남극대륙을 제외한 모든 대륙에서 발견되었다…."

그의 수집물이 아예 집을 삼켜버릴 지경에 이르자, 에릭은 부모의 도움을 받아 레이클랜드의 본밸리화석박람회에 부스를 빌려서 상어 이빨과 빙하기 뼈 수백 점을 팔아 800달러를 저축했다. 프로코피 가족은 일리노이주처럼 멀리 떨어진 곳에서 열리는 박람회까지 차를 몰고 갔고, 때로는 각각의 행사에서 수천 달러를 벌어들이기도 했다.

에릭은 상어 턱을 채취하기 시작했다. 다양한 종과 그 이빨에 관해 배우기 위해서였다. 어느 날, 도리스는 타폰스프링스에서 상어 낚시 대회가 열린다는 소식을 전해 듣고는 에릭에게 말했다.

"너도 가서 상어를 잡아 턱을 잘라버리렴!"

어떤 수집가들은 큰 백상아리의 턱 하나에 1만 5,000달러를 지불하기도 했다. 에릭은 픽업트럭을 빌려서 엄마와 함께 대회가 열리는 부두까지 차를 몰아갔다. 그곳에서 12마리쯤 되는 레몬상어, 배암상어, 수염상어를 잡아 꼬리를 꿰놓았다. 그곳의 어부들은 에릭이 자기가 잡은 상어를 운반할 수만 있다면 얼마든지 가져가도 좋다고 했기에, 그는 그 커다란 물고기들을 트럭 뒤에 싣고 랜드오레이크스로 돌아갔다. 앞마당에서 그는 상어를 해부해 턱을 잘라냈다. 아래위 턱 한 쌍이 지퍼 록 안으로 들어갔다. 그리고 지퍼 록은 하나씩 쓰레기 봉투로 들어갔다. 각 쓰레기 봉투는 다른 쓰레기 봉투에 담긴 다음 또 다른 봉투에 넣어졌다. 그 봉투들은 도리스의 급속 냉동고로 들어갔다. 턱을 작업할 준비가 끝날 때마다, 에릭은 물고기의 살점을 긁어내고 턱을 과산화수소에 담근 다음 연골을 'O'자로 늘리기 위해 커피 캔이나 양동이 같은 원통형 물체를 입에 끼워 넣었다. 보통 구매자들은 바다에서 헤엄치던 사람이 상어에게 잡아먹히기 직전에 볼 수 있을 법한 입 모양을 선호했다.

신문의 광고란에서 에릭은 중고 어선을 판다는 광고를 발견했다. 그의 아버지는 자신이 타던 낡은 머큐리 세이블을 아들에게 주었다. 이제 에릭은 학교나 수영장에 있지 않을 때면 언제라도 원하는 시간에 사냥을 갈 수 있는 교통수단을 갖게 되었다. 1년에 몇 차례씩 박람회를 찾아다니면서, 그는 때때로 아버지보다 더 많은 돈을 벌었다. 그의 새로운 명함에는 상어 이빨 스케치와 함께 다음과 같은 글이 들어갔다.

> 플로리다 화석 수집가
> 상어 이빨, 척추동물 화석
> 그리고 플로리다의 모든 화석
> 사고-팔고-거래합니다.

그는 표본 준비 작업에 필요한 연장을 비축해두었고, 마침내는 페인트 붓과 칫솔, 치과용 도구뿐 아니라 전기 스크라이브도 갖추었다. 폭발 작업을 위한 캐비닛도 만들었다. 분사된 암석 조각에 맞아 다치지 않으면서 밀도가 높은 물질을 깨끗하게 작업하기 위해서였다. 어떤 날은 차량 진입로에 놓인 의자에 앉아 노인들이 끈기 있게 나무를 깎는 것처럼 화석을 작업했다.

1992년 가을, 그는 고등학교를 전교 3등으로 졸업하고 플로리다대학교에 입학했다. 높은 SAT와 ACT 점수 덕분에 대학에서 생활 보조금과 학업 장학금을 받았고, 생활비는 화석을 팔아 충당했다. 그는 오랫동안 수영 선수 생활을 해오고 있었고, 대학에서도 그쪽으로 계속 나아가고 싶었기에 수영팀에 들어갔다. 어느 코치는 언론과의 인터뷰에서 에릭이 그런 경쟁적이고 성공적인 선수단에서 자신의 입지를 다지려면 정말 열심히 노력해야 하지만, 부족한 재능을 투지로 만회하고 있다고 말했다.

"에릭은 매우 성실한 청년입니다."

피터 뱅크스Peter Banks 코치가 《탬파 트리뷴》과의 인터뷰에서 말했다.

"그가 수영장에서는 그다지 외향적으로 보이지 않을 겁니다. 그건 지금껏 혼자 연습을 해온 것과 관련이 있을 거예요. 하지만 그는 수영은 물론이고 그 밖의 모든 것에 엄청난 직업윤리를 보여주고 있습니다."

그의 대학에는 게인스빌의 플로리다 자연사박물관과 제휴한 권위 있는 고생물학 프로그램이 있었다. 에릭은 의무적인 체험 학습을 메우기 위해 박물관에서 자원봉사 활동을 했다. 그러나 그때까지도 그는 화석을 재미있는 취미쯤으로 생각했기 때문에 고생물학 과정에는 등록하지 않았다. 그가 생각하기로는, 대학 이나 박물관 또는 정부를 위해 일했던 고생물학자들은 관료주의 에 맞서 싸우고 기금을 구걸하는 데 너무 많은 시간을 써야 했기 때문에 정작 사냥을 다닐 시간은 거의 없었다. 때문에 에릭은 사물의 작동 원리에 관한 전반적인 지식을 얻기 위해 공학을 전공 했다. 그러면서 아무리 자신이 좋아하는 해안이나 해양공학 관련 고임금 일자리라고 해도 사무실에 묶여 있거나 상사에게 굽실거리는 일은 하지 않을 거라고 결심했다.

에릭은 사냥꾼으로 살고 싶었다.

화석사냥의 위험은 점차 커지고 있었지만, 티라노사우루스 수의 사례 덕분에 잠재적인 상업적 보상 또한 비례해서 커지고 있었다.

―――――

배들랜즈badlands(지나친 경작 등으로 불모지가 된 서부의 황무지 – 옮긴이) 인근에 사는 사람들은 뒷마당에서 공룡 화석을 발견할 수도 있다는 가능성을 안고 산다. 라코타 인디언들은 그런 지역, 즉 "나쁜 땅(불모지나 황무지)"을 마코 시카라고 불렀다. 과거 덫을 놓아 사냥했던 프랑스계 캐나다인들은 그런 땅을 "여행하기에 척박한 땅"이라고 했다.

피터와 닐 라슨 형제는 1950년대와 1960년대에 사우스다코타의 한 지역에서 성장했다. 피터가 열 살이 되었을 때, 열렬한 화석 수집가였던 형제들은 나뭇조각에 박물관이라는 글자를 휘갈겨 써서 기둥에 간판 대신 달아놓고는 태양 빛에 바랜 소의 두개골을 그 위에 씌워놓았다. 피터는 사우스다코타 광산기술대학에서 지질학 학위를 취득하고 '블랙힐스 지질 연구소'라는 사냥 및 표본 준비 회사를 공동 창업했다. 작지만 근사하고 생물학적으로 복잡한 산맥에 같은 이름으로 자리한 블랙힐스는 1990년까지 세계 최대의 사냥꾼, 표본 준비 인원, 산악인, 박물관급의 화석 주형 제작자들을 거느린 회사로서 이름을 날렸다. 그들은 스미스소니언박물관, 미국 자연사박물관, 덴버 자연과학박물관 및 예일 피바디 자연사박물관에 자료를 기증하거나 공급했다.

라슨 형제는 언젠가 독립된 공룡 박물관을 설립하고 싶어 했고, 1990년 늦여름에 피터는 그 박물관 중앙에 전시하고 싶은 화석을 발견했다. 현장답사 시즌이 끝나갈 무렵, 이상할 정도로 안개가 자욱하던 어느 날 아침, 그는 직원들과 함께 머드뷰트와 레드엘름 사이를 지나가는 한적한 고속도로상의 작은 마을 페이스 근처에서 작업을 하고 있었다. 그때 그의 여자 친구이자 성공한 호박 화석사냥꾼인 수 헨드릭슨^{Sue Hendrickson}이 자신이 답사하고 싶었던 사암 절벽 쪽으로 걸어갔다. 그곳에서 그녀는 절벽에서 튀어나와 풍화되고 있던 거의 완벽한 티라노사우루스 렉스 화석을 발견했다.

"육감인지 행운인지는 모르겠지만, 어쨌든 뭔가가 있는 것 같았다. 나는 뭔가 찾고 있는 것에 집중하면, 결국에는 그걸 찾아내곤 했다."

그녀는 훗날 이렇게 썼다.

그 뼈는 전체 길이가 13미터이고 둔부에서 잰 높이가 4미터에 달했다. 두개골은 욕조 크기쯤 되었고 이빨은 모두 15센티미터가 넘었다. 한마디로 기록에 남아 있는 12점의 티라노사우루스 렉스 중에서 가장 크고 완벽한 화석이었다. 나중에 피터는 그 표본을 티라노사우루스 수라고 부르면서 "이 녀석은 내 아이들을 마치 종합 비타민이라도 되는 것처럼 삼켜버렸을" 것이라고 말했다.

하지만 최고의 행운처럼 보이던 일이 금세 엉망진창이 되어버렸다. 블랙힐스 연구소는 그 뼈가 묻혀 있던 땅의 목장주이자 수족 원주민인 모리스 윌리엄스^{Maurice Williams}에게 5,000달러를 주고 그 뼈를 샀다. 하지만 윌리엄스는 나중에 자신이 그 뼈의 정당한 주인이라고 주장하며 거래를 뒤집어버렸다. 샤이엔강에 사는 수족도 윌리엄스의 목장이 원주민보호구역에 있다는 이유로 그 분쟁에 뛰어들었다. 그러자 내무부까지 나섰다. 연방정부가 재산세 대신에 윌리엄스의 목장을 신탁받았기 때문이었다. 그 후에 연방 법 집행기관이 개입한 것은 제멋대로인 화석 수집가들을 애먹이고 싶어서이기도 하지만, 이 기회에 상업적 화석 발굴 회사의 사업 관행을 조사해야겠다는 의도가 있어서이기도 했다. FBI는 블랙힐스를 기습하여 피터 라슨과 회사가 연방 소유지에서 무단으로 화석을 가져갔다는 근거를 대며, 티라노사우루스 수를 압수했다. 뉴스 매체마다 힐시티 마을 사람들이 "수를 석방하라!"라고 쓴 팻말을 들고 시위하는 사진으로 가득 찼다. 블랙힐스의 수석 화석 복원 담당자는 자신의 빈티지 체커 택시 측면에 "수는 이미 6,600만 년 동안 갇혀 있었다"라는 글씨를 손으로 써넣어 시위 차량으로 이용했다. 비디오 촬영 직원들은 주 방위군이 대형 나무 상자에 포장한 공룡을 트럭으로 운반해 가는 모습을 찍었다. 마브라는 이름의 부동산 중개인은 트럭의 출발을 막기 위해 말 그대로 길에 누워버렸다. 아이들은 고함을 지르며 공룡을 쫓아갔다.

뒤이은 형사 고발은 상업적인 화석 거래가 과학에 명백하고 중대한 위협을 가한다는 척추동물고생물학회SVP의 입장을 되풀이했다. 네브래스카대학의 지질학 교수인 로버트 헌트Robert Hunt는 나중에 《아메리칸 로여American Lawyer》 잡지와의 인터뷰에서 자신과 다른 SVP 회원들이 블랙힐스에 반대하는 목소리를 낸 것은 사실상 고생물학자들이 "블랙힐스라는 자칭 연구소에 대해 이구동성으로 비난하고 있음"에도 언론에서는 마치 그들이 "그 문제에 관해 양분된 의견을 가진 것처럼" 잘못 보도하고 있기 때문이라고 말했다. 하지만 그 주장은 사실이 아니었다. 미국 자연사박물관의 마크 노렐은 라슨 형제가 과도한 법 집행기관과 출세지상주의에 빠진 검찰 탓에 부당한 대우를 받고 있다고 생각했고, 스미스소니언의 클레이튼 레이를 포함해 적어도 두 명의 다른 과학자가 이 문제 때문에 SVP에서 탈퇴했다. 예일대학교에서 학사 학위를 받고 하버드대학에서 박사 학위를 취득한 유명한 고생물학자인 로버트 바커^{Robert Bakker}는 과학 '극단주의자들'에 반대하는 목소리를 높였다.

"이 사람들은 자기들이 박사 학위를 가지고 있으니 신이 주신 의무에 따라 골동품과 화석을 보호할 자격이 있다고 생각합니다. 그들은 자기 자신이 마치 그런 신념의 수호자인 것처럼 굴어요. 그들은 박사 학위가 없는 사람은 누구든 화석에 접근하지 못하게 하고 싶어 하죠. 그런 생각이 특히 비극적인 이유는 그게 훌륭한 아마추어들, 즉 다른 누구보다도 과학을 위해 많은 일을 해온 사람들을 위협하기 때문입니다."

희끗희끗한 턱수염을 길게 기르고 낡은 밀짚모자를 쓰고 있는 바커는 마치 시간 여행 중인 광부를 연상시켰다. 언젠가 피터 라슨은 그의 모습이 "물소가 거칠게 달려가다가 머리부터 거꾸로 곤두박질친 것처럼 보인다"고 했다. 친구인 바커와 라슨은 종종 고생물학자와 직업적 화석사냥꾼의 관계가 왜 그렇게 심하게 왜곡되었는지에 대해 이야기하곤 했다. 자연사박물관은 그 존재 자체를 독립적인 수집가들에게 빚지고 있지만, 과학자들은 그들 모두를 원망과 의심의 눈으로만 바라보는 것 같았다. 바커는 그 것을 스푸트니크 탓으로 돌렸다. 1957년 소련이 그 위성을 발사한 이후 미국은 점점 과학에 대한 투자를 늘렸다.

"'진짜 과학'이라고 바커는 급하게 덧붙였다. 고대의 뼈들을 하나로 조립하는 것은 암 치료법을 찾거나 달에 착륙하는 것 같은 진지한 노력과는 매우 다른 과정이라는 것을 모두가 알고 있기 때문이었다"라고 언젠가 피터 라슨은 자신의 글에 썼다. 그러면서 바커의 이론에 따르면, 우주 경쟁이 모든 과학에 영향을 미쳤다는 말도 덧붙였다.

미국인은 그들의 과학자들이 러시아인보다 먼저 무언가를 발굴하고 만드는 등 모든 것을 해내기를 바랐다. 고생물학자가 다른 과학자처럼 기금을 지원받고자 한다면, 그들도 다른 과학자처럼 보여야 한다는 사실을 깨닫는 데는 그리 오랜 시간이 걸리지 않았다. 바커는 설명한다.

"그들도 흰색 실험 가운을 입어야 했어요. 제안서도 만들고 마케팅 계획도 수립하고, 자신이 무엇을 하려는지 정확히 알고 있는 듯이 이사회 승인도 얻으며 돌아다녀야 했죠. … 지원금 경쟁이 (그 역학관계를) 바꿔놓은 겁니다. 이 열병은 고생물학자들의 겉 모습만이 아니라 과거의 우리도 바꾸어놓으려 했습니다."

6주간의 재판 후에 피터 라슨은 티라노사우루스 수와는 아무 관련이 없는 혐의로 2년 형을 선고받았다. 배심원단은 현금과 여행자 수표를 세관에 거짓 신고하고, 커스터갤러틴국유림에서 불법적으로 발굴한 화석을 구매하고, 버펄로갭국립초원에서 100달러 미만의 상업적 가치를 지닌 화석을 캐냈다는 죄목으로 그에게 유죄를 선고했다. 그는 콜로라도주 플로렌스에 있는 연방교도소에서 18개월간 형을 살았다.

한편, 목장주인 모리스 윌리엄스는 티라노사우루스 수를 갖게 되었다. 소더비는 1997년 10월 4일 뉴욕시에서 수석 부사장인 데이비드 레든$^{David Redden}$의 중개로 그 화석을 경매했다. 이전에 레든은 윈저 공작부인의 보석을 팔았다(또는 팔곤 했다). 마틴 루터 킹 주니어의 논문, 재클린 케네디 오나시스와 앤디 워홀의 부동산, 한 수집가가 펜실베이니아 벼룩시장에서 발견한, 4달러짜리 그림 액자 뒤에 끼워져 있던 "말로 표현할 수 없을 만큼 신선한" 독립선언문의 첫 번째 사본도 팔았다.

"독립선언문은 그저 종이 한 장에 불과합니다. 그 가치를 결정할 때 중요한 것은 그게 왜 귀한지를 사람들에게 설명할 수 있어야 하고, 그래서 그게 사람들에게 귀중해져야 한다는 겁니다. 그러면 당신은 그 문서를 400만 달러 또는 500만 달러짜리로 만드는 것 이상의, 뭔가 중요한 일을 해낸 것입니다."

언젠가 레든은 《뉴욕타임스》와의 인터뷰에서 이렇게 말했다.

"그게 바로 자본주의사회의 역설입니다. 물건에 가치를 부여함으로써 그걸 구하는 거죠."

레든은 "세계적인 보물"인 T. 렉스를 경매에 내놓기 위해 윌리엄스에게 접근했고, 훗날 언론에 "이처럼 중요한 물건은 우리뿐만 아니라 그 누구도 팔아본 적이 없었습니다"라고 이야기했다.

맥도날드사와 월트디즈니가 시카고의 필드 자연사박물관에 티라노사우루스 수를 구매해주기 위해 팀을 구성했다. 어느 신문은 시카고가 "'다 베어스Da Bears(시카고 풋볼팀)'와 '다 불스Da Bulls(시카고 농구팀)'에 '다 본즈Da Bones(티라노사우루스 수)'"를 추가하기 위해 대체 어느 정도의 금액을 지급하게 될지 궁금해했지만, 이제는 모두가 그 대답을 알고 있다. 구매 희망자에 대한 소문이 나면서 가격은 전례 없는 엄청난 금액인 836만 달러에 이르렀다. 윌리엄스는 세금을 대납해주겠다는 제안을 받아들여 760만 달러에 팔기로 했다. 나중에 스미스소니언의 커크 존슨은 "그들이 수를 판매한 그날부터 화석은 돈이 되었다"라고 말했다.

그날의 판매는 공룡 뼈가 브랑쿠시Brancusi(루마니아의 조각가 – 옮긴이)의 청동 조각처럼 미국에서 사고팔 수 있는 물품이라는 사실을 증명해 보였다. 상태가 좋은 화석 한 점이면 한 가족이 아이들을 대학까지 공부시키거나 목장에 설정된 대출을 갚을 수도 있다. 근사한 렉스의 치아 하나만으로도 1만 달러를 벌 수 있다. 목장주들은 기후로 인한 가축과 작물 관련 손실을 보충하기 위해 화석 발굴 쪽으로 눈길을 돌렸다. 그들은 직업적 화석사냥꾼에게 땅을 임대하고 큰 건을 발굴하면 이익을 나누었다. 백악기 형성층은 새로운 세대의 사냥꾼으로 인산인해를 이루었고, 그중 일부는 자금력이 부족한 과학자들을 그들의 오랜 연구 현장에서 밀어내기에 충분한 돈을 가지고 있었다. 드폴대학교 고생물학자인 켄슈 시마다는 《컬렉터스 위클리Collectors Weekly》와의 인터뷰에서 "나는 어떤 수집가도 불쾌하게 하고 싶지 않아요. '화석을 사지 말아요'라고 말할 권리가 내게 없다는 걸 알고 있거든요. 여긴 자유 국가이고 자유 시장이잖아요"라고 이야기했다.

"하지만 사람들이 집에 진열해놓을 목적으로 그걸 사려고 한다면, 제발 그 파급효과를 이해하기를 바랍니다."

화석을 구매하면 잠재적으로 중요한 표본이 적절한 연구 현장에서 멀어지게 되고, 시장을 자극하여 수요를 촉진시킴으로써 밀렵을 장려하게 된다. 그리고 이 모든 것이 고생물학자들을 그 분야 밖으로 내몰고, 화석을 과학 연구의 손이 닿지 않는 곳으로 밀어내겠다고 위협하는 것이나 다름없다.

한때 프랭크 가르시아는 자신의 스미스소니언 인맥인 클레이튼 레이에게 학자들과 거래상이 다 같이 둘러앉아 함께 이 문제를 해결해나가자고 제안했다. 레이는 프랭크가 "결정적 증거"라고 부르면서 평생 간직하게 될 메모를 보내 그의 제안에 답을 했다. 레이는 과학과 공익은 늘 아마추어 공동체에 의존해왔으며, "엄격한 (그리고 시행 불가능한) 규제가 아닌, 그 어느 때보다도 커지고 수준 높아진 대중의 힘이 더 많은 화석을 보호하고, 고생물학을 발전시키게 될 것"이라고 적었다. 하지만 레이는 이제 척추동물고생물학회의 "극단주의자들"이 그 논의를 지배하고 있기에 자신은 "포기했다"고 프랭크에게 털어났다.

에릭은 대학을 다니던 중에 플로리다 포실즈를 세웠다. 어느 날, 에릭은 브룩스빌 근처의 발굴장에 화석이 묻혀 있을지도 모른다는 소문을 들었다. 그곳은 수집가나 상업용 사냥꾼이 더는 화석사냥을 할 수 없도록 금지된 장소였다. 화석클럽의 윤리 강령은 이제 무단 침입을 금지했지만, 일부 사냥꾼은 계속 규칙을 무시하고 오랜 세월 그곳을 드나들었기 때문에 무단 침입을 편안하게 느꼈을 뿐만 아니라 자신들에게 자격이 있다고 착각하고 있었다. 그곳은 달 표면의 풍경처럼 넓게 뻗어 있었고 치안을 유지하기도 힘들었다. 경비원들은 그저 "오늘은 뭐 좀 찾았어요?"라고 묻고는 가던 길을 갔다고 한다. 사냥꾼들은 만에 하나 체포되더라도 그냥 훈방 조치되리라는 사실을 잘 알았다.

에릭은 결국 브룩스빌 지역에 들어가서 조류, 파충류, 양서류 그리고 극히 작은 포유류 등의 특별한 화석을 발견했다. FMNH에서 척추동물 수집품을 관리하던 리처드 헐버트Richard Hulbert가 나중에 "일단 쥐와 박쥐의 작은 이빨을 다루게 되면, 훈련된 과학자가 아닌 이상 그것이 수백만 년쯤 되었고 아주 귀한 자료라는 사실을 알아차리기가 힘들 것입니다"라고 말했듯이, 일반적인 사냥꾼들은 그런 것을 중요하게 인식하지 않았을 테지만, 에릭은 그 화석의 중요성을 알았기에 박물관에 자신이 발견한 것에 관해 이야기했다.

대학에 입학하던 해 가을부터, 그는 자연사박물관 척추동물

고생물학 부서의 실험 조교로 자원했다. 프랭크 가르시아의 수많은 발굴품을 받았던 고생물학자 데이비드 웹은 그에게 화석, 특히 상어 이빨을 분류하고 준비하는 작업을 하게 했다. 박물관은 에릭이 기증한 듀공 갈비뼈를 전시했다. 브룩스빌 현장은 플로리다에서 가장 초기에 서식했던 포유동물의 중요 매장지로 밝혀짐으로써 또 다른 가능성을 보였다. 2,500만 년의 역사를 가진 이 지역은 포유류가 한창 커지고 번성하기 시작했던 지구 역사의 한순간을 품고 있었다.

에릭은 그가 파낸 브룩스빌 화석 일부를 박물관에 대여했고, 1년 후에 그가 대여품을 찾으러 갔을 때, 그 물품에는 등록 번호가 붙어 있었다. 그가 발견한 표본 하나는 다른 직업 사냥꾼 앞으로 등록되어 있었다. 에릭은 FMNH 과학자들이 그를 심각하게 위법적인 존재로 여기고 있다는 사실을 알게 되었지만, 그 이유는 끝내 알 수 없었다. 과학자들은 브룩스빌 현장에 관한 논문을 발표하면서 에릭의 존재를 인정하지 않았고, 에릭은 분노했다.

일단 박물관이 브룩스빌에서 작업을 마친 것으로 보이자 에릭은 무엇이 남았는지를 보기 위해 몰래 그곳으로 숨어 들어갔다. 박물관 직원이 그곳에서 사냥하는 에릭을 발견하고는 에릭이 파낸 모암 양동이를 뒤집어버렸다. 얼마 후 에릭은 박물관의 편지를 받았다. 접근 권한이 없는 발굴장에 들어가지 말라고 경고하는 내용이었다. 그 순간부터 에릭은 과학에 품고 있던 일말의 충성심도 던져버리고, 전적으로 사냥에만 헌신하기 시작했다. 훨씬 후에는 대체 왜 고생물학이 "중요한지" 모르겠다고 큰 소리로 의아해하게 되었다. 결국, 화석은 "그저 돌덩이"일 뿐이라면서 "그건 누군가의 유산과 문화와 모든 것이 깃들어 있는 골동품과는 다른 거"라고 말하게 되었다.

———

빌은 에릭이 대학 졸업 후에도 취미로 화석을 찾아다니는 것에 대해 경고했지만, 화석사냥이야말로 에릭이 정말 하고 싶은 일이었다. 그것 외에 자유와 기회가 강렬하게 조합된 직업은 없는 듯했다. 그는 금지된 덤불과 물속으로 몰래 숨어 다니며 강에서 살다시피 했다. 물속 3미터 아래까지 내려가는 수중 여행은 그를 수백만 년 전으로 되돌려 보내주었다. 동물의 크기가 클수록 표본 준비 작업은 복잡해진다. 상어 이빨을 닦는 것도 힘들었지만, 거대한 아르마딜로의 입체 골격을 마운트(복원 작업을 마친 유물이나 화석 등을 받침대 위에 세워서 전시할 수 있는 형태로 마감하는 것 – 옮긴이)하는 것은 또 다른 문제였다. 해부학과 균형과 치수에 관한 이해를 요구하기 때문이었다. 언젠가 플로리다 자연사박물관에서 설명했듯이, "골격을 잡아줄 지지대와 숨겨진 금속 틀을 만들고, 각각의 뼈를 올바른 위치에 가도록 조율하고, 뼈대가 실물 같은 자세를 취하게 하는 과정은 매우 높은 수준의 장인 정신과 독창성을 요하는" 일이다.

뒤섞인 뼈들을 가치 있는 상품으로 다듬고 준비하는 표본 복원 기술자들은 종종 박물관뿐만 아니라 상업적으로 화석을 거래하는 상인들을 위해서도 일하는 독립 계약자들이었다. 에릭은 표본 담당자들을 많이 고용했지만, 작업이 1년 이상 밀리는 것을 피하기 위해 어느 시점부터는 자신이 직접 표본 작업을 하기 시작했다. 해부학을 이해하기 위해 그는 과학 논문을 읽고 사진과 스케치를 공부했다. 직접 설치대를 만들기 위해 그는 독학으로 용접하는 법도 터득했다. 재고가 늘어남에 따라 그는 자신의 화석들을 시장에 내놓았다.

제6장

투손,
세상에서 가장 희귀한 돌이 거래되는 곳

암석과 광물의 차이는 과일 케이크와 케이크에 쓰인 과일의 차이와 같다. 즉 광물이 암석을 구성한다. 그리고 암석은 지형을 이룬다. 암석이 지질학의 벽화라면, 광물은 화려한 비욘세다. 광물은 지구 곳곳에서 원통형, 바늘, 송이, 덩어리, 구체, 양추兩錐, 정육면체 등등 놀라운 형태의 구멍과 틈으로 발견된다.

플로리다 사람들이 물에 둘러싸여 살듯이, 애리조나 사람들은 광물에 둘러싸여 사는데, 그 종류만 해도 800가지가 넘는다. 수집가들은 버려진 광산과 발굴되지 않은 땅굴을 파헤치며 평생을 보낸다. 1946년 12월 3일 밤, 투손의 피마카운티 법원에서 28명의 광물 수집가가 만났다. 제2차 세계대전이 끝나고, 전장에서 돌아온 많은 군인이 가족과 함께할 수 있는 야외 취미를 찾기 시작했다. 그라인더, 조각칼, 광택 내는 기구, 보석을 자르고 면을 다듬는 톱 같은 보석 세공 장비 등의 가격이 저렴해지자 사람들이 그것에 빠져들기 시작했다. 바로 그날 법원에서 만난 일단의 사람들은 오늘날 투손 보석 및 광물 협회로 알려진 기관을 만들었다. 이 협회는 견학을 주최하고, 도서관을 설립했으며, 애리조나 대학 교수진과 직원을 참가자와 과학자로 모집하고, 저자들을 초빙해 "결정학結晶學을 통한 답사"와 같은 주제로 연설을 하게 했다.

1955년 봄, 이 그룹은 쇼를 개최했다. 아홉 개 판매상이 초등학교 강당에 그들의 소장품을 전시했지만 입장료는 받지 않았다. 날씨는 최악이었지만 관람객은 1,500명에 이르렀다. 그 후 쇼는 화장실도 형편없고 지붕도 새는 카운티 박람회장의 녹슨 반원형 막사에서 열렸다. 관람객은 두 배로 늘었고 입장료는 한 명당 25센트였다. 1958년 쇼가 사흘로 늘어났을 때, 많은 사람이 현장 견학을 신청했고, 72대의 차량에 나눠 탄 관람객들은 투손 경찰국의 호위를 받았다.

행사가 커지면서 엘리트 거래상들은 암석 수집가 이상의 명성을 얻게 되었다. 《뉴욕타임스》는 다음과 같이 보도했다.

"암석 수집가는 화석화된 나무 조각(규화목)을 집어 들어 그것을 재떨이로 조각해낼지도 모른다. 하지만 광물 수집가는 쿼찰코트라이트(아연, 구리, 텔루르 등을 함유한 푸른색 광물 ─ 옮긴이)처럼 잘 알려지지 않은 광물 덩어리를 가지고 있다면, 그것이 5,000만 년 동안 입고 있던 옷차림을 전혀 훼손하지 않고 그대로 보관하는 쪽을 선호한다."

1960년, 쇼의 주최 측은 최고의 박물관들을 전시회에 초청했다. 그 초대에 응한 유일한 사람은 스미스소니언 국립자연사박물관에 새로 온 보석과 광물 큐레이터 폴 데자우털스Paul Desautels였다.

"박물관 큐레이터는 전통적으로 수집품을 관리하는 일에 관심을 두는 다소 무덤덤하고 심지어 여유로운 성향의 그룹으로 여겨져왔다. 하지만 그건 폴의 스타일이 아니었다."

스미스소니언의 과학 부국장 대니얼 애플먼Daniel Appleman이 자신의 책에 썼다.

"가장 성공적인 개인 수집가들은 세계 최고의 수집품을 위해서라면 무엇이든 하려는 각오와 열정적인 절박함을 지녔다. 그는 이런 특성을 박물관 큐레이션에 도입했고 이것이 그만의 특별한 공헌이었다."

데자우털스는 스미스소니언이 보유한 가장 흥미로운 표본들을 보여주기 위해 투손 행사장에 두 건의 전시물을 설치했다. 평생 광물을 수집해온 과학 교사 밥 존스Bob Jones의 글에 따르면, 그는 "딱딱한 의자에 환기가 안 되는 것으로 악명 높은, 커튼으로 나뉜 뒷방"에서 강연을 하곤 했다.

데자우털스가 등장한다는 것은 일라이 매닝Eli Manning(미국의 유명한 풋볼 선수-옮긴이)이 여름 풋볼 캠프에서 뛰는 것이나 다를 바 없었다. 그의 존재가 주최 측이 전시물을 구하는 방식을 바꾸었으며, 이는 "주요 박물관과 너무 멀리 떨어져 사는 사람들도 박물관 소장품 중에 적어도 일부를 볼 수 있게 되었음을 의미했다"라고 존스는 적었다. 그 대가로 큐레이터들은 아마추어가 찾아낸 훌륭한 화석을 살펴볼 기회를 얻었다. 데자우털스가 발견한 개인 소장품 중에 일부, 예를 들어, 알 헤이그Al Haag의 몰리브덴 연광이나 수지 데이비스Susie Davis의 귀한 청연석 등은 결국 스미스소니언의 영구 소장품 목록에 들어가게 되었다. 전시회가 수익을 내기 시작하면서 지역 공동체는 대학 장학금과 장애 아동 무료 입장 등의 형태로 혜택을 받았다.

오래지 않아, 이 전시회는 관람객만큼이나 사고파는 거래도 많아졌다. 당연히 도매가 이루어지는 구역도 정해졌다. 그 구역이 일시적으로 없어졌을 때, 거래상들은 자신들의 물건을 밖으로 가지고 나가서 버려진 주유소나 낡은 헛간 또는 데자우털스가 머물렀던 홀리데이 인 사우스에서 거래했다. 그 호텔에는 '조용한 폐쇄형'의 장외 시장이 생겨났다.

협회는 유료 방문객에게 우선권을 주고 싶었기 때문에 "전시전의 선판매"를 금지하고 있었지만 자유무역의 권리를 침해한다는 경고를 받게 되자, 주최 측이 그 규칙을 해제함으로써 장외 시장이 성장했다.

"(독립적인 성향이 강한 광물 거래상에게서 특히 강하게 나타나는) 미국의 기업가 정신은 거래상들이 기회만 생기면 시간과 장소를 불문하고 언제 어디서든 거래를 하고 싶어 하는, 거부할 수 없는 충동을 느낀다는 것을 의미했다"라고 존스는 썼다. 거래상들은 '수면실', '판매실' 그리고 전시장의 부스까지 임대하기 시작했으며, 자신들의 차량 트렁크에서 바로 물건을 꺼내 판매하기도 했다.

구시가지인 투손은 이미 관광객, 영화 제작자, 강도들에게 인기 있는 곳이었다. 하지만 겨울철에는 투손도 그리 활기찬 시장이 아니었다. 박람회는 팔로베르데 나무와 사와로 선인장이 꽃을 피우는 1월 말에서 2월 초에 열렸다. 그러나 존스는 사실상 "관객을 불러 모으는 것은 좋은 광물"이라고 말했다.

1970년대에 이 행사는 새로운 컨벤션 센터로 옮겨갈 만큼 성장했다. 그리고 대영박물관이 전시물을 하나 설치한 후에는 국제적인 명성을 얻게 되었다. 콜롬비아 에메랄드와 러시아 공작석이 이 전시회를 찾아왔다. 소르본대학은 바하에서 발견된 큐멘자이트 결정체를 가져왔다. 아프가니스탄에서는 페가마이트가 왔다. 브라질의 마그네사이트, 모로코의 갈연석(바나디나이트), 스위스의 그빈델, 인도의 제올라이트도 있었다. 태즈메이니아의 홍연광(크로코아이트)은 "호주에서부터 비행기로 오는 내내 무릎 위에 얹은 채로 운반"되었으며, 마침내는 하버드 광물 및 지질박물관에 전시되었다.

"박물관 큐레이터들은 너 나 할 것 없이 '아, 너도 그 전시회에 가봐야 해!'라고 홍보하고 다녔다"라고 존스는 말했다. 한때 이 도시의 가장 중요한 행사는 로데오였고, 그다음은 골프 대회였지만, 이제는 보석과 광물 전시회였다.

수집가들에게 투손은 돈으로 살 수 있는 크기의 지구였다. 현재 세계 무역에서 자연사 분야가 차지하는 금전적 비중을 예측하기는 어렵지만, 투손 없이는 오늘날의 업계가 존재하지 않았을 거라는 사실은 짐작하기 어렵지 않다. 도시 이름 자체가 그 시장과 동의어가 되었다. 따라서 사람들은 "투손 전시에 가서 그걸 봤어요"라고 말하는 대신, "투손에서 그걸 봤어요"라고 말한다. 거래상, 수집가, 과학자, 복원 전문가, 예술가, 재밌거리를 찾는 사람들 그리고 위장 근무를 하는 연방 요원들까지, "광물계의 뉴욕 증권거래소"로 묘사되는 그 도시를 찾아간다.

───────

투손이 아니었다면, 화석은 자연사 관련 무역에서 그토록 편안한 안식처를 결코 찾아내지 못했을지도 모른다. 1970년대에는 화석도 정기적으로 등장했고, 1986년에는 직업적인 화석사냥꾼들도 공식적으로 초청되었다. 1990년대에 이르러서는 마틴 '마티' 진 3세Martin 'Marty' Zinn III라는 콜로라도 출신 수집가이자 기획자가 화석을 그들의 행사로 발전시켰다.

고생물학자들에게 투손은 긴장감과 혐오를 둘 다 느끼게 하는 곳이었다.

"내가 본 것 중에서 일부는 나를 역겹게 했다."

언젠가 UC버클리대학의 고생물학자 윌리엄 클레멘스William Clemens가 말했다.

"나는 러시아에서 온 희귀한 양서류 화석이 판매되는 것을 보았는데, 거기에는 그 보물을 수출해도 좋다는 러시아 고생물학 연구소의 보증서가 딸려 있었다. 내 생각에 그런 귀한 물건을 내다 팔 정도라면 러시아는 분명히 돈에 쪼들리고 있을 것이다."

다른 사람들은 동료 과학자 중 일부가 약간의 히스테리를 겪고 있다고 생각했다.

"연방경찰과 화석 업계가 벌이고 있는 전쟁은 아직 잡히지 않은 수많은 살인자를 고려해볼 때, 참으로 어이없는 일이 아닐 수 없다.”

AMNH의 어류학자인 존 메이지John Maisey가 언젠가 이야기했다.

투손 박람회에는 실질적인 관리자가 없었다. 부스를 원한다면 서류를 작성하고 재고품목을 설명하고 사진 한두 장만 보내면 끝이었다고, 오랫동안 조직위원회 위원으로 일했던 존스가 회상했다. 판매자에 대한 확인 작업은 주로 입소문에 의지했는데, 이는 “일종의 자치 문제”였다고 그는 말했다.

“위원회 위원들은 ‘아, 맞아요, 나도 그 거래상 잘 알아요. 괜찮은 사람입니다’ 또는 ‘글쎄요, 그 사람은 잘 모르겠어요’라고 말하곤 했다. 그것은 비공식적인 감시 체계였다. 나중에 박람회가 엄청나게 커졌을 때는 그런 감시 체계조차 작동하지 않았다. 누구라도 공간을 원하기만 하면 차지할 수 있었다. 물론 공간이 있기만 하다면.”

호텔은 돈을 받고 객실에서 가구를 들어내 전시용 캐비닛과 판매 탁자를 놓을 공간을 비워주었다. 이렇게 변형된 공간은 별 특징 없이 비슷비슷한 스위트룸이 아닌, 작은 상점과 비슷해 보였다. 거래상들은 화석을 침대 커버와 텔레비전 위에 전시해놓고 팔았다. 투손 전시회에서 공동 사회를 맡았던 존스는 호텔 방에 들어가서 “좋아요, 이 방 화장실에는 뭐가 들었습니까?”라고 묻는 것을 좋아했다. 그러고는 다음과 같이 설명했다.

“이것들은 보통 사전에 통보받은 특별 고객에게 조용히 팔리는 광물입니다. ‘당신이 좋아할 만한 이런저런 물건들이 있으니 와서 보세요’라고 미리 전달받는 거죠. 그런 물건들은 절대로, 혹은 거의 대중에 공개되지 않습니다. 부정하게 거래하려는 게 아니에요. 비밀스럽게 거래하려는 것도 아니고요. 그저 단순히 그게 사업 방식인 겁니다."

거래상이 불법이라고 알고 있는 물건은 일반적으로 눈에 띄지 않게 보관되었는데, 경찰이 그 차이를 알았을 리는 없다. 보통 경찰은 거래상의 거래 허가증을 확인할 가능성이 더 컸지만, 사실상 그런 일도 거의 일어나지 않았다. 투손시는 거래되는 모든 뼈가 합법적인지 확인할 생각이 없었다. 2014년까지 이 박람회는 지역 경제에 연간 1억 2,000만 달러 기여했고, 도시의 세금은 1,000만 달러 이상 증수될 것으로 예측되었다. 챙겨야 할 것이 너무 많은 행사에서, 특히 거래되는 품목이 너무 많은 상황에서 모든 것을 단속하는 것은 거의 불가능했다. 구매자는 경험과 웹사이트를 통해 그리고 이것저것 가르쳐주는 것을 즐기는 상인들과의 대화를 통해 진품 고르는 법을 배웠다.

마침내 43건의 쇼가 마을 전역의 무도회장, 창고, 주차장, 호텔 방, 텐트 등에서 동시에 진행되었다. 외국 상인들은 매년 물품을 자체 저장소에 보관하고 미국 은행 계좌를 개설했다. 아홉 명의 광물 애호가가 시작한 하나의 행사가 2017년에는 4,000명의 상인을 끌어들였다. 2주간의 행사 기간 내내 그곳에 머무른다면, 올바른 질문과 접촉을 통해 누가 멋진 청금석을 가졌는지 그리고 공룡에 관해 배우려면 누구를 찾아가야 하는지 등에 관해 알아낼 수 있을 테지만, 그래도 투손의 경험을 온전히 흡수하는 것은 불가능했다.

에릭은 1996년 12월에 대학을 졸업하고, 봄에 랜드오레이크스로 돌아와 부모 집에 있는 어린 시절의 침실에 머물면서 플로리다 화석을 팔았다. 학생일 때 그의 인생은 학기를 중심으로 회전했다. 하지만 그 이후부터는 2월에는 투손, 9월에는 덴버 쇼를 중심으로 회전했다. 거의 매일, 그는 아침에 집을 나갔다가 어두워지면 강에서 발견한 뼈를 가득 실은 트럭을 몰고 집으로 돌아왔다. 저녁을 먹고 나면, 치장벽토가 깔린 앞 계단 구석 자리로 초록색 개구리들이 폴짝폴짝 모여들 때까지 차고나 차량 진입로에서 늦도록 작업했다. 한때 그의 수영선수 경력과 관련된 기사를 썼던 신문들이 이제는 그의 화석에 관한 기사를 썼다.

"고생물학을 향한 사랑이 사업으로 진화하다."

한 사진 속에서 에릭은 부모의 집 부엌 식탁에 검치호랑이 두개골과 길이가 15센티미터쯤 되는 신생대 상어 메갈로돈의 이빨 하나를 올려두고 앉아 있었다. 에릭은 어떻게 그런 흥미로운 것들을 찾아냈는지 질문받으면 일부러 다음과 같이 대답했다.

"그냥 물에 뛰어들어서 수집하고 철저하게 연구했어요."

22세였던 그는 환하고 수줍은 미소를 지어 보였다.

"젊은 나이에도 불구하고 프로코피는 베테랑 화석사냥꾼으로서 명성을 얻었다"라고 한 신문 기사에 보도되었다. 도리스와 빌은 확신하지 못했지만, 그 신문은 에릭이 판매보다는 사냥을 선호하는 매우 전도유망한 직업을 찾았다고 선언했다.

화석 거래상들은 큰 박람회에 참가하기 위해 보통 재고를 비축해두었지만 인터넷의 출현으로 이제는 연중 판매가 가능해졌다. 에릭은 AOL(미국의 인터넷 회사 – 옮긴이) 계정을 만들었다. 1999년 8월 말경, 그는 스쿠버 다이빙에 관해 이야기를 나누는 대화방에 입장했다. 최근 테네시대학을 졸업한 어맨다 그레이엄 Amanda Graham도 강에 관한 정보를 얻기 위해 우연히 그 대화방에 들어와 있었다. 버지니아주 윌리엄스버그 출신인 그녀는 시월드에서 돌고래 조련사로 이제 막 경력을 시작했기 때문에 다이빙하기에 가장 좋은 장소를 알고 싶었다.

에릭은 자신이 좋은 곳을 몇 군데 알고 있다고 했다. 함께 온라인 채팅을 하는 동안, 어맨다는 그가 다른 남자들과는 달리 무리하게 그녀의 환심을 사려고 하지 않는다는 사실을 알아차렸다.

"그럼 당신이 다이빙할 때 나 좀 데려갈래요?"

그녀가 마침내 말했다. 그는 흔쾌히 승낙했다.

"나는 모두 가본 곳이니까, 장소는 당신이 선택해요."

그들은 바로 그 주 토요일에 다이빙을 하기로 했다. 그동안 두 사람은 전화 통화도 하고 이메일 주소와 사진도 교환했다. 그녀의 사진을 본 에릭은 전과는 달리 입을 다물고 있을 수가 없었다.

"우와! 당신 사진을 보자마자 등골이 서늘해지면서 심장이 두근거려 죽을 뻔했어요."

그는 어맨다에게 이메일을 보냈다.

"어서 만나고 싶어서 도저히 못 기다리겠네요…."

어느 날 밤, 전화로 몇 시간이나 대화를 나눈 후, 에릭은 자신이 그녀 생각에 식음도 전폐할 지경이라고 고백하는 이메일을 보냈다. 그는 단지 자동응답기에 녹음된 그녀의 목소리를 듣기 위해 전화를 걸었다가 끊기를 반복했다. 그들은 첫 데이트 장소로 게인스빌 북쪽의 산타페이강을 선택했다.

100년 전, 도끼와 2인용 톱을 든 벌목꾼들이 오래된 숲으로 들어가 노송나무와 왕솔나무를 잘라낸 다음, 그 통나무들을 금속 '스파이크 도그(한쪽이 톱처럼 날이 서 있는 물림쇠 - 옮긴이)'로 함께 묶어서 물에 띄우고는 제재소까지 떠내려가게 했다. 그 와중에 엄청난 수의 통나무가 묶음에서 떨어져 나갔다. 강 밑바닥의 차갑고 산소가 적은 물은 나무를 결 고운 붉은색과 갈색으로 보존했다. 그런 통나무는 '무임승차'라는 의미의 데드헤드라고 불렸다. 데드헤드 인양자들은 한 세기 전쯤 물에 가라앉은, 잘린 단면에 X자 표시가 되어 있는 통나무를 찾아 케이블과 윈치를 이용해 수면 위로 끌어올렸다. 그런 통나무는 일반 나무보다 열 배쯤 더 귀했고 그 가치는 해마다 상승했다. 5,500달러의 주정부 허가증을 살 만한 자금력에, 통나무를 찾아서 끌어올릴 충분한 시간과 자원과 에너지를 가진 사람이라면 누구라도 데드헤드 인양자가 될 수 있었다.

TV 시리즈 〈하우 투 두 플로리다How to Do Florida〉의 진행자인 채드 크로퍼드Chad Crawford가 한번은 시청자들에게 데드헤드 인양 작업을 보여준 적이 있었다. 그는 벽난로 선반을 만들 만한 통나무를 찾기 위해 플로리다 북서부의 촉타왓치강으로 차를 몰고 가서 리치 미첼Rich Mitchell을 만났다. 미첼은 브루너 목재 회사에서 일하는 데드헤드 인양자였다. 크로퍼드는 다이빙하기 전날 밤, "내가 대체 무슨 일에 말려든 건지 모르겠군요"라고 말했다.

"당신은 자기 자신을 위험에, 그것도 엄청난 위험에 빠뜨린 겁니다."

미첼이 말했다. 그의 추정에 따르면 데드헤드 인양 작업은 최고 위험도를 10으로 쳤을 때, "8 정도"에 이르렀다. 물에 잠겨 있는 통나무 중 일부는 직경이 1.5미터에서 1.8미터 정도 되었고, 무게는 몇 톤에 이르렀다.

"이건 막무가내로 사정한다고 해서 아무에게나 무턱대고 허락해줄 만한 일이 아니에요."

그가 크로퍼드에게 말했다.

"당신은 지금 악어와 독사 그리고 아름다운 목재가 가득한 강물 속으로 뛰어들 준비를 하는 겁니다!"

이튿날 아침, 크로퍼드는 강에서 미첼과 다른 두 명의 인부를 만났고, 그의 다이빙 파트너인 렉시 쿡Lexie Cook을 소개받았다. 쿡은 모두가 '보보'라고 부르는 건장한 체구의 사내였다. 보보는 크로퍼드에게 "강으로 다이빙할 때, 특히 물살이 빠르고 깊은 강일 경우, 당신이 뭘 하려는 건지 진짜 잘 알아야 해요"라고 말했다. 그들은 두 척의 어선과 한 척의 윈치 플랫폼을 물 위로 조종해 갔다. 크로퍼드와 보보가 잠수복 속으로 발을 집어넣는 동안, 베테랑들이 초보자의 장비를 살펴보았다.

"이게 다 뭡니까?"

보보가 물었다.

"나도 몰라요. 어제 산 거예요."

크로퍼드는 자신의 장비를 조정하면서 대답했다.

미첼은 크로퍼드가 들고 있는 주황색 오리발 쪽으로 손을 뻗으며 말했다.

"당신이 가는 곳에는 이건 필요 없을 거예요."

보보가 설명했다.

"그건 집에 있는 수영장에서나 사용하는 겁니다."

그들이 물로 뛰어들기 직전에 크로퍼드가 물었다.

"우리가 물속에서 헤어지면 어떻게 되는 거죠?"

"행운을 빌어요."

보보가 말했다.

수면 밑으로 들어가니 햇빛이 즉시 사라졌다. 잠수부들이 아래로 내려가는 동안 침적토가 뿌옇게 일어나서 가시성을 현저히 떨어뜨렸고, 크로퍼드는 그것을 "재정의된 어둠"이라고 표현했다. 물살이 그를 바닥으로 밀어붙였지만, 통나무는 볼 수도 느낄 수도 없었다. 그가 겁을 잔뜩 집어먹고 수면으로 올라갔을 때, 미첼은 배에서 그를 맞이했고, 그들은 더 얕은 물로 이동했다.

"통나무는 90퍼센트는 발로 찾는 거예요. 나는 발로 소나무, 참나무, 노송나무를 구분할 수 있어요."

보보가 설명했다.

얼마 지나지 않아 그들은 길이 4.5미터에 지름 1.2미터의 노송 통나무를 발견했다. 그것을 윈치로 끌어올린 후, 크로퍼드가 말했다.

"이 말은 꼭 해야겠네요. 물 밑에서 그 통나무와 함께 있다는 사실이 정말 특별하게 느껴지더라고요. 아마도 그걸 마지막으로 만졌던 사람이 100년 전 사람이라는 걸 알고 있어서 그랬나 봐요."

그는 나중에 미첼에게 말했다.

"당신들이 하는 일은 내가 좋아하는 일이에요. 이런 식으로 역사를 만지고 느끼고 발굴하잖아요."

에릭은 게인스빌 근처에 살던, 별 볼일 없는 잠수부이자 지붕 설치업자인 조 쿠티스Joe Kutis와 함께 데드헤드를 인양하기 시작했다. 화석으로 벌어들이는 수입을 보충하기 위해서였다. 조와 그의 아내 샬린은 에릭을 아들처럼 돌봐주었다. 에릭과 조가 함께 화석을 사냥할 때, 늘 순수한 의도만 있었던 것은 아니었다. 어느 날 밤, 그들은 자전거 몇 대를 검은색 스프레이 페인트로 칠하고 발굴장까지 타고 가서 '무단 침입 금지' 팻말을 무시하고 새벽까지 도굴을 했다.

에릭은 통나무를 건져 올려서 순수익 4만 달러를 벌어들였다. 수년 동안 그는 낡은 중고 픽업트럭을 몰고 다녔지만, 이제는 신형 포드 F350을 사기에 충분한 돈을 벌었다. F350이 바로 그가 어맨다와 데이트할 때 몰았던 트럭이었다.

"그가 트럭을 타고 다닌다고?"

어맨다가 집으로 전화를 걸어 결혼하고 싶은 남자를 만났다고 하자 그녀의 엄마가 물었다.

"아뇨, 엄마, 내 말을 이해 못 했네요."

어맨다가 말했다.

"그 트럭은 가격이 페라리만큼 비싸요."

어맨다의 생활 신조는 모 아니면 도였다. 어맨다는 긴 생머리에 커다란 선글라스를 끼고 다녔는데, 가끔 선글라스를 머리 위에 꽂아놓곤 했다. 옷깃은 늘 세워져 있었고, 머리끈은 버버리였다. 그녀는 12개의 평범한 핸드백을 사는 대신 루이비통 네버풀 토트 같은 좋은 핸드백 하나에 투자하는 것이 낫다고 생각했다. 어맨다는 싸구려 지갑을 가지고 다니면 좋은 옷과 멋진 머리 스타일은 아무 의미가 없으며, 제대로 된 백을 들고 다니면 스웨트 팬츠와 슬리퍼를 신고 돌아다니지 않게 된다고 말하곤 했다.

어맨다에게는 듀크대학교에서 학업을 거의 마치고 리치먼드에서 치과의사가 되기 위해 준비 중인 제프라는 남자 형제가 있었다. 그들의 아버지 모리스는 윌리엄스버그의 소아과 의사였다. 어머니 베티는 테네시 출신으로 구리색의 머리카락에 머리띠를 하고 플랫슈즈를 신고 다녔으며 허스키한 목소리로 느릿느릿 말했다. 어맨다는 아버지의 보조개와 낙관적인 성격, 어머니의 우아함과 고상한 취향을 물려받았다. 모리스와 베티는 어맨다가 대학에 들어간 지 얼마 되지 않아서 이혼했다. 그 후 모리스는 재혼했지만, 베티는 어맨다의 어린 시절 집에서 계속 살았다. 킹스밀의 제임스 강가에 자리 잡은 그 리조트는 외부인의 출입이 제한된 주택단지에 있었다.

육로를 통해 킹스밀로 들어가는 방법은 두 가지였고, 둘 다 24시간 근무하는 보안 요원을 통과해야 했다. 2,000명 정도 되는 장기 거주민은 아처스 미드와 윈스터 팩스 같은 식민지 시대의 이름이 붙은 거리에서 살았고, 테니스장, 수영장, 놀이터, 선착장, 골프장 등을 이용할 수 있었다. 막다른 골목에 있는 그레이엄 가족의 집은 지붕널을 이어붙인 수수한 2층 주택이었다. 휴일이면 베티는 향기로운 화초와 반짝이는 장식이 박힌 금박 촛대를 촘촘히 배열해서 벽난로 선반과 그 주변을 장식했다. 그녀는 천으로 된 냅킨과 근사한 은 식기를 고집했고, 밖에서 사온 음식을 예쁜 캐서롤 접시에 옮겨 담지 않고 먹느니 차라리 죽는 게 낫다고 생각하는 사람이었다. 그녀는 종종 어맨다에게 "친구는 손님처럼 대하고, 손님은 친구처럼 대하는 거란다"라고 충고했다.

가끔 그런 엄격한 기준이 어맨다를 지치게 했지만, 그녀는 엄마의 손님 접대법과 평범한 순간을 특별하게 만드는 재능에 감탄하곤 했다. 축구를 주제로 파티를 열었을 때, 베티는 집 안에 임시로 인조 잔디를 깔기도 했다. 어맨다가 열여섯 살일 때 열었던 '로큰롤' 생일 파티에서는 모두가 벽에 낙서하는 것을 허락하고는 나중에 다시 페인트칠을 했다. 어맨다는 어머니의 능력을 물려받았다. 학교 버스를 타고 하교할 때면, 칙칙한 색깔의 집들을 예쁘게 단장해주는 상상을 하곤 했다. 나중에 살고 싶은 꿈의 집을 떠올릴 때면, 차량 진입로를 따라 야자나무가 줄지어 있는 위풍당당한 흰색 건물을 그리곤 했다.

테네시대학에서 어맨다는 동물행동 심리학을 전공했다. 4학년이 되었을 때, 어맨다는 올랜도에 있는 시월드에 지원하면서 자신은 수영장 옆에 서 있는 대신, 동물들과 물속에 있고 싶다는 생각을 분명히 밝혔다. 그녀는 관광객과의 교류를 즐겼으며, 세명쯤 모인 무리보다는 몇백 명의 인파를 상대하는 것을 좋아했다. 그녀가 특히 좋아하던 일은 돌고래의 지느러미를 잡고 수영장의 깊은 곳으로 빠르게 이끌려 들어가는 것이었다. 머릿결을 나부끼면서 그녀는 자신을 인어라고 상상했다.

졸업식 선물로 부모님은 딸에게 아프리카 사파리 여행을 시켜줄 계획이었지만, 어맨다가 시월드에서 일하게 되면서 대신 노트북을 사주었다. 대화방에서 우연히 에릭을 발견했을 때, 그녀가 남자 친구를 찾고 있던 것은 아니었다. 어맨다는 남자의 잘못된 구속 탓에 야망을 망쳐버린 여자들을 종종 보았기에, 자신에게는 절대로 그런 일이 일어나지 않게 하겠노라고 맹세했었다. 하지만 사랑하는 곳에서 사랑하는 일을 한다면, 올바른 사람을 만나게 되리라는 사실 또한 믿었다. 에릭은 동료 잠수부이자 모험가이며 능동적인 사람이었다.

"엄마, 그는 아빠처럼 직업윤리가 있어요!"

어맨다는 어머니에게 말했다.

그들이 산타페이강 유역에서 만났을 때, 에릭은 자신이 이미 어맨다에게 푹 빠져 있음을 고백하지 못했지만, 그녀는 자신의 마음을 거리낌 없이 털어놓았다.

"그걸 온종일 숨기고 있었다고요?"

그가 마침내 마음을 털어놓자 어맨다가 말했다. 다이빙 후에 그들은 어맨다가 좋아하는 싸구려 멕시코 음식을 먹으러 갔고, 다음 약속을 잡았다.

"당신이 벌써 그리워요."

며칠 후에 에릭이 이메일을 보냈다.

"당신이 항상 미소 짓고 깔깔거리는 게 정말 좋아요. 그걸 보고 있으면 나도 기분이 좋아지거든요. 나는 침울한 사람들과 어울리는 게 싫어요. 당신처럼 항상 행복한 사람은 만나본 적이 없어요."

그는 그녀의 얼굴, 눈, 모험심, "지나치게 깔끔한 체하는" 성향 그리고 독립심을 좋아했다.

"내가 쩨쩨한 건 아니지만, 데이트할 때, 당신이 기꺼이 당신 몫을 내려고 하는 것도 좋아요."

그가 말했다.

"당신은 똑똑하고 다양한 분야에 박학다식한 것 같아요. 당신 말을 듣고 있으면 지루할 틈이 없어요. 어쩌면 그래서 내가 당신이 원하는 만큼 말을 많이 하지 않는 것 같아요."

에릭은 올랜도로 어맨다를 만나러 가고 싶었지만, 그보다 먼저 덴버에서 열리는 박람회에 참가해야 했다. 두 번째로 그녀가 그를 보았을 때, 그는 트레일러를 끌고 도시를 떠나고 있었다. 몇 주 후에 그가 말했다.

"당신을 만나기 전만 해도 난 결코 인연을 만나지 못하고 평생 혼자 살지도 모른다는 생각에 두려웠어요. 그런데 당신이 바로 인연이에요. 나는 당신이 우리 인연을 수갑이 아니라 동반관계로 보고 있어서 기뻐요. … 난 우리가 함께하는 삶이 어디로 향할지 빨리 보고 싶어요."

제7장

현실주의자 또는 모험가

어맨다는 에릭의 직업이 흥미롭고 신비스럽다는 것을 알게 되었다. 그는 정체를 알 수 없는 온갖 생물의 뼈를 짊어지고 집에 오곤 했고, 그럴 때면 그의 몸은 여기저기 긁히고 벌레에 물린 상처로 뒤덮여 있었다. 그들이 처음으로 함께 진지한 화석 다이빙을 했을 때, 어맨다는 얼마 지나지도 않아 마스토돈 이빨 하나를 발견하고는 생각했다.

'후, 이거 쉬운걸.'

하지만 그 뒤로는 결코 좋은 것을 찾지 못했다. 에릭과 정확히 같은 지점을 바라보고 있어도 어맨다는 숨어 있는 화석을 알아차리지 못할 때가 많았다. 에릭은 높은 곳을 제외하고는 아무것도 두려워하지 않는 것 같았고, 어맨다가 알기에 그는 빙상 스케이트를 제외하고는 못 하는 게 없었다. 에릭은 살인자가 시체를 가져다 버릴 만한 장소에서 일할 때 가장 행복해한다고 어맨다는 즐겨 말했다.

"에릭은 현실적인 사람과 매력적인 모험가 사이에서 완벽하게 균형이 잡혀 있어."

그녀는 에릭이 맨발로 강물 속 통나무 위에 서서 사슬톱으로 그 나무를 자르는 모습을 지켜보던 때를 회상하면서 친구들에게 이렇게 말하곤 했다.

"그는 슈퍼맨이야."

그녀는 덧붙였다.

"만에 하나라도 사막에서 길을 잃게 된다면, 에릭이 함께 있기를 바라는 게 좋을걸."

그녀는 에릭이 자영업을 하고 있어서 자기 일정을 직접 정할 수 있다는 사실이 좋았다. 일단 자녀가 생기면 그게 중요하리라는 생각에서였다. 그는 재정적으로 안정적이고 즉흥적이기도 했다. 만약 그녀가 라스베이거스에 관해 언급한다면, 그는 "금요일에 가자"라고 말할 터였다. 에릭은 어맨다를 사랑하는 만큼이나 물도 사랑했다. 그들은 둘 다 바쁘게 사는 것을 좋아했다. 어맨다의 기억에 따르면 10년을 사는 동안 단 한 번의 부부싸움도 없었다고 한다. 에릭도 가끔 슬퍼하기는 했지만, 결코 화를 내지 않았고 목소리를 높이는 법도 없었다. 어느 날 어맨다는 자신이 그를 사랑하는 이유를 종이에 모두 열거했다. 그는 단순히 이렇게 대꾸했다.

"나는 당신이 아름다워서 사랑하는 게 아니야. 그렇지만 고마워. 당신이 항상 웃기 때문에 사랑하는 것도 아니지만, 어쨌든 고마워. 그리고 당신이 날 그만큼 많이 사랑하기 때문에 당신을 사랑하는 것도 아니지만, 그래도 역시 고마워. 내가 당신을 사랑하는 이유는 당신이 당신이기 때문이야."

어맨다는 문신처럼 느껴지는 약혼반지를 갖는 게 꿈이었다. 따라서 다른 사람에게 약혼반지를 고르게 하려면 정말 신중해야 했다. 결혼이 당연한 일로 보였을 때, 그녀는 에릭에게 자신이 꿈꾸는 반지에 관해 설명해줬다. 2000년 10월, 그들은 스쿠버와 상어 다이빙으로 유명한 바하마의 아틀란티스 리조트로 휴가를 떠났다. 어맨다는 에릭이 청혼을 하리라고 확신했지만, 휴가가 끝나가도록 아무 일도 일어나지 않았다.

"이런, 바하마에서 약혼하고 싶었던 거야?"

집으로 돌아왔을 때, 에릭이 말했다. 그래서 그들은 아틀란티스로 돌아갔고 에릭은 해변에서 청혼했다. 어맨다는 주문 제작한 6캐럿짜리 플래티넘 세팅 다이아몬드 반지를 끼고 바하마의 파라다이스섬을 떠났다.

그들은 신문에 약혼 소식을 발표하면서 에릭의 직업을 '상업적인 고생물학자'라고 적었고, 어맨다는 그 소개가 그럴듯하다고 생각했다. 고생물학은 '화석 연구'를 의미했다, 안 그런가? 에릭은 모든 라틴어 이름을 알았고 엄청나게 많은 고생물학 책을 가지고 있었다. 어맨다가 이 세상에 존재한다는 사실조차도 모르던 것들이었다. 그녀는 재미로 과학 논문을 읽는 사람을 전에는 만나본 적이 없었다.

인생을 함께할 곳을 결정하면서 그들은 플로리다 외의 다른 지역은 생각해본 적도 없었다. 랜드오레이크스에서 북쪽으로 두 시간 거리인 게인스빌은 친숙하고 물가도 감당할 만했다. 그들은 결혼식을 마친 후에 들어갈 집을 미리 임대했고, 그동안 그들만의 집을 지을 생각으로 작은 땅도 사놓았다.

———

이제 시장에는 화석이 너무 많이 나와 있었기 때문에 다른 거래상의 화석을 사서 되파는 것으로도 수입을 올릴 수 있게 되었다. 에릭은 프랭크 가르시아가 자신의 "은퇴 기금"이라고 부르는 수집품들을 7만 5,000달러에 사서 여러 번에 나누어 판매했다. 결혼식이 끝나고 2개월 후, 그는 온라인으로 진출해서 'floridafossils'라는 사용자명으로 이베이 계정을 열었다. 그는 상어 이빨 사진을 계속 포스팅하고 상품을 배송하고 장부를 적고 고객을 관리하는 등의 행정적이고 지루한 절차를 귀찮아했지만 이베이는 글로벌 고객을 늘릴 쉽고 새로운 방법이었다.

그러나 투손이야말로 여전히 거대한 시장이었다. 투손은 국제 박물관에 소속된 구매자들이 훌륭한 표본을 찾기 위해 직원들을 이끌고 나타나는 곳이었다.

"1990년대 초반, 그러니까 내가 특히 좋은 시절이었다고 자주 얘기하는 그때는 도쿄의 박물관 사람들이 여덟 명의 조력자들을 이끌고 전시회장을 걸어 다니기도 했어요."

또 다른 거래상인 안드레아스 케르너Andreas Kerner가 한번은 이렇게 말했다.

"첫 번째 사람이 물건을 가리키죠. 그럼 다음 사람이 앞으로 나서서 '이건 우리가 가져갈 테니 보관해두세요'라고 말합니다. 그럼 다음 사람이 바로 돈을 내고, 그다음 사람은 포장을 했어요."

사립 박물관과 해외 박물관 그리고 수집가들은 큰돈을 쓰고 간다. 미국산 디플로도쿠스는 아랍에미리트연방에 판매되어 두바이 쇼핑몰에 전시되었다. 와이오밍의 어느 사유지에서 발견된 완벽한 스테고사우루스의 뼈는 유타주의 한 회사에 의해 일본 오카야마의 히야시바라 자연과학박물관에 판매되었고, 이는 과학자들의 분노를 샀다(이 회사는 과학적 연구를 조건으로 거래를 성사시켰음에도 미국 법이 척추동물 화석의 판매와 수출을 전적으로 허용했다는 사실에 역겨움을 느낀 고생물학자들을 달래기에는 역부족이었다).

에릭이 플로리다 포실즈에서 일하는 동안 어맨다는 인테리어 디자인 회사인 에브리싱어스를 세웠다. 어맨다의 친구들은 어맨다가 매력적인 모습으로 자신의 공간을 장식한 것을 보고는 실내장식 사업을 시작해보라고 했다. 광대하고 선택권이 넓은 투손이 그녀에게 끝없는 아이디어를 주었다.

투손에서 그녀는 액세서리를 만드는 구슬과 함께 가죽 가구와 수입 산호를 구매했다. 그런 재료들이 어떻게 공급되는지 물어봐야 한다는 사실은 머릿속에 떠오른 적도 없었다. 에브리싱어스를 "당신의 집을 위한 내셔널지오그래픽"으로 상상하면서 어맨다는 예쁘고 흥미로운 것이기만 하면, 무조건 샀다. 그녀는 바로 발송할 의도로 재고를 확보했다. 어맨다는 버리는 사람이었고, 에릭은 보관하는 사람이었다. 그는 어맨다의 대학 졸업장을 쓰레기통에서 꺼내오고, 웨딩드레스를 팔지 말라고 아내를 설득해야 했다.

"에릭은 조직된 혼돈 속에 살고 있어. 나는 조직된 조직 속에서 살고 있고."

언젠가 어맨다가 말했다.

에브리싱어스의 트렁크 쇼(비공식적인 신작 발표회 – 옮긴이)를 성공적으로 마치고 나서, 어맨다는 봄철과 크리스마스에 리치먼드에서 열리는 인기 있는 공예품 시장인 비자바자에 부스를 하나 열었다. 쇼핑객이 리치먼드 레이스웨이 복합건물의 휑뎅그렁한 전시실로 걸어 들어가서 처음 보게 되는 것이 에브리싱어스였다. 그곳에는 수제 바구니, 소가죽, 수은 유리 항아리, 수공예 보석, 뿔, 조개껍데기, 화석, 불가사리 등이 전시되어 있었다. 2004년, 판매자로 참가한 첫해에 어맨다는 최우수 참가상을 받았다.

그해 뉴욕의 경매회사 건지스가 파크애비뉴 아모리에서 자연사 전시회를 개최했다. 그 카탈로그에는 고생물학 입문서가 실렸다. 레바논새우 판화와 이탈리아의 딱지가 연한 게 그리고 P. T. 바넘Phineas Taylor Barnum이 남북전쟁 기간에 구매한 고래 뼈대는 몬태나, 유타, 오클라호마뿐만 아니라 아르헨티나, 중국, 몽골 같은, 화석 거래가 금지된 나라에서 발굴된 공룡의 일부였다. 감사의 글에서 건지스는 일곱 명의 직업적 사냥꾼의 이름을 언급하며 고마움을 전했다. 에릭은 그것을 메모해두었다.

———

50대 초반의 데이비드 허스커비츠는 자동차 딜러들이 온종일 전시관 문을 바라보는 것처럼 귀에 전화기를 대고 살았다. 발신자는 토르보사우루스를 사고 싶어 하는 구매자이거나, 물건을 팔고 싶어 안달 난 사냥꾼일 터였다. 허스커비츠는 어이없을 정도로 사람들의 이름을 못 외웠지만, 자신만의 고객 명단을 가지고 있었기에 사람들은 거래할 때가 되면 그를 가장 먼저 떠올리곤 했다.

그는 도시, 정확히는 퀸스의 플러싱 출신이었다. 허스커비츠의 할아버지는 유니폼과 청바지 제조업을 했고, 그의 아버지는 주류판매점을 소유했으며, 외가는 맨해튼에 제약회사를 가지고 있었다. 허스커비츠는 호텔레스토랑 경영 학위를 취득했지만, 광고와 신문 보급 사업을 하게 됐다. 그리고 1980년대 초반 사업이 번창하자 부동산에 투자하기 시작했다. 그의 세입자 중에 그리 돈이 많은 것 같지는 않았지만, 늘 제때 집세를 내는 한국인 여성이 하나 있었다. 어느 날 허스커비츠는 친구에게 그 여성이 어디서 수입을 얻는지 물었고, 그 세입자가 한국에 다이아몬드를 팔고 있다는 사실을 알게 되었다.

허스커비츠는 다이아몬드에 관해서는 전혀 아는 게 없었지만, 콜롬비아 출신인 그의 여자 친구 여동생의 사무실 보조가 맨해튼의 다이아몬드 지구에서 일했던 한국 여성이었다. 그 한국 여성이 허스커비츠에게 47번가에서 일하는 감정인을 소개해주었고, 그 감정인이 허스커비츠에게 관련 거래에 관해 약간의 정보를 주었다. 허스커비츠는 다이아몬드를 사기 시작했고, 그의 새친구에게 그것들을 감정받은 다음 한국에서 판매했다. 한국인들도 에메랄드를 원한다는 사실을 알게 되었을 때는 콜롬비아로 갔다.

1990년대 초반 소련이 붕괴하자 허스커비츠는 러시아의 토파즈, 알렉산드라이트, 희귀한 녹색 석류석, 호박에 관심을 두게 되었다. 1993년에 영화 〈쥬라기 공원〉이 호박에서 부활한 공룡 DNA를 중심으로 벌어지는 사건을 다루었고, 디올에서는 호박 보석을 선보였다. 허스커비츠는 기회가 왔음을 감지했다. 그는 마침 러시아에 머물고 벼룩시장에서 쇼핑하는 것을 즐기는 한 여자 친구를 통해 호박 보석을 대량으로 입수했다. 그는 그 보석을 47번가로 가져가서 등급 감정을 받았는데, 그때 감정사가 호박 중 하나에 곤충이 들어 있음을 알아차렸다. 허스커비츠는 루페(보석 감정에 사용하는 소형 확대경 – 옮긴이)를 들여다보았고, 자신이 보고 있는 것이 믿기지 않을 지경이었다. 마치 어제 죽은 것처럼 깨끗하고 전혀 손상되지 않은 검은색 파리가 호박에 들어 있었던 것이다.

어떻게 파리가 호박 안에 들어갔을까? 허스커비츠는 도저히 알 수가 없었다. 그는 호박 보석이 뭔지도 확실히 몰랐다.

어느 날 그는 롱아일랜드 헌팅턴에 사는 고모에게 호박에 들어가 있는 곤충에 관해 이야기했다. 고생물학에서는 일명 '포유물'이라고 부르는 것이었다. 그 놀랄 만한 보존물은 과학자들이 새로운 종을 기술하고 진화적 다양성을 이해하도록 도와주며, 때로는 곤충이 어떻게 새끼를 돌보았는지에 관한 단서도 제공한다. 고모는 허스커비츠에게 그런 물건을 파는 보석 가게가 근처에 있다고 말했다. 허스커비츠는 즉시 그곳으로 가서 자신이 가지고 있는 러시아 보석 일부를 위탁했다. 며칠 후, 보석상이 전화를 걸어와 돈을 가져가라고 했다. 고객은 375달러를 냈고, 보석상은 100달러를 자신의 몫으로 갖고 싶어 했다.

"그래도 될까요?"

'되냐고?'

허스커비츠는 생각했다. 그는 그것을 6달러에 사지 않았던가! 허스커비츠는 여자 친구를 다시 모스크바 벼룩시장에 보내 곤충이 들어 있는 호박을 모두 사들이게 했다. 친구는 가방 가득 호박을 모아서 미국으로 들여오기 시작했다. 워낙 무게가 가벼웠기 때문에 그리 어려운 일도 아니었다.

보석상이 받아주는 데는 한계가 있었기에, 허스커비츠는 영국에서 자연사 경매를 계획하고 있던 런던 경매회사 보냄스에 접근했다. 보냄스(한때는 보냄스&버터필즈로 알려져 있었다)는 허스커비츠의 호박 100개를 받아 1만 4,000달러 이상에 판매했다. 허스커비츠는 화석에 대해서는 거의 문외한이었지만, 이윤에 관해서는 잘 알았고 호박과 경매의 결합에서 가능성을 감지했다. 경매에서는 시장이 공정함을 결정했다.

"사람들은 물건을 차지하기 위해 싸우고, 자신들이 원하는 것에 돈을 내잖아요!"

언젠가 그가 말했다.

런던의 경매에 뛰어들고 나서, 허스커비츠는 주요 구매자 대부분이 미국인이라는 사실을 알게 되었다. 자연사 경매가 왜 미국에서 열리지 않는지 궁금해하던 그는 소더비와 크리스티가 포함된 주도적인 뉴욕시 경매회사들에 이 아이디어를 제안했다. 런던에 본사를 둔 필립스(1796년까지 거슬러 올라가 마리 앙투아네트와 나폴레옹 보나파르트도 자신들의 고객이었다고 주장했다)도 그중 하나였다.

"내가 거짓말을 꽤 그럴듯하게 하나 봐요. 사실 난 전혀 중요한 인물도 아니잖아요. 난 단지 그러면 어떨까 생각만 해봤던 건데…."

허스커비츠가 나중에 말했다.

허스커비츠는 경매 전에 물건을 인증하고 싶다는 마음에, 미국 자연사박물관의 고생물학자와 접촉했다. 확실히 말하지만, 그들은 상업적인 목적을 위해서는 과학적인 자료를 감정하지 않겠다고 했다.

대신 허스커비츠는 이름 하나를 알게 되었다.

박물관에서 한 블록 떨어진 곳에 특이한 상점 하나가 있었다. 그곳 역시 자연사를 다루는 곳이었다. 1983년 웨스트 82번가의 지하 공간에 개업한, 자칭 세계 최초이자 유일한 골학骨學 매장이었던 맥실러&맨더블은 말 그대로 뼈를 팔았다. 소문에 따르면, 유럽에서 수입되었다는 인간의 해골이 무시무시한 합창단처럼 벽을 따라 매달려 있는 곳이었다. 그곳은 너무나도 장사가 잘되어서 빠르게 81번가와 82번가 사이에 있는 콜럼버스애비뉴로 확장 개업을 하게 되었고, 그 자리에서 30년간 계속 장사를 이어가게 된다.

주인은 헨리 갈리아노Henry Galiano였다. 스페인 빈민가 출신이었던 그는 어린 시절 자연에 강박적으로 몰두했기에, 미용실을 운영하던 그의 아버지는 아들을 데리고 정기적으로 박물관을 찾았고, 그곳에서 헨리는 모든 생물의 이름을 댈 수 있었다. 나중에 그는 미국 박물관에서 일하기 위해 미술 학교를 그만두고, 수위로 취직했다. 그리고 결국에는 척추동물 고생물학 부서의 큐레이터 보조가 되었다. 갈리아노가 워낙 기술이 좋았던 까닭에 그의 상사였던 고생물학자 리처드 테드포드Richard Tedford가 그에게 다시 학교에 다니라고 다그쳤지만, 곧 "헨리는 어디에도 얽매이지 않는 자유로운 영혼의 소유자"라는 사실을 깨달았다. 1980년대 초반, 커낼가의 벼룩시장에서 개인 수입품의 일부인 쥐와 비둘기 두개골을 팔아버린 후, 갈리아노는 자신의 가게를 열기로 했다.

맥실러&맨더블을 운영하면서 그는 "뼈에 대한 대중의 선천적인 관심과 끌림"을 발견했다. 사람들은 그것을 선물로 주고받으며 좋아했다.

"당신이 누군가에게 스카프와 장갑과 책은 이미 선물로 주었고 다른 선물 목록은 생각해낼 수 없다면, 두개골을 주세요."

갈리아노가 언젠가 《피플People》지 인터뷰에서 말했다. 또 언젠가는 "모두가 아파트에 살아요. 그들은 플라스틱 가구와 제조된 물건, 일본산 스테레오, 독일산 카메라 같은 걸 사죠. 그렇게 한동안 살다 보면 자신의 존재 자체를 망각하게 됩니다. 하지만 뼈를 가지게 되면, 진짜와 접촉하게 되는 거죠"라는 말도 했다.

갈리아노는 농부, 덫 사냥꾼, 아프리카계 수렵 감시관, 풀튼

거리의 생선 장사, 시카고의 육류 가공업자 등에게 판매할 상품 목록을 확보했으며, "도살장과 사냥감 처리 공장"과 관련된 공급망과 거래했다. "흥미로운" 사체가 들어올 때마다 갈리아노는 전화를 받았다. 그는 멸종위기종에 현상금을 거는 행위는 절대 하지 않을 거라고 언론에 다짐했지만, 기회가 주어진다면 신체 부위를 거래하고도 남을 사람이었다. 초기에 그는 아프리카 상아를 거래했는데, 그 혐오스러운 밀렵은 결국 금지되었다.

"우리는 도처에서 가져옵니다. 난 로드킬당한 동물들을 수거해오곤 했어요. 미국의 고속도로는 자연사를 수집하기에 좋은 곳이죠. 이건 기회를 잘 살려야 하는 사업이거든요."

그가 《뉴욕타임스》에 이야기했다.

맥실러&맨더블 지하 매장은 종종 포름알데히드와 삶은 두개골의 냄새를 풍겼다. 언젠가 그곳을 방문한 기자는 지하 저장고들을 잇는 복도에 "어두운 구석에서 바라보는 버펄로 머리, 우아한 호를 그리며 탁자 위에 늘어져 있는 비단뱀의 뼈, 혹멧돼지 엄니, 기린의 다리, 칠흑처럼 검은 곰 그리고 관절이 있는 쥐의 뼈" 등이 가득 차 있는 것을 발견했다. 수족관에서는 수천 마리의 딱정벌레가 끊임없이 죽은 동물의 살점을 먹어치웠다. 갈리아노는 기자에게 말했다.

"여기엔 생명이라고는 없어요."

그러나 죽음에는 생명이 있었다. 맥실러&맨더블의 물품 목록은 교실, 개인 소장품, 박물관을 통해 부활했다. 이 매장은 결국 자연과학의 다른 분야로 확장되었고, 그곳 직원들은 "고생물학자, 곤충학자, 골학자, 인류학자, 조각가, 장인"으로 광고되었다. 마크 노렐을 비롯한 AMNH 고생물학자들과 강한 유대 관계를 유지했던 갈리아노는 자신의 사업이 대중과 과학 사이를 잇는 중요한 다리 역할을 한다고 생각했다. 그는 투손과 덴버의 쇼에 참석했고 마침내는 쥐라기 공룡의 뼈가 출토되는 것으로 널리 알려진, 전설적인 와이오밍의 모리슨 지층 발굴장을 인수했다.

2011년 여름, 맥실러&맨더블의 모든 물건이 조용히 반값 세일에 들어갔다. 8월 하순의 어느 월요일 아침, 거리의 사람들은 가게 문이 잠겨 있고, 27년 만에 처음으로 가게 불이 꺼진 것을 보았다. 한때는 따뜻한 흰색 불빛에 둘러싸인 두개골이 전시되어 있던 앞 유리창에는 평범한 갈색 포장지가 붙어 있어서, 전혀 안을 들여다볼 수 없었고, 문에는 '발굴 작업 갑니다'라는 안내문이 붙어 있었다. 갈리아노의 고객들은 온라인으로 안타까움을 표현했다. 맥실러&맨더블은 "단순한 상점이 아니었다. 그건 도시로부터의 독특한 탈출이었다. 그곳에 발을 들여놓을 때마다, 우리는 다른 시간대로 쏠려 들어갔다…"라고 누군가가 적었다. 다른 누군가는 "이제 누가 우리에게 공룡 뼈를 팔까요?"라고 한탄했다.

데이비드 허스커비츠가 처음 갈리아노를 만나려고 했을 때, 그는 목적을 달성하지 못했다. 갈리아노는 허스커비츠를 알지 못했고, 그에 관해 들어본 적도 없었다. 하지만 허스커비츠는 투손에서 긴 곱슬머리에 안경을 끼고 자연사에 관해 거의 백과사전에 버금가는 지식을 자랑하는 호리호리한 아시아 남성을 발견했다. 허스커비츠가 미국에서도 자연사 관련 물건을 경매하고 싶다고 했을 때, 갈리아노는 자신도 참여하겠다고 했다. 갈리아노는 시장 전문성과 박물관 관련 배경뿐만 아니라 관련자들과 친분도 있었다. 화석의 세계는 매우 배타적이라 낯선 사람은 금방 눈에 띄었다. 거래상들은 허스커비츠를 받아들이지 않으려고 했지만, 갈리아노에 관해서는 알고 있었다.

1994년 6월 8일 뉴욕의 필립스 경매 쇼룸에서 자연사 경매가 열렸다. 허스커비츠는 이를 미국 최초의 자연사 경매라고 불렀다. 좌석은 모두 들어찼지만 겨우 30만 달러라는 실망스러운 실적을 올렸다. 그러나 허스커비츠에 따르면, 회사 관계자들은 자연사 경매처럼 방 안이 입찰자로 꽉 찬 적은 없었다고 말했고, 필립스는 다시 경매를 열어보기로 했다.

고급 경매장과 화석의 제휴는 구매자에게 화석의 지위를 높여놓았다. 소더비와 같은 유서 깊은 경매회사는 좀 더 세속적인 박람회 등에 비해 고상해 보였다. 경매장에서는 자연사가 예술과 동일시되었다. 화석 업계에는 결코 없던 방식이었지만, 어쨌든 거래상들은 그것이 타당하다고 느꼈다. 박람회에서는 가격이 늘 내려갈 수 있지만, 경매에서 가격은 오직 올라갈 수만 있었다. 또한 경매는 화석 거래의 어두운 부분을 덮어주는 역할도 했다. 불법 화석과 위조품이 중국에서 흘러나와 미완의 상태로 투손에서 팔리면 그것은 나중에 완성품으로 시장에 나왔다. 중국 거래상들은 투손 박람회 가이드북에 광고를 실었다. 중국 정부가 더욱 엄격해지자 일부 거래상은 자신이 가진 화석은 새로운 법안이 발효되기 전에 수출된 것이라고 주장하면서 판매를 계속했다. 일반 구매자는 진실을 알아낼 방법이 없었고, 거래상들은 법집행기관이 아무것도 증명할 수 없다는 것을 알았다. 어떤 거래상은 중국 공룡이 불법이라면, 그렇게 많은 공룡이 시중에 돌아다닐 수는 없을 거라고 주장했다. 고생물학자조차도 그들의 정보를 믿지 못했다.

"고생물학자와 이야기해보면, 그들은 '아, 맞아요, 그건 불법입니다'라고 이야기할 겁니다. 하지만 해당 국가의 법률 서류를 들여다보면서 그 법적 함의가 무엇인지 이해할 수 있는 사람은 거의 없어요. 더 나아가 그 나라에서 법이 어떻게 시행되는지도 거의 알지 못할 겁니다."

스미스소니언의 커크 존슨이 말했다.

"법이 바뀌는 중이든, 아니면 그냥 무시당하든 간에 무슨 일이 일어나고 있는지 이해하기는 어려웠어요."

그 외에도 혼란스러운 점은 또 있었다. 고생물학자들은 말로는 화석 거래상들을 혐오한다고 하면서도 돈을 내는 고생물학 관광객의 자격으로 발굴 작업에 그들을 참가시켰다. 그리고 몇몇 박물관은 화석 수집을 장려하는 것 같기도 했다. 2001년 봄, 에릭은 '뉴저지 주립박물관의 친구들'이라는 단체로부터 중국 북동부 지방인 랴오닝 여행을 제안하는 초청장을 받았다. 그 지역은 과학자들이 화석 발굴지에 경비원을 배치해야 할 정도로 화석 열풍이 거세게 몰아치는 곳이었다. 뉴저지 박물관의 초청장은 "동료 화석사냥꾼들"에게 보내는 것이었고, "시혜툰의 유명한 화석 지대이자 깃털 달린 공룡 표본이 나왔던 발굴장"으로 가는, 곧 있을 "수집 원정"에 관해 설명했다. 여행 안내자는 베이징의 척추동물고생물연구소에 소속된 펜실베이니아대학 대학원생이었다. 참가자들은 "현장에 있는 중국 과학자의 승인을 받아" 일반적인 화석은 집으로 가져갈 수 있을 터였다.

에릭은 박물관 여행에는 참여하지 않았지만, 많은 사람이 중국 화석에 관해 이야기하고 있었고, 많은 중국 화석이 공개적으로 유통되었기 때문에 그도 투손의 연줄을 통해 표본 작업을 거치지 않은 화석들(대부분이 검치호랑이 같은 포유동물이었다)을 사들여서 복원 작업 후에 판매하기 시작했다. 그의 이베이 고객에는 과학 교사, 수집가, 다른 거래상, 박물관이 포함되어 있었는데, 모두 긍정적인 후기를 남겼다.

"중국 화석 왕을 통한 또 다른 경탄할 만한 거래!!!!"

10년 동안 에릭은 그 사이트에서 100퍼센트의 긍정적인 평가를 받았고, 99퍼센트대로 떨어진 건 단 한 번뿐이었다.

가끔 에릭은 다른 나라에서 화석을 밀렵하거나 저질 뼈를 판매하다가 잡힌 거래상에 관한 소식을 들었다. 파리 구치소에 갇힌 남자가 있었고, 우루과이에서 체포된 남자도 있었다. 우루과이에서 잡힌 남자의 아내는 남편이 밤새 구금되어 있으리라는 소식을 듣고 구치소로 피자와 따뜻한 코트를 가져다주었지만, 교도관들이 그의 피자를 먹고 그의 코트를 입었을 뿐이었다. 에릭은 흥미롭게 그 이야기를 들었지만, 아무 말도 하지 않았다.

———————

어맨다는 집을 하나 리모델링해보고 싶었다. 즉 오래되고 낡은 주택을 사서 새롭게 고친 다음 이익을 붙여 팔고 싶었다. 2004년 초가을, 그녀와 에릭은 대학교 근처의 사우스웨스트 2번 도로에 있는 방갈로 하나를 발견했다. 1929년에 지은 그 집의 벽돌 외관에는 흰색 칠이 되어 있었고, 두 개의 고풍스러운 현관 기둥은 마른 피 색깔이었으며, 조경은 듬성듬성했다. 리모델링하기에 완벽했다. 그들은 그 집의 구매와 개보수 비용으로 거의 20만 달러를 대출받았다.

도급업자의 견적이 너무 높게 나오자 프로코피 부부는 직접 그 집을 수리하기로 했다. 그들은 구글에 "화강암 조리대 설치하는 법"을 검색했다. 그리고 에릭이 강에서 건져온 빈티지 벽돌 같은 재료들을 활용했다. 두 사람의 취향은 거의 항상 일치했다. 에릭이 집 안의 사무실에 금속 책상을 설치했을 때 처음으로 두 사람의 의견이 맞지 않았다. 어맨다가 그에게 말했다.

"여긴 타이어 가게가 아니야."

그들은 돈을 절약하기 위해 집을 개조하는 동안 그곳으로 아예 이사를 들어갔다. 그리고 목욕은 뒷마당에서 하고, 매 끼니는 밖에서 해결했다. 어맨다는 두 차례 더 성공적인 에브리싱어스 행사를 개최했고, 크리스마스 때는 비자바자 행사를 위해 리치먼드로 차를 몰았다. 그곳에서 벌어들인 수익금 일부로 동양산 양탄자를 샀다.

차고 안에 화석을 위한 공간이 부족해지자 에릭은 가구를 모두 들어낸 부엌으로 뼈들을 옮겼다. 지금까지 그는 거대한 나무늘보 뼈를 여럿 발견했는데, 투손의 라마다인유니버시티에 있는 그의 방 뒤쪽 구석에는 두개골이 천장에 닿는 뼈대 하나가 자리 잡고 있었다.

사업이 번창 일로에 있었기에, 2005년 5월 에릭은 동업자를 하나 들이기로 했는데, 40대 군인인 그의 별난 행동을 에릭과 어맨다는 재미있고 사랑스럽게 여겼다. 그는 캔에 압축해 넣은 공기로 모든 것을 청소했는데, 심지어 반려견의 발까지도 그것으로 닦았다. 그는 자신의 돈이 마약 거래에 사용된 적이 있을지도 모른다는 생각에 늘 씻어서 다림질까지 했다. 또한 휴대전화를 신뢰하지 않아서 차 트렁크 안에 놓아두었다. 그러나 그는 화석에 관해 매우 박식하고 충성스러운 동업자였으며, 항상 '특이한' 것들을 가지고 있었다.

에릭은 그와 함께 게인스빌 바로 남쪽에 있는, 600년 역사의 유서 깊은 마을인 미카노피에 소매점을 낼 공간을 샀다. 분홍빛 벽돌로 지은 그 2층짜리 건물은 그림처럼 아름다운 골동품 매장들 사이에 자리하고 있었다. 어맨다는 가게 앞쪽에서 에브리싱 어스를 운영하고, 남자들은 뒤쪽 방과 위층을 표본 작업과 보관에 사용하기로 했다.

이 사업은 결국 실패하고 말았지만, 에릭은 어맨다와 함께 그들만의 프로젝트를 추진하는 한편 다른 거래상들과도 계속 협력했다. 그들은 개보수 중인 집의 흰색 벽돌은 그대로 두고, 셔터는 검은색으로 칠했으며, 차양을 새로 달았다. 촌스러운 현관은 세련된 도리아식 기둥으로 대체했다. 반원형 차량 진입로와 새로운 조경이 잘 꾸민 앞마당을 더욱 근사해 보이게 했다. 그 결과 프로코피 부부는 자신들이 리모델링 쪽에 재능이 있다고 자신하게 되었다. 물론 수리한 방갈로를, 이익을 남기고 팔기 전까지는 확신할 수 없는 일이었지만.

10년 넘게 에릭은 상어 이빨과 빙하기 포유류 그리고 곤충 표본이나 대형 박쥐 같은 잡다한 것들을 작업해왔다. 중국 검치호랑이 두개골은 든든한 수입원이었다. 에릭은 최고 6,000달러까지 내고 미가공 화석을 사서 복원 작업 후에 경매에 내놓았다. 그러면 때로 7만 5,000달러까지 받을 수 있었다. 그러나 결혼, 늘어난 빚, 출산 계획 등으로 인해 그는 어떻게든 큰돈을 손에 쥐게 해줄 큰 프로젝트를 찾아야 한다는 압박감을 느끼게 되었다. 큰돈은 큰 공룡에 있었다.

몇몇 나라에서 큰 공룡이 발굴되는 것으로 알려져 있었지만, 오직 미국만이 사유지에서 발견한 모든 것을 직업적 사냥꾼이 수집·판매할 수 있게 허용했다. 사우스다코타주와 몬태나주 일부를 가로지르는 형성층인 헬크릭은 T. 렉스의 주요 영토였지만, 그런 사냥터들은 이미 주인이 있고 너무 투기적이기도 했다. 사냥꾼은 여름 내내 목장주의 황무지를 샅샅이 뒤지고도 빈손으로 빚만 늘어난 채 돌아갈 수도 있었다.

그리고 연방정부는 화석 수집법을 강화할 태세를 보였다. 의회는 매사추세츠 출신의 민주당 하원의원 짐 맥거번^{Jim McGovern}이 발의한 고생물자원보존법안^{PRPA}에 관한 합동 소위원회 청문회를 소집했다. 2003년 6월 19일, 소위원회에서 맥거번 의원은 화석 암시장이 "폭발"하고 있음에도 미국은 여전히 고생물 자원을 보호할 "명확하고 일관성 있고 통일된 정책"을 개발하지 못했다고 말했다. PRPA는 연방정부 전체에 걸쳐 표준화된 화석 수집 허가 체계를 요구했고, 연방 소유지에서 발견된 모든 중요한 화석을 박물관이나 "적합한 보관 장소"(예를 들어, 대학의 소장 기관 등)에서 책임 관리할 것을 요구했으며, 중요한 화석의 도난이나 파괴를 처벌할 더 강력한 법 제정을 권고했다.

2,000명 이상의 과학자와 몇몇 수집가와 거래상으로 구성된, 미국박물관협회와 마찬가지로 역시 세계적인 협회인 척추동물 고생물학회SVP는 그 입법안을 지지했다. SVP를 대표해서 증언한 고생물학자 캐서린 포스터Catherine Forster는 "공룡과 다른 멸종된 생명체에 관한 대중의 관심이 높아진 것"이 고생물학자들에게 "우리 행성 생명체들의 역사를 기록하는 이 매혹적인 과학에서 이루어진 최근의 진보를 대중과 공유할 전례 없는 기회"를 주었지만, 한편으로는 화석을 암시장 표적으로 만들어 더욱 위험에 처하게 했다고 말했다. 포스터는 멸종된 생물체의 화석은 재생 불가능하며, "앞으로도 더 많은 화석이 발견되고 수집될 테지만, 그것은 항상 유한한 공급처에서 나온다"는 사실을 상기시켰다. 아주 작은 모래 알갱이 하나조차도 한 동물의 서식지부터 해당 종의 생존 기간까지 수많은 사실에 관한 단서를 제공할 수 있고, 또한 현존하는 지구나 미래의 지구에 관해 우리에게 알려줄 수 있다.

"고생물학자와 지질학자는 훼손되지 않은 원래의 환경 속에 있는 화석 집합체에서 고대의 환경과 생태 공동체를 해석하는 더 많은 방법을 배우기 때문에, 이 정보는 점점 더 가치 있고 중요해집니다."

포스터가 설명했다. 그녀는 화석이 시간의 흐름에 따른 생물의 변화 과정을 과학자들에게 이해시켜주기 때문에 "연구자들은 새로운 표본을 이전에 발굴된 표본과 비교할 수 있어야 한다"고 덧붙이고는 화석의 상업적 가치가 증가하면 과학적 기록이 왜곡될 위험이 있다는 말로 증언을 끝냈다.

고생물학자와 화석 거래상은 서로 협력할 방법을 찾아야 했지만, 여전히 두 세계를 연결할 만한 공식적인 장치는 없었다. 과학자와 법 집행기관은 밀렵 사건이 발생할 때마다, 조금씩 시장에 대한 통찰력을 얻었다. 의회 청문회가 있은 지 수개월 후, 미국어류야생동물관리국의 관리인이 네브래스카 북서부의 오그랄라 국립초원 지대를 지나가는 동안 바로 그런 사건이 발생했다. 한때 그 지역은 화산재로 뒤덮였던 곳으로, 결국 화산재는 퇴적물과 뒤섞여 미사암, 이암, 점토암, 사암이 되었으며, 베어독(암피키오니드: 에오세부터 마이오세까지 살았던, 곰과 개를 섞어놓은 듯한 모습이나 개와 조금 더 비슷했던 육식동물 – 옮긴이), 악어, 거북, 도마뱀, 오레오돈트(염소와 양의 직계 조상인 발굽 동물 – 옮긴이), 페커리(과거에는 돼지과로 분류되었으나 현재는 페커리과로 분류되는 포유동물 – 옮긴이), 사슴 그리고 유사 검치호랑이의 상당한 유물을 보존하게 되었다. 밀렵꾼들은 종종 화이트강 그룹으로 불리는 그 형성층을 파헤치고 몰래 빠져나가곤 했다. 100만 에이커가 넘는 초원을 순찰하는 연방 요원이 단 한 명밖에 없었기 때문이다.

이 특별한 사냥터 관리인은 운이 좋았다. 그는 그 너른 초원 한가운데서 수상한 남자들을 발견했다. 그중 한 명은 도망쳤지만, 관리인은 다른 두 명을 멈춰 세우고 네브래스카국유림의 파인리지 사무소로 전화를 걸었다. 바버라 비슬리^{Barbara Beasley}라는 산림청 고생물학자가 곧 용의자들을 신문하러 왔다. 그녀가 용의자 한 명에게 배낭을 비우라고 했을 때, 그는 신문에 싸인 화석을 꺼냈다. 그 뼈는 북미와 아시아에서 4,300만 년 전에 살았던 거대한 코뿔소와 비슷한 초식동물 브론토데어였다. 오랫동안 대초원에서 그 뼈들을 목격했던 수족은 그 동물을 "천둥 야수"라고 불렀다.

부러진 뼈가 화석화되면 때때로 그 안에서 결정이 자란다. 이 뼈들도 그랬다. 용의자는 그 결정을 보석으로 가공할 계획이었다고 말했다.

"그는 자신이 화석을 가지고 있었다는 사실은 전혀 인정하지 않고, 자기 앞에 놓인 것을 계속 결정체라고 불렀어요."

나중에 비슬리가 말했다.

그녀는 돈과 스릴이 밀렵의 동기라는 사실은 이해하고 있었지만, 브론토데어 사건을 겪으면서 밀렵의 방식 또한 이해하게 되었다. 그녀도 대부분의 화석 판매가 합법적이라는 사실을 알고 있었다. 하지만 불법적인 화석 판매도 있었다. 비록 PRPA를 고민 중이기는 했지만, 아직 그런 상황에 대해 포괄적인 견해를 가진 법 집행기관은 없었다. 화석 판매의 잠재적 범위에 관해 알아보기 위해 그녀는 콜로라도의 유명한 화석 거래상인 찰리 매거번^{Charlie Magovern}에게 이메일을 보냈다.

"도매로 팔리는 화석과 소매점에서 팔리는 화석의 가격 차이는 어느 정도인가요?"

"초기 비용에 따라 20에서 400퍼센트 사이입니다. 1달러 미만에 산 매우 저렴한 품목은 그 가격의 3~4배까지 표시할 수 있습니다."

매거번이 답했다.

그리고 매우 비싼 품목들, "이를테면 10만 달러 이상 나가는 품목은 판매자의 사업비에 따라 20퍼센트나 그보다 적은 이익을 붙여서 팔 수 있습니다"라고 매거번은 덧붙였다. 경매회사는 구매자와 판매자에게 각각 낙찰가의 20퍼센트를 받아간다.

"매우 비싼 품목의 경우에는 각각 15퍼센트를 부과하고요."

매거번은 계속해서 키스토닝^{keystoning}(구입 가격의 두 배 이상의 정가를 붙인 후 대폭 할인을 통해 싸다는 느낌을 주는 가격 설정 방식 - 옮긴이)이라는 관행에 관해 설명했다.

"일반적으로 소매가는 대부분의 사업과 마찬가지로 판매점이 그 품목에 지급한 가격의 두 배를 붙여놓죠."

정부 관료들이 PRPA 입법을 고려함에 따라 중국 표본의 판매 흐름이 느려졌다. 그때 티라노사우루스 렉스의 뼈에 필적할 만한 공룡의 출처가 나타났다.

———

독일계 보석감정사인 안드레아스 구어Andreas Guhr는 함부르크에서 살았다. 그는 그곳 대학에서 미술을 공부하고, 자연사 거래상이 되기 전에는 도예가, 화가, 그래픽 디자이너로 훈련받았다. 광물 도매상인 구어는 세계 최대의 자수정을 포함한 방대한 개인 수집품을 가진 사람으로 유명했다. 그는 함부르크에서 자연사박물관을 시작했고, 『크리스털 파워Crystal Power』를 공동 저술하기도 했다. 책 속에서 그는 메소포타미아와 고대 이집트에서부터 그리스와 로마 그리고 유럽에 이르기까지 보석과 광물에 관한 신화와 문화적 상징성을 추적했다.

구어는 얼룩무늬 벽옥, 정동석 그리고 애리조나와 오리건의 크루커드강에서 건져낸 석화된 통나무로 만든 가구 등을 판매하는 레드갤러리("자연을 집으로")라는 실내디자인 회사를 소유하게 된다.

"이 지극히 귀한 통나무는… 커피와 우유색의 나무껍질로 둘러싸인, 외관상 도자기 같은 고귀한 푸른색 톤을 보여준다…."

구어는 "세계에서 가장 먼 곳으로 가는 원정을 이끌었던" 사람으로 자신을 홍보했다. 1992년 여름, 그는 공룡 뼈를 찾아 몽골로 갔고, 그 이듬해에도 갔다. 이는 한때 독일의 《내셔널지오그래픽》으로 묘사되었던 잡지 《GEO》가 길게 소개했던 발굴 여행이었다. 표제 기사인 "드래곤의 무덤The Grave of the Dragons"은 1993년 7월에 나왔지만, 그 기사의 복사본은 여전히 투손을 돌아다녔다.

이 기사의 작성자는 울란바토르에서 비행기를 타고 남쪽으로 가서 고비로 들어간 다음 그 "원정"을 따라갔다.

"이 얼마나 마술적인 단어인가! 비밀로 가득 찬, 이 거대한 공간에는 언제나 새로운 발견의 가능성이 열려 있다."

그 기사는 구어를 "새로운 종류의 드래곤 사냥꾼"이라고 부르면서 그가 "수익금으로 과학-고생물학 발굴에 자금을 조달할 수 있기를 희망하며, 잘나가는 사업체도 운영한다"고 소개했다.

구어는 함부르크대학의 고생물학자들과 함께 몽골 과학자들을 동반해 여행을 다녔다. 그중 최고 권위자는 몽골과학아카데미의 국립고생물학센터에 소속된 베테랑 고생물학자인 키시그야브 속바타르Khishigjav Tsogtbaatar였다. 한때 구어와 과학자들은 프로토케라톱스의 뼈 두 점을 발굴하기도 했다.

"이 종은 이미 자주 발견되었기 때문에 딱히 과학적 가치가 있는 것은 아니지만, 상업적 가치는 또 다른 문제다. 개인 수집가들은 공룡 화석에 높은 금액을 지급한다."

《GEO》는 보도했다.

울란바토르에서 남서쪽으로 약 885킬로미터쯤 떨어져 있는, 중요한 후기 백악기 지역인 네메겟 분지의 협곡 바닥은 "화석으로 가득 차" 있었다. 일부 지역에서는 "공룡 두개골이 마치 사암벽 전면에 조각해놓은 우화적인 인물상처럼 나타났다." 이 기사는 공룡 뼈는 수없이 많은 것 같지만, 그 모든 화석을 수집하기에는 전 세계적으로 고생물학자의 수가 너무도 부족하다는 주장을 되풀이했다. 그 긴 특집 기사는 직업적인 사냥꾼과 몽골 고생물학자들 사이의 공개적인 협력에 관해 적극적으로 묘사하면서 거래상들이 고비사막의 공룡을 파내어 시장에 내다 파는 것도 합의가 되었다는 사실을 강력하게 암시했다. 따라서 어느 해 9월 덴버의 연례 화석 전시회에 참가했다가 직업적인 사냥꾼인 톰 린드그렌의 부스에서 몽골의 뼈를 우연히 발견했을 때, 에릭은 그다지 놀라지 않았다.

린드그렌은 유타와 와이오밍의 그린강에서 나온 화석 어류와 식물을 전문적으로 취급했으며, 1986년부터 투손에 모습을 드러냈다. 1990년대 초, 그는 QVC에서 방영하는 〈화석 전시회Fossil Exhibit〉라는 프로그램을 공동 진행하면서 일명 "QVC의 인디아나 존스"가 되었다.

"우리는 대량으로 팔 수 있는 화석을 가져올 것입니다. 여기 상어 이빨이 있습니다. 우린 이런 걸 수천 개쯤 팔 수 있어요. 여기 화석 물고기도 있고, 호박에 들어 있는 곤충도 있습니다."

그가 말했다.

그 쇼는 〈쥬라기 공원〉이 극장가를 강타한 날, 첫 회가 방영되어 40분 만에 4,000개의 호박을 팔았다.

"모두 알다시피, 실제로 이 제품을 팔아주는 것은 이야기의 힘입니다."

그가 나중에 말했다. 하지만 '프레젠테이션 기술'을 가장 잘 보여줄 수 있는 곳은 박람회였고, 린드그렌은 특히 투손 행사를 즐겼다. 그에 따르면 억만장자들은 그와 단둘이 "사적인 시간"을 갖고 싶어 했다고 한다.

"그들은 떠받들어주기를 원하거든요."

엄청나게 넓은 그의 부스에는 기둥이나 밧줄 뒤에 거대한 트리케라톱스나 희귀한 녹색물뱀 등이 전시되어 있었다. 에릭이 그곳을 찾아갔을 때는 입안에 뾰족한 이빨이 가득한, 타르보사우루스 바타르 두개골이 받침대 위에 근사하게 올려져 있었다.

린드그렌은 경매회사인 보냄스의 로스앤젤레스 지사에서 브로커로도 일했다. 그는 과거에 에릭의 물건을 처분해준 적이 있었기 때문에 그가 사랑스러운 가족과 함께하는 예의 바르고 근면한 사람이라는 사실을 알고 있었다.

"그와 악수를 해보면 계약서 같은 건 필요 없다는 걸 느낄 수 있어요. 그만큼 믿음직스럽거든요."

에릭도 린드그렌이 업계에서 가장 성공한 거래상 중 한 명임을 알고 있었다. 에릭이 린드그렌이 가진 것과 같은 뼈를 얻을 수 있다면 그리고 한때 중국에서 화석이 쏟아져 나오던 식으로 몽골에서 공룡을 더 많이 얻을 수 있다면, 그는 황금률을 달성할 수 있을 터였다. 즉 미가공 뼈를 값싸게 사들인 후 그것을 뼈대로 조립하여 비싸게 되파는 것이다. 실력 좋은 표본 복원 기술자는 거의 예술품에 가까운 것을 생산해냄으로써 상당한 이익을 얻을 수 있었다. 에릭은 주변에 묻고 다니기 시작했다.

제8장

첫 번째 몽골 화석을 들여오다

안드레아스 구어가 몽골에서 거둔 상업적 성공에 관한 기사가 《GEO》에 실렸던 해, 홀리스 버츠Hollis Butts는 1868년 대륙횡단 철도를 따라 물을 보급하기 위한 정거장으로 세워진 와이오밍의 작은 마을 메디신보 주변에서 "산책을 즐기는 행복한 관광객"이었다.

동쪽으로 8킬로미터 떨어진 곳에는 한때 오스니엘 C. 마시 Othniel C. Marsh와 에드워드 드링커 코프Edward Drinker Cope 사이의 '뼈 전쟁'으로 유명했던 코모블러프가 자리하고 있다. 두 사람은 1800년대 후반 공룡 뼈를 두고 다투면서 거의 죽을 뻔했던(그리고 서로를 거의 죽일 뻔했던) 동부 해안의 고생물학자들이다. 남북전쟁 이후 급속한 서부로의 확장은 탐험되지 않은 미개척지에 더 많은 사람을 데려다놓았다. 그것은 더 많은 눈이 더 많은 발견을 했음을 의미했고, 마시와 코프는 그 모든 것을 원했다. 그들은 서로를 염탐하고 방해했으며, 언론에서 서로를 잔인하게 헐뜯었다. 너무 심한 경쟁심 탓에 그들은 삶의 끝자락에서 거의 빈털터리에

외톨이가 되었지만, 덕분에 신생 분야였던 고생물학이 크게 발전하여 미국 과학계의 위상을 끌어올렸다. 대체로 그것은 메디신보 근처의 길게 펼쳐진 쥐라기 암석 덕택이었다. 미국에서는 적어도 1802년부터 공룡의 뼈대와 흔적이 발견되기 시작한 것으로 기록되어 있지만, 세계 최초의 주요 공룡 발굴지가 된 곳은 코모블러프였다. 이곳에서는 스테고사우루스, 카마라사우루스Camarasaurs, 아파토사우루스Apatosaurus, 알로사우루스Allosaurs 그리고 거대한 디플로도쿠스가 발견되었다.

"그건 한마디로 '쥐라기 공원'이었어요."

고생물학자 로버트 바커가 말했다.

"이 쥐라기 생물들은 전무후무한 하나의 세상이에요. 초식 공룡의 평균 체중은… 5, 6, 7톤쯤 됐을 겁니다. 이런 초식 공룡 대다수의 크기는 30~36미터쯤 됐고요."

후자의 경우에는 야구장 내야로 걸어 들어가서 1루와 2루에 한 발씩 걸치고 서 있을 수 있는 크기였다.

1890년대 후반, 앙숙이던 마시와 코프가 임종할 무렵, 미국 자연사박물관은 코모블러프에 과연 남은 게 있기는 한지 확인하기 위해 고생물학자들을 보냈다. 고생물학자 월터 그레인저Walter Granger의 지시에 따라 발굴단원들은 새로운 장소를 발굴했고, 그중 한 곳에 본캐빈 발굴장이라는 이름을 붙였다. 그 지역 공룡의 뼈로 지은 양치기 오두막의 이름을 딴 것이었다. 그 근처에 토머스 보일런Thomas Boylan이라는 중년 목장주가 살고 있었다. 그는 1908년 야트막한 코모블러프 바로 남쪽에 정부 공여 농지를 받왔다. 그는 그곳에 주유소를 열었고, 디플로도쿠스의 크기를 반영해 27미터 길이의 돌집을 지었다. 한가한 시간이면 보일런은 완벽한 공룡을 복원할 수 있기를 바라면서 공룡 뼈를 수집하러 다녔다. 그러다가 결국 포기했다. 기자에게는 "그런 공룡 뼈를 복원하는 것은 개인이 감당하기에는 기간도 너무 오래 걸리고 돈도 많이 드는 일이라서 포기하게 됐어요. 그렇지만 난 내게 허용된 최고의 방법으로 (뼈를) 계속해서 사용했습니다"라고 말했다.

보일런과 그의 아들 에드워드는 망치를 꺼내 들었다. 그들은 주유소 바로 옆에 방 하나짜리 오두막을 지었는데, 문에서 뒷벽까지는 5.7미터, 가로로 한쪽 끝에서 다른 쪽 끝까지는 9미터에 이르렀다. 멀리서 보면 집의 전면부는 강가의 돌로 만든 것처럼 보이지만, 가까이 다가가보면 양치기 오두막의 복사본이라는 것을 알 수 있었다. 즉 '돌'은 5,796개의 공룡 화석이었는데, 척추, 대퇴골, 골반 등이 모두 환상적이고 기능적인 형태로 다듬어져 있었다. '본캐빈'은 아주 쉽게 마케팅 구호를 만들어냈다.

"세계에서 가장 오래된 건물, 한때는 걸어 다니던 건물."

보일런은 1933년에 그곳을 도로변 화석 박물관으로 개장했다. 와이오밍의 싱클레어라는 마을에서 역시 싱클레어라는 이름으로 운영하는 한 정유회사가 공룡을 마스코트로 사용하기 시작한 해였다. 보일런의 '다이노사우리움 박물관'은 〈리플리의 믿거나 말거나!Ripley's Believe It or Not!〉(특이한 소재를 발굴하여 소개하는 박물관 프랜차이즈로 라디오, 텔레비전, 책 등 다양한 매체로 변주되어 만들어졌다 – 옮긴이)에도 소개되었고, 그가 아내 그레이시와 함께 수십 년간 운영하는 동안 관광 명소로 자리 잡았다. 그러다가 80번 주간고속도로가 건설되어 직접 접근할 길이 사라졌는데, 그때쯤 보일런은 세상을 떠났다. 그레이시는 박물관을 팔았고, 이제 그곳은 코모 블러프와 함께 사유재산으로 남아 있다. 본캐빈은 관광 명소로서는 문을 닫았지만, 방문객들은 여전히 그곳과 메디신보 또는 아직 남아 있는 것들이라면 무엇이든 보러 갔다.

"할 일이 별로 없었기 때문에 나는 《메디신보 포스트Medicine Bow Post》를 집어 들었어요."

'행복한 관광객'인 버츠는 페이스북 친구들에게 1993년 자신이 방문했던 다이노사우리움 박물관에 관해 이야기하며 이렇게 덧붙였다. 그 신문에는 서부가 "진정한 미국"이라는 기사와 영화 〈쥐라기 공원〉의 긍정적인 영향에 관한 기사가 함께 실렸다. 버츠는 《메디신보 포스트》에 실린 인터뷰에서 토지관리국BLM의 고생물학자이자 와이오밍대학교 지질박물관의 큐레이터인 브렌트 브레이다웁트Brent Breithaupt가 다음과 같이 말했다고 적었다.

브레이다웁트는 공공 토지에서 화석의 밀렵을 막기 위해 좀 더 엄격한 법안을 만드는 운동에 적극적으로 참여하고 있습니다. 최근 거의 완벽한 스테고사우루스 골격이 와이오밍에서 발견되어 일본의 수집가에게 팔렸습니다.

"그게 일본으로 가버린 건 유감스러운 일입니다."

브레이다웁트가 말했어요.

"모든 화석은 나름의 이야기를 들려주는데, 이번 것은 거의 완벽한 골격이었기 때문에, 그것을 통해 우리는 많은 것을 배울 수 있었을 테지만, 이미 사라져버렸어요. 과학은 패했고, 대중도 패했고, 우리 모두 패배한 겁니다."

이어서 버츠는 다음과 같이 썼다.

"그런데 내가 바로 그 거래를 중개했던 쓰레기였기 때문에, 그 진짜 이야기를 알고 있습니다. 나는 그 기사가 교묘하게 그 스테고사우루스가 밀렵된 화석임을 암시하는 것이 마음에 들었습니다. 하지만 실제로 그건 본캐빈 발굴장 근처에서 나온 겁니다. 그것은 일본인 수집가가 아니라 일본 박물관에 판매되었죠. 그리고 거의가 아니라 65퍼센트 정도 완벽한 것이었습니다…. 따라서 과학은 아무것도 잃은 게 없는 거죠."

브레이다웁트는 분명히 그 의견에 동의하지 않았을 것이다. 그는 와이오밍에서 발굴되는, 특히 웅장하고 오래된 화석은 시간에 따른 자연 경관의 변화를 보여주는 것이라고 언젠가 설명했었다.

"바다가 들어오고, 바다가 나가고, 바다가 들어오고, 다시 바다가 나가버렸죠. 산들이 부풀어 오르고, 풍화되어 깎이고, 다시 솟아오르고. 우리는 이런 환경 변화를 반영하는 동물과 식물을 가지게 되었습니다. 이것은 과학적으로나 교육적으로 중요한 미국의 일부입니다. 대체할 수 없는 미국 문화유산의 일부입니다."

에릭은 화석 거래상들이 몽골산 공룡을 어떻게 입수하는지 묻고 다니다가 홀리스 버츠라는 이름을 알게 되었다. 공급업자들은 버츠를 헐렁한 낚시 모자에 사파리 조끼를 입고 배낭을 짊어진 채 투손에 나타나는 사람으로 알고 있었다. 그는 항상 "멋진 물건, 아름다운 물건, 즉 판매하기에 아주 매력적인 물건"을 가지고 있었다고, 한 거래상은 회상했다.

"하지만 대부분이 일본에 있어요."

버츠는 도쿄 북서쪽으로 약 두 시간 거리에 있는 사이타마현에서 아내와 아름다운 딸들과 함께 살았다. 훗날 그의 페이스북 프로필에는 낚시 모자를 쓴 호리호리한 청년의 오래된 흑백 사진이 쓰이게 된다.

"나는 지도와 작은 배낭에 든 침낭, 끈이 달린 가방 하나, 바지 한 벌, 모기향, 성냥, 양말 한 켤레, 셔츠 석 장, 비누 하나, 작은 칼, 속옷 세 벌, 모자, 여권 그리고 약간의 현찰을 가지고 있었다. 그게 전부였고, 그거면 충분했다. 젊고 무서울 것도 없던 나는 그 어느 때보다 행복했다."

설명에는 그렇게 적혀 있었다.

버츠에 관해 알려진 정보는 파편적인 것뿐이었다. 그는 로스앤젤레스 남부 오렌지카운티에 있는 캘리포니아 가든그로브 출신이었다. 제2차 세계대전 참전 용사의 아들이었던 그는 1968년 퍼시피카고등학교를 졸업했는데, 학창 시절에는 독일 클럽에 가입해서 활동했다. 그는 샌타바버라의 캘리포니아대학에서 자연인류학을 공부하고 군 복무 후 일본에 정착하여 결혼을 하고 가족을 꾸렸다. 그리고 그는 "정말로 오래된" 일본 가구 복원 전문가로 일했다. 그는 부업으로 화석을 팔았고, 연례 도쿄 쇼에서 부스도 열었다. 페이스북에서 그는 퀴즈, 완보류 동물, 경제학 그리고 정원 생물을 아주 좋아한다고 주장했다. 그는 바퀴벌레에 감탄했지만, 어쨌든 그것들을 죽였다. 자칭 자유주의자인 버츠는 노벨상 수상 경제학자이자 "자유로운 자본주의 운동의 위대한 스승"으로 불리는 밀턴 프리드먼Milton Friedman을 좋아했다. 어느 날 버츠는 주 법과 지방 법 사이에 발목이 잡힌 어느 로스앤젤레스 여성의 사연을 포스팅했다. 두 법은 그녀가 정원의 잔디를 유지하는 동시에 가뭄이 심하니 잔디에 물을 주지 말 것을 요구했다.

"이제 잔디밭 관리까지 간섭받아야 할 정도로 정부에 의해 우리 삶이 규제되는 걸까요?"

그는 궁금해했다. 버츠의 화석 판매는 출간된 고생물학 논문 속 감사의 글에도 등장하고 언론에도 나왔다. 그중 하나는 샌디에이고 캘리포니아대학교의 뇌인지 연구 센터를 관장하는 뛰어난 행동 신경학자 라마찬드란V. S. Ramachandran 박사와 관련되어 있다. 어린 시절 조국 인도에 있을 때, 라마찬드란은 마술과 화석에 사로잡혀 있었고 차츰 진화론과 분류학에 강한 관심을 보이기 시작했다. 그는 조개껍데기를 스케치하고 미국 자연사박물관에 그것을 우편으로 보내 "이게 새로운 종인가요?"라고 즐겨 묻곤 했다.

과학자가 되어 미국으로 이주한 후에, 그는 사우스다코타의 화석 발굴에 참여했고 그 과정에서 투손 쇼에 대해 알게 되었다. 2004년 라마찬드란은 친구 클리포드 마일스Clifford Miles와 그 행사를 둘러봤는데, 마일스는 서부 고생물학연구소로 불리는, 유타에 있는 상업적 화석회사의 소유주였다. 그는 브리검영대학교의 몬테 L. 빈 생명과학박물관의 견습생으로 일하다가 1988년 그 회사를 설립했다. 그와 그의 형제 클라크는 《척추동물 고생물학 저널》을 포함한 여러 출판물에 게재한 논문에서 공동 저자로 인용되었다. 투손에서 마일스와 라마찬드란이 이상한 공룡의 두개골을 발견했을 때, 마일스는 라마찬드란에게 "자네가 저걸 사게. 그러면 내가 자네 이름을 따서 그 이름을 지을 테니"라고 말했다.

라마찬드란은 1만 달러를 내고 그 두개골을 샀다. 클리포드와 클라크 마일스 형제는 마침내 인도의 학술지인 《커런트 사이언스Current Science》에 "고비사막에서 새로 나온 백악기 안킬로사우루스, 미노타사우루스 라마찬드라니의 두개골Skull of Minotaurasaurus ramachandrani, a new Cretaceous ankylosaur from the Gobi Desert"을 기고했다. 형제는 그 동물을 "황소 같은 외모"와 "넓은 콧구멍"으로 묘사했다. 그들은 이 화석을 과학계에 선사해준 두개골 구매자 라마찬드란과 판매자인 홀리스 버츠에게 감사를 표했다. 얼마 지나지 않아 영향력 있는 과학 저널 《네이처Nature》의 웹사이트에 기사가 하나 올라왔다. 표제는 다음과 같았다. "논문이 분노를 불러일으키다: 고생물학자들은 출처가 의심스러운 표본의 발표를 비판한다." 그 기사는 고비 화석은 어떤 것이든 그 자체로 불법이라고 지적했다. 라마찬드란은 누구라도 "실제로 법률에 위반되었다"는 사실을 증명해 보일 수만 있다면, 그 두개골을 반환하겠다고 했다.

에릭은 2006년 9월 덴버 쇼에서 버츠와 만나기로 했다. 그는 혈색 좋은 얼굴에 미가공 상태의 몽골산 공룡 뼈 사진을 배낭에 잔뜩 짊어지고 나타난, 금발의 대머리 노인을 발견했다. 에릭은 카탈로그에서 마치 부츠를 쇼핑하는 것처럼 사진들을 훑어봤다. 그에게 말을 걸어온 것은 톰 린드그렌의 부스에서 보았던 것과 비슷한 타르보사우루스 바타르의 분절된 두개골이었다. 대부분의 두개골 화석과 마찬가지로 턱뼈가 사라지고 없었지만, 전반적으로는 65퍼센트 정도 남아 있었다. 에릭은 버츠에게 1만 8,000달러를 지불하기로 했다. 2007년 봄, 치치부시에 있는 박물관 수입품 주식회사에서 발행한 상업 송장이 도착했고 곧 두개골도 도착했다.

미국 관세국경보호청^{CBP}은 몇 가지 핵심적인 질문을 하고 수입업자들은 법에 따라 정직하게 답해야만 한다.

'이 선적물에는 무엇이 들어 있습니까?'

'이것은 어디에서 왔습니까?'

'얼마의 가치가 있죠?'

화석 판매상들은 답을 하면서 점차 철학적이 되는 것으로 유명했다.

'이게 뭐냐고요? 엄밀히 따지면, 그냥 쓰레기나 다름없는 돌덩이들입니다. 이것이 어디에서 왔냐고요? 역시 엄밀히 말해서 이전 항구에서 온 거죠. 얼마의 가치가 있냐고요? 지급한 가격만큼의 가치가 있죠.'

사실상 표본에 상업적인 가치를 부여하는 것은 복원 작업이라는 사실을 모두가 알고 있지 않은가.

원산지가 일본으로 명기된 이 선적물은 통관 서류에 "화석 조각"이라고 적혀 있으며, 신고 가격은 1만 2,000달러였다. 일단 세관을 통과하자 에릭은 투손에서 알게 된 지인에게 표본 준비 작업을 맡겼다. 당시 그는 또 하나의 주요 프로젝트에 몰두하고 있었기 때문이다.

제9장

할리우드 스타들의 공룡 쟁탈전

게인스빌과 미카노피 사이의 10킬로미터쯤 되는 도로를 따라 페인스 대초원이 자리하고 있다. 이는 18세기 세미놀 부족의 족장 아하야, 즉 '소를 지키는 사람'의 아들 이름을 따서 명명한 민물 습지대이자 사바나다. 플로리다 최초의 주 보호구역은 차에서 내리면 소리만으로도 덥다고 느낄 만한 곳이었다.

방문객들은 머리가 길쭉한 이쑤시개처럼 생긴 것(메뚜기), 스치듯 날아다니는 주홍빛 생물(잠자리), 해적 농어(물고기) 그리고 빽빽한 숲에서 나무와 나무 사이에 걸쳐 있는 뱀 등을 볼 수 있다. 사람의 손만큼이나 크고, 밝은 줄무늬가 있는 바나나 거미는 배드민턴 네트만큼이나 커다란 황금빛 거미줄을 쳤다. 그들의 가느다란 다리는 프랑스 담배의 재를 톡톡 털어내는 우아한 노파의 손가락처럼 움직인다. 페인스 대초원에서 유일하게 야생적이지 않은 것은 판자를 깔아놓은 인공 길과 게시해놓은 악어 경고문이다. 그중 하나는 토끼와 너구리와 아이의 삽화를 보여주며 "황혼녘에 움직인다면, 이들은 악어의 먹이입니다"라고 경고

했다.

주립공원이 되기 전에 페인스 대초원은 세레놀라라는 농장에 인접해 있었다. 하지만 결국에는 1936년에 지은 2층짜리 농가 건물 하나만이 그 농장의 유일한 유산이 되어버렸다. 그 부지를 상속받은 사람은 2006년에 그 땅을 개발자들에게 팔기로 했으나 농가가 파괴되는 것을 보고 싶지 않았기에 '무료 주택'이라는 간판을 붙여놓고 집을 통째로 가져갈 사람을 찾기 시작했다.

그 간판을 보았을 때, 에릭은 어맨다에게 울타리를 넘어 들어가서 한 바퀴 둘러보자고 했다. 세레놀라는 네 개의 기둥과 370제곱미터의 생활공간이 있는 하얀 집이었다. 한쪽 끝에는 베란다가 있고 다른 한쪽 끝에는 주차 공간이 있었다. 그간의 세입자들이 쓰레기와 배설물로 집 안을 너무 지저분하게 어지럽혔기 때문에 어맨다는 밖으로 나가 구토를 해야만 했다. 어맨다가 보기에 그 집은 도를 넘을 정도로 지저분했지만, 에릭은 피상적인 것 너머를 보라고 했다. 흰개미가 서식하고 있음에도 집은 튼튼해 보였으며 소유할 만한 가치가 있어 보였다.

결국 어맨다가 포기했다. 프로코피 부부는 자신들의 첫 리모델링 작업에 관해 설명하고 그 집을 차지하게 되었다. 그들은 세레놀라를 자신들이 최근 사들인 길 아래쪽에 있는 9에이커 넓이의 부지로 옮겨서 아이들을 낳아 키울 수 있는 아주 특별한 곳으로 변모시키겠다고 약속했다. 어맨다도 처음에는 이 프로젝트를 두 번째 리모델링 작업으로 생각했지만, 집을 옮기기 위해 무게를 줄일 목적으로 샛기둥까지 모두 걷어냈을 때 드러난 높은 천장과 창문과 심재 소나무 바닥을 보고는 에릭에게 말했다.

"그래, 우리가 여기서 살아야 해."

4월 1일 아침, 그 집은 트레일러에 적재되어 도로를 따라 1.6킬로미터를 달려간 후에 프로코피 부부의 땅에 도착했다. 에릭과 어맨다는 원래의 목재 구조물은 유지하면서 기초부터 집을 다시 손보기 시작했다. 집 측면의 베란다는 가족을 위한 공간이 될 예정이었다.

집은 무료로 얻어왔지만 수송과 리모델링은 그렇지 않았다. 에릭과 어맨다는 점차 은행에서 돈을 빌리기가 어려워졌기 때문에 사채를 이용했다. 이자율은 13퍼센트로 전국 평균보다 훨씬 높았다. 프로코피 부부는 더 낮은 이율로 다시 융자를 받을 수 있으리라고 낙관했지만, 사실상 이는 불가능한 것으로 판명되었다. 그러자 그들은 재산을 팔고 에릭의 화석 재고에 공룡을 추가해서 다시 지급상환 능력을 회복하면 된다고 서로에게 말했다.

에릭은 공룡 두개골을 작업해본 적이 없었지만, 플라이스토세 아르마딜로와 땅 나무늘보를 작업했을 때처럼 사진이나 과학 스케치 그리고 다른 표본들을 연구해서 그 방법을 알아냈다. 그는 현지 철공소에서 구매한 재료를 이용해 설치대를 용접한 다음 한때는 다른 백악기 공룡의 살을 찢어놓은 이빨을 과시하느라 턱을 약간 벌리고 있는 두개골을 설치대 위에 올려놓았다.

그는 톰 린드그렌을 경매 중개인으로 두고 싶었다. 그가 데이비드 허스커비츠보다 덜 까다롭다고 생각했기 때문이었다. 하지만 T. 바타르의 두개골을 가져간 사람은 허스커비츠였다. 그는 에릭이 속을 읽어내기 어려운 사람이라고 생각했다. 당시 허스커비츠는 베벌리힐스에 있는 경매장 겸 갤러리인 I. M. 채잇에서 일하고 있었다. 이 회사는 숱 많은 눈썹에 하얗게 센 콧수염을 기르고 꽁지머리를 묶은 70대 골동품상이자 재즈 가수인 이사도레 채잇Isadore Chait이 설립했다.

1970년쯤 채잇은 자신의 첫 번째 갤러리를 멜로즈가에 열고 도자기, 법랑, 옥, 조각품 등을 팔았다.

"내 열정을 공유하는 사람이 거의 없는 상황에서도 나는 아시아 예술의 헌신적인 후원자로서, 시장도 수요도 전혀 없는 곳에 시장을 만들어 수요를 창출해야만 했습니다."

그가 말했다. 1972년 리처드 닉슨 대통령이 중국을 공식 방문한 이후 서구에서 중국 예술이 인기를 얻기 시작했다.

"미국인들은 중국에서 온갖 것을 열광적으로 사들여 왔어요. 중국은 문화혁명의 시련을 막 이겨내는 중이었기에 많은 사람이 물건을 팔아버리고 있었죠."

I. M. 채잇은 마침내 시계, 보석, "유일무이한 화석!"으로까지 사업을 확장했다. 채잇의 첫 번째 자연사 경매는 2007년 3월 25일 일요일 뉴욕에서 예정되어 있었으며, 허스커비츠가 맡기로 했다. 345개의 품목에는 "이집트 미라의 손, 사자, 하이에나, 혹멧돼지의 두개골, 62트로이온스 무게의 금덩어리가 포함됐다"고《뉴욕타임스》가 보도했다. 경매 카탈로그 표지에는 T. 바타르 두개골의 옆모습이 등장했다. 채잇은 그 화석이 "뉴욕시에 있는 아파트

에 완벽하게 어울리는" 품목이라고 선언했다.

에릭과 어맨다는 뉴욕으로 향했고, 부티크 호텔인 셸번에 방을 잡았다. 그곳에서는 5번가의 경매장까지 걸어다닐 수 있었다. 판매 전날 밤, 그들은 시사회 파티에 참석했고, 그곳에서 에릭은 실수로 자신의 셔츠에 와인을 흘렸다. 다음 날 오후, 프로코피 부부는 자신들의 화석 두개골 가격이 10만 달러를 가볍게 넘어가는 것에 놀라움을 느끼며 지켜보았다. 가장 적극적인 두 명의 입찰자는 전화선 반대편에서 익명으로 승부를 겨루었다. 판매가는 순식간에 27만 6,000달러(경매 수수료가 포함된 가격이다)가 되었다. 이제 18만 달러를 벌게 된 프로코피 부부는 그날 저녁 차이나 그릴에서 밥을 먹고 호텔 방으로 돌아가 자축했다.

오직 소수만이 두개골을 구매한 사람이 누구인지를 알았다. 《뉴욕타임스》는 그 두개골이 "갤러리가 밝히지 않으려 하는, 서해안에 있는 어느 개인 수집가"에게 갔다고만 보도했다. 에릭과 어맨다는 다른 수백만의 사람들과 마찬가지로 나중에야 경쟁적으로 입찰에 나섰던 두 사람이 매우 열정적인 수집가인 영화배우 니컬러스 케이지Nicolas Cage와 리어나도 디캐프리오Leonardo DiCaprio였으며, 그날의 승리자는 케이지였다는 사실을 알게 되었다.

얼마 지나지 않아 에릭은 중개인이 단지 "나의 고객"이라고만 밝힌 어느 구매자로부터 바타르의 두개골을 하나 더 주문받았다. 에릭은 두 번째 두개골을 가지고 있지 않았지만, 어느 거래상이 그것을 가졌는지는 알았다. 그는 이번 화석은 자신이 직접 복원 작업을 했다. 지난번 두개골과 거의 흡사한 작품을 만들어 받침대에 올릴 때까지 밀리미터 단위로 심혈을 기울였다. 에릭은 결과에 만족하며, 그 화석을 틀과 함께 상자에 포장해서 캘리포니아의 중개인에게 보냈다. 그러고 나서 그와 어맨다는 로스앤젤레스로 날아가 미니밴을 빌린 다음 수화물로 도착한 그 두개골을 싣고 그것을 조립해주기로 약속한 주소로 갔다.

에릭은 구매자가 디캐프리오라는 얘기를 계속해서 들었다. 로스앤젤레스에서 그는 전달받은 배달지가 바로 그 배우의 주소지와 일치한다는 것을 알아차렸다. 에릭은 출입구 통로에서 두개골을 조립한 후, 그 앞에서 어맨다와 함께 사진을 찍었다. 그걸로 끝이었다. 그 집을 떠나기 전에 에릭은 옆방이 자연사 관련 물건들로 가득 차 있다는 사실을 알아차렸다. 중국 검치호랑이의 두개골, 프시타코사우루스^{Psittacosaurus} 골격, 일각고래의 엄니, 날도마뱀의 액자 수집품 등이 보였다. 환경 보호와 보존이라는 대의를 열렬히 지지하는 디캐프리오의 대중적인 이미지와 비교해봤을 때는 너무 과한 수집품이라고 에릭은 생각했다. 하지만 그 일로 돈을 버는 에릭이 무슨 자격으로 그런 말을 하겠는가.

케이지와 디캐프리오의 입찰 전쟁이 알려지자 척추동물 화석 판매에 반대하는 과학자들은 다시 항의했지만, 수집가와 경매인들 사이에서는 오히려 더 많은 관심이 촉발되었을 뿐이었다. 그해 보냄스 한 곳만 해도 로스앤젤레스에서 열린 세 번의 행사를 통해 350만 달러 상당의 자연사 관련 유물을 판매했다.《월스트리트저널^{Wall Street Journal}》에 따르면, 그것은 "5년 전까지만 해도 아예 분야가 없었던 품목이었다.""가장 오래된 수확물"이라는 표제가 붙은 그 기사에 따르면, 현재 트리케라톱스 두개골의 가격은 25만 달러인데, 이는 "10년 전의 2만 5,000달러에서 열 배나 상승한 것"이었다. 기사는 화석이 목장의 새로운 수입원이 되리라고 예측했다.

에릭은 두 개의 T. 바타르 두개골을 세계 최고의 영화배우 두 명에게 대략 50만 달러에 팔았다. 그와 어맨다는 첫 번째 두개골의 판매 수익금으로 첫 번째 리모델링을 진행했던 주택 건너편에 있는 또 다른 주택을 사서 역시 리모델링을 진행하기로 했다. 이제 그들이 리모델링한 부동산은 세 채로 늘어났다. 홀리스 버츠가 어떤 물건을 재고 목록으로 가지고 있든 간에 에릭은 그것을 원했다.

그는 일본에 있는 버츠를 두 번이나 방문했다. 목적지에 도착한 그는 다른 미국 거래상이 이미 고비 공룡 화석을 대량으로 차지했다는 사실을 알게 되었다. 에릭은 또 하나의 두개골을 만들 작정으로 두 개의 타르보사우루스 턱과 다양한 종류의 뼈가 들어 있는 꾸러미 하나를 선택했다. 궁극적으로 그는 자신이 가지고 있던 현금 5,000달러를 모두 주고 1,000달러를 더 송금하기로 했다. 그리고 나서 그는 어맨다의 서른 번째 생일을 위해 집으로 서둘러 돌아갔다. 그들은 몇 명의 친구들을 초대해서 함께 바하마로 날아가 휴가를 즐겼다. 경비는 그들이 부담했다. 어느 날 오후 수영장에서 어맨다는 무알코올 피냐콜라다를 주문하고는 첫 임신을 발표했다. 그녀는 뉴욕에서 니컬러스 케이지가 몽골 공룡을 사줌으로써 에릭의 미래가 시작되었던 바로 그날 밤에 아기가 잉태되었다고 말했다.

일본에서 뼈가 도착하기를 기다리던 에릭은 버츠로부터 그들의 거래가 취소되었다는 소식을 전해 들었다. 아무런 설명도 없이, 버츠는 이제 더는 표본 작업을 하지 않은 화석은 팔지 않겠다고 말했다.

프로코피 부부는 현재 주택을 리모델링하는 중이었고, 대출금을 갚아야 했으며, 아기도 태어날 예정이었다. 그들은 버츠가 보내주기로 한 화석을 수입으로 계산하고 있었다. 에릭은 버츠에게 이메일로 질문을 하고 논쟁도 벌이고 화도 냈지만 버츠는 그에게 뼈를 파는 것을 거부했다. 에릭이 일본을 여행한 경비를 상환해달라고 요구했을 때, 버츠는 자신이 치치부에서 에릭에게 대접했던 저녁 식사비를 상환해달라고 요구했다. 에릭은 돈을 돌려받았지만, 버츠에게 적대감을 품게 되었다.

12월이 되자, 어맨다의 배는 산만 하게 불러 있었다. 그들은 배 속의 아들에게 그레이슨이라는 이름을 지어주었다. 그레이슨 프로코피는 엄마의 밝은 금발과 아빠의 큰 입을 닮았다. 생후 11번째 날에 그레이슨은 첫 번째 크리스마스를 맞이했다. 그날 아기는 분홍색 백합과 갓 자른 소나무 냄새가 풍기는 집으로 갔다. 주방 조리대 위에 놓인 크리스털 그릇에는 네슬레 핫초콜릿 봉지가 가득 채워져 있었다. 완벽하게 손질된 크리스마스트리 밑에는 많은 장난감이 있었고, 그중에는 커다란 공룡인형도 있었다.

2개월 후인 2008년 1월 말에 에릭과 어맨다는 화물 트레일러에 짐을 싣고 아기와 함께 투손으로 차를 몰았다. 어느 날, 어느 부유한 여성이 그들의 전시 부스로 들어와 남편이 화석을 쇼핑하는 동안 한참을 앉아 있었다.

"무슨 일을 하세요?"

그녀가 어맨다에게 물었다.

"이게 우리가 하는 일이에요."

어맨다가 대답했다.

"생계를 위해서요? 이 뼈들로 세금이나 청구서를 지급한다는 건가요?"

"아뇨."

어맨다가 기분 좋게 말했다.

"손님 같은 분들이 이 뼈들로 내 청구서를 지급해주는 거죠!"

에릭은 홀리스 버츠가 그를 끊어내버린 것을 잊지 않고 있었다. 어느 날, 여전히 버츠의 행위에 화가 나고 좌절한 채로, 그는 톰 린드그렌에게 버츠의 몽골 공급책의 정체를 물어봤다. 그와 직거래를 하기 위해서였다. 린드그렌은 공급책의 이메일 주소와 '투브신'이라는 이름을 알려주었다. 물론 그가 그런 데는 나름의 이유가 있었다.

그 일을 계기로, 에릭은 결코 예견할 수 없는 소용돌이에 발을 들여놓게 되었는데, 그것은 칭기즈칸으로부터 시작되었다.

2부

제10장

전사와 탐험가

몽골이 몽골이라는 이름으로 불리기 훨씬 전부터 그곳에는 사람이 살고 있었다. 석기시대 사람들은 도구를 남겼다. 청동기시대와 철기시대 일족은 동맹을 맺고 싸움을 했다. 높은 벽이 올라가서 그 넓은 땅을 빙 둘러쌌다. 부족 왕국은 13세기 후반에 한 지도자가 모든 부족을 통합할 때까지 전쟁을 벌였다.

칭기즈칸과 그의 직계 자손들은 말 등에 올라 세상의 절반을 정복했다. 그들은 독일, 아드리아해 그리고 거의 빈까지 말을 타고 달렸다. 『더 몽골스The Mongols』에서 데이비드 모건David Morgan은 다음과 같이 말했다.

"중국과 이슬람 세계의 극렬한 저항을 모두 물리친 군대가 유럽에서 맞수와 마주치게 되리라고 가정할 이유는 전혀 없었다."

그리고 물론 그들은 어떤 맞수와도 마주치지 않았다. 수세기 동안 몽골제국은 역사상 육지로만 연결된 제국 중에 가장 거대한 제국으로서 러시아를 지배했고, 이라크와 중국도 지배했다. 한마디로 헝가리에 이르는 거의 모든 국가를 통치했다. 모건이 말했듯이, "그 제국은 너무 거대해서 비록 그 중심은 동아시아 지역에 있었지만, 한 세기 또는 그 이상의 기간 동안 유럽에서 가장 강력하고 위협적인 동쪽의 이웃을 구성했다."

그리고 그 제국도 결국 다른 제국들처럼 붕괴했다. 한편 중국과 러시아는 점점 강해졌기에 힘의 역학은 역전되었다. 당시 외몽골로 알려져 있던 몽골은 두 이웃 나라에게는 무시무시한 초강대국이 아니라 편리한 완충 지대로 보였다. 1691년 몽골이 중국 청 왕조의 지배하에 들어간 후, 러시아는 조용히 기회를 기다렸다.

대사를 지낸 조너선 애들턴Jonathan Addleton의 『몽골과 미국: 외교사Mongolia and the United States: A Diplomatic History』에 따르면, 서양인들은 1800년대에 "모험가, 선교사 또는 상인"으로 몽골에 입성하기 시작했다. 1862년 최초로 미국인이 중국에서 시베리아로 여행하기 위해 몽골 여권을 발급받았다. 28년 후에 미국 대통령이 될 허버트 후버Herbert Hoover라는 젊은 광산 기술자도 중국에서 일하는 동안 당시 우르가라고 불리던 몽골 수도를 방문할 예정이었다. 한 미국인 방문객은 몽골의 광활한 초원 지대가 "캔자스와 네브래스카의 구르는 듯한 평원"과 유사하다고 주장했지만, 대부분의 사람은 몽골의 익숙한 음식(양고기를 곁들인 양고기)에도 불구하고 그곳이 이국적이며 야생적이라고 느꼈다.

1911년 청 왕조 말기에 몽골은 중국에서의 독립을 선언했고, 인류학자들은 이를 생존을 향해 가는 중요한 단계로 특징지었다. 길고 극도로 추운 겨울은 물론이고 압도적으로 부족한 경작지와 식수 그리고 가축을 먹일 목초도 구하기 힘든 환경 탓에 몽골은 사람뿐만 아니라 일부 가축도 살아가기 힘든 곳이었다. 모리스 로사비Morris Rossabi는 『몽골인들: 아주 짧은 소개The Mongols: A Very Short Introduction』에서 몽골, 즉 "세계에서 가장 위험한 환경" 중 하나에서 목축으로 생계를 이어가는 것은 "가축에게 먹이를 주고 물을 먹이려는 욕망이 중심을 차지한다"라고 썼다. 몽골은 "살아 있는 부처"라고도 불리는 복드 칸Bogd Khan을 새로운 정부 수반으로 세우면서 불교 신권정치를 확립했다.

그 후 러시아와 중국을 넘어서는 외교 관계를 구축하기 위해 미국을 비롯한 여러 먼 나라와 접촉해 "친선적 협력"을 요청했다. 몽골의 한 언론 담당 비서관은 나중에 "나는 이 나라가 다른 나라와 비교될 수 없다고 생각합니다. 우리는 유목민이기에 우리의 심리는 다른 국가 사람들의 심리와 다릅니다. 다른 나라는 카드놀이를 할 여력이 있어요. 예를 들어, 중국 카드나 러시아 카드 같은 거로요. 우리나라에도 카드놀이를 하고 싶어 하는 사람들이 있기는 하지만, 우리에게는 카드 자체가 없다는 게 문제죠"라고 말했다.

워싱턴은 외교 관계 수립을 거절했다. 몽골인들의 독립에 대한 열망은 그들 자신의 역사에 대한 인식과 함께 점점 커져만 갔다. 한 학자가 칭기즈칸의 생애를 적은, 유일하게 살아남은 것으로 여겨지는 "반쯤은 의심스럽고 반쯤은 정확한" 자료인 『몽골의 비밀역사The Secret History of the Mongols』를 고대 몽골어에서 현대 몽골어로 번역했다. 이 자료의 출간 연대는 칭기즈칸이 사망한 해인 1227년 직후까지 거슬러 올라가며, 지금까지 "세계의 위대한 문학 기념물 중 하나"로 불리고 있다.

『몽골의 비밀역사』에는 전설이 소개된다. 그것은 몽골인들에게 건국의 아버지를 민주적 영웅으로 생각해야 할지, 대량학살을 저지른 두려운 존재로 생각해야 할지, 아니면 둘 다로 생각해야 할지를 결정할 영감을 준다. 칭기즈칸은 1162년경 지금의 울란바토르 인근에서 "황갈색 비둘기"와 짝짓기를 한 "푸른 늑대"의 궁극적인 산물로서 테무친이라는 이름으로 태어났다. 그는 혈전을 손에 쥐고 자궁을 빠져나왔는데, 그것은 통치자의 운명을 타고났음을 의미했다.

그는 여덟이나 아홉 살경에 약혼을 하고 열여섯 살에 식을 올렸다. 족장이었던 아버지 예수게이가 타타르족에게 독살당한 후, 그의 어머니 호엘룬은 아들에게 부족 전쟁과 정치에 대해 가르치면서 동맹의 중요성을 일깨웠다.

지도자로서 그는 능력주의를 선호했고 충신에게는 상을 내렸다. 그는 종교적 관용과 환경 보호를 주장했고, 몽골 최초의 성문법을 만들었으며, 실크로드 개발을 장려하여 동북아시아, 이슬람, 동남아시아와 기독교 유럽 간의 무역을 육성했다. 로사비는 "화려한 이란의 역사, 아름다운 중국의 직물과 도자기, 정교한 로마의 황금 그릇은 그런 문화적 상호관계의 산물이었다"라고 적었다.

군사 전략가로서 칭기즈칸은 적의 심리 분석을 즐겼다. 전해오는 이야기 속에서 그는 어느 지도자가 그랬듯이 포로를 거대한 가마솥에 집어넣고 산 채로 삶아버리지는 않았지만, 그의 전술은 유럽인이 몽골의 전사들을 "어마어마한 괴물"이나 "신이 보낸 징벌"로 생각하기에 충분할 만큼 무시무시했다. 1215년까지 칭기즈칸은 베이징을 침략해 포로를 잡고 영토를 황폐화했다. 그로부터 12년이 채 지나지 않아 그는 세상을 떠났고 비밀스러운 곳에 아무 표식도 하지 않은 무덤에 묻혔다. 오늘날에도 고고학자들은 그가 매장된 위치를 알아내기 위해 애를 쓰고 있다.

1917년 러시아혁명 기간에 공산당 지도자인 블라디미르 레닌Vladimir Lenin이 권력을 장악하자 볼셰비키 당원으로 알려진 '레즈'(적군, 빨갱이, 공산당 등으로 해석할 수 있다 – 옮긴이)가 몽골 국경 북쪽을 장악했다. 니콜라스 2세 황제는 러시아가 내전에 빠져들자 이듬해 여름 가족과 함께 처형되었다. 중국군은 여전히 몽골을 점령했지만, 곧 볼셰비키 당이 몽골 인민군의 창시자이자 '몽골 공산당원'인 담디니 수크바토르Damdiny Sükhbaatar의 도움으로 우르가를 차지했다. 몽골의 수도 우르가는 '붉은 영웅'이라는 의미의 울란바토르로 개명되었다.

이 외지고 변덕스러운 세상 속으로 위스콘신 토박이이자 뉴요커인 젊은이 하나가 고비사막 탐험 계획(몇몇 사람은 "놀라울 정도로 미친 계획"이라고 불렀다)을 들고 들어왔다. 고용주인 미국 자연사박물관을 위해서였다. 이내 세계적으로 유명해질 그의 이름은 로이 채프먼 앤드루스였다.

1837년, 일단의 양키 개척자들이 뉴잉글랜드이주회사 대신 북서부에 정착하기 위해 뉴햄프셔에서 서쪽으로 갔다. 그리고 시카고라는 새로운 도시 북쪽으로 두 시간가량 떨어진 일리노이 국경 바로 위쪽에서 발길을 멈추었다. 고향을 연상시키는 곳이었다. 그들은 록강의 절벽 위에 오늘날의 위스콘신주 벨로이트 마을을 세웠다. 그들의 공장에서는 자전거, 쟁기, 종이, 수차 같은 것들이 생산되었다. 하지만 뉴잉글랜드 문화에 대한 향수 때문에 정착민들은 과학과 종교에 헌신하는 여러 조직도 만들었다. 공원, 교회, 필하모닉협회, 오페라뿐만 아니라 하버드와 결연한 진보적 기관인 벨로이트대학 같은 "행복과 절약과 사회 발전에 이바지하는 모든 부가적인 조직"도 설립했다.

1884년 1월, 코라 앤드루스Cora Andrews와 약제사인 그녀의 남편 찰스 앤드루스Charles Andrews가 아들을 낳아 로이라는 이름을 붙여주었다. 앤드루스 가족은 목초지와 개울로 잘린 숲 근처의 이층집에서 살았다. 그들은 마을 서쪽에 오두막 한 채를 짓고 자주 그곳에서 주말을 보냈다. 여행과 역사에 관한 책을 즐겨 읽었던 코라는 아들에게 『로빈슨 크루소』를 반복해서 읽어주었다.

그는 모험을 찾아 외국으로 나가고, 사업으로 출세를 하고, 평범한 길에서 벗어나 자연의 일을 하면서 유명해지는 사람들은 한편으로는 필사적인 운명을 타고났거나, 다른 한편으로는 야심차고 우월한 운명을 타고난 사람들이라고 말했다….

로이가 어린 시절 가장 사랑했던 이야기는 야생동물과 과학 탐험과 관련된 내용이었다. 그는 카메라와 공책을 들고 다니면서 자신이 본 것을 기록했다. 자신에게는 성서나 다름없던 『동북 아메리카의 조류 핸드북Handbook of Birds of Eastern North America』을 통해 새들의 이주 양식에 관해 배웠다. 박제에 관한 책을 참고해서 지역의 동물군을 정리하기도 했다. 찰스 갤런캄프Charles Gallenkamp 가 쓴 앤드루스의 전기 『드래곤 헌터Dragon Hunter』에 따르면, 앤드루스 가족의 다락방은 곧 "광물, 화석, 봉제 동물 인형, 곤충, 새 가죽, 원주민 공예품 그리고 말린 식물을 모아놓은" 작은 경이의 방이 되었다. 자연주의자가 되는 것은 어떤 결단이라기보다는 이미 정해진 정체성 같았다. 앤드루스는 훗날 "나는 탐험가가 되기 위해 태어났다"라고 적었다.

앤드루스가 동물학을 전공한 벨로이트대학의 로건 인류학박물관은 객원 강사를 자주 불러들였다. 그가 졸업반이었을 때, 미국 자연사박물관의 지질학 보조 큐레이터가 객원 강사로 초빙되어 펠레산의 폭발에 관한 이야기를 들려주었다. 앤드루스를 더는 흥분시킬 수 없을 만큼 엄청난 사건이었다.

1869년에 설립된 AMNH는 당시에도 거의 40년의 역사를 자랑했다. 록펠러, 밴더빌트, 애스터 가문 등 산업과 금융 분야의 주요 인사들이 이 기관을 지원했으며, 종종 블랙타이 기금 모금 행사(참석자들이 턱시도와 드레스 등 격식을 차린 옷을 입고 참석해 기금을 모금하는 행사 - 옮긴이)에서 함께 모이곤 했다.

다이너소어 홀은 1905년 2월 오후에야 문을 열었는데, 그곳에는 AMNH 고생물학자 월터 그레인저가 와이오밍의 코모블러프에서 발견한 거대한 화석 브론토사우루스Brontosaurus가 전시되어 있었다. 이 박물관은 아파토사우루스의 뼛조각 주물을 이용해서 표본 준비 작업을 하고 마침내 골격을 받침대에 설치하기까지 수년을 보냈다. 모두 서로 다른 네 마리의 공룡 뼈와 파이프 그리고 배관용 설비 등을 이용한 결과물이었다. 지금껏 AMNH는 물론이고 다른 어느 곳에서도 그렇게 거대한 표본은 설치된 적이 없었다. 니콜라 테슬라Nikola Tesla와 피어폰트 모건J. Pierpont Morgan과 같은 그 분야의 권위자들도 4시에 열린 공룡 티타임에서 넋을 잃고 그것을 쳐다보았다. 최초로 설치된 그 용각류는 꼬리 길이만 거의 10미터에 달했다. 한 기자는 어느 여성이 "이게 육식 공룡은 아니었다지만, 세상에, 그래도 난 절대로 마주치고 싶지 않네요!"라고 말하는 것을 들었다.

매년 50만 명의 관람객이 그 박물관을 찾았다. 연구 원정 답사에 관한 자세한 내용이 앤드루스 가족이 구독했던《미국 박물관 저널American Museum Journal》(나중에 이름이《자연사Natural History》로 바뀐다)의 페이지를 채웠다. 벨로이트대학에 그 화산학자가 등장했을 때쯤, 앤드루스는 AMNH야말로 자신이 가장 일하고 싶은 곳이라는 사실을 확신했다. 그는 그 보조 큐레이터에게 접근해서 자신이 모란 살롱이라는 술집에 납품하기 위해 박제한 사슴 머리와 새를 보여주고는 일자리를 부탁했다. 큐레이터의 제안에 따라 앤드루스는 박물관장인 허몬 범퍼스Hermon Bumpus에게 편지를 썼다. 하지만 그는 정중하게 거절하는 답장을 받았다. 범퍼스는 박물관에 빈자리는 없지만, 뉴욕을 방문하게 된다면 한번 들러달라고 적었다.

앤드루스는 졸업 가운과 모자를 벗자마자 동부로 향하는 열차에 올랐다. 1906년 7월 5일, 그는 23번가라는 이름의 여객선을 타고 주머니에는 달랑 30달러를 넣은 채로 맨해튼에 도착했다. "그 마법의 도시"는 "내가 꿈꿔왔던 그 무엇보다도 아름다웠다"라고, 그는 훗날 적었다.

"난 그게 나의 도시라는 걸 알았다."

다음 날 아침 그는 범퍼스에게 전화를 걸었다. 그 박물관은 오늘날의 센트럴파크웨스트인 70번가와 81번가 사이 23에이커의 부지를 차지하고 있었다. 25명의 과학자가 AMNH에서 "조류, 포유류, 파충류, 어류, 곤충, 식물 표본, 광물, 화석 및 인류학적 물질"을 포함하는 광범위한 수집품을 관리했다. 갤런캄프는 AMNH 탐험이 "과학적 자료와 수집품을 찾아 지구의 가장 외진 지역까지 들어가는 것"이라고 밝혔다.

박물관을 방문함으로써 앤드루스는 그전보다 더 간절히 그곳에서 일할 수 있기를 바랐지만, 또다시 그는 실망스러운 소식을 듣게 되었다. 그는 자신이 원하는 것은 일자리라기보다는 집이며, 바닥 걸레질만 하더라도 상관없으니 제발 AMNH에서 일할 수 있게 해달라고 관장에게 사정했다. 그렇게 해서 앤드루스는 기관의 박제 부서에 고용되었다.

오래지 않아 앤드루스는 걸레질에서 벗어나 컬럼비아대학교 석사 학위 과정을 시작하게 되었다. 그는 박물관 관장이 된 오스본과 함께 공부했다. 오스본은 컬럼비아대학교에 동물학과 고생물학 과정을 개설했고 박물관과 학교 간의 학문적 제휴를 주선하여 과학 연구를 보존과 큐레이션의 예술과 연계했다. 그의 집안에는 이미 그런 내력이 있었다. 그의 아버지는 일리노이 중앙 철도를 설립했다. 삼촌은 J. P. 모건이었다. 철강업으로 이룬 부의 상속인이자 박물관 이사이기도 했던 차일즈 프리크Childs Frick와의 관련성 덕분에 몇몇 화석사냥꾼이 직원으로 고용되었다. 그들은 척추동물 고생물학 부서가 소장품을 구성하는 것을 도왔다. 오스본은 또한 바넘 브라운을 몬태나와 캐나다로 보냈다. 몬태나에서 브라운은 결국 T. 렉스를 발굴했고, 캐나다에서는 많은 발굴 실적을 올린 캔자스 사냥꾼 찰스 하젤리우스 스턴버그Charles Hazelius Sternberg와 척추동물 발굴을 두고 선의의 경쟁을 벌였다. 오스본은 또한 많은 관람객을 끌어 모았던 상당히 정교하고 실제와 같은 박물관 전시품들을 통해 자연과학에 대한 대중의 관심을 넓혔다.

한편 앤드루스는 고래에 집중했다. 1912년 여름, 27세의 앤드루스가 《뉴욕타임스》의 한 페이지를 장식했다. 건장한 체격에 깔끔히 면도한 얼굴이었고, 갈라진 턱에 머리는 살짝 벗어지기 시작했으며, 그 시대의 전형적인 사진이 그렇듯이 우윳빛 안색이었다. 《뉴욕타임스》는 그 기사를 통해 "오랫동안 베일에 싸여 있던 지리학적, 인류학적, 동물학적 그리고 식물학적 신비를 벗겨보겠다"고 굳게 결심한 듯한, 차세대 모험가 중 한 명으로 그를 소개했다. 바로 그해 여름에 100여 개 이상의 주요 답사가 시작되었다. 그의 동료들은 아마존 정글과 콩고 같은 곳으로 갔지만 앤드루스는 "백인이 한 번도 방문한 적이 없는 북한의 알려지지 않은 지역"으로 향했다. 신문들은 하나같이 그 탐험들을 "생명의 수수께끼를 좀 더 분명하게 밝혀내기 위한 과학의 위대한 노력을 가장 생생하게 보여주는 사례"라고 했다.

그러나 앤드루스는 모험도 갈망했다. 2001년 갤런캄프가 앤드루스의 전기를 출판했을 때, 한 평론가는 "앤드루스의 경력은 위스콘신주 벨로이트에서 《타임》지의 표지에 이르기까지 직선으로 연결되어 있었다"고 논평하고는 다음과 같이 덧붙였다.

조지 루카스는 탐험가이자 동물학자인 로이 채프먼 앤드루스를 모델로 인디아나 존스를 구상했다는 소문을 부인하지만, 놀랄 만큼 재미있는 『드래곤 헌터』를 읽어본 독자라면 그 사실을 확실히 믿게 될 것이다. 앤드루스는 1909년 스물다섯 살이 되던 해에 동아시아로 떠난 첫 여행에서 무인도에 2주간 발이 묶였었고, 배가 긴수염고래에 의해 전복된 후에는 상어를 피해 달아나야 했으며, 태풍, 열사병, 독 묻은 대나무 말뚝, 사람을 사냥하는 부족, 6미터짜리 비단뱀을 피해 살아남았다. … 그는 신생아 둘을 자기 손으로 받아냈고, 여러 개의 이빨을 뽑았으며, 한 남성의 심하게 짓이겨진 손을 절단했다. 또한 아편을 맛보았고, 요코하마에서 가장 유명한 유곽의 마담인 마더 지저스와 친구가 되었으며, "동양에서 술을 가장 많이 소비하는 항구"인 시모노세키에서 쾌락을 즐겼고, 그 과정에서 50마리의 포유류, 425마리의 새 그리고 새로운 개미 한 종을 수집했다. 그리고 이 모두는 전기문의 처음 서른다섯 페이지에 나오는 내용에 불과하다….

놀랍게도 앤드루스는 동료 자연주의자이자 모험가인 여성과 사랑에 빠졌다. 1914년 10월 7일, 그는 조지 보럽George Borup의 누이인 사진작가 이베트 보럽Yvette Borup과 결혼했다. 조지는 1909년 로버트 피어리Robert Peary가 인류 최초로 북극점에 도착했다고 주장했을 때, 그를 도왔던 인물이었다. 앤드루스 부부는 뉴욕시 바로 외곽에 신혼집을 마련했지만, 이후 대부분의 시간을 한국, 보르네오섬, 중국과 같은 현장에서 보낼 계획이었다. 1918년에 앤드루스는 "사냥꾼이 가질 수 있는 생애 최고의 전리품"이라 할 만한 큰뿔야생양을 찾아 몽골을 모험했다. 그곳에서 그는 몽골 노루와 버지니아 사슴이 유사하다는 사실을 발견하고는 무척이나 기뻐했다. 그는 산적에게 당하지 않으려면 밤에 여행하지 말고, 마을 근처에서 야영해서도 안 된다는 사실을 배웠다. 그는 몽골의 전통 가옥인 게르가 천재적인 건축 작품이라고 했다. 또한 어떤 곳에는 모래언덕이 우뚝 솟아 있는가 하면, 어떤 곳은 "거의 테니스 코트처럼 매끄럽고", 종종 "모래와 자갈의 가장 황폐한 폐기물"처럼 보이기도 하는 고비사막이 자연의 경이라고 선언했다.

그러나 고비는 생명력으로 꿈틀거렸다. 앤드루스는 어찌나 거대하게 몰려다니는지 멀리서 보면 마치 노란 잔디밭처럼 보이는 영양 무리를 보았다. 볏이 달린 댕기물떼새는 "갑자기 불어닥친 가을 낙엽처럼 대초원을 가로질러 반짝거렸다."

그리고 도시!

"세상에는 다른 성스러운 도시들이 있지만, 이런 도시는 다시 없을 것이다."

앤드루스는 우르가를 방문한 후 이렇게 썼다.

그곳은 20세기 문명이라는 허울로 덮어씌워놓은 중세의 유물이다. 한마디로 극명한 대조의 도시이자 확연히 시대착오적인 도시다. 자동차는 고비사막의 광활하고 외딴 공간에서 갓 나온 낙타 캐러밴을 지나쳐 가고, 불타는 붉은색이나 노란색 옷을 입은 라마는 검은 옷을 입은 사제들과 나란히 걸어가며, 민족 고유의 환상적인 머리 장식을 한 거무스름한 피부의 몽골 여성들은 러시아 여인들의 최신 패션에 의아한 시선을 보낸다.

중국인 거리는 그에게 위스콘신을 연상시켰고, 국경의 전초 기지처럼 느껴졌다.

"모든 집과 상점은 껍질을 벗기지 않은 통나무를 박은 높은 방책으로 보호받고 있었으며, 말뚝 울타리 위로 반짝이는 사원의 지붕을 제외하고는 동양 건축의 흔적은 거의 찾아볼 수 없었다."

그는 적었다. 주요 광장은 "러시아, 몽골, 중국의 불가해한 혼합물이었다. 펄럭이는 기도 깃발, 화려하게 장식된 집들, 펠트 천을 덮은 유르트 그리고 중국 상점들이 서로 충돌하는 문명의 어지러운 혼란 속에 뒤섞여 있었다."

앤드루스는 자신이 몽골, 특히 고비사막으로 돌아와야만 한다는 것을 알았다. 마르코 폴로^{Marco Polo}는 1270년대에 쿠빌라이 칸의 중국 궁정으로 가는 도중에 고비사막을 횡단했지만, 그 후에는 "마치 사막이 사라진 것처럼 수세기 동안 그곳에 관해 아무런 언급이 없었다"고, 옥스퍼드대학교 지리학 연구원인 트로이 스턴버그^{Troy Sternberg}가 말했다. 앤드루스는 "지구상에 인간이 거주하는 곳 중에는 이토록 외부에 거의 알려지지 않은 지역이 없다"라고 적었다. 뉴욕의 집으로 돌아온 그는 기록에 남은 그 어느 답사보다 더 야심찬 과학 답사를 계획했다. 그리고 인류의 기원에 대한 자기 상사의 신념을 증명하기 위해 그 계획을 제시했다. 그는 고비로 가서 화석을 발굴할 작정이었다.

동아시아 화석에 관한 지식은 "중국의 톈진 약제상에서 구매하고 슐로서라는 어느 독일인이 묘사한 치아와 뼛조각 몇 점에 거의 전적으로 의존하고 있었다." 동료들이 AMNH 탐험가들이 "고비의 모래 속에 파묻혀 있는" 모든 것을 발굴해낼 거라고 앤드루스를 놀렸을 때, 그는 몽골은 "대부분 러시아인이었던 몇몇 훌륭한 탐험가들에 의해 수도 없이 답사"되었지만, 그 나라의 어느 영역도 "현대 과학의 정확한 방식으로 연구된 적이 없었다"고 주장했다.

———

그 지역의 정치적 불안정성을 고려할 때 몽골 원정 답사는 위험했다. 외지인들은 중국, 몽골 그리고 러시아인들에게 의심받았다. 몽골은 정치적으로 불안정했을 뿐만 아니라 거리상으로도 너무 멀었다. 그건 답사 비용이 많이 들 거라는 의미였다.

그 나라는 "험준한 지형, 예측할 수 없는 날씨 그리고 무장 강도" 같은 "과학 연구에는 특이하다고 할 만한 장애물"이 버티고 있는 곳이었다. 여름철 온도는 그늘에서도(그늘을 찾을 수만 있다면) 쉽게 섭씨 43도까지 올라갔고, 겨울의 매서운 바람은 기온을 영하 45도까지 떨어뜨려서 가축을 서 있는 그대로 얼려버릴 수도 있었다.

"덜컹대며 달리는 기차"를 타고는 시베리아나 중국에서 몽골까지 여행할 수도 없었다. 유일한 길은 유목민과 상인이 수천 년 동안 습관과 본능에 따라 여행 다니던 비포장도로였다. 사람들은 말이나 등에 두 개의 혹이 있는 "플라이스토세 시대의 유물" 쌍봉낙타를 타고 고비를 여행했는데, 앤드루스는 변덕스러운 성격에 침도 잘 뱉는 그 동물에 완전히 매료되었다. 사실 낙타는 "거대한 평발" 덕분에 "타고난 길 닦기 선수"였다.

앤드루스는 찰스 콜트먼Charles Coltman이 자동차로 중국에서 우르가까지 여행을 다녀왔다는 소식을 듣고 새로운 아이디어를 떠올렸다. 어떤 과학자도 자동차를 타고 주요 답사를 시도한 적이 없었다. 낙타가 연료, 음식, 장비를 미리 정해진 지점으로 운반하는 동안, 차량으로 연구팀을 운반하면 될 터였다. 앤드루스는 뉴욕에서 오스본과 함께 점심을 먹으며 일명 "중앙아시아 원정대"라고 명명한 계획을 제안했다. 그러면서 그 프로젝트가 향후 5~10년 동안 진행될 거라고 설명했다.

우리는 중앙아시아 고원의 역사 전체, 예를 들어, 지질학적인 구조, 화석 생명체, 과거의 기후와 초목, 특히 인간의 진화와 관련된 일반적인 물리적 조건을 재구성해야 합니다. 그곳에 사는 포유류, 새, 물고기, 파충류 등도 수집해야 하고요. 또한 아직 인간의 발길이 닿지 않은 고비 영역과 거의 알려지지 않은 지역도 지도화해야 합니다.

앤드루스는 고생물학자, 지질학자, 지형학자, 화석식물 연구자, 몽골인 가이드, 중국 박제사 등으로 구성된 학제 간 팀과 지원팀을 머릿속에 그리고 있었다.

"우리가 그날 하루의 작업을 논의하면서 지저분한 텐트에 앉아 있을 때, 지질학의 곤혹스러운 상황들이 어떻게 고생물학자에 의해 명확해지는지, 지형학자가 지문학地文學의 난제에 열쇠가 되어줄 중요한 특징을 어떻게 끌어내는지 그리고 고생물학자가 어떻게 화석 식물학자나 지질학자의 도움으로 층위학의 문제들을 해결해가는지 보는 것이 내게는 가장 흥미로운 일이었다"라고, 그는 나중에 자신의 글에서 밝혔다. 영화 감독인 제임스 'J. B.' 섀클포드James "J. B." Shackelford는 스틸 사진과 필름으로 그 원정을 기록할 것이고(섀클포드의 근사한 답사 사진은 "http://lbry-web-007.amnh.org/digital/index.php/collections/show/10"에서 찾아

볼 수 있다), 이미 『총과 카메라로 고래 사냥하기』Whale Hunting with Gun and Camer』라는 인기 서적을 출간한 앤드루스는 일반 대중을 위해 그 경험을 글로 쓸 예정이었다. 답사대는 베이징에서 출발하여 만리장성과 중국 도시 장자커우(몽골고원의 관문이었다)를 통해 남쪽에서 고비사막으로 들어갈 수 있었다.

전체 비용은 25만 달러 이상 들어갈 예정이었다. 박물관은 1년에 오직 5,000달러의 경비만 사용할 수 있었지만, 앤드루스는 자신이 나머지 비용을 모금할 수 있다고 믿었다. 이미 그는 오지에서 그랬던 것처럼, 부자와 권력자가 가득한 방 안에서도 편안함을 느끼는 사람으로 알려져 있었고, 헬레나 헌팅턴 스미스Helena Huntington Smith가 《뉴요커》에서 표현한 것처럼, "과학의 건조한 업적을 대중의 관심을 끄는 무언가로 변화시켜서" 백만장자로부터 거액의 수표를 얻어낼 수 있는 사람이었다. 헬레나는 앤드루스에게 특별한 장점이 있음을 알아차렸다. 즉 "과학적 역량과 사회적 역량을 함께 가지고 있는 사람은 그리 흔치 않아 보인다."

앤드루스는 철도 업계의 거물이자 정치가인 W. 애버렐 해리먼W. Averell Harriman과 비누 및 치약 제조업체 대표인 시드니 콜게이트Sidney Colgate 같은 후원자를 신속하게 줄 세웠다. 세계적인 자동차 회사인 닷지를 운영하는 형제는 더 무거운 스프링, 더 큰 연료 탱크, 더 강한 타이어, 앞뒤 차대에 볼트로 고정된 풀 훅을 갖춘 맞춤형 오픈 보디 자동차를 제공했다. 닷지의 "고비사막용 지붕 덮인 왜건" 광고는 앤드루스를 유명 탐험가로 내세웠다. 그에게 잘 어울리는 광고였다.

"대부분의 사람은 대중의 환호를 통해 스릴감을 맛보지만, 종종 자신이 느끼는 기쁨을 거드름을 피우며 숨겨야 한다고 생각한다. 로이 채프먼 앤드루스는 그보다는 나은 감각을 지니고 있었다. 즉 그는 가식 없이 그것을 즐겼다."

《뉴요커》는 다음과 같이 덧붙였다.

"아마도 그보다 더 나은 시간을 보내고 있는 사람은 거의 없을 것이다."

박물관은 중앙아시아 원정대를 고대 인류의 기원에 초점을 맞춘 과학적 답사로 발표했다. 《아시아》지와 미국 아시아협회는 "세계 과학 지식의 발전에 대한 크나큰 공헌, 중국과 미국 사이의 우호 관계 증진 그리고 동양인과 동양에 관한 미국인의 관심 고양"이라는 통일된 목표하에 지지를 약속했다.

중국은 몽골 국경으로의 접근을 통제했지만, 앤드루스는 중국 정부를 설득할 방법을 생각해냈다. 고비로 들어가는 것을 허락받는 대가로, 미국은 중국이 자연사박물관을 설립할 수 있도록 답사 방법을 가르쳐주고, 어떤 화석을 발견하든 중국 과학자들에게 사본을 제공하기로 했다. 그 프로젝트는 "우호적인 관계"를 구축하고 "과학계에서 미국의 위상을 높여줄" 발견을 약속했다.

원정대는 몽골 국경에서 남쪽으로 640킬로미터 떨어진 자금성의 높은 성벽 안에 있는 건물에 본부를 세웠다. 앤드루스는 "곧 그곳은 작은 도시가 되었고 원정대에게 다양하게 이용되었

다"라고 썼다.

"우리의 거처, 자동차 여덟 대의 차고, 마구간, 장비 보관소, 사무실, 실험실 그리고 완벽한 영화 스튜디오도 있었다."

그 합의에는 앤드루스가 "스퀴즈^{squeeze}(갈취, 착취, 부정 수수료 등의 의미가 있다 – 옮긴이)"라고 불렀던 뇌물을 포함해서 여러 복잡한 협상이 필요했다. 그는 이렇게 적었다.

"거의 끝도 없는 흥정이 오갔다. 중개인과 경찰에 대한 '스퀴즈' 제공, 도급업자들의 갈취, 물·전기·전화를 관리하는 사람들의 뇌물 요구 등에 치이다 보면 정말 말 그대로 쥐어짜여서 죽을 것만 같은 기분이 들었다."

앤드루스는 임대한 161개의 방을 40개의 큰 방으로 개조했고 집사장을 포함해 최소 20명의 시종을 두었다. "그들은 기분 좋은 알라딘의 램프 같은 존재"라고 앤드루스는 썼다.

"그냥 원하는 것을 말하면 이루어졌다. 그걸 어떻게 해낸 것인지는 묻지 않는 게 최선이었다."

1922년 3월, 75마리의 낙타가 각각 180킬로그램 정도의 물품을 싣고 만리장성을 통과했다. 4월 말에는 카키색 옷차림에 부츠를 신고 챙 넓은 모자를 쓴 남자들이 일곱 대의 차량에 나누어 타고 그 뒤를 뒤따랐다. 몽골고원으로 이어지는 길을 등정하는 것은 마치 "세상의 지붕"을 오르는 듯한 느낌이었다.

원정팀의 지도는 캐러밴의 경로와 오아시스 그리고 종종 아무것도 없는 것으로 드러나는 산을 가리키는 점이나 다른 몇 개의 표시 외에는 아무것도 없는, 지도라고 하기도 민망한 것이었다.

그들은 바위 고원을 내려가서 초원으로 들어갔다. 잔디가 듬성 듬성해지고 거칠어졌다. 샐비어가 평원을 가득 뒤덮고 있었다. 침식 불모지가 나타났다.

"붉은 봉우리와 언덕이 하늘을 배경으로 당당하게 그 모습을 드러냈다. 화석을 찾기에 더없이 이상적인 나라였다…."

앤드루스가 적었다.

넷째 날, 차량 두 대가 캠프에 도착했을 때, 그는 텐트에서 쉬고 있었다. 탐험대의 수석 고생물학자인 월터 그레인저가 차에서 뛰어내렸다. 앤드루스는 그 상황을 이렇게 기록했다.

"아무도 입도 뻥긋하지 않았기에, 나는 뭔가 특별한 일이 일어났다는 사실을 알아차렸다. 그레인저는 눈을 반짝거리며 파이프 담배를 거칠게 빨아들이고 있었다. 그가 조용히 주머니를 뒤지더니 한 줌의 뼛조각을 꺼냈다."

그리고 그레인저는 앤드루스에게 이렇게 말했다.

"이것 봐요, 로이, 우리가 해냈어요. 여기에 그것이 있어요."

제11장

불타는 절벽에서

그가 말한 '그것'은 인간이 아니었다. 선사시대의 유물이었다. 첫 번째 현장답사 시즌이 끝나가던 어느 날 오후, 원정대는 길을 묻기 위해 게르 두 채가 서 있는 곳에서 멈췄다. 사진작가인 섀클포드는 이상한 형성물 하나를 발견하고 그것을 자세히 보기 위해 몇백 미터를 걸어갔다. 그는 앤드루스가 나중에 "지금까지 내가 본 가장 그림 같은 장소"라고 묘사하게 되는 곳의 가장자리에 서서 "사암으로 조각된 이상한 짐승처럼, 커다란 뿔로 뒤덮인 거대한 분홍색 세면대" 같은 것을 내려다보고 있었다.

몽골 사람들은 그 지역을 바얀작이라고 불렀지만, 미국인들은 '불타는 절벽'이라는 의미의 '플레이밍 클리프Flaming Cliffs'라고 부르기로 했다. "아침 일찍이나 늦은 오후에 마치 거대한 불덩어리처럼 보이기 때문"이라고 앤드루스는 썼다. 그 풍경은 1800년대에 기록된 미국 서부의 황무지와 비슷했다. "첨탑과 회전 포탑이 있는 중세의 성들, 저녁 햇살에 벽돌 빛으로 물든 거대한 관문과 벽과 성곽으로 둘러싸인 중세 시대 성들의 모습"을 바라보는 것 같았기 때문이었다.

새클포드는 간단히 둘러볼 생각으로 비탈길을 내려갔다.

"거의 보이지 않는 손에 이끌리듯, 야트막한 바위 정상을 향해 곧장 걸어갔는데, 그곳에는 하얀 화석 뼈들이 놓여 있었다."

앤드루스가 적었다. 세월에 풍화된 사암 바위에서 두개골 하나가 드러나 있었다. "분명히 파충류"였지만, 그들 중 누구도 본 적이 없는 뿔과 앵무새를 닮은 코와 입 그리고 엘리자베스 여왕 시대에 유행했던 부채꼴 옷깃을 닮은 프릴이 달린 종이었다. 그레인저는 그 공룡의 이름을 프로토케라톱스 앤드루시라고 짓게 된다.

답사대는 캠프를 세우고 붉은 사암 속에서 반짝이는 뼈를 발굴하면서 온종일 골짜기와 협곡을 뒤지고 다녔다. 층서학에 따르면 그 일대의 나이는 백악기까지 거슬러 올라갔지만, 그레인저는 화석 알껍데기처럼 보이는 것을 우연히 발견했다(모두가 새의 것으로 추측했다). 그곳에 대한 집중적인 연구가 절실했지만, 그들은 겨울을 나기 위해 서둘러 베이징으로 돌아가야만 했다. 따라서 알껍데기의 위치를 표시할 시간밖에 낼 수 없었다. 어쩔 수 없이 그들은 다음 해에 조사를 이어가기로 했다.

탐험을 쉬는 동안 앤드루스는 많은 독자를 위해 탐험에 관한 글을 썼지만, 종종 자신이 이야기의 주제가 되곤 했다. 책에 실린 사진 중에는 연발 권총을 차고 있거나 만리커 총과 탄띠를 차고 있는 그의 모습도 있었다. 공개 강연에서 그는 산적, 살인 개, 갑작스러운 홍수 그리고 텐트를 꼭대기부터 뜯어내고 옷까지 벗겨버릴 정도로 맹렬히 불어대는 고비사막의 모래폭풍 이야기 등으로 청중을 사로잡았다. 실수로 자신의 다리에 총을 쏘거나 모두가 잠든 밤에 치명적인 독사들이 캠프 안으로 은밀히 미끄러져 들어온 무시무시한 사건도 있었다. 독사들은 간이침대 기둥에 똬리를 틀거나 온기를 찾아 장화에 들어가 있었다.

그의 답사 기록에는 "그에게 탐험을 떠나도록 주로 동기를 부여한 것은 과학의 발전이나 화석 발굴이 아니라 멀고 위험한 나라에 대한 평생의 동경이었다는 인상을 받게 된다"고 적혀 있다.

나중에 《스미스소니언》지는 이렇게 평가했다.

"그의 마음속에서는 탐험가가 먼저고 과학자는 그다음이었다."

《뉴요커》는 다음과 같이 지적했다.

"앤드루스는 사실상 고대의 유형인 추격의 영웅, 즉 님로드Nimrod라고 불리는 수렵광이다. 그는 평생 사냥꾼이자 수집가였고, 지금 하는 일은 단지 그가 위스콘신주 벨로이트 주변의 숲을 배회하던 소년 시절에 했던 일을 미화한 버전에 지나지 않는다."

앤드루스가 이야기꾼이라면, 그레인저는 이야기 그 자체였다. 버몬트의 그린산맥을 평생 헤맨 남북전쟁 참전용사의 아들로 태어난 그는 앤드루스보다 여섯 살이 어렸으며, 박제사 보조로 열일곱 살에 박물관에 취직했다. 대학은 다닌 적이 없었고, 1932년 예순 살이 되어서야 버몬트의 미들베리대학에서 명예 학위를 얻게 된다. 앤드루스는 영광을 얻었고, 그레인저는 뼈를 얻었다.

"미국 박물관이 아시아에서 이루어낸 거의 모든 고생물학적 발견은 로이 앤드루스가 아니라 월터 그레인저의 업적이라는 사실을 알아두어야 합니다."

이는 조지 게이로드 심슨^{George Gaylord Simpson}이 1970년에 폴란드 고생물학자인 조피아 키엘란-자우오로우스카^{Zofia Kielan-Jaworowska}에게 보낸 글이다. 당시는 조피아가 고비 답사에 관한 획기적인 저서인 『공룡 사냥하기^{Hunting for Dinosaurs}』를 출간하고 얼마 되지 않았을 때였다.

"나는 그들을 둘 다 잘 알고 있으며, 그레인저의 겸손함과 앤드루스의 이기주의가 그들의 업적에 오해를 불러일으킨 것을 늘 안타깝게 생각해왔습니다."

빈센트 모건^{Vincent Morgan}과 스펜서 루카스^{Spencer Lucas}가 뉴멕시코 자연사 과학박물관을 위해 쓴 그레인저의 전기문에서 말했듯이, "그레인저는 과학을 대표했고, 앤드루스는 무용담을 대표했는데, 중요한 것은 과학이었다." 모건과 루카스는 그레인저가 "북미에서 서식한 말의 진화적 순서를 재구성한 사람, 베이징 원인 유적 수색을 도운 사람, 와이오밍주에서 화석이 풍부한 본 캐빈 발굴장을 발견한 사람으로서 보편적인 존경을 받았다"라고 썼다. 앤드루스가 고비에 공급할 보급품을 처리하는 동안, 그레인저는 고생물학과 관련된 작업을 감독했으며, 종종 흙가루나 다름없는 곳에서 뼈를 골라냈다. 모건과 루카스는 "그레인저의 깊은 곳에는 뛰어난 장인이 들어앉아 있었다"라고 썼다. 그레인저는 자신의 답사 수첩에 각 화석의 물리적 위치, 층위적 위치, 다른 화석과의 관계 그리고 발견 당시의 상황을 적어놓음으로써 중앙아시아 원정대가 과학 연보에서 가장 잘 문서화된 프로젝트 중 하나가 되게 했다.

어느 날, 그레인저는 응결된 덩어리 하나를 쪼개면서 처음에는 자신이 작은 공룡의 두개골을 보고 있다고 생각했다. 나중에 실험실에서 그 두개골은 포유류의 두개골로 밝혀졌다. 1800년 대 후반부터 주요 진화론적 질문은 유대류(코알라, 주머니쥐, 캥거루)와 대조되는 것으로서 태반 포유류(쥐, 인간, 바다소)의 기원과 관련이 있었다. 태반 포유류는 그 수와 분포 면에서 훨씬 성공적이었으며 전 세계에 퍼져 있었지만, 유대류는 주로 호주와 중남미에서 살았다. 이들 고비 유물은 태반 포유류처럼 보였다. 그리고 크기가 아주 작았다. 그 화석들은 백악기층에서 나왔다는 사실 때문에 모두에게 이상하게 여겨졌다. 다시 말해, 그것은 포유류가 과학자들이 생각했던 것보다 훨씬 일찍 진화했음을 암시했다. 박물관은 그레인저에게 "최선을 다해 다른 두개골을 발굴해 달라"고 했다.

그는 수백 점의 뼈를 찾아냈다. 앤드루스는 그레인저가 단 하루 만에 육식동물, 설치류, 식충 동물류의 턱과 두개골을 거의 200점 가까이 발견하기도 했다.

거기에는 공룡의 뼈도 섞여 있었다. 코모 절벽에서 발굴한 것에 거의 맞먹을 만큼 많은 양이었다. 그들은 프로토케라톱스 외에도 한때 "깃털로 뒤덮인 작은 강아지 크기의 포식자"로 묘사됐던 벨로키랍토르와 약 1.8미터 길이에 식물이나 작은 동물을 먹이로 삼았던 것으로 보이는 트리케라톱스의 초기 조상인 프시타코사우루스 몽골리엔시스도 발견했다. 첫 번째 답사 시즌에만, 원정대는 거의 2,000개의 표본을 수집했고, 그중 다수가 과학계에서 처음 접하는 것이었다.

원정대는 1923년 이듬해 여름에 몽골로 돌아와서 곧장 플레이밍 클리프로 향했다. 7월 13일 오후 조지 올슨George Olsen이라는 보조원이 사냥에서 돌아와 화석 알을 발견했다고 전했다. 월터 그레인저도 1년 전에 껍데기 파편을 발견하기는 했지만, 그 안에서는 아무것도 나오지 않았었다. 따라서 올슨이 발견한 알도 보나마나 응결물일 거라고 모두가 비웃었다. 하지만 어쨌든 그들은 올슨이 수색하던 곳으로 따라갔고, 그곳에는 사암 선반 옆에 원통형 물체 세 개가 놓여 있었다. 각각 약 20센티미터 길이에 폭도 몇 인치 정도 되어서 갈라진 커다란 감자나 두툼하고 상한 바게트처럼 보였다. 그것과 비슷한 것들이 땅을 뚫고 삐죽삐죽 솟아 나와 있었다.

그때까지는 아무도 공룡이 어떻게 새끼를 낳는지 알지 못했다. 인간처럼 그냥 새끼를 낳았을까? 거북처럼 알을 낳았을까? 한 가톨릭 신부가 몇 년 전에 프랑스 피레네산맥에서 발견한 흥미로운 껍데기 조각 외에는 아무런 단서가 없었다.

"흥분이 점점 고조되는 것을 느끼면서 그들은 툭 튀어나온 사암에서 모래를 털어 화석을 밖으로 파내기 시작했다."

프레스턴은 『다락방의 공룡』에 다음과 같이 적었다.

"그리고 곧 결정적인 증거가 드러났다."

놀랍게도 그들은 그 알들 위에서 "작고 이가 없고 종류를 알 수 없는 공룡의 뼛조각"을 발견했다.

그런데 어떤 공룡? 초식동물인 프로토케라톱스의 100개가 넘는 두개골과 골격이 플레이밍 클리프에서 발견되었기 때문에(혹은 발견될 예정이었기에) 고생물학자들은 그 알들도 프로토케라톱스라고 추론했다. 그레인저는 그 구역 전체를 발굴하여 뉴욕으로 보냈고 거기서 표본 담당자들은 두 겹의 동심원에 놓인 13개의 알을 찾아냈다. 각 알의 가장 좁은 끄트머리는 중앙을 향해 있었다. 즉 그것은 둥지였다. 그러나 알 위에서 발견된 공룡은 육식동물이었기에, 헨리 오스본은 그것이 둥지를 공격하다가 죽었다고 결론 내렸다. 그리고 그 공룡의 이름을 '알 도둑'이라는 의미의 오비랍토르라고 지었다. 한 세기 정도는 바로잡히지 않을 잘못된 정체성의 사례였다(후에 알들이 오비랍토르의 것이며, 알 위의 공룡은 둥지를 보호하다 죽은 것으로 학설이 수정되었다 – 옮긴이).

———

앤드루스는 고비가 무엇을 줄 수 있는지 보았기 때문에 그 현장에서 10년쯤 시간을 더 보내야 한다는 것을 깨달았다. 그렇게 하기 위해서는 더 많은 기금을 모아야 했다. 원정대는 1924년에 답사를 쉬고 미국으로 돌아가기로 했다. 앤드루스는 작업을 계속하는 데 필요한 25만 달러를 모금하기로 했다. 그는 과학계에 최고의 공룡 알이라고 알려진 것을 박물관에 개인적으로 전달할 예정이었다.

"이 아무짝에도 쓸모없어 보이는 게 무슨 가치가 있다는 겁니까?"

앤드루스가 보험을 들러 갔을 때 런던 로이드의 상하이 담당 직원이 당황스럽다는 듯이 물었다.

"과학적으로는 가치를 매길 수 없을 정도죠. 상업적으로는 누군가 그것에 지급하는 값어치만큼의 가치가 있을 테고요."

앤드루스가 대답했다.

앤드루스는 그 알들에 6만 달러의 보험을 들기로 했다. 다음에 해결해야 할 문제는 그를 집으로 데려다줄 선박에 그것들을 안전하게 싣는 것이었다. 그는 결국 알들을 "튼튼하고 꽉 끼는" 여행 가방에 포장해 넣은 후 가방을 방수 처리한 다음, 직접 만든 구명조끼로 감쌌다.

배가 브리티시컬럼비아의 빅토리아 항에 정박했을 때쯤에는 전 세계가 그 알에 대해 알게 되었다. 기자들은 독점 기사를 요구했다.

"그 공룡 알의 사진을 일주일 동안 독점적으로 사용하는 대가로 1,500달러를 드리겠습니다."

《시애틀 포스트-인텔리젠서Seattle Post-Intelligencer》 대표가 앤드루스에게 말했다. 또 다른 신문사는 3,000달러를 제안했다. 어떤 샌프란시스코 신문은 5,000달러까지 가격을 올렸다. 앤드루스는 "나는 어안이 벙벙했다"라고 썼다.

"베이징의 외신 기자들로부터 공룡 알이 전 세계의 이목을 끌고 있다는 이야기를 듣기는 했지만, 이런 식의 반응은 전혀 예상치 못한 것이었다.”

　뉴욕에서 앤드루스는 거의 영웅급의 환영을 받았다.《뉴욕타임스》발행인인 아돌프 옥스Adolph Ochs가 그를 점심 식사에 초대했다. 존 록펠러 주니어John D. Rockefeller Jr.는 앤드루스를 위한 축하연에 참석하여 100만 달러를 기부하겠다고 약속했다. 겸연쩍은 표정의 앤드루스 얼굴을 그린 스케치가《타임》의 표지를 장식했다. 신문사 간부들이 그의 글에 응찰했고, 윌리엄 랜돌프 허스트William Randolph Hearst는 로이 채프먼 앤드루스의 글을 독점하는 조건으로 25만 달러를 제안했다. 스탠더드오일은 다음 현장 조사를 위해 2만 갤런의 가스, 500갤런의 기름 그리고 양초를 제공하기로 약속했다.

　추수감사절 주말까지 몽골의 공룡 알이 미국 자연사박물관에 전시되어 수많은 방문객을 끌어 모았다. 수천 명이 앤드루스의 공개 강연에 참석했고, 그는 과학을 거의 언급하지 않고도 박물관의 현장 작업에 관한 “복음을 전파”했다. 영화배우이자 코미디언인 윌 로저스Will Rogers의 에이전트를 고용한 그는 4개월에 걸쳐 100번 이상의 강연을 했고, 강연 투어를 마쳤을 때쯤에는 완전히 “즙을 다 짜내버린 오렌지” 같은 모습이었다.

　계속해서 여러 권의 책을 출간한 앤드루스는 어린이를 포함한 독자들을 직접 자신의 경험 속으로 끌어들이는 이야기로 대중의 상상력을 자극했다. 하지만 열성적인 대중이 영웅적이라고 칭찬하는 곳에서 비평가들은 착취를 목격했다. 원정대는 현지 참가자들의 이름은 밝히려는 시도조차 하지 않았다. 기금을 모금하는 동안 앤드루스는 뉴욕 사람들이 첫 번째 연구 기금을 지원했으니, "미국 국기, 미국의 이상, 미국의 발명품을 과학의 진보에 궁극적으로 중요한 한 지역으로 운반해 가는, 전부 미국인으로만 구성된 원정대"가 다음에 추진할 답사에는 미국의 나머지 사람들도 적극 참여해주기를 바란다고 했다. 사실 그 원정에는 아홉 명의 몽골인 조력자와 한 명의 몽골 정부 대표 그리고 아홉 명의 중국인 조력자가 포함되어 있었기에, '전부 미국인으로 구성된' 답사라고 하기엔 무리가 있었다. 과학 사학자 로널드 레인저Ronald Rainger는 2004년 저서 『고대 유물을 위한 의제An Agenda for Antiquity』에서 "제국주의적 목표가 그 원정의 핵심 요소였다"고 적었다.

"그들에게 아시아는 경제 발전과 착취를 위한 비옥한 토대였다. 중앙아시아 탐험 같은 프로젝트는 정치적, 경제적 팽창을 통한 개방의 뒤를 따랐을 뿐만 아니라 같은 태도와 목표를 구현했다."

비평가들은 "깃털이 달린 레인저 모자"를 쓰고 먼지 덮인 부츠 차림으로 고비에 서 있는 앤드루스의 상징적인 사진에서 극적 효과를 보았다. 로널드 레인저는 이것이 미국인들, 특히 앵글로색슨계 백인 개신교 미국인들이 그들의 존재를 '전 세계'에 알리는 방식이었다고 지적하면서 앤드루스가 자신의 가장 중요한 책 중 하나에 "중앙아시아의 새로운 정복The New Conquest of Central Asia"이라는 제목을 붙인 것은 우연이 아니라는 사실에 주목했다. 그 제목은 "우선 의식, 우월성 그리고 이러한 탐험을 특징짓는 지식을 장악할 권리"를 담아낸 것이었다.

그럼에도 당시 앤드루스는 그를 친구처럼 대접한 유명 인사들 만큼이나 유명했다.

———

1922년과 1923년의 고비 현장은 앤드루스의 상사인 헨리 오스본이 지칭했듯이, "고생물학의 에덴동산"으로 평했던 곳이 되었다. 여전히 앤드루스는 몽골에서 초기 인류의 증거를 찾을 수 있기를 바랐지만, 당시로서는 세계에서 가장 유명한 화석 매장지를 탐험하고 주목받게 된 상황을 즐기고 있었다. 박물관에는 70개의 프로토케라톱스 두개골과 수천 개의 현대 생물 표본을 포함해 9톤에 이르는 고비 화석이 작업을 기다리고 있었다.

그러나 모두가 공룡 알 이야기만 했다. 화석이라면 가리지 않고 모으는 괴짜 수집가인 배우 존 배리모어John Barrymore가 앤드루스에게 하나만 갖게 해달라고 애원했다. 오스본은 그 알들이야 말로 "평범한 '일반 사람들'이 공룡을 의식하게 하는 데 그 무엇보다도 많은 일을 했다"고 말했다.

알들이 너무 인기가 있었기에, 앤드루스는 하나를 팔기로 했다.

경매에 따르는 "대대적인 홍보 효과" 덕분에 박물관은 빠르게 기금을 모으고 대중은 탐험에 자신도 깊이 관여한 듯이 느끼게 되었다.

"그들은 이게 오직 부자들을 위한 쇼라고 생각해요."

앤드루스는 오스본에게 말했다. 작은 기여도 도움이 된다는 것을 알게 되면, 그들도 기부를 할 터였다.

"기사를 통해 우리가 기금을 모금하지 못하면 답사를 그만둬야 한다는 걸 설명할 수 있을 겁니다."

"앤드루스, 정말 좋은 생각이야. 성공 가능성이 커."

오스본은 이렇게 대꾸했다고 한다.

"일단 해보자고."

앤드루스는 그날 오후 사무실로 40명의 기자를 불렀다. 미국 자연사박물관은 발굴품을 판매하지 않았지만, 앤드루스는 몽골 공룡 알의 마케팅이 미래의 탐험을 보장할 것이라고 설명했다.

"우리는 공룡 알에 한해서는 완벽하게 시장을 '독점'하고 있고, 당분간 그 상황이 바뀔 거라고는 생각지 않습니다."

그는 언론에 말했다.

"미국 서부와 세계 다른 지역에서 많은 공룡 뼈와 골격이 발견되었지만, 우리 박물관의 탐험가들만이 유일하게 파충류 조상들의 석화된 알을 발견했습니다. 그리고 우린 그중 하나를 팔지 말아야 할 이유가 없다고 생각했습니다."

어쨌든 박물관에는 알이 25개나 있었다.

"대부분 상태는 최상급입니다."

그가 말했다.

"우리 쪽에서는 박물관을 위해 돈을 벌려는 욕구는 없습니다. 단지 내년 여름에 다시 시작될 아시아 원정 답사 비용을 마련하려는 것뿐입니다."

1924년 1월 8일 자《뉴욕타임스》의 머리기사에는 "10만 년 전의 공룡 알 판매, 박물관은 탐험가들에게 자금을 후원하기 위해 입찰을 시작한다"라고 적혀 있었다.

《뉴욕타임스》는 "지금까지 아무도 산 적이 없었기 때문에, 공룡 알에 실제 가격을 매길 수는 없을 듯하다"라고 지적했다. 그러나 앤드루스는 경매 준비금을 5,000달러(오늘날의 금액으로 약 7만 1,000달러)로 설정했다. 그리고 "최고액 입찰자"는 이 금액을 "크게 초과한" 금액을 제시할 것이라고 장담했다. 입찰에 참여하려는 예비 구매자들은 서면 제안서를 보내야 했다. 제안이 도착하면 앤드루스는 입찰이 중단될 때까지 다른 입찰자에게 그 금액을 알릴 것이다.

나중에 앤드루스가 밝힌 바에 따르면 뉴스가 나간 지 하루 만에 "《일러스트레이티드 런던 뉴스Illustrated London News》가 2,000달러의 제안서를 전보로 보내왔다." 미국 지리학협회는 그보다 많은 3,000달러를 제안했다. 호주의 한 박물관은 3,500달러를, 예일대는 4,000달러를 제안했다. 홍보 효과는 엄청났고, 신문 기자들은 앤드루스에게 약속한 대로, 모든 기사에 기부를 요청하는 내용을 포함시켰다. 수표가 동봉된 우편물이 쇄도했다. 대영박물관의 로스차일드 경은 워싱턴에서부터 호주에 이르기까지 여러 잡지사 소유주들과 함께 문의를 해왔다. 마침내 그 알은 1806년에 설립된 콜게이트&Co을 운영하는 오스틴 콜게이트Austen B. Colgate에게 돌아갔다. 그가 제안한 액수는 5,000달러였다. 콜게이트는 뉴욕 북부 해밀턴에 있는 자신의 가문 이름을 붙인 대학에 그 알을 기증했다. 학교 측은 그 알을 잠시 전시했다가 도난 시도가 있은 후에는 대학 금고에 보관했다.

한 싸구려 장난감 제조업체가 앤드루스에게 그 유명한 고비 알을 주물로 떠서 사인한 후에 종이 누르개와 책상용 문구 세트로 제작해 판매할 것을 제안했다.

"아주 독창적인 부활절 달걀인 거죠!"

그는 앤드루스에게 일단 100만 개를 제작해보자고 제안했다. 그 공룡 알 복제품은 하나당 25센트에 판매할 수 있을 테고, 당연히 앤드루스는 인세를 가져갈 것이었다. 그러나 앤드루스가 생각하기에 이 아이디어는 너무 과한 듯했다. 또한 석유 및 광업 회사가 그의 답사에 석유 답사 요원 한 명을 동행시켜달라고 제안했지만 그는 거절했다. 만약 그가 고비 알을 대량생산하기 시작하면, 모든 사람이 "내 주머니로" 그 돈이 다 들어갔다고 생각하리라는 게 그의 설명이었다.

"게다가 세상 사람 눈에 원정대가 돈벌이나 하는 벤처 기업쯤으로 각인될 겁니다. 과학으로 위장한 사업체가 되는 거죠."

몽골 정부는 앤드루스가 그 알을 대영박물관에 100만 달러에 팔았다는 소문을 믿으며 불만을 토로했다. 그해 1924년판 새로운 헌법에서 몽골 정부는 "토양, 삼림, 물 및 그 안에 있는 자연 자원"은 모두 국가 재산임을 선언했다. 정부 지도자들은 앤드루스가 연구를 위해 빌려간 화석을 궁극적으로는 반환하겠다고 약속하는 계약서에 서명했음을 상기시켰다. 그는 알을 판매한 일 때문에 자칫 고비 답사 허가를 받지 못할지도 모른다면서 "내 알들이 우리를 상대로 폭발을 일으켰다"라고 했다.

"원정대로서는 그보다 더 큰 재앙은 없었다. 지금까지 중국과 몽골인들은 우리를 액면 그대로 받아들였다. 그런데 이제는 우리가 답사를 통해 돈을 벌고 있다고 생각했다."

그리고 그는 이렇게 덧붙였다.

"왜 몽골인과 중국인들이 그렇게 값진 보물을 공짜로 주겠는가?"

그러나 앤드루스는 다음의 가정 또한 이해했다.

"그들은 그 5,000달러라는 금액이 홍보를 위해 창출된 가공의 가치라는 사실을 또는 순수하게 과학적인 것이든 예술적인 것이든 간에 그것을 소유하고자 하는 특별한 이유가 있는 사람이 내려는 금액만큼만 시장가치를 갖는다는 것을 알 수 없었을 것이다."

———

몽골은 이제 헌법을 가졌고, 스스로를 독립 국가로 규정했지만, 중국의 통치 아래 있던 200년의 기간을 기억하면서 모스크바의 후원하에 세계에서 두 번째로 공산주의 국가가 되었다. 국무부는 만리장성 근처의 중국 도시 장자커우에 미국 영사관을 설치했다. 스탠더드오일과 영미연초주식회사와 같은 서방 기업들이 그곳에 주재했고, 몽골은 미국이 몽골이라는 국가를 인정하는 최초의 서방 국가가 되어주기를 희망하는 듯했다. 그러나 독소민 보두Dogsomyn Bodoo 총리가 "우호적인 관계, 특히 무역 분야에서 우호적인 관계"를 제안하고 "몽골이 세계에 발언하다"라는 제목의 기사로 그런 생각을 구체화하자 정치적 라이벌이 그를 반역죄로 고소했고, 그는 결국 처형되었다. 할리 데이비드슨 오토바이 애호가로서 자본주의를 좋아하던 재무부 장관도 처형되었다. 애들턴 대사는 후에 "그 사건이 주는 교훈은 명확했다"라고 썼다.

"미국인을 비롯해 외국인과 함께 일하는 것은 치명적이라는 사실이 매우 쉽게 증명된 것이다."

미국은 지역적인 불안정성을 경계하고 몽골이 서방에 어떤 가치가 있을지 확신하지 못했기에 영사관을 철수했다.

앤드루스는 몽골에서 인간의 생명은 "양 한 마리보다 가치가 덜하다"는 사실을 감지했다. AMNH 팀원들은 황폐화된 사원과 마을에서 여전히 라마 예복과 군복 차림으로 풍화된 주검들을 볼 수 있었다. 어느 날 러시아와 친분이 있던 몽골 장군이 앤드루스에게 중국군 야영지를 공격했던 일을 들려준 적이 있었다.

"우린 말을 타고 전속력으로 캠프를 통과하면서 눈에 띄는 사람은 모조리 죽여버렸어요. 그런 다음 다시 돌아왔죠. 중국인들은 마치 양처럼 달려갔고, 우리는 수백 명을 도살했습니다."

앤드루스는 "현대의 무기만 제외해버리면, 그 이야기는 1,000년 전의 것이라고 해도 이상할 게 없었다"라고 적었다.

1925년 AMNH가 3차 답사 원정을 갔을 때는 그동안 보았던 "질주하는 기병"과 우르가의 "이상한 의상"은 사라지고 시베리아에 살았던 몽골 부족민인 "우쭐대는 부리야트인과 러시아인들"을 볼 수 있었다. 도심 광장에는 "군인으로 훈련받는 어색한 몽골 분대가 가득했다." 소련 비밀경찰은 미국이 몽골을 합병하려는 음모를 꾸미고 있다고 의심하며 미국인들을 미행했다. 혹은 앤드루스가 석유를 찾아다닌다고 의심했을지도 모르겠다. "간단히 말해 미국인은 첩자이자 대개 바람직하지 않은 인물로 취급되었다"라고 그는 적었다. 중앙아시아 원정대 같은 거대 기업이 단지 과학적인 목적만 가지고 몽골을 찾지는 않았을 거라는 게 그들의 추측이었다. 결국 앤드루스는 첩자로 활동하기에 완벽한 위장막을 가지고 있지 않았던가. 박물관 탐험가로서 그는 "고출력 쌍안경, 다양한 무기, 캠핑 장비, 보급품, 소규모 보조 팀원"에 아내까지 있었다.

몽골인의 의심은 어느 정도 옳았다. 1918년 여름, 앤드루스는 '레이놀즈'라는 암호명을 사용하는 민간 정보원으로서 미 해군 정보국을 위해 일하기로 서약했다. 하루 보수는 8달러이고, 어떠한 훈련도 필요치 않았다. '레이놀즈'의 임무는 자신이 관찰한 정보나 내용을 단지 자신이 중요하다고 생각하는 순간에 "보이지 않는 잉크로 핵심적인 내용만 적어" 베이징에 있는 해군 무관에게 보내는 것이었다. 하지만 앤드루스는 결국 정보원 계약을 유지하지 못하게 되었다. 아내 이베트가 미국 정부에 편지 한 통을 보낸 것이 이유였다. 그 편지에서 이베트는 가족이 "그의 임무의 본질에 대해 알아야만" 한다고 요구했는데, 미국 정부는 그녀의 행위가 "매우 경솔했다"고 생각했다.

앤드루스는 그 후로도 계속 동아시아에서 일어나는 희귀한 사건 등을 잡지와 신문을 통해 공개적으로 보고했다. 1926년까지 그는 "백인 거주자들에 대한 살인과 다른 사람들의 불가사의한 실종이 자주 발생"한다고 전해지는 베이징 주변의 싸움에 관해 글을 썼다. 중국에서 출항하는 배는 "마치 광견병이라도 발발한 것처럼 갑자기 미쳐 돌아가는 나라에서 수년간 거주했던 선교사, 상인, 그 외에도 많은 사람으로 인산인해를 이루었다." 1928년까지 중국인들은 AMNH 탐험대의 발견을 가로채고 있었다. 1930년까지 앤드루스는 내몽골에만 머물렀을 뿐이고 외몽골에는 가까이 다가갈 수 없었다. 몽골의 전쟁장관이 처형되었다. 전임 내무부 장관은 집 밖으로 끌려 나가 총살당했다. 중국 병사들이 앤드루스의 오랜 친구 찰스 콜트먼을 처형했다. 그가 자동차로 고비를 답사하도록 영감을 주었던 친구였다. 앤드루스는 다음과 같이 썼다.

"살인과 갑작스러운 죽음이 거리에서 은밀히 다가왔다. 떠나 버리기에 아주 좋은 곳이었다."

미국 자연사박물관은 몽골에서 숙청이 시작되기 직전인 1932년 8월 동아시아에서 철수했다. 당시 몽골의 지도자 허를러깅 처이발상Khorloin Choibalsan은 궁극적으로 약 3만 명의 지식인과 불교 지도자를 살해하라고 명령했는데, 이는 레닌의 후계자인 스탈린의 명령이라는 소문이 있었다. 앤드루스는 이미 중국과는 끝났다고 말하면서 그의 베이징 집에 있는 거의 모든 것을 경매로 팔아버리고 그곳을 떠났다.

"그 찬란한 8월의 아침 햇살 속에서 화려하게 빛나는 플레이밍 클리프를 마지막으로 바라보는 동안 내 마음이 아쉬움으로 가득 차 올랐다는 사실이 놀랍지 않은가?"

그는 나중에 바얀작에서의 마지막 순간을 떠올리며 이렇게 썼다.

"나는 그곳을 다시는 볼 수 없을 것만 같았다!"

그리고 정말 그랬다. 실제로 미국 자연사박물관은 그로부터 60년 동안 몽골 땅에 발을 들여놓지 못했다.

제12장

공룡 거래를 권하는 사회

1985년 봄, 소련의 지도자 미하일 고르바초프는 냉전의 종식을 알리는 신호탄으로 글라스노스트(정보를 공개하고 언론 통제를 완화하는 정책 – 옮긴이)와 페레스트로이카(소련의 사회주의 개혁 이데올로기 – 옮긴이)에 대해 이야기하기 시작했다. 1987년 1월 27일, 국무부 조약실. 토머스 제퍼슨Thomas Jefferson의 초상화 아래에서 미국과 몽골이 마침내 수교했다. 텍사스 출신의 외무부 직원 조지프 레이크Joseph Lake가 몽골 최초의 대사로 지명되었으며, 곧 울란바토르에 대사관이 문을 열었다.

1988년 12월 7일 로널드 레이건 대통령이 백악관을 떠날 준비를 하고 조지 H. W. 부시(조지 부시의 부친 – 옮긴이) 대통령 당선자가 입성 준비를 하고 있을 때, 또 한 번의 중요한 순간이 찾아왔다. 고르바초프는 뉴욕 유엔 총회에서 했던 기념비적인 연설에서 다음과 같이 선언했다(이는 고르바초프의 노벨평화상 수상에 일조했다).

"무력의 사용이나 위협이 더는 외교정책의 도구가 될 수 없고 또 되어서도 안 된다는 것은 분명한 사실입니다. 이는 무엇보다 핵무기에 적용되지만, 중요한 것은 그것만이 아닙니다. 우리 모두, 특히 우리 중에 더 강한 국가는 반드시 자제력을 발휘해야만 하며, 외부로 향하는 무력의 사용을 완전히 배제해야 합니다. 그것이 비폭력 시대의 첫 번째이자 가장 중요한 요소입니다…."

고르바초프는 "법치"와 개인의 권리에 "최고의 기준"을 적용하는 것이 왜 중요한지 이야기했다. 그는 무기를 줄이고 화학무기를 제거하기 위해 미국과 긴밀히 협력할 것을 약속하며 다음과 같이 말했다.

"나는 우리의 희망이 전쟁, 대립, 지역갈등, 자연에 대한 공격, 굶주림과 가난에 대한 공포, 더불어 정치적 테러의 시대를 끝내기 위한 공동의 노력과 일치하리라고 믿고 싶습니다."

몽골은 1세기 동안 소련의 위성국이었고, 주거, 음식, 교육 같은 기본적인 것들을 얻기 위해 사회주의에 의존했다. 몽골 고등학교와 직업학교를 졸업한 약 1만 1,000명의 몽골인이 소련과 동유럽의 대학에 진학했다. 수천 명의 사람이 그곳에서 영어를 배웠다. 항의 운동과 민주적 이상에 노출된 그들은 정부에 반대한다고 국민을 감옥에 집어넣는 것은 옳지 않음을 배웠다. 그들은 자유에 관한 새로운 이상을 품고 몽골로 돌아왔다. 케임브리지대학의 인류학자인 크리스토퍼 카플론스키Christopher Kaplonski는 『몽골의 진실, 역사 그리고 정치Truth, History and Politics in Mongolia』에서 소련은 "부지불식간에 비옥한 땅에 자기 파괴의 씨앗을 뿌렸다"라고 했다.

'새로운 시대'를 의미하는 '시네 우'라는 명칭의 비밀 친민주주의 집단이 조직되었다. 회원들은 기계식 타자기로 전단을 만들어 밤마다 집집이 돌아다니며 문 위에 붙여두었다. 울란바토르는 이제 거의 400개의 방송 중계국이 있는 도시였으며, 인구의 90퍼센트 이상이 글을 읽고 쓸 수 있었다. 세계에서 가장 가난한 나라 중 하나가 세계에서 가장 높은 문해율을 보인다는 의미였다. 다시 말해, 몽골은 정보의 확산을 위한 인프라와 청중 모두를 가지고 있었다.

1989년 6월 베이징에서 민주화 시위가 확대되자 중국 정부는 계엄령을 선포했다. 군대가 천안문 광장에서 발포했고, 수천 명까지는 아니더라도 수백 명이 사망했다. 북쪽으로 110킬로미터 이상 떨어진 몽골의 민주 혁명가들은 그 상황에 긴장했지만, 그럼에도 계획을 밀고 나가 몽골 최초의 독립 정치 조직인 몽골민주연합을 결성했다.

70년에 걸친 소련의 지배와 그 이전의 수세기에 걸친 중국의 지배로, 몽골은 어떻게 민주주의 국가가 되어야 하는지 알 수 없었지만, 우선 다당제 선거를 치르는 것이 좋은 시작점으로 보였다. 지금껏 몽골에는 하나의 정당만이 있었다. 1920년대 초 몽골 인민당^{MPP}에서 1924년 몽골 인민혁명당^{MPRP}으로 이름이 바뀌기는 했지만 어쨌든 하나였다. 민주당은 몽골 역사상 최초의 야당이 될 터였다.

민주화 시위는 1989년 12월 10일 울란바토르의 청소년문화센터 계단에서 시작되었다. 산자수렌 졸릭^{Sanjaasuren Zorig}이라는 젊은 정치과학과 교수가 공개 선거, 자유 언론, 인권 존중, 시장 경제 등 대대적인 개혁을 요구하며 수백 명의 시위대를 이끌었다. 각각의 새로운 시위는 영하 22도의 겨울 날씨에도 지난번보다 더 많은 참가자를 끌어 모았다. 시위대는 국외에 거주하는 소련 체스 챔피언 게리 카스파로프^{Gary Kasparov}가《플레이보이^{Playboy}》와의 인터뷰에서 소련이 몽골을 중국에 팔면 현금을 만질 수 있으리라고 농담한 것에 상당히 분개했다.

1월 중순까지 5,000명이 넘는 사람이 시위에 참여했다. 중앙 정치국은 시위 지도자들이 라디오와 TV를 통해 그들의 요구 사항을 방송하도록 허가했고, 소련이 오랫동안 금지해왔던 바로 그 이름, '완벽한 전사' 칭기즈칸을 그들의 상징으로 삼는 것도 허용했다. 3월에는 집회가 더욱 커져서 수흐바타르 광장으로 옮겨갔다. 민주연합 당원들이 단식 투쟁에 나서자, 지지자들은 중앙 정치국 총재가 사퇴할 때까지 "밤낮을 가리지 않고, 광장의 차가운 돌바닥에 앉아 있겠다"며 당원들과 함께 자리를 잡고 앉았다. 이 집회는 불법이었지만, 경찰이 개입하지 않았고, 통제 불능 상태가 되지도 않았으며, 탱크도 투입되지 않았다.

놀랍게도 중앙 정치국이 물러났다. 그들은 3월 중순에 사라졌다. 첫 번째 다당제 선거가 여름에 실시될 예정이었기에, 변화의 소식이 서구로 보도되었다.

"구소련 시베리아와 중국 내몽골 사이에 고립되어 거의 알려지지 않았고 한때는 강경한 공산주의자였던 몽골 인민혁명당이 조용하지만 결단력 있게 소련식 개혁 실험을 시작했다…."

《로스앤젤레스 타임스Los Angeles Times》가 보도했다.

민주주의로의 이행은 보통 시간이 걸리고 종종 피를 흘리지만, 몽골에서는 신속하고 평화롭게 일어났다. 그해 여름, 거의 100만 명, 그러니까 전 유권자의 98퍼센트에 해당하는 시민이 국회의원을 뽑기 위해 투표장에 나타났다. 투표장에 가기 위해 어떤 이는 집에 있는 가장 멋진 딜을 차려입고 말 등에 올라 온종일 달려야 했다. 구 공산당인 MPRP가 대부분의 자리를 차지하고 권력을 지켰지만, 어쨌든 수십 개의 야당이 결성되었다. 뉴스가 넘쳐흘렀다. 몽골 사람들은 소비에트 지배하에서 가로로 적는 키릴 알파벳으로 대체되었던 그들의 아름다운 세로 문자를 되살리는 일에 관해 이야기하기 시작했다. 칭기즈칸이 다시 돌아왔다. 수염을 기른 그의 모습이 보드카 라벨과 담배 상자에 등장했으며, 그의 초상화가 집집마다 걸리게 되었다. 몽골이 시장경제를 지향하면서 칭기즈칸의 모습은 호텔, 은행, 심지어 어느 아일랜드풍 술집의 이름으로 사용되는 등 '21세기 마케팅'을 휩쓸었다. 레닌 조각상이 무너지고, 칭기즈칸 동상이 올라갔다.

국경이 열렸다.

———

몽골 민주화 운동 초기에 척추동물 고생물학자이자 미국 자연사박물관의 과학 학장인 마이크 노바첵Mike Novacek이 뉴욕에 있는 사무실에서 한 방문객을 맞이했다. 노바첵은 30대 후반의 캘리포니아 토박이로 UCLA의 동물학 학위, 버클리 박사 학위를 가지고 있었으며, 현장답사 기간에는 벌목꾼 같은 수염을 기르고 있었다. 그는 로이 채프먼 앤드루스의 책을 읽으며, 어린 시절 공룡에 대한 사랑을 키웠고, 결국 고생물학 분야에 들어섰다. 성인이 되어서 그의 관심사는 화석이 나타내는 "역사의 위대함과 복잡성"으로 확장되었고, 현재는 "우리 고유 유산의 청사진"인 화석 포유류를 전문으로 하고 있었다.

방문객은 몽골 최고의 학술 단체인 몽골과학아카데미의 회장 소드남Sodnam(많은 몽골 사람이 하나의 이름만 가지고 있다)이었다. 소드남은 조금의 머뭇거림도 없이 몽골 과학자들과 AMNH 과학자들이 중앙아시아 답사 원정 이래 처음으로 협력할 수 있기를 바란다고 말했다. 몽골이 민주주의를 향해 빠르게 나아간 지 몇 주 만에 사절단이 다시 박물관에 나타나 소드남의 말을 되풀이하면서 AMNH 과학자들에게 고비로 돌아와달라고 했다. 1990년 6월, 노바첵과 새로 고용된 마크 노렐, 척추동물 고생물학 부서의 동료인 말콤 맥케나Malcolm McKenna가 이끄는 스카우트 원정대가 사막으로 향했다. 그들은 사막이 여전히 탐험에 부족함이 없고 더불어 후원자 모집에도 어려움이 없음을 보증해주는, 고생물학계의 '약속의 땅'인지를 확인하기 위해 한 시즌 동안 현장답사를 진행해보기로 했다.

팀원들은 울란바토르에서 남서쪽으로 약 650킬로미터 떨어진 플레이밍 클리프로 향했다. 앤드루스와 그레인저의 팀이 그곳에 발을 들여놓은 마지막 미국 과학자로 알려져 있었는데, 이제 그들의 이름은 대중의 의식에서 흐릿하게 지워진 지 오래였고, 당시 고비에서 발굴해낸 것들은 뉴욕에 남아 있었다. 몽골과학아카데미 회원들과 동행한 미국 과학자들은 플레이밍 클리프에 이제 더는 건질 것이 남아 있지 않으리라고 예상했다. 1920년대에는 미국, 1940년대에는 러시아, 1960년대와 1970년대에는 폴란드와 몽골 연합팀 그리고 적어도 한 번의 중국-스웨덴 합동 원정대가 고비를 다녀갔기 때문이었다. 답사 작업을 벌였던 그들의 목표는 단순히 이곳을 다시 뒤져보는 것이 아니라 과학을 발전시키고 새로운 발견을 해내는 것이었다. 새로운 AMNH 팀이 여전히 고비는 탐험할 만한 가치가 있음을 증명할 수만 있다면, 앤드루스와 그의 동료들이 발굴하던 곳을 찾아 공동 답사 자금을 확보할 수도 있을 터였다.

이번 합동 답사에서 핵심 역할을 맡은 몽골인 동료로는 고생물학자인 뎀베렐린 '다시' 다시제베그Demberelyin "Dash" Dashzeveg, 알탕게렐 펄Altangerel Perle, 린첸 바스볼드Rinchen Barsbold가 있었다. 그들의 저서는 러시아어로 출간되어 서구에서는 구하기가 쉽지 않았다. 노바첵이 설명했듯이, "시베리아 늑대"처럼 "야위고 배고픈" '다시' 다시제베그는 어쩌면 "살아 있는 그 어떤 사람보다도 고비에 관해 더 많이 알고 있었다." 이족 보행 육식 공룡인 고비 수각류 전문가인 바스볼드는 몽골과학아카데미 산하의 국립고 생물학센터와 실험실을 감독하는 지질학 연구소를 이끌었다. 펄도 역시 공룡을 연구했다. 그는 웃음이 많고 모든 것에 엉터리 영어를 가져다 붙였지만, 가끔은 거의 맹목적인 분노를 드러내며 상대를 두렵게 할 만큼 괴팍해지기도 했다. 밤에 팀원들이 모닥

불 주위에 앉아 있으면, 그는 "열정적인 몽골의 사랑 노래를 불렀고, 노래의 절정 부분을 자국의 기나긴 역사와 연관시켰다." 노바첵은 『플레이밍 클리프의 공룡Dinosaurs of the Flaming Cliffs』에서 이렇게 회고했다. 이 첫 번째 여행에서 펄은 "양고기, 약 23킬로그램의 감자, 쌀, 신선한 중국산 생강" 등을 흥정하는가 하면, 과학자들이 다른 곳에 신경 쓰지 않고 각자의 일을 할 수 있도록 지방 공무원들과의 관계를 돈독하게 다져놓음으로써 실력 있는 안내자임을 증명해 보였다.

노렐은 새처럼 생긴 공룡을 찾게 될지도 모른다는 전망에 매료되었고, 노바첵은 백악기 포유류(일부는 '작은 티스푼 위에 웅크리고 앉을 수 있을 만큼' 작은 크기였다)를 찾을 수 있으리라는 전망에 들떠 있었다. 고비는 "전환기의 생물학적 제국"의 모습을 드러냄으로써 과학에 매우 귀중한 자산으로 보였다. 미국 답사 대원들은 곧 고비사막이 3년간 연장 가능한 답사 계약을 맺어도 좋을만큼 충분히 유망하다는 사실을 알게 되었다. 발굴한 화석은 몽골의 재산이지만 연구를 위해 뉴욕에 가져갈 수 있다는 조항에 모두가 동의했다. 각각의 원정에는 몽골 과학자 한 명씩이 배정되고 운전기사, 표본 준비자, 현장 팀원 등에도 몽골인이 고용될예정이었다. 미국인들은 한껏 들뜬 채 집으로 돌아와 계획을 세우기 시작했다. 그들은 사륜구동 차를 사서, 튼튼한 윈치와 선반을 설치했다. 그리고 각자의 차량에 석고, 목재, 삽, 밧줄, 케이블, 캠핑 장비, 화장지, 무전기, 카메라, 노트북, GPS 장치를 실었다. 그들은 냉동 건조 식품과 통조림을 비축하고 나머지는 울란바토르 현지에서 사들이기로 했다. 하지만 1991년 몽골에 도착한 그들은 소련의 보조금이 없어진 몽골이 무시무시한 식량난과 기름 부족에 시달린다는 사실을 알게 되었다.

"겨우 250만의 인구와 2,500만 마리의 가축이 사는 나라로서는 말도 안 되는 곤경으로 보였다."

노바첵이 적었다. 과학자들은 유명한 공룡 유적지가 사방에 널린 거대한 고리인 '빅 고비 서킷Big Gobi circuit'을 따라 도심에서 동쪽으로 가는 동안 보급품을 배급했다.

1920년대에 미국이 고비에서 거둔 성공에 고무된 러시아인들은 1940년대에 그들만의 주요 답사를 시작했다. 고생물학자이자 베스트셀러 공상과학소설 작가인 이반 에프레모프Ivan Efremov가 1946년 팀을 이끌었다. 플레이밍 클리프를 방문한 그는 중국 국경을 향해 남서쪽으로 방향을 틀었다. 노바첵은 "320킬로미터를 이동한 후에 그의 일행은 '고립으로 인한 절망적인 우울증'"에 빠져버렸다고 적었다. 러시아인들은 "앤드루스가 갔던 것보다 훨씬 더 멀리, 바람도 훨씬 세고 태양 빛도 훨씬 따가운 고비사막의 백열대 중심부로 대담하게 침투했다. 그곳은 심지어 유목민들에게도 '오지'였다." 그곳 네메겟 지층에서 그들은 노바첵이 나중에 화석층의 "그랜드캐니언"이자 "앤드루스가 마주쳤던 그 무엇보다 규모가 거대한 화석 척추동물의 원더랜드"를 발견했다.

한 장소에서 자그마치 일곱 마리 분량의 하드로사우루스 뼈를 발견한 후, 러시아인들은 네메겟 형성층의 한 지역을 "드래곤의 무덤"이라고 이름 지었다. 발견한 뼈들은 길이 12미터, 높이 7.5미터까지 성장하는, 넓고 긴 오리 주둥이를 가진 초식 공룡의 유골로 밝혀졌고, 사우롤로푸스 앵거스트리스트리스라는 이름이 붙었다. 그들은 또한 현재 테리지노사우루스와 안킬로사우루스로 알려진 공룡의 뼈도 발견했다.

러시아인들은 최상위 포식자 하나가 이 공룡들을 먹이로 삼았다는 사실을 알아차렸다. 그리고 곧 거대한 육식동물의 두개골과 경추의 형태를 한 유력한 용의자 하나를 발견했다. 그들은 그 화석을 튼튼한 군용 트럭에 싣고 당시 모스크바에 있던 소련 과학아카데미로 운반해 갔다. 그 육식동물의 유골은 "타입 표본 555-1"로 분류되었다. 1940년대 말까지, 러시아 과학자들은 적어도 그와 같은 표본을 12개 더 수집했고, 일부는 몽골과학아카데미에 남겨두었다.

러시아 고생물학자인 이브게니 말레프Evgeny Maleev는 종을 결정하기 위해 결국에는 555-1을 조사했고, 1955년 그 종은 "몽골의 거대 육식성 공룡"이라고 발표했다. 그 화석은 티라노사우루스과에 속하고, 북아메리카의 티라노사우루스 렉스와 현저한 유사성을 보였다. 그 둘이 완전히 다른 장소에 존재했다 하더라도 같은 시기에 살았음은 확실했다. 몽골 공룡은 T. 렉스에 비해 키는 약간 작았지만, 렉스와 마찬가지로 앞발이 불균형적으로 짧았다. 날카롭게 굽은 발톱이 있는 뒷발도 마찬가지로 치명적이었지만, 렉스보다 1.8미터 정도 길었다. 두 개의 두개골은 길이가 약 1.2미터였는데, 고비 공룡의 머리가 더 좁았고, 주둥이도 더

날렵했으며, 이빨은 더 많았다. 이빨이 상어처럼 계속 났던 것이다. 특이하게도 이 공룡은 턱을 꽉 다물 수 있었다. 먹잇감의 살점을 찢기 쉽도록 생물학적으로 진화한 결과 같았다. 노바첵은 다음과 같이 적었다.

"이 유골의 모든 특징은 힘과 민첩성을 암시한다. 즉 이 동물은 불운한 하드로사우루스에게 거대한 몸으로 돌진해 가서 삽시간에 그 초식동물을 분해해버릴 수 있었을 것이다."

그 고비 공룡은 렉스보다 더 원시적인 종으로 보였는데, 그 사실이 흥미로운 질문을 제기했다. 즉 이 동물은 한때 아시아와 북아메리카 사이에 존재했던 육로를 건너가서 티라노사우루스 렉스로 진화했을까?

말레프는 그 생물의 이름을 티라노사우루스 바타르, 즉 '폭군왕 영웅'이라고 지었다. 사실상 '바타르'의 정확한 철자는 'baatar'였지만, 말레프의 틀린 철자가 그대로 사용되어 'Tyrannosaurus bataar'가 되었다. 과학자들은 결국 티라노사우루스 렉스와 티라노사우루스 바타르 사이에는 각각의 개별적 정체성을 보증하는 충분한 차이점이 존재한다는 사실을 깨닫게 되었다. 따라서 '티라노사우루스 바타르'라는 이름의 첫 부분은 '두려운 파충류'라는 의미로 타르보사우루스라고 바뀌었다.

─────────

미국인들은 고비에 무엇이 남아 있을지(만약 남아 있기만 하다면) 궁금해하며 고비로 돌아왔다. 그들은 새로운 발견이 필요했고, 세 번째 답사 시즌에는 그것을 찾아냈다. 1993년 여름, AMNH와 몽골 합동 답사대는 마이크 노바첵이 "네메겟 계곡의 잊힌 모퉁이"라고 묘사했던 곳에 도착했다. 몽골인들은 그 붉은 언덕을 우카 톨고드라고 불렀지만, 미국인들은 그곳을 제나두 Xanadu(일종의 이상향을 의미한다 - 옮긴이)라고 생각했다. 노바첵은 "축구장 정도 크기의 지역에서 우리는 다른 유명한 고비 지역 전체에 누적된 부와 맞먹을 만한 보물 창고를 발견했다"라고 썼다. 우카 톨고드는 수세대에 걸쳐 과학자들을 붙잡아두고도 남을 공룡, 포유류, 식물 등의 화석을 보유하고 있었다.

어느 순간, 노바첵은 노렐이 숨을 몰아쉬며 달려와 "내가 뭔가를 찾았어요…"라고 말하는 것을 보았다. 그들은 서둘러 평원으로 달려갔고, "땅 표면에 흩어져" 있는 공룡의 뼈뿐 아니라 "알과 알의 파편들"이 "엄청나게 많이" 있는 것을 발견했다. 깨진 알 하나에서 그들은 기록상 최초의 배아 육식성 공룡인 "복잡한 중국 조각품처럼 보이는 작은 공룡의 섬세한 뼈"를 발견했다. 다른 팀원은 1920년대 앤드루스 원정대가 플레이밍 클리프에서 발견한 것과 비슷한, 밑에 알을 깔고 있는 공룡 골격을 발견했다. 그 화석들은 알 도둑이라는 누명을 쓰고 있던 오비랍토르의 무죄를 입증하는 듯이 보였다. 공룡이 둥지를 습격했다기보다는 알을 돌보고 있는 것처럼 보였기 때문이다. 몽골인들은 AMNH와의 계약을 갱신했고, 모든 사람이 "지금껏 기록된 가장 특별한 삶과 죽음 그리고 매장의 순환에 속하는" 더 많은 "단서들"을 찾아 앞으로 수년간 다시 몽골에 돌아올 수 있기를 기대했다.

고비는 이제 외부 과학자로 넘쳐났다. 이탈리아인들도 있었다. 일본과 프랑스 과학자도 있었다. 이런 팀들은 정기적으로 40~50명의 몽골 현지인을 고용해서 발굴 기술자로 훈련시키고 답사하는 법도 가르쳤다. 독일 팀에는 거래상인 안드레아스 구어도 있었는데, 그는 1992년 고비에 도착했다. 독일의 《GEO》잡지에서 단독으로 보도한, 상업적인 거래 허용량은 최신 몽골 헌법과는 모순되었다. 몽골 헌법은 1992년에 개정되기는 했으나, 여전히 몽골인들의 역사, 문화, 과학, 지적재산권을 보호하고 있었기 때문이었다. 그런데도 어쨌든 거래는 이루어졌고 그 이유를 추측하기란 어렵지 않았다.

───────

당신이 약동하는 어느 오래된 문명의 시민이라고 상상해보자. 유물은 당신 개인과 문화사에 매우 중요한 연결 고리로 대대손손 전해져 내려왔다. 그런데 이제 당신 나라의 정치 지도부에 변화가 찾아왔다고 하자. 존경할 만한 통치 세력, 최고 지도자, 준수해야 할 법률은 이제 하나밖에 없다. 그 당이 당신이 얼마나 재산을 소유하고 얼마나 돈을 벌지를 결정한다. 또한 당은 당신에게 평생 "비-부르주아"의 길을 가라고 요구한다.

이제는 전통 예복을 입거나 불교 의식을 행하는 것도 허용되지 않는다. 몽골제국이나 칭기즈칸의 삶 같은 전통 역사를 연구하거나 기념할 수도 없다. 그래서 당신은 색칠한 궤짝이나 나무로 깎은 사발, 손으로 만든 안장, 상아 손잡이가 달린 단검, 담뱃

잎을 담아두던 붉은 산호가 박힌 청자 같은 개인 소유물을 지키기 위해, 즉 파괴될 위험에서 구하기 위해 그것들을 어딘가로 보내버리기로 한다. 어쩌면 러시아나 덴마크 또는 프랑스의 박물관으로 가게 될 수도 있다. 몽골박물관은 선전 기관에 지나지 않아서 그런 물건들은 받아주지 않을 것이기 때문이다. 몽골 전역에는 약 50개의 박물관이 있으며, 그중 첫 번째 박물관은 1924년에 문을 열었다. 몽골이 러시아의 도움으로 중국의 통치에서 벗어난 지 3년 만이었다. 1956년에 개관한 국립중앙박물관은 자연사와 역사/민족이라는 두 분야로 구성되어 있다. 후자는 너무도 당연히 공산당 지도자들이 국민에게 보여주고자 하는 것만을 한정적으로 전시했다.

그리고 1990년 민주혁명이 일어난다. 박물관은 갑자기 본래의 역할을 다시 꿈꿀 수 있게 된다. 그중 가장 큰 두 개의 기관으로는 국립 역사박물관과 자연사박물관이 있다. 이 둘은 한때 학교가 있던 위풍당당한 흰색 건물에 자리 잡고 있다. 수집품을 진열하는 방들은 선반이나 보관함이 없는 작은 공간이다. 수집품은 근사하게 꾸미거나 주제별로 나뉜 공간에 전시되지 않고 뒤죽박죽 저장되었으며, 일부는 "연성 재질로 만들어진" 같은 애매한 표현으로 설명되었다. 전시실의 온도, 습도, 먼지 등도 제어되지 않았다. 복원과 재건에 관한 얘기는 거의 들리지도 않았다. 중요한 유물은 부서지고 퇴색되어, 곤충의 먹이가 되었다. 자연사박물관에만 8,000점이 넘는 소장품이 있었는데, 그중 상당수는 1920년대 AMNH 답사에서 발굴한 것으로 수트라스&스크립

트연구소(몽골과학아카데미의 원래 이름)가 관리하고 있다. 원래 이 박물관은 진짜 화석은 따로 보관하고 화석 사진만 전시했지만, 지금은 실물이 전시되어 있었다. 하지만 그 표본의 종류가 무엇인지는 확실치 않다.

곧 각각의 박물관에는 구매위원회가 생긴다. 이제는 집안에 대대로 내려오는 가보가 있다면 그걸 팔 수도 있다. 문화부 장관은 고고학과 고생물학의 연구와 발굴에 관한 새로운 규정을 제정한다. 즉 고생물학자와 국가 산하 기관은 정부의 수집 허가를 받을 수 있으며, 자연사박물관은 이제 처음으로 고생물학연구소가 진행하는 현장답사 작업에 참여할 수 있게 되었다.

새로운 법률은 또한 골동품 상점도 인정한다. 그러자 갑자기 수집품 시장이 생겨난다. 온갖 시장이 다 생긴다. 대부분의 몽골인이 팔아치울 만한 것이 있는지 주위를 둘러보았다. 살아남기 위해서는 돈이 필요하기 때문이다. 울란바토르 주민들은 소련이 지어준 집에 살고 있었다. 목축업자는 혹한기에 가축의 대피소가 되어주는 사료 보관소와 집단농장에 의존해왔을 것이다. 이런 혜택은 혁명 이후 최악의 시기를 맞아 끝나버렸다. 몇 년간 드물게 따뜻한 여름과 가뭄이 초보 목축업자들을 시골로 유인했지만, 이내 수십 년 만에 찾아온 그 어느 때보다도 치명적인 겨울 폭풍 조드가 모든 것을 휩쓸어가 버렸기 때문이다.

수만 마리의 동물이 폐사한 후, 목축업자들은 이미 일자리라고는 거의 없는 울란바토르로 대거 이동한다. 많은 사람이 울란바토르에 인접한 가난한 게르 지역에 정착했지만 그곳에는 수돗

물도 나오지 않았다. 게다가 온기를 얻을 수만 있다면 타이어를 포함해 무엇이든 태워버렸기에 이미 종말론적인 오염만이 가득한 곳이었다. 국내 전기의 대부분을 공급하는 울란바토르의 다 허물어져가는 구식 석탄 발전소는 겨울을 나기에 충분한 전력을 공급하기 힘들었다. 그 시설을 수리할 기술자들을 소련이 모두 철수시켰기 때문이다. 어느 시점이 되자 미국 대사관은 종종 지구상에서 가장 추운 수도라고 불리는 울란바토르에 거주하는 소수의 미국인에게 겨울철 추위에서 살아남기 위해 다른 지역으로 대피해야 할 경우에 대비해 "여권과 돈과 다른 필수품들을 챙겨"두라고 권고한다.

걸프전을 위해 비축해두었던 의약품과 의료용품이 포함된 첫 번째 원조 물품이 들어오고 있었지만, 페니실린, 마취제, 요오드 등은 곧 소진될 것이 뻔하다.

"1930년대 미국이 불황의 늪에 깊이 빠져 있던 시기에 노스다코타를 별도의 국가로 독립시키려고 한다고 상상해보자. 그게 바로 몽골이 직면한 상황이었다."

한 대사가 이렇게 회고했다. 몽골의 신생 경제가 끔찍할 정도의 새로운 저점을 기록했을 때, 전문가들은 몽골의 고통을 대공황과 비교했지만, 그 강도는 "거의 두 배"라고 말했다. 모든 몽골인은 정부가 발행한 바우처로 "자동차, 작은 상점, 가축" 같은 "국가의 더 적은 자산"을 살 수 있으며, 그중 일부는 대형 국영기업에서 분할되어 나온 기업의 주식으로 교환할 수 있다. 그리고 그 주식은 몽골의 새로운 증권거래소에서 거래할 수 있다. 그러나 대부분의 몽골 사람이 원하는 것은 음식이다.

　미국 자연사박물관 팀은 몽골로의 현장답사 준비는 "남극이나 먼 행성으로의 여행"처럼 접근해야 한다는 사실을 깨달았다. 전국의 포장도로는 3퍼센트였다. 자동차를 소유한 사람은 거의 없었다. 철도 이용은 제한적이었다. 비행기는 크지 않았다. 이용할 통신 네트워크는 없었다. 울란바토르에는 두 개의 호텔이 있었는데, 하나는 몽골인들이 머물렀고, 다른 하나, 즉 울란바토르 호텔은 모두가 이용할 수 있었다. 울란바토르 호텔은 "규모가 엄청나다"고 한 미국인 방문객이 말했다. 그는 그 호텔이 "옛 소련의 생활방식을 복제한 것" 같다고 했다. 그곳에 묵었던 한 기자는 호텔의 손님 명단에 "BBC 직원, 몇 명의 신문 기자, 외국 외교관, 유엔 직원, 서커스 신인 발굴 담당자, 석유 시굴업자, 런던 투자 은행가, 영국인 농업학자, 미국 평화봉사단 관계자, 한국의 고속도로 기술자, 네덜란드 수의사, 두 명의 영국인 여행자, 미국의 옥외 광고 간판 기획자, 소총과 활과 화살을 모두 사용하는 사냥꾼" 등이 포함되어 있음을 알게 되었다. 거의 재난과 같은 경제 상황에도 몽골의 관광산업이 싹을 틔우며 가능성을 보여주었다. 1990년에 1만 명의 관광객이 몽골을 방문했고, 그중 500명 정도 되는 거물급 사냥꾼들이 300만 달러 정도를 썼다.

　몽골은 이미 자체 생존 수단을 가지고 있었지만, 그것을 사용하지는 않았다. 금, 구리, 석탄, 석유, 우라늄을 비롯한 수요가 많은 광물과 희토류 원소를 방대하게 보유하고 있었지만, 그것을 채굴·정제·수출할 수단이 거의 또는 전혀 없었다. 이 나라의 천연자원의 가치는 보수적으로 따져봐도 7,500억 달러로 추산되었다. 텍사스 기업들은 이미 그곳에 들어와서 지진 조사를 시행했으며, 사막에 있는 두 개의 구소련 유전인 주운바얀과 챠가안엘스에 눈독을 들이고 있었다. 주운바얀은 소련이 수많은 고비 오일을 그대로 두고 답사 장소를 시베리아 서부와 카스피해로 옮기기 전인 1950년에서 1969년까지 운영되었다. 몽골은 러시아에 100퍼센트 의존했다.

천연자원을 솜씨 좋게 처리하기만 한다면 많은 몽골 국민의 삶이 안정될 것이 분명했다. 몽골의 250만 인구 중 3분의 1 이상이 여전히 빈곤선 아래에서 살면서 한 달에 약 12.15달러를 벌어들였다. 그들은 사회적 네트워크에 기대어 암시장에서 빵, 우유, 보드카, 정보를 찾아내 빈곤을 견뎌냈다. 일부 가족은 너무 가난해서 한쪽 부모가 죽으면 살아남은 배우자가 의붓자식을 길거리로 내몰거나 학대해 쫓아내는 것으로 알려졌다. 울란바토르에서는 3,000명 이상의 어린이가 집 없이 떠돌았다. 많은 사람이 도시의 난방용 구멍이나 터널 같은 곳에 평평한 판자를 깔고 잠을 잤다.

한편, 전환기 경제의 반대쪽 끝에 있는 사람들의 생활수준은 "서구 사람들"에 근접해 가면서 "환상적으로 부유"해졌다. 그들은 멋진 식당에서 식사하고 프랑스 와인을 마셨다. 한국에 가서 흥청망청 사치를 해대며, 차와 컴퓨터를 샀다. 울란바토르에 생겨난 새로운 상점에서는 전자레인지와 VCR을 판매했다. 아시아 경제가 무너지는 동안에도 그들의 소비 열풍은 사그라지지 않았다. 국영은행은 너무 많은 돈을 대출해준 탓에 곧 무너질 참이었다. 안보는 요원해 보였다. 필사적이고 기회주의적인 사람들은 온갖 방법을 동원하여 돈을 벌었다. 기상천외하고 금기시되는 방법일지라도 개의치 않았다.

고대 몽골에서는 누군가가 죽어가면 음식과 밀크티를 조금 주고, 혼자 죽음을 준비하게 내버려두었다고 한다. 귀신이 들릴 것이 두려워서 시신을 두고 소란을 피우지도 않았다.

"어떤 경우에도 [몽골인은] 해골이나 뼈를 만지거나 흩뜨리지 않을 것이다."

로이 채프먼 앤드루스가 책에 썼다.

"누군가 죽으면, 사람들은 주검을 아주 멀리까지 끌고 가서 개, 늑대, 새들이 먹어치우도록 내버려둔다."

우르가가 몽골의 수도였던 초기에는 시신이 종종 쓰레기장에 버려지기도 했다. 1893년 몽골에 살았던 한 스웨덴 선교사는 "집에서 키우는 개가 사람의 다리나 팔을 물고 들어올 가능성도 적지 않았다"라고 썼다.

한편 고비에는 알려지지 않은 동물의 뼈로 추정되는 뼈도 있었다. 그들의 크기는 누구도 이해할 수 없을 정도로 너무도 거대했기에 거의 괴물로 추정되었다. 구전되는 이야기에 따르면, 목동들의 가죽 부츠의 발가락 부분은 땅에 걸리거나 땅속에 사는 것들의 원한을 사지 않도록 위로 말려 올라가게 만들었다고 한다(이런 스타일은 또한 기수가 등자에 발을 더 잘 끼워 넣을 수 있게 해주었다). 그러나 이제 서구인들은 몽골인들이 피했던 바로 그 대상들을 찾아서 고비로 돌진해 들어왔다. 그들은 사막의 큰 뼈들을 마치 보물처럼 다루며, 조심스럽게 포장해 가져갔다. 기업들은 공룡 관광을 홍보함으로써 이런 발견을 활용하기 시작했다. 몽골의 초창기 관광 회사였던 노매딕 익스페디션스는 "고비의 공룡" 패키지를 제공했다. 한 호주 회사는 "고비 공룡 발굴" 투어를 운영했다. 또 다른 곳은 "공룡 본토" 투어를 제공하면서 관광객들이 "자신만의 공룡 뼈를 찾을" 기회를 준다고 광고했다.

또 다른 곳은 "로이 채프먼 앤드루스의 몽골 고비사막 육로 탐험"을 제공했다. 관광객들은 앤드루스의 낙타 트랙을 따라가기 위해 1인당 1,433달러를 내고는 "몽골 최초의 미국인 탐험가는 어땠을까?"라는 질문을 풀어갈 수 있었다. 몽골리아퀘스트라는 곳은 "몽골 공룡과 걷기"라는 관광 상품을 광고했다. 그 관광 일정에는 플레이밍 클리프를 비롯해 공룡이 발견된 모든 장소가 포함되어 있었다. 때때로 기업은 고생물학자들에게 보수를 주고 전문가 자격으로 여행에 참여하게 했고, 과학자들은 이 부업이 도움이 된다는 사실을 발견했다. 점차 보조금 경쟁이 치열해지고 기금도 삭감되었기 때문이었다. 게다가 관광객들은 현장에서 무료로 노동을 제공했다. 한때 유목민 공룡 투어를 이끌었던 캐나다인 고생물학자 필립 커리는 "사람들이 관심을 가진다면 며칠 안에 화석을 찾도록 훈련시킬 수도 있어요"라고 말했다.

"가장 훌륭한 발견 가운데 일부는 완벽한 아마추어들이 이뤄낸 것이거든요."

관광 패키지는 종종 국립고생물학연구소와의 제휴하에 광고되었다. 한 여행 안내인은 AMNH의 마이크 노바첵 그리고 마크 노렐과 함께 조직적인 답사에 참여했던 것을 온라인상에 자랑하기도 했다.

1990년대 중반까지, 몽골-AMNH원정대는 12대의 차량과 30명의 인원으로 구성되었는데, 여기에는 《내셔널지오그래픽》 영상 제작진도 한 명 포함되어 있었다. 다른 답사대에 고용된 사람들도 어떻게 유물을 발굴하는지를 배웠다. 빨리 배우면 하루 만에도 대충 파악할 수 있었다. 대원들은 친척과 친구들에게 그 일에 관해 이야기했고, 고비에서 이루어지는 이 흥미로운 활동에 관한 소문이 퍼져나갔다. 이따금 고생물학자들이 발굴 도중에 고개를 들어보면 멀리서 말 등이나 오토바이에 올라탄 채 쌍안경으로 그들을 지켜보는 사람을 볼 수 있었다.

———

몽골의 자연사박물관은 국회 의사당 뒤편의 큰 교차로인 수흐바토르 거리와 잘루추드가 모퉁이에 있었다. 그 블록의 거의 절반을 차지할 정도로 거대한 건물이었다. 흰색 페인트칠이 벗겨진 3층짜리 건물에는 여섯 개의 기둥이 박혀 있었다. 고생물학자들은 건물의 새는 지붕과 격차가 심한 온도와 무너져가는 실내가 화석을 보호하기는커녕 위협한다는 사실을 깨닫고는 슬픔을 가누지 못했다. 여기에는 보물 중의 보물인 "싸우는 한 쌍fighting pair"도 포함되어 있었다. 그것은 1971년 조피아 키엘란 자우오로

우스카가 이끌었던 폴란드-몽골 탐험대가 발견한 프로토케라톱스와 벨로키랍토르의 놀랄 만한 사투(서로 뒤엉킨 채 발견되었으며 싸우던 도중에 사구 등이 무너지며 깔려 죽은 것처럼 보인다 - 옮긴이)를 보여주는 유물이었다. 물론 박물관의 열악한 재정 상황을 모르는 것은 아니었지만, 외부 고생물학자들은 세계에서 가장 영광스러운 발굴품 중 하나를 보관할 적절한 시설이 부족하다는 사실이 안타까울 뿐이었다.

박물관 뒤로 대각선상에는 닭장처럼 길고 나지막한 붉은 벽돌 구조물이 하나 있었다. 원래 차고로 지었던 건물로서 지붕도 새고 걸핏하면 전기가 나갔지만, 지난 30년 동안 몽골과학아카데미의 고생물학센터이자 연구실로 이용되었다. 그 박물관과 실험실은 공동 답사를 위한 집결지로 사용되는 일종의 복합 시설이었다. 미국 자연사박물관 팀은 햇볕에 그은 해변 탈의실처럼 줄지어 늘어선 색바랜 선적 컨테이너에 그들의 자동차와 장비를 넣어두었다.

몽골 고생물학자들은 새로운 본부와 실험실을 지을 수 있기를 간절히 원했다. 그들은 외국 과학자들이 편안하게 느끼고 몽골 화석의 중요성에 걸맞은 최신 시설을 마음속에 그렸다. 정부는 보수를 감당할 여력이 없었다. 솔직히 정부는 과학 자체를 감당할 여력도 없었다. 민주화 혁명 이전까지 몽골에는 100개의 과학 연구 기관과 3,000여 명의 연구원이 있었고, "매년 동유럽 출신 과학자들이 유입"되었다고, 《사이언스Science》지는 보도했다. 소련은 중국의 핵실험을 감시하기 위해 지진 관측소를 건설했으며, "몽골의 맑은 하늘을 통해 미국의 첩보 위성을 관측하기 위해" 언덕 꼭대기에 망원경을 가득 채울 자금을 지원했다.

혁명 이후 연구소의 수는 20개로 줄어들었다. 몽골 과학자의 적어도 3분의 1은 연구를 완전히 포기했다. 계몽부는 과학에 매년 약 300만 달러를 썼다. 물가가 300퍼센트 이상 급등하면서 그 돈으로는 살 수 있는 것이 거의 없었다. 과학자들은 "다른 모든 프로그램에 자금이 지원되고 남는 것을" 보수로 받는다고 한탄했다.

일본의 민간 자연사박물관인 하야시바라 자연과학박물관이 결국 몽골의 고생물학자들에게 새로운 본부를 건설해주었다. 예전 연구실에 접한 2층짜리 벽돌 건물이었다. 좁은 아트리움(유리 지붕이 덮인 넓은 공간 - 옮긴이)에는 T. 바타르의 골격이 마치 화단을 걷는 것처럼 우뚝 가로막고 서 있었다. 최신 장비를 갖춘 연구실은 관람 창이 있어서 방문객들이 직접 복원 작업을 지켜볼 수 있었다. 연구소장인 속바타르는 위층의 가장 전망 좋은 사무실에서 일했고, 그곳에는 고비로의 접근 허가를 받고 탐험 계획을 짜기 위해 외국 과학자들이 모여들었다. 몽골의 거대한 지형도가 몽골 공룡과 칭기즈칸 초상화와 함께 속바타르의 사무실 벽에 걸려 있었다.

커다란 안경을 쓴 비쩍 마른 젊은이가 종종 고생물학센터와 자연사박물관의 희미한 조명 아래로 나타나곤 했다. 어느 날 그는 복원 작업실로 가서 미세고생물학자이자 실험실의 수석 표본 준비자인 철템 오트곤자갈Chultem Otgonjargal을 만났다. 철템 오트곤자갈은 '오트고'라고 불렸고 1980년대부터 고생물학자였다. 생머리에 돌출된 치아가 특징인 땅딸막한 오트고는 정기적으로 공동 고비 답사에 참여했으며, 수많은 고비 공룡의 표본을 작업했다. 가장 최근에는 사우롤로푸스의 두개골 하나, 프로토케라톱스 두개골 두 개 그리고 완전한 갈리미무스 골격 하나를 표본 작업했다.

그의 방문객은 자신을 사업가이자 수집가로 소개했다. 그는 법률이 바뀌었으므로 화석이 매장되어 있는 땅을 사서 자신의 사설 박물관을 개설하고 싶다고 말했다. 그의 이름은 투브신자갈 맘Tuvshinjargal Maam이었다. 그의 친척이 자연사박물관에서 일했기에 투브신은 현장 작업자로 자원하고 싶어 했다. 그러면서 만약 "정부가 가난한 고비 사람들에게 돈을 주고 화석을 찾게 하면 박물관은 4~5년마다 좋은 화석으로 가득 찰 것"이라고 이야기했다.

투브신은 오트고에게 자신이 여행사를 운영하고 있다면서 로이 채프먼 앤드루스와 다른 사람들 덕분에 유명해진 고비 공룡 유적지를 고객들에게 보여주는 개인 관광 안내를 부업으로 해보지 않겠느냐고 물었다. 연구실 작업을 통해 오트고는 한 달에 약 300달러를 벌었다. 그는 가정이 있었고 아들은 호주에서 대학에 진학할 계획이었다. 많은 사람이 여행 안내자로 부업을 하고 있었기 때문에 오트고는 자신도 아무런 문제가 없으리라고 생각했다. 그의 견해로는 과학자들이 프리랜서로 일하는 것은 정부의 잘못이었다. 직원들은 가족을 부양하고 일을 하기에 충분한 돈을 벌어야만 했다. 고생물학센터는 반세기 동안 존재했지만, 직원들은 여전히 자국 내에서도 주요 단독 답사 여행을 감당할 여력이 없었다. 몽골인의 연구는 주로 외국인의 협력하에 이루어졌다.

"우리는 더 많은 과학자, 더 많은 연구, 더 많은 돈이 필요합니다."

오트고는 후에 말했다.

"그런데 정부는 그럴 능력이 없어요."

그의 생각에는 과학자들이 뭔가 다른 것이나 더 나은 것을 찾기 위해 답사 중에 그냥 지나쳐버린 손상된 듯한 "덜 중요한" 화석까지 관광객이 가져가지 못하게 하는 것은 잘못된 것 같았다.

"다른 국가에서는 모든 것이 규제를 통해 통제되고 있습니다. 모든 것이 법에 설명되어 있죠. 그러나 몽골에서는 그렇지 않아요."

오트고가 말했다.

"우리는 자유로워요. 무엇이든 수집하고 싶으면 수집하죠."

그는 석화된 나무로 가득했던 동부 고비 지역을 기억했다.

"그 지역 사람들이 석화된 목재를 팔기 위해 한 점도 남기지 않고 다 가져갔습니다. 그 숲은 사라졌어요. 이제 그 장소에서 석화된 나무는 찾아볼 수가 없죠. 모두 중국으로 가져갔거든요."

그가 설명했다.

"지역 주민들은 역사적 또는 과학적 중요성이라는 측면에서 그것을 보지 않습니다. 그들은 단지 화석 조각을 발견했다고 생각할 뿐이죠. 그리고 돈줄로만 생각합니다. 그들은 그저 '아! 난 이제 엄청난 행운을 잡은 거야! 이거 정말 비싼 거라고 들었는데! 도시에 있는 자네 남동생에게 이게 값이 얼마나 나갈지 물어봐주겠나? 아니면, 혹시 아는 거래상이 있다면 이걸 처분해줄 수 있을지 한 번 물어봐주겠어?'라고 얘기합니다. 어쩌면 누군가에게 이렇게 말할지도 모르죠. '나 이 뼈를 팔고 싶어.' 그러면 그 사람은 또 다른 사람을 찾아가서 '있잖아, 내가 뼈를 봤거든'이라고 하죠. 그 다른 사람은 '좋아, 기다려봐. 내가 남동생에게 또는 친척에게 물어봐줄게'라고 할지도 모릅니다. 계속 그렇게 한 사람씩 물어가는 거죠."

그는 계속 말을 이었다.

"하지만 실제로 이 거래에 관여하는 사람은 부자들입니다. 공룡은 너무 커서 국경을 통과할 수 없기 때문에 어쩌면 양쪽 세관을 다 통과하려면 몇몇 공무원이 관여해야 할지도 몰라요. 그러니 일반인들은 할 수가 없어요."

오트고의 눈에 투브신은 "부유해" 보였다. 그는 곧 그 사업가가 피스애비뉴에 있는 민트 그린색 빌딩의 소유주이자 그곳에 살고 있다는 사실을 알게 되었다. 그의 집 안에는 광물과 정동석과 액자에 넣은 인상적인 동전 수집품이 가득했다. 오트고는 휴가 기간에 투브신을 위해 일하면 하루에 100달러 이상을 벌 수 있을 뿐만 아니라 원하는 만큼 얼마든지 보드카를 마실 수 있겠다고 생각했다. 그는 관광객은 여행 중에 발견하는 중요한 것은 아무것도 가져가지 못한다는 조건을 걸기로 했다. 그러나 과학자들이 원하지 않거나 필요로 하지 않는 화석은 얼마든지 집어가도 상관없을 터였다.

"나는 경찰관이 아니기 때문에 '그런 일은 절대로 하면 안 됩니다'라고 말할 수 없어요."

그가 나중에 말했다.

"내게는 그런 권한이 없어요."

오트고는 자신이 거절하면 투브신은 간단히 다른 사람을 고용하리라고 생각해서 그의 제안을 수락했다. 그러나 그는 개인 시간에 자신이 개인적으로 하는 일은 다른 사람이 상관할 바가 아니라고 생각해서, 그와의 계약은 비밀로 했다.

제13장

고비로 가자!

에릭은 몽골의 화석 공급업자의 이름을 알게 되자마자 서둘러 그에게 연락했다. 투브신자갈이 친절한 답장을 이메일로 보내왔다. 그는 간신히 의사소통만 가능할 정도의 영어를 하는 듯했고, 말투로 보건대, 고비의 절반은 자기 마음대로 처분할 수 있을 듯했다. 에릭은 "그 몽골인"이 다른 사람 밑에서 일하고 있는지, 아니면 그가 최종 결정권자인지 알 수 없었다. 하지만 공룡을 구할 수만 있다면 크게 신경 쓰지 않았다.

에릭의 받은편지함에는 공룡의 화석 사진이 계속 도착했다. 어떤 것은 거의 완전한 골격이었고, 또 어떤 것은 골격의 일부였다. 상자에 들어 있는 대퇴골, 검은 쓰레기 봉투에 들어 있는 척추. 어떤 것은 여전히 현장에서 붓, 끌, 접착제 병 그리고 남자들의 샌들 신은 발에 에워싸여 있었다. 래미네이트나 콘크리트 바닥 또는 담요나 방수포 위에 놓여 있는 것도 있었다. 에릭은 작은 머리에 긴 목이 타조와 비슷한 육식동물인 갈리미무스를 알아봤다. 사진에 있는 것은 필드 재킷 속에 웅크리고 있었는데, 다리는 석고 위에 얹혀 있었다. 오비랍토르와 프로토케라톱스도 있었다. 사우롤로푸스의 뼈는 어느 정도 정확한 해부학적 순서대로, 마치 실물 크기의 퍼즐처럼 배열되어 있었다. 한 사진에는 테리지노사우루스의 앞발 한 쌍이 맨땅에 나란히 놓여 있고, 그 옆에 담뱃갑 하나가 떨어져 있었다. 담뱃갑과 비교해보건대, 앞발의 크기는 엄청났다. 테리지노사우루스의 앞발은 T. 바타르와 T. 렉스의 앞발이 불균형적으로 작은 만큼 불균형적으로 거대했다. 중간 발톱은 거의 야구 방망이 길이에 가까운 76센티미터였다.

에릭은 대체로 완전한 타르보사우루스 바타르의 골격에 관심이 있었다. 그것은 그가 이미 복원 작업을 마친 두 개의 두개골에서 업그레이드된 것이었고, 앞으로 그가 보게 될 T. 렉스에 가장 가까울 것 같았다. 미국은 직업적 화석사냥꾼이 렉스를 구할 수 있는 유일한 나라였지만, 사실상 이는 쉬운 일이 아니었다. 우선은 렉스를 발굴할 수 있는 부동산을 소유하거나 임대해야 했다. 그런 다음에는 대체로 완벽한 렉스를 찾아야 했다. 하지만 찾아낸다고 해도 그 뼈들이 상태가 좋아야 복원이 가능했다. T. 렉스를 찾는 데는 많은 시간과 종종 많은 돈이 들었고 거기에 행운까지 필요했다(대략 50구의 렉스 뼈가 발굴되었는데, 이는 화석 기록에서 꽤 괜찮은 실적이었다). 그런 다음 진짜 구매 의사가 있는 구매자를 끌어들이기 위해 표본 복원 작업을 하고 마운트하는 데도 시간과 돈과 기술이 필요하다.

하지만 투브신은 그 과정을 쉽게 만들었다. 그는 마치 우편으로 주문 가능한 고비 공룡의 카탈로그를 지닌 듯했다. 그는 투손과 도쿄에서 열리는 박람회를 통해 뼈들을 서쪽으로 옮기기 시작했다. 일본에 사는 거래상인 홀리스 버츠는 그가 4~6개쯤 되는 "아예 표본 작업을 거치지 않았거나 일부만 거친 화석들이 1톤쯤은 담긴 듯한, 대형 여행용 롤러 가방이나 슈트케이스"를 가지고 다녔다고 기억했다. 버츠는 투브신이 "마치 여행을 다니는 세일즈맨처럼" 부르면 어디든 날아갈 것이라고 말했다.

2006년경, 그는 선적 컨테이너로 운반 방식을 바꾸었다. 어떤 거래상은 그와 함께 일하기를 간절히 원했고, 또 어떤 이들은 그와 거리를 두었다. 또 다른 화석 거래상은 투브신이 사립 박물관을 세우겠다는 명분을 내세우며, "외국 사람들과 화석을 거래하는 일도 멈추지 않았어요"라고 회고했다.

"그는 박물관끼리 서로 유물을 사고팔 수 있게 해야 한다고 늘 주장했어요. 그래야 자신도 합법적으로 몽골의 화석을 판매할 수 있게 되리라고 생각했기 때문이죠."

투브신은 민간박물관협회라는 이름의 명함을 지니고 다녔지만, 자신이 하는 일에 관해서는 "매우 쉬쉬하는" 듯이 보였다.

"내가 그에 관해서 질문하자, 그는 영어를 알아듣지 못하는 척하더라고요."

에릭은 투브신의 고객이 되기 위해서는 약간의 재산이 필요하다는 것을 알았지만, T. 바타르 두개골 두 점을 성공적으로 판매한 전적이 그에게 자신감을 주었다. 그는 자신이 투브신의 공룡을 사지 않으면, 다른 사람이 사게 되리라고 확신했다. 때는 덴버 박람회와 투손 박람회 사이, 거의 광란의 기간이라 할 만한 10월이었지만 그는 몽골에 직접 가기로 했다. 울란바토르는 매우 먼 여행지였다. 몽골은 미국과 1만 1,000킬로미터 이상 떨어져 있었고, 시간은 13시간 앞선 곳이었다. 말 그대로 몽골은 미래였다.

몽골에 들어가는 가장 쉬운 방법은 예나 지금이나 남쪽을 통하는 것이다. 베이징에서 울란바토르까지 가는 비행기는 1,300킬로미터의 고비사막을 가로지른다. 특히 야간 비행기를 타고 가는 것은 초현실적인 방법이다. 달이 없는 밤이면 사막은 바다보다 더 칠흑 같기 때문이다. 그러다가 어느 순간 헤드라이트의 작은 불빛이 아래쪽에 나타나거나 도시의 격자 모양이 마치 차원과 규모에 대한 덧없는 단서를 전해주기라도 하듯이 분홍색으로 깜빡이다가 사라지기도 한다. 여름철 날씨가 맑을 때면, 주름진 갈색 지형, 초록의 광채, 흙에 철 성분이 섞인 불그스름한 들판이 보여주는 화려한 지상의 쇼를 감상할 수도 있다. 십자형 비포장도로는 마치 유리창에 돌맹이들이 부딪친 자국처럼 갈라진 채 수평선까지 뻗어 있다. 당시 몽골의 인구 300만 명 중 30퍼센트가 울란바토르와 그 주변에 거주했기 때문에 여행객은 다른 사람과는 전혀 마주치지 않고도 전국 대부분의 지역에서 수 킬로미터를 여행할 수 있다. 마이크 노바첵이 한때 얘기했듯이, 고비는 "지상에서 가장 큰 텅 빈 곳 중 하나"다.

칭기즈칸 국제공항에 내렸을 때 에릭은 게인스빌이나 세인트 오거스틴 같은 지방 공항을 떠올렸다. 투브신은 세관에서 기다리겠다고 약속했었다. 에릭은 이메일로 받은 사진에서 봤던 괴짜 같은 호리호리한 남자를 눈으로 찾았다. 두 사람이 서로를 발견했을 때 투브신은 그에게 줄 맨 앞으로 오라고 손짓했고, 세관원은 재빨리 그를 통과시켰다.

수하물 찾는 곳에서는 투브신의 직원 한 명이 기다리고 있었는데, 에릭은 그의 이름을 울지라고 들었다. 그들은 에릭의 가방을 투브신의 토요타 랜드크루저에 싣고 시내까지 30분간 운전해 갔다. 에릭은 자신이 생전 처음 보는 곳에 와 있다는 사실에 흥분되어 울란바토르의 첫인상을 음미해보려 했지만, 난폭한 차량과 흉측한 소련 건축물 외에는 아무것도 보거나 들을 수 없었다. 그는 도심에 있는 서울호텔에 싸구려 방 하나를 예약했다. 알고 보니 그곳에는 한국 식당과 스트립클럽인지 안마시술소인지 모를 곳이 함께 있었다. 너무도 지친 탓에 에릭은 곧바로 잠자리에 들었다.

다음 날 아침, 투브신은 에릭을 태우고 도시의 주요 도로인 피스 애비뉴를 따라 차를 몰았다. 울란바토르는 군데군데 여전히 고대 유목 문화와 소련의 획일적 문화에 새로운 자본주의를 겹쳐놓은 듯한 모습이 남아 있었다. 예를 들어, 루이비통 매장이나 케니 로저스 로스터스에서 멀지 않은 곳에 새로 지은 아파트 건물이 있고, 그 옆에는 오래된 사원이 서 있는 식이었다. 거의 20년 동안 시장경제를 이어온 거리에는 식당, 은행, 휴대전화 가게, 옷가게, 캐시미어 할인 매장, 네일 살롱이 늘어서 있었다. 1990년 이전에는 대부분의 몽골인이 자동차를 소유할 수 없었으며, 그 이후로는 그간의 세월을 만회하기 위해 애쓰고 있다. 씨름, 활쏘기, 승마는 몽골에서 가장 '용맹한' 3대 스포츠로 꼽힌다. 하지만 사실상 몽골에서 사람이 할 수 있는 가장 용맹한 일 중 하나는 자동차로 여행을 하거나 교통량이 많은 곳을 걸어서 지나는 것이다. 거리는 미친 듯이 오가는 기아차와 현대차로 가득했다. 그 차량들은 코트 자락을 뒤집을 정도로 가깝게 보행자들을 지나쳐 갔다.

울란바토르 도로의 대부분은 포장되어 있었지만, 충분한 도로가 포장되어 있는 것은 아니었다. 도시는 정말이지 먼지로 뒤덮여 있었다. 거리 청소부들은 광기의 교통체증 한가운데 서서 거대한 마녀의 빗자루로 연석을 쓸고 있었다. 먼지가 둥둥 떠다니다가 어딘가에 내려앉았다. 랜드 크루저들은 앞 유리창 옆에 '공기 스노클'이 부착되어 있었는데, 대형 진공청소기의 부속품을 닮은 그것은 먼지와 홍수로부터 엔진을 보호하는 역할을 했다. 가까운 거리에서 연기를 뿜어내는 석탄 공장의 굴뚝은 이 도시가 세계에서 가장 오염된 도시 중 하나라는 것을 시각적으로 상기시켰다. 공기의 질은 혀와 폐에서 실제로 느껴질 정도였다.

투브신은 앞쪽에 좁은 주차장과 버스 정류장이 있는 길쭉한 4층짜리 쇼핑센터 건물에 도착했다. 그는 건물 뒤로 돌아가서 자갈밭에 차를 대더니 에릭을 데리고 외부 계단 몇 개를 올라가 자신의 민트 그린 건물의 뒷문을 통과했다. 건물 안에 들어가서는 네 개 층을 올라간 후 자신의 집으로 들어갔다. 그는 아내 그리고 아이들과 함께 살고 있었다. 집 안에는 침실 네 개와 욕실 두 개 그리고 부엌과 거실이 있었다. 수족관과 액자에 넣은 동전들(박물관 소장품 수준이었다)과 자연사 수집품도 보였다. 투브신의 여행 사업체는 같은 층의 앞쪽 끝에 있었다. 투브신의 아내가 그곳에서 일하고 있었는데, 그녀는 에릭에게 자신을 보보라고 부르라고 했다. 큰아들은 일본에서 대학에 다니고 있었고, 10대 딸과 그보다 어린 아들은 집에서 함께 살았다. 두 아이는 영어로 유창하게 말하고 글도 썼지만, 투브신의 영어 실력은 겨우 의사소통만 가능할 정도였다. 에릭은 투브신과 보보가 40대 후반쯤 되었으리라고 추정했다(사실 투브신은 마흔이었다). 보보는 날씬했으며, 머리는 어깨 길이의 생머리 단발이었다.

투브신은 에릭을 다시 밖으로 데리고 나가 건물을 빙 돌았다. 그러자 지하실 문이 나타났다. 지하실의 반은 차고였고, 나머지 반은 작은 독립 박물관을 시작하기에 충분한 고비 공룡 화석으로 채워져 있었다. 에릭은 가격을 물어봤지만, 투브신은 그의 질문에 대답하는 대신 다시 밖으로 나가 그를 랜드크루저에 태우고 도시를 빠져나갔다.

에릭은 그들이 북쪽으로 가고 있다고 생각했다. 혹은 동쪽으로. 그는 낯선 나라에서 낯선 목적지로 낯선 사람과 함께 여행하고 있다는 사실을 걱정해야 한다는 생각 같은 것은 하지 않았다. 심지어 그 낯선 나라의 언어라고는 단 한마디도 하지 못했는데도 말이다. 그들이 구르는 듯 펼쳐진 초원을 통과하고 있을 때, 투브신은 줄담배를 피웠다. 그들은 러시아인인 투브신의 아버지와 독일에 사는 그의 누이에 관해 이야기를 나누었다. 에릭은 투브신이 여행도 자주 다니고 여자 친구도 많다는 사실을 알게 되었다.

그들은 시골에 있는 작은 집, 일종의 여름 별장에 도착했다. 차 한 대가 들어갈 만한 크기의 차고에는 더 많은 공룡이 있었고, 이빨과 발톱으로 가득한 진열장도 있었다. 마침내 투브신은 가격을 알려줄 준비가 되었다. 전체 수집품은 10만 달러였다.

하지만 뼈는 파는 게 아니었다! 투브신은 다른 구매자에게 이미 팔기로 약속한 참이었다. 에릭은 그게 누구인지 물었지만, 투브신은 말하지 않았다. 몽골은 거절의 대답을 듣기 위해 여행하기에는 너무 먼 길이었다. 대한항공 비행기 값만 해도 2,000달러가 더 들었다. 하지만 에릭은 화내지 않았다. 이제 자신도 연줄을 만들었으니, 얼마든지 기다릴 수 있었다.

도시로 돌아온 투브신은 에릭을 자연사박물관으로 데려갔다. 온라인에서 누군가는 그 박물관이 초등학교 생물 실험실과 비슷하다고 말했다. 하지만 어쨌든 에릭은 거기 세워져 있는 표본들을 자세히 관찰했다. 에릭이 원하는 것, 즉 T. 바타르를 투브신이 팔기로 한다면, 그 표본은 에릭이 지금껏 작업한 것 중에서 가장 거대한 공룡이 될 터였다.

마운트는 공학이 금속 가공을 만나고 과학적 정확성이 예술을 만나는 지점이다. 예를 들어, AMNH 표본 담당자 에이미 데이비슨Amy Davidson은 원래 조각가였고, 답사 시즌마다 고비에서 일했다. 화석 복원 작업에는 공식 학위나 훈련 프로그램이 없었지만, 그 일은 인내심과 치밀함을 기르는 데 도움이 되었고, 치과, 보석 세공, 용접과 같은 민첩한 손가락이 필요한 직업적 경험을 쌓는 데도 도움이 되었다. 물론 예술품 보존, 해부학, 고생물학, 척추동물 진화, 지질학 등의 특정 과정을 수강하는 것도 나쁘지 않았지만, "적성과 표본 준비 작업에 관한 진정한 관심을 대체할 만한 것은 없다"라고 AMNH는 지적했다. 표본 준비 작업은 딱 한 번만 하고 그만둘 일도 아니었다. 박물관들은 선사시대의 생체 역학에 관한 새로운 이해를 반영해서 전시물들을 재정비하고 있었다. 이제 T. 렉스는 똑바로 서서 꼬리를 질질 끄는 굼벵이가 아니라 거대한 머리의 균형을 잡기 위해 꼬리를 길게 뻗은 채 몸을 거의 수평으로 세우고 있는 역동적인 사냥꾼처럼 전시된다.

따라서 에릭도 공룡이 현실적인 자세로 서 있도록 큰 강철 프레임을 용접해야 할 것이다. 서양의 박물관에서 본 것처럼 뼈는 탈부착할 수 있어야 했다. 철판, 볼트, 나사, 기둥, 철사 등이 포함되어 있을지 모를 골조는 무게가 수백 킬로그램에 달하는 화석을 지탱할 수 있을 만큼 매우 강해야 하지만, 그런 프레임이 존재한다는 사실을 관람객이 알아차리지 못하도록 공룡의 모습은 우아해야 했다. 초창기 공룡 표본 작업자들은 종종 속이 빈 공룡 뼈 위로 강철 막대가 지나가게 하거나 화석에 드릴로 구멍을 뚫어서 뼈대를 마운트했지만 카네기박물관의 프로젝트 관리자가 언젠가 표현한 것처럼, 마운트한 작품 속에 들어가 있는 것은 "숨겨진 진짜 금속 공예품"이었다.

세계 최고의 공룡 전시물 몇 점을 표본 작업하거나 재건한 필 프레일리Phil Fraley는 "실제로 뼈대가 하는 일은 동물의 몸을 한데 붙들고 있는 부드러운 조직인 모든 힘줄과 인대를 대체하는 것입니다"라고 말했다. 최고의 복원 작업자들은 너무 진짜처럼 보이는 마운트를 만들어내서 비어 있는 비계조차도 살아 있는 듯한 인상을 불러일으켰다. 스미스소니언 전시 개발자인 시오반 스타스Siobhan Starrs는 초창기 공룡 골조 작업이 너무 아름다워서 골조로만 전시회를 열어보는 게 소원이었다.

울란바토르 박물관 공룡들은 매우 조악하게 복원되어 있었다. 골격에는 해부학적 틈이 있었다. 강철봉과 철사들은 들쑥날쑥한 치아를 교정하기 위한 구식 교정기만큼이나 노골적으로 드러나 있었다. 투브신은 그 모든 것을 영광스럽게 받아들이는 것 같았다. 자신의 친구 오트고에게 에릭을 소개하기 위해 표본 복원 작업실에 잠깐 들른 후, 그는 에릭에게 "고비로 가자"고 제안했다.

———————

고비사막은 길이가 1,600킬로미터에 폭은 가장 넓은 지점이 거의 1,000킬로미터이며 총면적은 80만 제곱킬로미터에 달한다. 비록 혹독한 날씨 탓에 유지 보수가 어렵기는 해도 몇 개의 포장 고속도로가 사막을 통과하고 있었다. 달 표면이 몽골의 도로보다도 더 매끄럽지만, 그건 건설업자들의 잘못이 아니다. 날씨가 아스팔트를 마치 사탕처럼 얼렸다가 녹이기를 반복하면서 땅콩 부스러기처럼 만들어버리기 때문이다. 에릭은 즉흥적인 사막 여행이 잘못될 가능성을 모두 고려해본 뒤, 대체 어떻게 고비로 가자는 것인지 이해되지 않았다. 투브신은 여덟 시간 정도 사막에 나가보고 싶어 했는데, 차들이 얼마나 자주 타이어가 터지거나 궂은 날씨 변화로 발이 묶이는지를 생각해보면 거의 도박이나 다름없는 일이였다. 토요일 아침이었고, 에릭의 비행기는 월요일 오후 4시 출발이었다. 그러나 그는 고비를 보고 싶었기에 거절할 수 없었다.

울지가 에릭과 투브신을 태우고 차를 몰았다. 그들은 투브신의 랜드크루저를 도시 밖의 남쪽으로 몰아가서 겨울의 첫얼음이 얼어 있는 개울을 가로질렀다. 그들이 산이나 강 또는 나무나 별의 정령을 모시는 오부라는 돌제단과 마주칠 때마다 투브신은 멈춰서 기도자의 리본과 돌을 제단 위에 추가해놓았다. 풀밭이 서서히 사라졌다. 그들은 가볍게 내리는 눈발을 통과해 갔다. 점심을 먹기 위해 어느 마을에서 차를 세웠을 때, 식당은 도축된 말이 들어 있는 냉장실이었다. 에릭은 항상 다른 사람들이 싫어하는 음식, 예를 들어 비행기 기내식이나 구내식당 음식 등을 좋아했다. 이제 그는 자신이 양고기를 좋아한다는 사실을 알게 됐고, 특히 부즈라는 만두 비슷한 음식이 맛있었다.

점심 식사 후에는 그들의 식사를 내오던 여종업원이 아무런 설명도 없이 여행에 동참했다. 사막은 단단하고 황량했다. 길게 이어지는 한 쌍의 바큇자국이 풀밭과 마못 구멍 위로 오랫동안 그들을 안내하며 기나긴 지평선을 향해 뻗어나갔다. 그 바큇자국은 때때로 차가 가야 할 노선에 대한 무언의 합의를 보여주었다. 날씨가 항상 길을 재정비했기에 도로는 끊임없이 바뀌었다. 도로 상황 때문에 차량은 어떤 지점에서는 고속으로 달릴 수 있었지만, 또 어떤 곳에서는 도로의 왜곡을 피해 거의 기어가야 했다. 그런 굴곡진 도로의 모습을 하늘에서 본다면 마치 염소를 삼킨 뱀이 색전증을 일으킨 것처럼 보였을 것이다. 밤은 고립감을 극대화했고, 어둠은 전조등이 비치는 제한된 범위 안에서만 잘려 있었다.

그날 밤늦게 그들은 게르 한 곳에 묵기로 했고, 에릭은 게르를 본다는 사실에 흥분했다. 게르 말고도 유르트라고도 불리지만, 그건 러시아 단어였기에 몽골인들은 사용하지 않았다. 유연한 나무 막대로 지탱하고 캔버스나 펠트 천으로 덮은 접이식 격자 구조 틀로, 창문이 없는 둥근 모양의 휴대용 숙소라는 점에서 모든 게르는 비슷했다.

풍경 위에 홀로 서 있는 게르는 돌연변이 버섯 모자나 바닐라 컵케이크와 비슷해 보이기도 했다. 지붕 한가운데는 구멍이 있고, 그 사이로 연통이 빠져나갔다. 펠트나 캔버스 천의 늘어진 하단부는 열을 보존하거나 내부 공기를 환기하기 위해 커튼처럼 말아 올리거나 내릴 수 있었다. 모든 게르가 태양 빛을 잘 받기 위해 남쪽을 향했다. 각각의 게르에는 짧은 나무문이 있었는데, 보통은 주황색 같은 밝은 색으로 칠해져 있었다. 난로에는 말린 낙타 배설물인 아르갈을 태워 요리도 하고 난방도 했다. 고비 바람에 대비해 종종 낡은 타이어와 밧줄, 나무 조각 등으로 지붕을 눌러두었다.

게르는 몇 분이면 해체해서 낙타나 트럭에 싣고 쉽게 이동할 수 있기에 유목민이 가축을 더 나은 목초지로 움직여가기에 용이하다. 오늘날에는 많은 게르에 위성 방송 수신 안테나가 설치되어 있고, 발전기를 이용해 라디오와 TV도 사용할 수 있다. 게

르의 왼편은 소위 '남자'의 구역으로 이런저런 도구들을 두는 곳
이고, 오른쪽은 '여자'의 구역으로 조리 기구 등을 보관한다. 좁
은 침대들이 벽을 따라 늘어서 있고, 누군가 침대에서 자고 있어
도 손님은 그 위에 걸터앉을 수 있다. 게르에서 가장 중요한 구역
은 문 맞은편의 화로 뒤쪽으로, 그곳에는 페인트칠한 궤짝에 가
족의 보물을 보관해둔다.

에릭은 게르와 관련된 규칙이 많다는 사실을 이미 여러 매체
에서 읽었다. 예를 들어, 게르 안에서는 모자를 그대로 쓰고 있어
야 하고, 문지방을 밟으면 안 되며, 주인이 주는 것은 무엇이든
감사히 받아들여야 한다. 허리를 굽혀 문을 통과하면서 그는 게
르의 주인이 키가 크고 깡마르고 콧수염을 기른, 자신보다 젊은
남자라는 것을 알아봤다. 놀랍게도 그는 플로리다대학교 스웨트
셔츠를 입고 있었다. 그와 그의 아내에게는 두 명의 어린 자녀가
있었다. 또 한 명의 손님이 따뜻한 화로 옆 바닥에 앉아 있었다.
에릭은 그 사람의 이름을 바타로 들었지만, 바트나 배트였을지
도 몰랐다.

에릭과 투브신과 울지도 그 손님과 함께 바닥에 자리 잡았고,
소금을 넣은 밀크티 수테 차이를 대접받았다. 에릭은 정중하게
그것을 받아 마셨다. 그다음 몽골 국민이 가장 좋아하는 아이락
이 나왔다. 아이락은 말 젖을 발효시킨 신맛이 나고 중독성 있는
유제품이다. 몽골 가족은 커다란 통에 아이락을 담아 게르 안에
보관하면서 유산균이 계속 살아 있도록 커다란 나무 국자로 번
갈아 저어주었다.

자정 무렵, 투브신이 갑자기 벌떡 일어서더니 바닥의 한 지점을 가리키며 에릭에게 거기서 자라고 했다. 그런 다음 그와 레스토랑 여종업원은 엔진을 가동한 채로 랜드크루저에서 밤을 보냈다.

게르가 어찌나 추운지 에릭은 자신의 숨결이 뿌옇게 얼어버리는 것을 볼 수 있었다. 귀에 들리는 소리라고는 가끔 화로가 탁탁대는 소리와 바람이 식식거리는 소리뿐이었다. 얼마나 지났을까. 그는 살기 위해 자리에서 일어났다. 그는 관습이란 다른 사람들과 합리적인 거리를 유지한 채 그냥 따라하는 것이라는 생각이 들었다. 그는 길을 찾기 위해 카메라를 켰지만 카메라의 역광 속에서도 고비의 어둠을 묘사할 만한 표현을 도저히 떠올릴 수 없었다. 별들은 은빛 파노라마가 되어 맴돌았다. 일단 눈이 어둠에 익숙해지자, 그는 양 몇 마리를 알아보았다. 하지만 그 외에 달빛 없는 고비사막은 부정적인 공간, 즉 '무'라는 불쾌한 차원으로 발을 딛는 것 같은 느낌을 주었다.

아침에 손님들은 차와 양고기를 먹었다. 남자들과 밖으로 나간 에릭은 자신들이 모래언덕과 낮은 풀숲이 어우러진 풍경 속에 있음을 알게 되었다. 양과 말 외에 염소와 낙타도 있었다. 누군가 에릭에게 낙타를 타보고 싶은지 물었고, 관광객처럼 행동하는 것이 좀 부끄럽기는 했지만, 그래도 그는 타보고 싶다고 대답했다. 그러자 그들은 낙타의 혹 사이에 그를 앉혔고, 아이 하나가 밧줄을 잡고는 낙타를 끌고 갔다.

투브신은 이제 그 가족이 미국 손님을 위해 양을 도축할 것이라고 말했다. 에릭은 그런 일이 일어나지 않았으면 좋겠다고 생각했지만, 이번에도 그들의 관습에 따랐다. 몽골인들은 아메리카 원주민이 버펄로의 모든 부위를 사용했던 것처럼 가축의 거의 모든 부위를 사용했다. 먹을 수 있는 것은 모두 먹었다. 양모와 가죽으로는 옷, 펠트, 게르의 덮개 등을 만들었고, 배설물은 난방과 요리의 연료로 사용했다. 남자 둘이 양 한 마리를 쫓아가 바닥에 메다꽂고는 다리를 잡아 게르로 운반해왔다. 그들이 양을 바닥에 눌러 잡은 동안, 에릭은 끔찍한 죽음을 예상하고 마음을 다잡았다. 한 사람이 칼을 뽑아 양의 복부를 절개하는 동안 한 사람은 양을 잡고 있었다. 양들은 가만히 있었다. 남자가 양의 뱃속으로 한 손을 집어넣었다. 에릭이 보기에, 그는 심방 근처의 동맥을 잡아뜯는 것 같았다. 그 즉시 양이 죽었다. 남자들은 아내들이 양을 손질하게 그곳에 남겨두고 차를 몰아 출발했다.

에릭은 이제 게르의 주인이 투브신의 발굴 인부라는 사실을 깨달았다. 그들은 플레이밍 클리프를 에워싸고 있는 자독하 지층Djadochta Formation에 있었다. 그는 나중에야 지도를 보면서 그 사실을 깨달았다. 발굴 인부가 너무 심하게 풍화되어 땅에서 파낼 수도 없는 프로토케라톱스 두개골을 모두에게 보여주었다. 그런 다음에는 마찬가지로 부서져 있는 하드로사우루스 골반을 보여주었다. 그들이 게르로 돌아갔을 때, 사냥꾼의 아내는 양고기와 삶은 내장을 내놓았고, 모두가 손가락과 입술을 기름기로 번들거리며 커다란 양푼에 담긴 것을 함께 나누어 먹었다.

그날 오후 방문객들은 투브신의 랜드크루저에 올라타고 울란바토르로 향했다. 중간에 여종업원을 내려주기 위해 오직 한 번차를 세웠을 뿐이었다. 투브신은 집으로 가는 내내 보드카를 마시면서 차 사고로 숨진 자신의 형제에 관해 장황하게 떠들어댔다. 그들이 도시에 도착했을 때는 자정이 훨씬 지나 있었다. 에릭은 떠나기 전에 사업에 관해 이야기하고 싶었기에 다음 날 아침 호텔에서 기다리고 또 기다렸지만, 아무도 오지 않았다. 그가 택시를 타기로 결심한 순간, 울지가 나타나서 그를 투브신의 집으로 데려갔지만 투브신은 전날 밤부터 잠에 취해 깨어나지 못하고 있었다. 보보가 그를 깨웠지만, 그는 숙취로 정신을 못 차렸고, 어쩔 수 없이 울지가 에릭을 공항으로 데려갔다. 그는 게이트가 폐쇄되기 직전에 비행기에 올라탈 수 있었다.

———

더 많은 공룡 뼈의 사진이 도착했고, 에릭은 그것들을 게인스빌에 있는 가족용 아이맥에 정리했다. 일부 사진 속에서 투브신은 마치 대어를 낚고 포즈를 취한 낚시꾼을 연상시키는 자세를 잡고 있었다. 이제 그는 에릭에게 물건을 판매하겠다고 했지만, 미국으로 직배송하는 것은 거부했다. 모든 것을 유럽이나 일본을 거쳐 보내겠다고 했다.

에릭은 미국으로 직배송하는 것에 무슨 문제가 있는지 이해할 수 없었다. 화석 상인들이 선호하는 용어에도 아무런 문제가 없다고 생각했다. 화석 공룡을 세관 서류에 '파충류'라고 적으면 왜 안 된다는 거지? 공룡이 파충류인 건 사실이잖아? 물건의 가치를 1만 달러라고 적는 건 왜 안 되는데? 사실상 물건에 가치를 더하는 것은 복원 작업이잖아. 에릭이 수출 허가증과 관련해 물을 때마다, 투브신은 작업 중이라고만 대답했다.

"쉽지는 않았지만, 어쨌든 투브신에게는 인맥이 있었어요."

그가 나중에 말했다.

"그러니 그가 허가증을 받지 못할 거라고 생각할 이유가 없었죠."

에릭은 일본 쪽의 운송 파트너가 필요했기에 홀리스 버츠와 화해할 생각을 잠깐 했다. 그러다가 한 친구가 그에게 모두가 좋아하는 베테랑 화석사냥꾼인 크리스 무어와의 협업을 제안했다. 그는 잉글랜드 남부에 살았으며 투손과 덴버에서 매우 유명했다. 에릭은 그에게 다가갔고 무어는 참여하기로 동의했다.

당시 어맨다는 둘째 아이를 품고 있었다. 임신 6개월 차에 들어선 아이는 딸이었다. 프로코피 부부는 페이스북에 가입했다. 그들은 첫 번째 리모델링 주택을 상당한 이익을 남기고 팔았고, 이제는 리모델링이 끝나가는 세레놀라에 살고 있었다. 그들은 값비싼 카나리아섬 대추야자수로 그늘진 수영장을 설치했다. 에릭은 10년 넘게 수영 대회에 참가하지 못했지만, 여전히 물을 좋아했다. 그는 자신의 아이들이 화석을 사랑하기를 바랐고, 그만큼 수영도 잘하기를 바랐다. 리버스 프로코피는 엄마의 밝은 금발과 양쪽 부모의 갈색 눈을 쏙 빼닮은 모습으로 세상에 태어났다.

에릭과 어맨다는 자갈 놀이터와 시더웍스 정글짐을 설치했다.

어맨다는 주니어 리그(상류층 젊은 여성들로 조직된 사회봉사 단체 - 옮긴이)에 가입했다. 그들은 수영장에서 바비큐 파티를 열었다. 어맨다는 리버스의 머리에 리본을 달아주고, 무지개색 발레 치마도 사주었다. 에릭은 상의를 벗은 채 그레이슨을 무릎에 앉히고 마당에서 사륜자동차를 타며 아이에게 운전법을 가르쳤다.

"보세요, 얼마나 귀여워요?"

어맨다는 관목 부스러기를 제거하는 기계인 '디거'에 올라앉은 그들을 촬영하며 말했다.

"아빠와 아들이 나무들을 파내고 있어요! 그레이슨에게는 세상에서 가장 멋진 아빠가 있어요!"

프로코피 가족의 카메라는 항상 켜져 있었다.

그레이슨의 방에는 T. 렉스 풍선과 액자에 넣은 공룡 그림과 에릭이 랜드오레이크스에 살던 어린 시절 방에 가지고 있던 공룡 램프가 있었다. 장식장 위에는 I. M. 채잇 경매 카탈로그 표지가 액자에 끼워져 있었다. 그레이슨이 잉태된 날 뉴욕에서 판매했던 T. 바타르의 두개골 사진이 들어 있는 카탈로그였다. 리버스의 침실은 부드러운 소가죽, 반짝이는 샹들리에, 모노그램이 들어간 베개가 놓인 소파 겸용 침대, 엄청나게 큰 분홍색 문어 그림이 장식하고 있었다.

이런 안락함 속에서 살아가는 직업적 화석사냥꾼은 거의 없었다. 그러나 더 자세히 들여다보면, 프로코피 가족은 근근이 생활을 이어가고 있었다. 그들은 상당한 저축도 건강보험도 없었다. 단지 의료비 저축 계좌를 유지하고 있었고, 출산을 포함한 모든 경비를 현찰로 지급했다. 어맨다의 아버지가 가족 주치의 역할을 했고, 그녀의 오빠는 가족의 치과의사 역할을 했다. 그러나 이미 안락한 생활방식에 길들어 있었기에 주택담보대출, 리모델링 비용, 사업비 등을 메워가면서도 기존의 생활수준은 유지되어야 했다. 2008년 한 해에만 에릭은 표본 복원 비용으로 거의 7만 1,000달러, 선적에 거의 1만 달러, 박람회 비용에 5,000달러 이상을 썼다.

한 보따리의 공룡이면 모든 것이 해결될 터였다. 투브신은 작은 안킬로사우루스의 골격, 종류가 특정되지 않은 채 발굴 현장에 놓여 있는 거대한 공룡의 척추와 연결된 갈비뼈, 거대한 T. 바타르의 발, 배아가 분명하게 보이는 깨진 공룡 알 하나, 갈리미무스의 두개골과 일부 뼈들이 놓인 탁자, 완벽한 하드로사우루스의 꼬리 하나 그리고 적어도 두 개쯤 되는 거의 완벽한 바타르의 두개골 사진들을 이메일로 보내왔다. 에릭은 새로운 수입원에 확신을 품고 몽골로 돌아갈 계획을 세웠다.

———

나중에 에릭 프로코피라는 이름이 국제 화석 밀수와 동의어처럼 되어버리면 사람들은 그가 몽골로 몰래 숨어 들어가 어둠 속에서 공룡을 파낸 다음 국경을 넘어 은밀히 들여오는 상상을 하게 될 터였다. 또한 몽골 관리들은 그 밀수품이 세관에서 가장 허술하게 검문받는 수출품인 소금 속에 숨겨진 채 국경을 빠져나 갔을 것으로 추측하게 될 터였다. "범죄 주모자"라고 하면 뭔가 비밀스러운 이미지를 떠올리게 되지만, 어맨다는 그런 지적에 콧방귀를 뀌었다.

에릭은 첫 여행을 다녀오고 채 1년도 지나지 않은 2009년 여름에 다시 몽골로 향했고, 이번에는 친구 토니 페레즈^{Tony Perez}가 동행했다. 토니는 에릭이 어린 시절 처음으로 상어 이빨을 건져 올렸던 플로리다의 베니스 인근에서 용접 사업을 하고 있었다. 그들은 몇 년 전 친구인 안드레아스 커너^{Andreas Kerner}가 화석을 보기 위해 랜드오레이크스에 있는 프로코피의 집으로 토니를 데리고 왔을 때, 처음 만났다. 토니는 가족이 있었고 부업으로 상어 이빨을 팔았기에, 그와 에릭은 절친한 친구가 되었다.

그들은 6월 말에서 7월 초에 이르는 18일 동안 몽골에 있을 예정으로 예약을 했고, 침낭, 텐트, GPS가 장착된 워키토키, 바로 먹을 수 있는 전투 식량, 안내 책자 그리고 위성 전화로 무장했다. 토니는 새로 사파리 모자와 허리띠에 매는 작은 가방을 샀다. 에릭은 모래폭풍에 대비해서 오토바이용 고글을 구매했다. 출발 전날 밤, 그는 랜드오레이크스로 운전해 가서 부모님과 하룻밤을 머물렀고, 도리스와 빌이 다음 날 아침 그를 공항으로 배웅했다.

에릭과 토니가 울란바토르에 도착하자, 투브신은 이번에도 세관에서 기다리고 있었고, 그들은 신속하게 통관을 받았다. 다음 날 아침 울지가 호텔로 와서 두 사람을 차에 태우고는 피스 애비뉴에 있는 민트 그린 건물로 데리고 갔다. 그곳 지하실에는 이제 공룡의 골격뿐만 아니라 정동석과 삽과 물병이 든 상자가 가득했다. 모두가 사진을 찍기 위해 뼈 앞에 무릎을 꿇었다.

몽골에서 운전자를 고용하지 않고 차량을 빌리는 것은 쉽지 않았지만, 에릭은 랜드크루저 한 대를 빌릴 수 있었다. 그 차와 투브신의 차에 짐을 싣고 모두 차에 올라탔다. 에릭, 토니, 투브신, 올지, 투브신의 딸 그리고 에릭이 8개월 전에 고비에서 만났던 바타까지 함께했다. 일곱 번째 사람은 국립고생물학연구소의 최고 화석 표본 복원가인 오트고였다. 에릭은 그에게 하루 50달러의 가이드 비용과 그가 마실 보드카를 제공하는 것에 동의했다.

사막에서 에릭은 매일 밤 토니의 코 고는 소리를 듣지 않기 위해 그의 초록색 텐트에서 25미터쯤 떨어진 곳에 새로 장만한 자신의 파란색 1인용 텐트를 설치했다. 그들이 주위 몇 킬로미터 이내에는 아무도 없다고 생각할 때면 멀리서 지나가는 오토바이의 별빛 같은 불빛을 볼 수 있었다. 해는 5시에 떴다. 몽골 사람들은 딱딱한 바닥에서 이불도 덮지 않고 베개도 없이 10시까지 잤다. 밤이면 작은 생물들이 모래 속에 자취를 남기면서 텐트 속을 스멀스멀 기어 다녔다.

오트고와 다른 사람들이 캠프 안에 머무는 동안 에릭과 토니는 몇 시간 동안 걸어 다녔다. 하지만 그들은 끝없는 사막 외에는 아무것도 찾지 못했다. 오래된 하드로사우루스 유적지에서 그들은 부러진 대퇴골과 갓 죽은 독수리의 발톱을 우연히 발견했는데, 독수리 사체는 여전히 깃털로 덮여 있었다. 에릭과 토니는 자몽 크기의 이상한 돌 위에 돌아가며 웅크리고 앉아서는 변을 보는 척하며 인상을 찌푸렸다. 그들은 모래에 바퀴가 빠져서 땅을 파내기도 했다. 타이어가 터진 적도 있었다. 심지어 빌어먹을 야생 낙타를 쫓아 달리기도 했다. 한 마을에서 그들은 공동 우물에 호스를 내려 몸을 씻었고, 오트고에게는 더 많은 보드카를 사주었다. 에릭은 그 나이 많은 전문가가 보드카를 얼마나 많이 마시는지 깨닫고는 칭기즈칸 브랜드에서 더 싼 브랜드로 갈아탔다.

그들은 창문이 다 뚫린, 버려진 소련 아파트 건물이 있는 마을에 도착했다. 동물 뼈 더미가 높이 쌓여 있었다. 미라화된 고슴도치, 중국 유정油井, 말을 끌고 모래밭을 지나가는 바싹 마른 남자를 만나기도 했다. 에릭은 작은 도마뱀을 찾아 큰 손에 쥐었다. 그들은 얼어붙은 폭포를 보기 위해 오솔길을 올라갔다. "노래하는" 모래언덕에도 올라갔다. 그들이 마노석과 찌꺼기 화석이 수북하게 쌓인 길가의 탁자들을 지나칠 때, 유목민들이 난데없이 나타나 작은 더미를 5달러에 판매했다.

러시아인들이 T. 바타르를 발견했던 네메겟 지층에 도착해서는 캠프를 설치하고 이틀 동안 주변을 둘러봤다. 투브신은 일찍이 봐두었던 프로토케라톱스 알 두 개가 있는 곳으로 가서 절벽면에서 그것을 파냈다. 에릭은 안킬로사우루스의 등딱지를 발견했다. 그들은 손쉽게 운반할 수 있는 건 무엇이든 수집했다. 모든 관광 여행 일정에 들어가 있는 유명한 공룡 출토 지역인 부긴자프에 도착했을 때는 갈리미무스 두개골을 발견했다.

도시로 돌아가자, 투브신은 큰뿔양의 거대한 두개골과 뿔로 가득한 선적 컨테이너를 보관해둔 곳과 맥주를 마시며 바비큐를 해 먹을 수 있는 야외 파티장으로 그들을 데려갔다. 나중에 투브신은 랜드크루저를 주차장에 끌어다놓고 거대한 타르보사우루스의 이빨을 파는 남자를 만났다. 에릭이 그 이빨을 샀다.

비행기를 타고 집으로 돌아가기 전에 에릭은 자기 자신은 물론이고 새로운 잉글랜드 동업자인 무어를 대신해 많은 주문을 했다. 플로리다로 돌아온 그는 투브신에게 선금으로 10만 달러를 송금했다. 이윽고 선적 컨테이너 하나가 남쪽으로 향하는 석탄 열차에 실려 몽골에서 출발했다. 그 컨테이너에는 전통적인 몽골의 게르, 의자, 테이블, 장식장 등이 가득 실려 있었다. 기차는 중국 국경을 넘어 베이징을 지나 남동쪽으로 향했고, 보하이 만에 있는 인구 1,400만의 항구도시 톈진에서 멈췄다. 컨테이너는 독일의 깃발 아래 항해하는 벨라 컨테이너 선박에 실렸다. 배의 크기는 거의 축구장 네 개를 합친 길이에 폭은 45미터나 되었다. 상자에 포장된 고비 공룡의 두개골은 게르 사이에 자리 잡고 있었다. 에릭은 세상 반대편에 있는 낯선 사람에게 엄청난 액수의 돈을 맡겨놓았지만, 이 거래가 잘못되면 법적 배상도 받을 길이 없었다. 그가 그 '투자'를 감시할 유일한 방법은 깜빡이는 디지털 신호로 실시간 해상 교통 상황을 보여주는 웹사이트에서 선박 벨라의 항해 상황을 온라인으로 지켜보는 것뿐이었다. 그는 벨라가 1만 2,000해리가 넘는 거리를 여행하는 동안 세레놀라에 있는 자신의 컴퓨터에서 벨라를 대신해 깜빡이는 배 모양의 네온 불빛을 확인했다. 매일, 때로는 매시간 다시 확인하면서 그는 서해에서 동중국해로, 항저우만에서 필리핀해로 선박을 따라갔고, 마침내는 리버풀 항에 배가 정박하는 것을 보고 안심했다.

제14장

바위 위에 새겨진 삶,
메리 애닝

바다는 누구의 눈에도 띄지 않고 영겁의 시간 동안 잉글랜드 남서쪽 해안을 거칠게 때려댔다. 774년경 가장 오래된 두 개의 절벽 사이에 마을 하나가 나타났다. 키네울프Cynewulf(757~786년까지 잉글랜드 웨식스의 왕이었다–옮긴이)가 림강 근처의 소금 채굴권을 소유한 셔번 수도원에 영지를 하사했을 때, 라임이 최초로 언급되었다. 정복자 윌리엄이 1085년 영국을 조사했을 때, 라임은 대략 아홉 개의 마을, 13명의 염전 노동자, 네 개의 경작지, 하나의 초원, 10에이커의 숲으로 구성되어 있었다. 울프겟, 아엘프바, 벨렛 같은 영주들이 차례로 라임을 통치했고, 1284년 에드워드 1세가 왕실 칙허장을 내려서 이곳을 라임레지스(라틴어 'Regis'는 영어의 'of the king'의 의미이기에 '왕의 라임'이라는 의미가 된다–옮긴이)로 만들었다.

라임만의 항구에는 콥이라는 구불구불한 방파제가 있어서 그것이 거의 감싸 안듯이 항구를 보호했다. 큰 바위와 떡갈나무 둥치로 만들어진 방파제는 북해에서 영국해협으로 휘몰아치는 폭풍으로부터 선박들을 가려주었다. "겨울이나 폭풍이 치는 계절이면 징글징글하게 위험한" 호의적이지 않은 항구라는 악명에도 불구하고, 라임은 해협을 가로질러 30킬로미터 이상 떨어진 프랑스와 "양모는 수출하고, 와인은 수입"하는 교역을 했다.

해안을 따라 작은 집들이 서 있었다. 가파르게 내륙으로 이어지는 좁은 거리에는 2, 3층짜리 건물들이 늘어서 있었다. 1층에는 상점들이 있고 그 위로는 주택이었다.

"대부분의 도시가 밤에 잠을 자는 동안, 또 다른 오래된 해상산업이 번성했다."

라임 지역에 40년을 살았던 소설가 존 파울즈John Fowles는 자신의 책에 이렇게 썼다. 1700년대 후반과 1800년대 초반에는 밀수꾼들이 해변에서 활약했다. 무장한 소형 쾌속정을 타고 나간 그들은 프랑스 마을인 셰르부르와 건지를 거점 삼아 해안이 문자그대로 깨끗해질 때까지 실크나 브랜디, 담배 같은 것을 물속으로 가라앉혔다.

라임만의 폭풍우는 불었다 하면 마을 절반을 초토화하는 것으로 유명했다. 교회, 목초지, 항구 등 토지와 건축물이 이따금 휘청이거나 사라져버렸다. 폭풍은 150킬로미터나 떨어져 있는, 마치 탑을 층층이 쌓아 올린 듯한 모습의 해안 절벽에서 떨어져 나온 이상한 물체들을 여기저기 날려 보냈다. 그곳의 바위는 매우 독특해서 한밤중에 라임에 상륙한 밀수꾼들은 손으로 바위를 더듬어보는 것만으로도 자신들의 위치를 확인할 수 있었다.

'뱀석'이라고 불리는 여러 겹으로 감긴 듯한 바위는 보석상자와 그림틀을 장식하거나 회화 작품으로 전시되는 등 매우 아름다웠다. 그 돌들은 해수욕이 건강에 좋다고 주장한 어느 브라이튼 지역 의사의 조언에 따라 해안에서 휴가를 즐기기 시작한 부유한 여행자들에게 인기 있었다. 도싯카운티에 있는 라임은 낭만주의 시대 여행객들이 "'야생'의 자연이 주는 아름다움"을 찾게 되면서 온천 관광 지역이 되었다. 거리는 좁고 더러웠으며 바다로 나 있는 길은 길이라고 부르기도 민망할 정도였지만, 마을은 아흔 살이 넘은 노인이 두 명이나 살고 있다는 사실 덕분에 명성을 얻었다.

리처드 애닝Richard Anning이라는 캐비닛 제작자가 1793년 9월, '몰리'라고 불리는 아내 메리와 함께 라임으로 이사를 왔다. 그들은 프랑스 쪽을 향해 대포가 놓인 '건 클리프Gun Cliff'의 브리지 거리에 있는 목제 주택을 임대했다. 림강의 경사진 골짜기에 있던 애닝 부부의 집은 바다와 너무나 가까웠기에 가끔은 파도가 창문을 때리고 방 안으로 밀려들기도 했다. 스리컵스 여인숙에서 모퉁이를 돌아가면 조약돌이 깔린 아주 작은 콕모일 광장이 나왔다. 제화공 한 명과 마을 감옥과 애닝 부부가 그 광장을 공유했다.

영국 국교회는 비국교도들이 특정 직업과 특권을 갖는 것을 금지했고, 이로 인해 리처드 애닝은 대학과 군대에 갈 수 없었다. 그는 전쟁으로 빈곤이 악화된 나라에 사는 회중교회 신자였다. 여윳돈을 벌기 위해 그는 해변에 밀려오는 골동품 같은 것들을 주워다 팔았다. 이 지역에서 일하는 것으로 알려진 '화석 전문가'들은 두 명이 더 있었는데, 한 명은 "캡틴 큐리"라고 불렸고, 다른 한 명은 과거 피커딜리에서 석탄 상인을 했던 존 쿠룩생크였다. 쿠룩생크는 긴 막대로 절벽을 쿡쿡 찔러 물건을 구했다.

라임으로 이사한 해에 애닝 부부는 첫아이를 낳아 역시 메리라고 이름 지었다. 그리고 곧 둘째인 조지프도 얻었다. 1798년 겨울, 기록적인 추위에 석탄과 장작마저 부족해지자 그들의 어린 딸은 난로에 너무 가까이 다가갔고, 결국 옷에 불이 붙고 말았다. 그 아이는 어린 시절을 넘기지 못하고 세상을 떠난 애닝 부부의 일곱 아이 중 첫 번째가 되었다.

몰리는 첫딸이 사망했을 때 임신 중이었다. 그녀는 1799년 5월 21일에 출산했으며, 이번에도 딸의 이름을 메리로 지었다. 살아남은 메리 애닝은 병약하고, 무기력하고, 둔했다. 생후 15개월인 1800년 8월 19일, 간호사인 이웃 주민 엘리자베스 해스킹스가 마을에서 열리는 승마 쇼에 메리를 데려갔다. 오후 4시 45분쯤 비가 내리기 시작했다. 해스킹스는 커다란 느릅나무 아래에 친구 패니 파울러, 마사 드로우어와 함께 메리를 안고 서 있었고, 바로 그때 번개가 나무를 강타했다.

"구경꾼들이 정신을 차렸을 때, 그들은 잠시 고요함을 느꼈다. 오직 빗소리밖에 들리지 않았다."

한 역사가가 썼다.

"한 사람이 김이 모락모락 타오르는 나무 밑을 가리키며 그쪽으로 뛰어가기 시작했다."

해스킹스와 그녀의 친구들은 사망한 것이 분명했다. 아기 메리는 의식이 없었다. 누군가 아이를 안아 올려서 리처드와 몰리의 집으로 데려갔고 부부는 뜨거운 욕조에 아이를 넣어 살려냈다. 메리는 살아났을 뿐만 아니라 번개 덕분에 활기 넘치고 적극적인 아이로 변신했다고 한다.

라임레지스는 리버풀보다 크고 중요한 항구가 되었다. 여행자들은 이동식 탈의 시설과 상쾌한 해협의 물을 찾아왔다가 종종 리처드 애닝에게서 기념품을 사서 집으로 돌아갔다. 특정 계급의 영국인들은 특별 제작된 캐비닛에 자신의 자연 수집품을 전시하는 것을 좋아했고, 애닝은 두 가지, 그러니까 캐비닛과 수집품을 모두 제공했다. 작가 제인 오스틴도 젊은 시절 가족과 함께 라임을 방문했다. 당시 그녀는 부서진 궤짝의 뚜껑을 수리하기 위해 그 캐비닛 제작자에게 문의했지만 가격을 듣고는 그냥 떠나버렸다. 그녀는 리처드가 제시한 가격이 "방 안에 있던 모든 가구의 가치를 합친 것보다 훨씬 비쌌다"고 했다.

1807년 어느 날, 리처드는 엑세터와 런던 사이의 역마차 정류장인 파일럿보트 여인숙 밖에서 화석을 팔기 위해 차머스까지 1.5킬로미터쯤 북쪽으로 걸어갔다. 집으로 돌아오는 길에 그는 벼랑에서 추락해 허리를 심하게 다쳤다. 그 후 얼마 지나지 않아, 사업상의 결정을 잘못 내리는 바람에 빚까지 지고 말았다. 그러고 나서는 결핵을 앓게 되었다. 몇 년 후, 그는 또다시 임신한 몰리와 큰 빚을 남기고 세상을 떠났다. 그의 나이 44세였다. 당시 라임 사람들은 음식과 돈이 절박해서 어떤 사람은 머리카락까지 잘라 팔 정도였다. 몰리가 교구 구호를 신청했고, 장남 조지프와 장녀 메리가 아버지의 화석 거래 사업을 물려받았다.

과학 연구를 위한 양질의 화석은 구하기가 쉽지 않았기에, 똑똑한 사냥꾼은 새로운 지질학 분야를 연구하는 점잖은 과학자와 대학 교수들에게 화석을 판매해서 남부럽지 않은 삶을 영위해 나갔다. 도싯의 비옥한 절벽과 노두는 쥐라기 해안으로 알려지게 되는데, 지구상의 어느 곳에도 그렇게 길고 생동감 넘치는 선사시대 풍경이 생생하게 드러나는 곳은 없기 때문이다. 그곳 해안선은 중생대의 한 시기가 아닌 세 시기 모두, 즉 트라이아스기, 쥐라기, 백악기를 모두 반영한다. 하나의 해안선이 대략 1억 8,600만 년의 지구 역사를 품고 있다는 말이다. 해안선이 끊임없이 변하기 때문에, 표지판과 지도는 낙석과 이류(사면에 퇴적된 이토와 여러 쇄설물에 포함된 수분이 윤활제 역할을 하여 고속으로 미끄러져 내리는 현상 - 옮긴이)를 경고한다. 부주의한 비치콤버(해변에서 물건을 주워 파는 사람 - 옮긴이)는 조수에 갇히고 바다로 끌려가고 바위에 부딪히는 등 여러 가지 방법으로 죽을 수 있다.

어쨌든 메리 애닝은 사냥을 했다.

메리가 열한 살이 되고 얼마 지나지 않아, 오빠 조지프가 이상한 두개골을 발견해 절벽에서 파냈다. 두개골은 1.2미터 길이로 200개의 이빨을 품고 있었으며, 뚫려 있는 눈구멍은 눈의 크기가 양파만큼이나 거대했으리라는 사실을 암시했다. 당시 조지프는 실내 장식가 밑에서 일을 배우고 있었기에 화석을 찾아다닐 시간이 많지 않았다. 그래서 메리가 나머지 골격을 찾아다니기 시작했다. 1년이 지나지 않아, 메리는 두개골을 발견했던 곳 근처에서 뼈를 찾아냈다. 전해오는 얘기에 따르면, 메리는 그 뼈를 콕모일 광장까지 하나씩 하나씩 전부 옮겨가서 깨끗이 닦아냈다고 한다. 그러자 그 뼈는 악어 같은 입, 황새치 같은 주둥이 그리고 돌고래 같은 지느러미를 가진 길이 5미터가 넘는 생물체로 변신했다.

그 지역의 지주이자 열광적인 자연사 수집가인 헨리 호스트 헨리Henry Hoste Henley가 약 23파운드를 내고 메리의 이상한 "돌 악어"를 구매했다. 그 돈이면 애닝의 가족이 6개월을 먹고살 수 있을 정도의 액수였다. 그 후 헨리는 런던의 윌리엄 불럭 자연유물 박물관에 표본을 팔았다. 보나마나 자신이 메리에게 주었던 것보다 훨씬 많은 금액을 받았을 터였다. 이것과 유사한 표본들이 이미 발굴되어 있었지만, 메리의 표본이 가장 완전했기 때문이다. 에버라드 홈Everard Home 경은 1814년 영국 《왕립학회회보 Transactions of the Royal Society》에 기고한 논문 〈동물의 화석 유물에 관한 약간의 설명Some Account of the Fossil Remains of an Anima〉에서 이 생물을 묘사했다. 거기에는 메리 애닝에 관해 전혀 언급하지 않은 채 구매자인 헨리를 발견자로 호도했다. 대영박물관은 한 경매에서 불럭 박물관으로부터 45파운드에 그 골격을 사들였다. 메리가 5년 전에 받았던 금액의 거의 두 배였다. 그 생물체의 이름은 '물고기 도마뱀'이라는 의미의 이크티오사우루스가 되었다. 그 생물체의 발견은 과학계를 활성화해 지구의 나이와 기원에 관한 토론이 계속 이어지게 했다. 옥스퍼드대학교 최초의 지질학 교수인 윌리엄 버클랜드^{William Buckland}와 영국 지질조사국을 설립한 헨리 토머스 드 라 베슈^{Henry Thomas De La Beche}는 메리와 과학의 연결고리가 되었으며, 메리는 그들을 성공으로 이끄는 도관이 되어주었다.

쥐라기 해안에는 무척추동물이 가득했고, 메리는 무척추동물을 전문으로 했다. 하지만 시장에서는 척추동물이 잘 팔렸다. 고생물학은 1822년이 되어서야 마침내 '고생물학'이라는 이름을 얻게 되었고, 메리는 열여덟 살이 되어서야 비로소 고생물학 분야에 깊은 관심을 가진 재능 있는 화석사냥꾼으로 명성을 얻게 되었다. 그러나 그녀는 그 어느 때보다도 가난했다. 최고의 고객 가운데 한 명인 근위기병대 장교 토머스 버치^{Thomas Birch}가 1818년 라임레지스를 방문했을 때, 그는 애닝 가족이 거의 파산 지경에 이르러 가구까지 내다 팔아야 한다는 사실을 알게 되었다. 격분한 버치는 애닝 가족을 돕기 위해 자신의 화석 수집품을 경매에 내놓기로 했다. 결국, 애닝 가족이 "과학 조사에 이용된 거의 모든 훌륭한 것들을 발굴"해내지 않았던가.

경매는 1820년 5월 15일에 시작되었고, 파리, 빈, 독일에서 사람들을 끌어 모았다. 그중에는 조르주 퀴비에^{Georges Cuvier}도 있었다. 앞으로 이 자연주의자는 일부 종들이 멸종되었다는 사실을 밝힘으로써 세상을 바꿀 것이었다. 그것은 화석이 없었다면 도달하지 못했을 결론이었다. 그의 참석은 그가 라임의 젊은 화석 사냥꾼인 메리를 과학의 중요한 공헌자로 여긴다는 사실을 명확히 했다. 경매는 400파운드를 벌어들임으로써 애닝 가족에게 생애 처음으로 재정적인 안정을 가져다주었다.

세계의 어떤 화석사냥꾼도 메리 애닝만큼 많은 발견은 하지 못했다. 이후 그녀는 세 개의 플레시오사우루스 종을 찾아냈고, 두족류가 먹물을 담아두는 공간을 발견함으로써 동물의 방어 메커니즘을 이해할 길을 터주었다. 또한 독일 밖에서 발견된 최초의 익룡류도 찾아냈고, 퀴비에가 멸종을 증명하도록 도움을 주었던 중요한 과도기 화석인 스콰롤라자 폴리스폰딜라(상어가오리 종에 속한다)도 발견했다. 그리고 생각보다 그 중요성이 훨씬 큰 코프롤라이트, 즉 분석이라고도 하는 동물의 배설물 화석도 찾아냈다. 《브리스틀미러Bristol Mirror》는 그 "불굴의 여성"을 치하했다. 그녀는 "되돌아오는 조수에 의해 파괴될지도 모를… 존재의 위기를 끊임없이 겪어" 왔음이 분명한 "이전 세계의 귀중한 유물"을 수년 동안 발굴해왔기 때문이다.

화석 판매가 그때그때 일시적으로 메리의 생계를 지탱해주었던 것만큼, 과학은 메리를 매료시켰다. 그녀는 생물이 어떻게 작동하는지 이해하기 위해 생물을 해부해봤다. 과학 논문을 손으로 베끼면서 세부적인 삽화를 추가해 넣었다. 대영박물관에 소장품의 전체 목록을 알려달라는 편지도 썼다. 퀴비에와 더욱 원활히 연락하기 위해 프랑스어도 공부했다. 1826년 27세가 되었을 때, 메리는 화석에 사로잡힌 사람들이 너무 많이 찾아오자 콕모일 광장에서 브로드 거리에 있는 좀 더 큰 집으로 이사를 했다. 브로드 거리는 바다가 보이는 구릉지 대로였지만, 바다를 직접 느낄 수 있는 곳은 아니었다. 그녀는 뒷방에서 어머니와 오빠와 함께 살면서 집 안의 나머지 구역은 '애닝의 화석 저장고'로 운영했다. 전면 창문에는 이크티오사우루스, 즉 익룡 한 마리의 골격이 가득 전시되어 있었다.

필팟이라는 유복한 집안의 세 자매가 런던에서 라임으로 이사하자 메리는 그들과 친구가 되어 실버 거리에 있는 그들의 집을 종종 방문했다. 나이와 신분 차이에도 불구하고, 메리는 세 자매 중 한 명인 엘리자베스와 함께 화석사냥을 다니기 시작했다. 필팟 자매들은 화석 수집품에 꼼꼼하게 라벨을 붙여서 영국의 지질학자들을 끌어 모으기 시작했다. 어린 시절 메리는 가난한 사람들의 교육을 중요하게 여겼던 회중교회 신자들에게서 교육을 받았고 이제는 자신을 찾아오는 지질학자들을 이용해 배움을 이어갔다.

"이 젊은 여성의 특별한 점은 독학만으로 과학을 철저히 공부해서 뼈를 발굴하는 순간 그것이 어느 종에 속한 것인지 즉시 알아차린다는 것이다."

런던 토박이인 해리엇 실베스타Harriet Silvester는 메리를 만나본 후 자신의 일기장에 이렇게 적어두었다.

"그녀는 시멘트로 만든 틀에 뼈를 고정한 다음 그것을 그림으로 그리고, 마음에 새겨 넣었다. … 이는 확실히 신의 가호를 보여주는 멋진 예다. 이 가난하고 무지한 소녀가 신의 축복을 받았음이 분명하기 때문이다. 그녀는 독서와 응용을 통해 그런 수준의 지식에 도달했다. 그리고 그 주제에 관해 글도 쓰고 교수나 다른 지적인 사람들과 끊임없이 대화도 나누었다. 그리고 그들 모두 그녀가 이 왕국의 그 누구보다도 과학을 잘 이해하고 있음을 인정한다."

격주 토요일마다 유니티라는 배가 라임을 떠나 런던으로 향했다. 메리는 종종 자신의 화석을 북쪽으로 보냈지만, 1829년 여름에는 자신이 직접 배에 올랐다. 지질학자 로데릭 머치슨Roderick Murchison과 그의 아내 샬럿이 그녀를 초대했고, 그게 메리의 첫 도시 방문이었다. 메리는 대영박물관에 완전한 플레시오사우루스 유골 하나를 팔았는데, 그것이 보고 싶었다. 그녀는 자신이 발굴했지만 이를 밝힐 수 없는 물건들을 전시해놓은 박물관 내부에는 발을 들여놓은 적이 없었다. 아니, 사실상 박물관이라고는 아예 가본 적이 없었다. 박물관뿐만 아니라 결코 어디에도 가본 적이 없었다. 그녀는 또한 박물관과 지질학회를 둘러보고 싶었는데, 그 학회의 첫 번째 회장은 라임에서 화석을 사냥하며 자란, 그녀의 오랜 친구 윌리엄 버클랜드였다.

유니티호는 해안을 따라 템스강까지 항해해 가서 런던 브리지에 상륙했고, 메리는 인구가 거의 200만에 이르는 세계 최대 도시 런던에 들어섰다. 그녀는 머치슨의 집 근처인 리전트파크로 향했다. 그녀의 방문 기록은 존재하지 않는다. 심지어 그녀가 지질학회에 들렀다는 기록도 남아 있지 않다. 하지만 메리가 발견한 것들은 기꺼이 받아들였음에도 그녀의 존재는 받아들이지 않았던 그곳을, 지질학자인 윌리엄 론스데일William Lonsdale이 메리에게 개인적으로 구경시켜준 것으로 알려져 있다. 메리의 친구인 애너 마리아 피니는 자신의 일기에 이렇게 썼다.

"소위 배웠다는 자들이 그녀의 뇌를 빨아들여, 엄청난 출판물을 생산해냈는데도 메리는 아무런 이득을 얻지 못했다."

떠오르는 과학 분야인 지질학과 고생물학에서 중요한 위치에 있는 사람은 누구라도 결국에는 애닝의 화석 저장고로 향했다. 뛰어난 지질학자인 찰스 라이엘Charles Lyell은 라임의 절벽이 어떻게 지탱되고 있는지를 묻기 위해 메리에게 연락했다. 찰스 다윈Charles Darwin을 제자로 두었던 애덤 세즈윅Adam Sedgwick은 그녀의 고객이자 친구가 되었다. 저명한 동물학자 루이 아가시Louis Agassiz는 메리를 추모하기 위해 마침내 그녀의 이름을 따서 종의 이름을 지었다. 아크로두스 애닝기에Acrodus anningiae와 벨레노스토무스 애닝기에Belenostomus anningiae가 바로 그것이다. 찰스 디킨스Charles Dickens는 훗날 《올 더 이어 라운드All the Year Round》에 다음과 같이 썼다.

"그녀의 역사는 사람들이 과학의 대의를 증진하기 위한 충분한 목적과 용기만 있다면, 평범한 사람이라도 어떤 일을 해낼 수 있는지 보여준다."

그리고 그는 덧붙였다.

"그 목수의 딸은 자신의 이름을 딴 종의 이름을 얻었고, 그럴 만한 자격이 있었다."

그런데도 종종 그녀가 받을 인사를 대신 받는 것은 공작이나 영주들과 함께 남성 과학자들이었다. 라임에서 발견된 모든 중요한 화석 생물 중에는 메리 애닝의 이름을 가진 것이 단 하나도 없다.

　메리가 서른 살이 되었을 때, 서른셋이었던 오빠 조지프가 아멜리아 리더와 결혼해서 성 미카엘 거리로 이사했다. 콕모일 광장에 있는 애닝 가족의 첫 번째 집 근처였다. 메리와 그녀의 어머니는 브로드 거리에 남았다. 메리는 계속 발굴을 하고 그것들을 대영박물관에 팔았다. 그녀는 화석을 찾는 데는 무척이나 능숙했지만 가격을 잘 받는 데는 너무 서툴렀기에 런던의 킹스트리트에 거주하는 패류학자이자 자연사 화가였던 조지 브레팅엄 소어비 1세George Brettingham Sowerby I를 중개인으로 고용했다. 그러나 경기가 나빠지자 그녀는 다시 한 번 돈이 다 떨어졌다. 그녀의 친구 헨리 드 라 베슈는 기금을 모으기 위해 또 다른 아이디어를 냈다. 아마추어 화가인 그는 주로 메리의 발견에 기초한 선사시대 도싯의 경치를 수채화로 그렸는데, 그 그림을 〈두리아 안티퀴오르Duria Antiquior〉, 즉 "고대의 도싯"이라고 불렀다.

　〈두리아 안티퀴오르〉는 지질학적으로 오래된 시대를 묘사한 첫 번째 과학적 시도였다. 드 라 베슈는 손으로 색을 입힌 석판 인쇄물을 의뢰하여 친구와 과학자들에게 판매한 다음 그 수익금을 메리와 그녀의 어머니에게 주었다. 교사들은 후에 이 작품을 확대해 교실에서 사용함으로써 메리의 영향력이 오래도록 이어지게 했다.

1833년 10월, 절벽 하나가 무너져 내렸을 때, 메리는 간신히 목숨을 구했지만, 그녀의 사랑하는 테리어인 트레이는 죽고 말았다. 5년 후에는 더한 불운이 닥쳤다. 그녀는 평생 저축한 200파운드쯤 되는 돈을 한 '신사'에게 투자했지만, 그가 갑자기 사망하는 바람에 파산하고 말았다. 마흔이 된 메리는 자신이 다시 한 번 "궁핍한 상황에 빠졌다"는 사실을 깨달았고,《도싯 카운티 크로니클Dorset County Chronicle》은 다음과 같이 보도했다.

"그녀의 건강은 스스로 불러왔던 고난과 금전적인 손실로 인한 심적 괴로움 탓에 손상되었다."

이번에는 윌리엄 버클랜드가 그녀를 돕기 위해 나섰다. 그는 메리가 "지질학에 크게 이바지한" 공로를 인정해, 일명 왕실연금을 수여해달라고 영국 과학진흥협회와 영국 정부를 설득했다. 그녀는 자신과 어머니 앞으로 연간 25파운드의 수입을 받게 되었다. 몰리 애닝은 딸이 그 영예를 받는 것을 보고는 바로 세상을 떠났고 메리는 난생처음 홀로 남겨졌다.

그러나 메리는 멈추지 않았다. 독일 작센의 왕 프레데릭 아우구스투스 2세가 라임을 방문하여 애닝의 화석 저장고에서 1.8미터 길이의 이크티오사우루스를 샀을 때, 메리는 왕의 주치의의 책에 서명하면서 "나는 전 유럽에 잘 알려져 있습니다"라고 말했다.

메리는 46세 생일 직전인 1847년 3월 9일 유방암으로 세상을 떠났다. 1년간 투병한 후였다. 오빠가 그보다 일찍 사망했기에 메리는 바다가 내려다보이는 높은 언덕에 있는 성 미카엘 교구 교회에 있는 오빠의 묘지 옆에 매장되었다. 헨리 드 라 베슈가 메리를 기리기 위해 런던에서 라임의 교구 목사에게 스테인드글라스 창문을 보내 교회에 설치하게 했다. 런던의 왕립학회 모임에서 드 라 베슈는 추도문을 큰 소리로 읽었다. 이는 비회원이나 여성을 기리는 최초의 추도사였다. 그는 메리 애닝을 "사회적으로 더 편한 계층에 속하지 않았기에, 자신의 노동으로 매일의 양식을 얻어야만 했지만 타고난 재능과 불굴의 연구를 통해 우리의 지식에 적잖이 이바지했던" 사람으로 그녀를 묘사했다.

애닝이 처음으로 집을 장만했던 장소에 마침내 붉은 벽돌 박물관이 세워졌다. 현재는 라임레지스 박물관으로 알려진 그 건물은 3층 높이이며, 라임만이 내려다보인다. 수년 동안 그 박물관은 나선형 계단 꼭대기에 메리 애닝을 기념하는 좁은 장소를 마련해놓았었다. 그 방은 화석으로 채워진 유리 캐비닛이 양옆에 늘어선 통로로 구성되어 있었다. 방 뒤편의 케이스 안에는 메리 애닝의 직업을 물려받은, 쥐라기 해안의 신세대 화석사냥꾼들의 사진이 걸려 있었다. 그중에는 에릭 프로코피의 새로운 동업자인 크리스 무어도 포함되어 있었다.

차머스 지역에 우뚝 솟아 있는 블랙벤Black Ven은 마치 마블코믹

스에 등장하는 인물의 이름처럼 들린다. 이곳은 메리 애닝이 '소고기'라고 부르곤 했던, 실처럼 가느다란 짙은 색깔의 이회토로 구성되어 있다. 영국 법에 따르면 화석사냥꾼들은 혹시라도 왕실에서 구매를 원할 경우에 대비해 잠재적으로 중요한 발견을 당국에 통보하기만 한다면 원하는 것을 얼마든지 수집할 수 있다. FOSSIL WARDEN(화석 관리인)이라는 글자가 새겨진 재킷을 입은 정부 관리들이 해안을 순찰하며, 대개 관광객의 질문에 대답하고 그들을 안전하게 지키는 일을 했다. 역사상 단 두 번 절벽의 거대한 부분이 바다로 무너져 내린 적이 있었다. 블랙벤과 함께 현재 유네스코 세계문화유산으로 지정된 나머지 쥐라기 해안은 지질학적으로 지구상에서 가장 안정적이지 않은 지역 중 하나다.

크리스 무어는 1968년에 차머스를 처음 발견했다. 당시 어린 소년이던 그는 맨체스터 북쪽 마을에 살고 있었고 가족과 함께 휴가를 보내기 위해 그곳을 처음 방문했다. 무어는 가족이 휴가를 떠나면, 그곳이 어디든 화석을 사냥했다. 교사였던 삼촌이 그의 흥미에 불을 지폈지만, 차머스의 쥐라기 해안이야말로 그가 있어야 할 곳이었다. 1970년대 후반에 차머스로 이사한 그는 보트 제작으로 생계를 꾸려가는 한편, 한가한 시간에는 화석을 사냥해서 정원의 창고에서 복원 작업을 했다. 1991년 무어는 자신의 소장품 일부를 팔아서 '포지포실즈'를 설립했다. 차머스의 주도로인 더스트리트에 있는 오래된 도공들의 작업장에 본사를 둔 상업적인 화석 사냥 및 복원 사업체였다. 회사의 상징에는 암모나이트 이미지가 들어가 있었다. 플로리다 베니스에 상어 이빨이 흔한 것처럼 암모나이트는 쥐라기 해안 어디에서든 찾을 수 있는 화석이었다. 영국에서 가장 사랑받는 자연주의자인 데이비드 아텐버러David Attenborough 경은 한때 포지포실즈를 "신나는 가게"라고 불렀다.

무어는 키가 크고 머리가 검고 수염이 희끗희끗한 나이 든 영국인이었다. 투손과 덴버의 다른 거래상들은 그를 훌륭한 화석을 거래하는 호감 가는 판매자로 알고 있었다. 그가 발굴한 최고의 화석에는 현재 도쿄 국립자연과학박물관의 영구 컬렉션에 들어가 있는 3D 이크티오사우루스와 거대한 암모나이트가 포함되어 있다. 그는 두 종류의 새로운 이크티오사우루스를 발견했는데, 하나는 그의 이름을 따서 렙토넥테스 무레이Leptonectes Moorei라고 명명했다. 그러나 무어가 가장 아끼는 발굴품은 그의 창고에 보관되어 있었고 그중에는 다른 이크티오사우루스 종도 포함되어 있었다. 게다가 뉴스 보도에 따르면, "완전한 화석 상어 한 점, 2.4미터 크기의 바다나리 하나 그리고 거대한 이크티오사우루스 두개골 하나"도 가지고 있었다. 그의 사진이 메리 애닝을 기리는 박물관의 벽면을 장식하고 있기는 해도 그의 진짜 목표는 쥐라기 해안에서 발굴된 화석을 전시할 박물관을 여는 것이었다. 놀랍게도 아직 그런 박물관이 없기 때문이었다.

2009년 9월경, 에릭이 몽골을 두 번째로 방문하고 얼마 지나지 않아, 무어와 그의 아들 앨릭스가 찰스 다윈의 탄생 200주년을 기념하는 《쇼어라인Shoreline》 뉴스레터인 〈차머스의 고생물학 Paleontology in Charmouth〉에 실렸다. 최근 무어는 석회암 속에 들어 있는 "놀라운" 대칭적 바다나리 그룹을 작업하고 있다면서 기자에게 다음과 같이 말했다.

"나는 항상 화석을 다른 환경에 두어 자연의 조각품처럼 보이게 하고 싶다는 생각을 합니다. 사실 내 마음속에서는 늘 그렇게 보이거든요."

곧 그는 고비사막 공룡으로 가득 찬 작업장을 갖게 될 예정이었다.

에릭과 무어는 서로를 거의 알지 못했지만, 두 사람을 다 아는 공통의 친구가 있었다. 공급자들은 종종 거래를 위해 동업자가 되었으므로 그들이 손을 잡는 것도 이상한 일은 아니었다. 에릭은 무어가 오랫동안 화석 사업을 해왔고 평판도 좋았기에 그와 함께 일하게 된 것이 무척이나 기뻤다. 더구나 그들의 첫 거래도 상당히 쉬워 보였다.

에릭은 몽골에서 보낸 물품이 영국에서 통관 절차를 완료했음을 알고는 런던으로 날아가서 도싯으로 향하는 기차에 올라탔다. 무어는 액스민스터역에서 그를 맞이해 도로 모퉁이에 있는, 허름하지만 웅장한 빅토리아 양식의 자기 집 어스큐하우스로 데려갔다. 포지포실즈에서 언덕을 올라가면 나타나는 높은 상자형 울타리와 문 뒤에 자리 잡은 집이었다. 새로 들여오는 고비 화석을 수용하기 위해 무어는 차머스 외곽에 작업장 하나를 임대했다. 작업장은 지붕에 테라코타 타일이 덮인 1층짜리 건물 군락인 베퍼랜즈팜에 있는 번이라는 좁은 골목에 있었다. 가장 큰 건물

에릭		크리스	
BIG TARB(타르보사우루스)	25	PROT(프로토케라톱스)	25
TRAB SKULL(타르보 두개골)	15	ANK(안킬로사우루스)	24
PLACY(태반 포유류)	8	DUCK	8
ANK(안킬로사우루스)	22	HAD	6
TURT	4		
TRAB	5		

은 보트 건조장으로 사용되고 있었다. 옆 건물에는 관광 안내소와 나이젤 클라크^{Nigel Clarke}라는 작가의 사무실이 있었다. 그는 라임레지스 화석 산책을 주도했고, 포켓형 조수 보고서와《메리 애닝 1799~1847: 바위 위에 새겨진 삶^{Mary Anning 1799~1847: A Life on the Rocks}》같은 문고판 안내서 등을 자비 출판했다. 무어도 같은 건물에 있는, 아직 복원 작업을 거치지 않은 암모나이트가 보관된 방에서 작업했다. 이제 그 방은 몽골의 화석과 게르로 가득 차 있었다.

에릭과 무어는 뼈들을 가격에 따라 분류하기로 했다. 그들은 각 표본에 1달러씩을 할당했다. 그렇게 해서 프로토케라톱스 골격은 전부 2만 5,000달러가 되는 식이었다. 무어는 공책 한 면을 두 칸으로 나누었다. 그들은 동전을 던져서 누가 먼저 뼈를 선택할지를 정했다. 무어가 이겼다. 그들은 선택을 시작했다.

'TURT'는 거북의 등딱지였다. 'HAD'는 대체로 완전한 하드로사우루스였다. 'DUCK'은 반드시 오리너구리를 의미하는 것은 아니었다.

"그건 오리 주둥이가 달린 완전한 작은 공룡이었어요."

후에 에릭이 말했다.

"내 생각에 우린 마지막까지도 그게 무엇인지 몰랐던 것 같아요."

그들은 계속해서 OVIR(오비랍토르), EGG NEST(알둥지), LEGS(다리) 등을 번갈아 가며 선택했다. 목록을 만드는 동안, 무어는 종종 TARB와 TRAB를 헷갈려 적었다. 그래서 마지막에는 몇 가지 품목을 다시 바꾸어야 했다. 그들이 공유하기로 결정한 골격이 하나 있었다. 매우 거대하고 거의 완전한 타르보사우루스 바타르였다.

2010년 2월 말쯤, 에릭은 자신이 평생 가져본 적도 없는 화석, 자연사박물관이나 전시회 밖에서는 절대 구경하지 못할 가치 있는 화석을 소유하거나 소유하게 되리라 기대했다. 세레놀라의 차고에는 플라이스토세에서 백악기까지, 플로리다에서 몽골 지역까지 아우르는 재고로 넘쳐났으며, 투브신이 보낸 더 많은 화물이 영국의 쥐라기 해안으로 오는 중이기도 했다. 어맨다가 집에 와서 오비랍토르의 다리가 부엌 조리대 위에 얹혀 있거나 거대한 나무늘보가 현관문 안쪽에 우뚝 솟아 있는 것을 발견하는 것도 그리 드문 일이 아니었다.

세레놀라의 리모델링 비용은 아직 갚지 못했지만, 어쨌든 작업은 끝나 있었다. 세레놀라의 리모델링에는 에릭과 어맨다가 예상했던 것보다 더 큰 비용이 들었다. 3월 말경 차머스에서 화석 화물이 도착했을 때, 프로코피 부부의 빚은 이미 40만 달러를 넘어서고 있었다. 세관 양식에는 수입품의 "제조업체"가 포지포 실즈로, 내용물은 "화석"으로, 가격은 1만 5,000달러로, 원산지 는 영국으로 표시되어 있었다. 항목별 송장의 내용은 다음과 같 았다.

미가공(복원 작업이 되지 않은) 화석 파충류 머리 두 개
깨진 화석 뼈 여섯 상자
미가공(복원 작업이 되지 않은) 화석 파충류 세 마리
화석 파충류 두개골 하나

에릭은 이미 받은 공룡의 총 대금인 25만 달러 가운데 일부를 여전히 투브신에게 보내지 못하고 있었음에도 계속 주문을 했다.

─────────

일본에 있는 거래상 홀리스 버츠가 갑자기 에릭에게 동업 제 안을 했다. 에릭이 투브신에게 직접 화석을 사들이고 있음을 알 았기에 버츠는 투브신이 입찰 전쟁을 유도하면서 "양다리를 걸 치고 있다"고 의심했다. 에릭은 버츠의 기분을 맞춰주기 위해 다 음과 같이 이메일을 보냈다.

"나는 당신과 거래할 수 있어서 정말 기뻤습니다. 하지만 당신 이 내게 더는 판매를 하지 않으려 했기 때문에, 직접 투브신과 거 래를 시작한 거예요."

"안부를 전하며"라는 말로 이메일을 시작하는 것을 좋아하는 버츠는 역시나 "안부를 전하며"라는 말로 답장을 시작했다. 그는 자초지종을 설명하고 싶어 했다. 어느 겨울, 그는 투브신에게 3만 달러를 송금하고, 다시 2만 달러, 또다시 2만 달러를 송금했는데, 이유는 투브신이 돈을 "절박하게" 필요로 했기 때문이었다. 2009년 여름 몽골을 여행하기로 했던 에릭의 결정은 투브신에게 한 가지 문제를 던져주었다. 만약 투브신이 버츠에게 컨테이너를 보내면, 에릭에게 넘길 것이 아무것도 남지 않으리라는 것이었다. 버츠는 투브신이 그에게 주기로 했던 컨테이너를 에릭에게 보내고, 그에게는 두개골 두 개만 보낸 것이라고 짐작했다.

"그런 식으로 투브신은 내 돈은 물론, 당신의 거금까지 챙긴 겁니다."

버츠가 에릭에게 말했다.

사업 전체가 흔들리는 느낌이었다. 누군들 그렇지 않겠는가. 에릭도 왜 투브신이 그에게서 수천 달러를 받아 챙기고도 항상 돈이 없어 쩔쩔매는지 궁금해하지 않았던가.

"그는 화석 사업을 좋아하지 않습니다. 너무 위험하거든요."

버츠가 말했다.

"그는 여러 다양한 사업에 관여하고 있고, 화석을 팔아 적자를 충당하고 있어요."

그러면서 초창기에 투브신은 단순히 화물을 보내기만 했지만, 지금은 "고객들에게 직접 와서 사라고 압력을 넣고" 있다고 했다.

"그렇게 하면 무슨 문제가 생기더라도 자신은 그저 구매자가 누구인지를 알고 있을 뿐, 실제로 비즈니스에 관여하지는 않았다고 말할 수 있으니까요. '그 외국인이 찾아와서 사람들에게 직접 화석을 사갔어요'라고 말하는 거죠."

버츠가 덧붙였다.

"내가 걱정하는 건 안전망이에요."

버츠는 에릭이 투브신에게 연락해보는 게 어떻겠냐고 제안했다. 물건을 사려던 고객이 계약을 파기한 탓에 더는 화석이 필요하지 않다고 말하라는 것이었다.

"이 방법이 먹히면 그가 충격을 받아 가격을 낮출 겁니다."

그는 모든 화물이 일본을 거치게 함으로써 "다른 거래상들에게는 아예 기회를 주지 못하게 하자"는 계획을 제안했다.

"구매자가 많을수록 투브신에게는 좋지만 우리에게는 불리하잖아요. 그러니 우리가 전부 가질 수 있게 애를 써야 합니다."

그러나 한 가지 문제는 투브신이 예측 불가능하다는 점이었다. 에릭은 투손에서 그를 만나기로 되어 있었지만, 투브신은 끝내 나타나지 않았고 전화도 받지 않았다. 나중에 그는 에릭에게 발에 물집이 잡힌 사진을 이메일로 보내왔고, 자신이 몽골에서 출발한 비행기 안에서 너무 취해버린 탓에 로스앤젤레스에 내려서는 무엇을 해야 할지 갈피도 잡지 못한 채 맨발로 헤맸다고 해명했다. 종종 그는 며칠 혹은 몇 주 동안 연락이 닿지 않았다. 버츠는 "난 그가 체포될까봐 늘 두려워요"라고 말했다.

이번에 투브신이 잠적한 이유는 버츠가 돈을 보내지 않았기 때문일 거라고 버츠는 예상했다.

"그는 날 자신의 은행쯤으로 생각하는 것 같아요."

버츠가 에릭에게 말했다. 그러고는 "내가 이메일 몇 통만 보내면 그는 사업을 아예 접어야 할지도 몰라요"라고 덧붙였다.

"하지만 그래봤자 내게는 아무 도움도 안 되겠죠."

버츠는 최근 투브신이 잠적한 것에 대해 네 가지 추측을 했다.

"여름은 표본들이 나올 시기잖아요. 그러니 바빠서 현장에 상주하며 물건을 모으고 있거나, 실제로 어떤 문제를 겪고 있거나, 아니면 또 다른 구매자에게 주문을 받아 우리 두 사람을 엿 먹이고 있거나, 그도 아니면 배송에 문제가 생겼거나 그럴 겁니다."

버츠의 또 다른 관심사는 에릭의 "영국인들"과의 새로운 동업이었다.

"당신이 그들에게 방법을 알려주었으니, 이제 그들이 투브신에게 직접 물건을 구매할 가능성도 전혀 없지는 않잖아요, 안 그래요?"

에릭은 이성적으로 대화하려고 노력했다. 그는 자신이 투손에서 알게 된 거래상을 통해 주문한 미크로랩터 쪽으로 대화의 주제를 옮겼다. 세관이 그 화석을 압수했고, 에릭이 잠시 항의했지만, 결국 항복하고 말았다.

"최근 미국 세관은 많은 화석 물량을 통관 보류하고 그 종의 목록과 원산지 증명서를 요구하고 있어요."

버츠가 말했다.

"무슨 일인지는 모르겠지만, 어쨌든 문제가 있기는 한 것 같아요."

때때로 이런 사건들이 뉴스를 통해 보도되었다. 2007년 크리스마스이브에 시카고의 한 세관원은 중국에서 속달로 보내온 "신발"과 "선물" 배송품을 X-레이 촬영해서 검치호랑이 화석과 중국 공룡의 두개골을 발견했다. 버지니아에서는 한 여행자가 서류도 갖추지 않고 일본에서 출발한 비행기로 덜레스 국제공항에 24개의 공룡 알을 들여오려고 했다. 로스앤젤레스에서는 배아가 다 들여다보이는 중국산 오비랍토르 알둥지라고 광고된 물품이 압수됐는데, 나중에 그것은 보냄스&버터필즈 경매에서 42만 달러가 넘는 가격에 팔려 나갔다. 그러나 둥지는 위조품이었다. 판매자는 알을 따로 사서 사암 석판에 심은 다음 마치 단일 생물체가 낳은 것처럼 광고했다. 거래상이 압수에 이의를 제기하지 않자, 알들은 송환되었다. 법 집행기관에 체포될 위기에 처한 거래상은 자취를 감추었다. 그러나 사실상 불법 화석 대부분이 세관을 통과했다. 언젠가 이민관세사무소ICE 관계자는 언론과의 인터뷰에서 이렇게 말했다.

"화석은 관세 집행에서는 틈새시장입니다."

버츠는 에릭에게 "한 가지 분명한 건, 중국과 아르헨티나 화석은 피해야 한다는 겁니다. 나라면 그쪽 물건은 손도 대지 않을 거예요"라고 말했다.

버츠를 신뢰하지 못했기에, 에릭은 자신은 투브신과 내내 연락을 하고 있다고 거짓말을 했다.

"사진을 좀 더 가지고 있나요? 돈이 더 필요한 거예요?"

2010년 9월 말경 그는 투브신에게 이메일을 보냈다.

"당신이 원하는 것 중에 두 가지쯤 더 찾을 수 있을 것 같아요."

투브신이 답장을 보내왔다. 그의 말에 따르면 발굴 인부들이 고비에서 작업하는 중이었다.

"우린 오비와 프로토와 갈리를 많이 가지고 있어요. 그리고 돈이 많이 필요해요."

투브신이 에릭에게 말했다.

에릭은 더는 강에서 사냥하지 않았지만, 여전히 화물 트레일러와 F550 트럭 그리고 평저선 한 척을 가지고 있었다. 어맨다는 가죽으로 실내를 꾸민 렉서스 SUV를 운전했다. 그들은 포괄저당권을 통해 또다시 대출을 받았고, 뱅크오브아메리카 신용 카드로는 약 6만 달러, 캐피탈원 카드로는 거의 2만 달러를 대출받았으며, 연방소득세는 1만 5,000달러 이상, 부동산으로는 53만 3,000달러 이상의 빚을 졌다. 그들의 월별 최소 지급액은 7,000달러를 넘어섰고, 연체 이자는 쌓여만 갔다. 통장 잔액은 한순간 55달러였다가 다음 순간에는 10만 달러가 되기도 했다. 그러다가 2월에 어맨다가 수막염이 의심되는 증상으로 잠시 병원 신세를 지게 되었고, 당연히 빚은 더 늘어갔다.

4월쯤에는 에릭이 투브신에게서 받기로 한 공룡 화석의 목록이 엄청나게 길어졌다.

첫 번째 상자: 큰 하드로사우루스의 머리

두 번째 상자: 큰 하드로사우루스의 목, 큰 하드로사우루스의 꼬

리 절반

세 번째 상자: 오비랍토르 두 개, 붉은 프로토케라톱스 하나

네 번째 상자: 큰 하드로사우루스의 왼발

다섯 번째 상자: 큰 하드로사우루스의 오른쪽 발…

모두 17개의 상자였다. 더 넓은 작업 공간이 필요했기에, 에릭은 조립식 창고를 주문해 수영장 너머에 설치했다. 창고의 보증 기간은 50년이었다. 보증 기간이 만료되면, 에릭은 일흔여덟 살이 될 터였다. 그는 공룡 값으로 투브신에게 9만 달러를 더 송금했고, 화석은 선적 준비를 마쳤다는 답변을 들었다.

몇 주 후인 6월 24일, 에릭은 투브신이 보내온 이메일을 열었다. 하지만 그것은 투브신이 보낸 것이 아니었다.

제15장

마지막 공룡

"제 남편 투브신자갈 맘이 세상을 떠났다는 소식을 전하게 되어 유감입니다."

에릭은 이메일을 다시 읽었다.

'투브신이 죽어?'

이메일은 보보가 보낸 것이었다. 그녀는 남편이 한 달간의 투병 끝에 "갑작스러운 폐 부전"으로 전날 밤 사망했다고 전했다. 이메일은 더 이상의 정보 없이 "선생님의 우정과 노력과 지난날의 지원에 감사드립니다. 연락 기다리고 있습니다. 부디 '남편의 영혼이 평화롭게 쉬길 신께 기도드립니다'"라는 말로 끝맺고 있었다. 에릭은 즉시 잉글랜드에 있는 크리스 무어에게 이메일을 전달하면서 "정말 안 좋은 소식입니다!"라고 적었다.

에릭은 이미 9만 달러를 송금했지만, 새로운 뼈는 배송되지 않았다. 몽골에서는 아무런 소식도 들려오지 않은 채 몇 주가 지나갔고 에릭은 보보에게 다음과 같이 이메일을 보냈다.

"부디 힘든 시간을 잘 이겨내시길 바랍니다. 저는 우리의 사업상 거래를 마무리 지을 수 있기를 간절히 고대하고 있습니다."

그는 직접 몽골에 가는 수밖에 없었다. 에릭과 무어는 항공편을 예약했고 에릭은 보보에게 7월 22일 밤에 몽골에 도착하리라는 사실을 알렸다. 다음 날 만날 수 있기를 기대하면서, 그는 보보에게 말했다.

"크리스 무어도 함께 갈 겁니다. 그는 내 동업자이고 그 역시 돈을 보냈으니까요."

에릭이 알고 있던 대로, 다섯 개의 상자는 이미 포장되어 창고에 있었고 또 다른 한 건의 주문은 아직 처리되지 않은 채였다. 세관을 언급하면서, 그는 "어쩌면 전과 같은 사람을 쓸 수 있을 것"이라고 말했다.

사흘 후에 에릭은 울란바토르로 돌아와 가이드하우스 호텔의 귀빈실 하나를 빌린 다음 무어와 함께 썼다. 투브신의 아파트에서 그들은 가족에게 애도를 표했다. 에릭은 모든 상황이 어색하다는 것을 알았다. 그는 죽음을 애도할 만큼 투브신을 잘 알지도 못했고, 가족이 느끼는 슬픔의 깊이를 헤아릴 만큼 그들과 친밀한 것도 아니었다. 그는 가족 중 누구도 고인의 병이나 죽음에 관해 이야기하지 않는다는 사실이 이상했지만, 그저 그것이 몽골의 관습일 거라고만 생각했다. 어쨌든 "갑작스러운 폐 부전"이라는 건 뭘까? 심장마비? 폐암? 투브신의 나이를 고려하면, 갑작스러운 죽음은 이상해 보였다. 그는 겨우 마흔세 살이었기 때문이다. 에릭은 그가 입원했었는지, 매장되었는지 또는 장례식은 치렀는지 등에 관해 전혀 알 수 없었다. 하지만 아무 질문도 하지 않았다. 그는 조의를 표하고는 이미 돈을 낸 공룡을 찾아 집으로 돌아가고 싶었다.

투브신의 가족은 에릭과 무어에게 그들의 물건이 배송될 거라고 확답한 후에 모두를 데리고 관광에 나섰다. 몽골을 처음 방문한 무어는 얼마 지나지 않아 시골에 있는 커다란 칭기즈칸 조각상 앞에 서서 매를 부리는 기술을 배우고 있었다. 국립고생물학연구소의 수석 표본 복원 전문가인 오트고와 세관 직원 하나도 그들과 동행해서 공원으로 소풍을 갔다. 에릭은 몽골에 도착한 지 닷새 만에 세 번째이자 마지막으로 울란바토르를 떠나갔다.

이제는 그 무엇도 흥미롭거나 신나지 않았다. 단지 투브신이 죽었기 때문만은 아니었다. 한동안 스트레스가 그를 갉아먹고 있었던 탓이었다. 어맨다는 그즈음 에릭이 술을 너무 많이 마시고 파티에서 한심하게 행동한다는 사실을 알아차렸다. 그는 아내의 친구들에게 추파를 던지기도 하고 사람들을 수영장에 빠뜨리기도 했다. 그런 모습은 전혀 에릭 같지 않았다. 애초에 에릭을 화석에 끌어들인 것이 무엇이었는지 생각해보면, 현재 그의 삶은 너무 보잘것없었다.

여러 해 동안, 의원들은 화석 수집을 규제하기 위해 여러 시도를 했지만 잇달아 실패했다. 하지만 2009년 1월 마침내 옴니버스 공공토지관리법이라는 입법안이 상원을 통과했다. 옴니버스 법안이란 다양한 법안을 포괄하는 일종의 꾸러미 같은 것이었다. 이 꾸러미는 신체가 마비된 미국인을 위한 재활 치료 개선안에서부터 스미스소니언의 추가 연구 공간에 이르기까지 모든 것을 아우르는 150개 법안으로 구성되어 있었다. 그러나 법안 대부분은 해양 산성화의 감시 방안이나 늑대에게 가축을 잃은 아메리카 원주민 목장주들에 대한 보상 같은 자연에 관한 것이었다. 이 법은 수천 킬로미터의 강과 오솔길을 보호하고, 수백만 에이커의 연방 토지를 삼림지대로 지정하고, 고생대 발자취를 간직한 중요 지역인 뉴멕시코 남부에 새로운 국립 기념비를 세우고, 아이다호의 오휘협곡, 유타의 시온국립공원, 버지니아의 "거의 야생에 가까운" 숲과 같은, 이미 존재하는 국토 자원을 더욱 잘 관리하게 함으로써 거의 모든 주에서 좀 더 적극적으로 자연을 보호하게 하려는 취지였다.

이 옴니버스 법안에는 공공 토지에 매장된 화석을 최초로 균일하게 보호하려는 조치인 생물자원보존법도 포함되어 있었다. 연방 재산에서 발견된 화석을 판매한 혐의로 유죄 판결을 받은 사람은 최대 5년의 징역형을 선고받을 수 있으며, 2회 이상의 유죄판결 후에는 처벌을 두 배로 가중할 수 있었다. 게다가 이 법안에 따르면 공공 재산에서 척추동물 화석이나 "과학적으로 중요한" 다른 자료를 수집하려면 내무부의 허가를 받아야 했고, 허가는 박물관이나 학교의 공인된 과학자와 제휴사에만 내줄 것이며, 상업적인 목적으로 화석 등을 수집하는 사람에게는 절대로 허가가 나지 않게 되어 있었다. 일부 지역에서 특정 상황에 한해, "땅 위"에 그냥 노출된 화석을 허가 없이 수집하는 것은 허용되었다. 어떤 사람은 그 법안이 반드시 필요하고 이미 실행되었어야 한다고 생각했지만, 어떤 사람은 너무 과한 법안이라고 느끼기도 했다. 이전에도 직업적인 화석사냥꾼은 연방 재산에서 척추동물 화석을 수집하는 것이 절대로 허용되지 않았지만, 화석사냥꾼들은 규제가 그토록 강력하게 성문화되는 것을 보고는 긴장했다. 상업 무역 그룹인 AAPS의 트레이시 베니트^{Tracie Bennitt} 회장은 동료들을 대신하여 그 법안에 반대하는 공개 서한을 의회에 보냈다. 그녀는 이 법이 "과학적 원칙과 전문 지식"을 사용하여 고생물학 자원의 관리와 보호를 요구한다는 점에 주목하면서 이미 일부 화석사냥꾼은 그런 관행을 준수하고 있다고 지적했다. 그리고 "아마추어는 고생물학의 보병이기에 그들의 활동은 장려되어야 한다"고 덧붙였다. 그리고 모두가 협력한다면 공공 토지에서 상업적인 수집을 하는 것은 고생물학과 사회에 도움이 될 수 있음에도 그 법안은 그런 견해를 알리는 데는 소홀했다고 불만을 제기했다.

"화석이 세상에서 영원히 사라지게 하는 것보다는 이것이 훨씬 권장할 만한 대안이 아닐까요?"

새로운 법은 어떤 측면에서 고생물학자와 직업적 화석사냥꾼 양측을 다 화나게 했다. 내무장관의 서면 허가 없이는 연방 재산에서 연구를 진행하는 과학자들도 자신들이 화석을 발굴한 장소를 대중에 공개할 수 없었다. 이 법안은 밀렵꾼을 막기 위한 것이었지만, 열린 과학이라는 개념에는 역행했다. 고생물학자의 연구에는 오랫동안 위도와 경도에 이르기까지 장소에 관한 세부 정보가 포함되어 있었다. 그런 정보의 공개를 금지하는 것은 자료를 숨기는 것이나 마찬가지였다.

어쨌든 모두를 만족시키는 것은 불가능할 듯했다. 정책 입안자들은 마치 황금이라도 찾아다니듯이 마구잡이로 땅만 파헤치는 부패한 인간들에게는 힘을 실어주지 않으면서, 평판 좋은 상업적 화석사냥꾼들에게는 설 자리를 찾아주기 위해 고심했다. 그것이 바로 2009년 봄 버락 오바마^{Barack Obama} 대통령이 PRPA에 서명하고 법률을 발효시켰을 때, 아무도 이해하지 못했고, 일부는 결코 이해하고 싶지 않았던 격차였다.

당시 에릭은 이미 자신의 소유가 된 화석에 집중하려고 했다. 그중에는 그가 무어와 공유한 T. 바타르도 포함되어 있었다. 그것은 에릭의 재고 중에 가장 크지는 않았지만, 시각적으로는 가장 가치 있어 보였다. T. 렉스 하나를 표본 작업하는 데는 2,000시간이 필요하다는 것이 일반적인 생각이었지만, 에릭이 작업을 시작했을 때는 2011년 후반 투손 박람회가 지척이었다. 작업 속도를 올리기 위해 그와 어맨다는 두 명의 조수를 고용했다. 그중 한 명은 서른 살의 쾌활한 이혼녀인 타일러 귄^{Tyler Guynn}이었다. 한 아이의 엄마인 귄은 짙은 색깔의 눈동자와 갈색 피부에 목소리는 허스키했고, 짧게 자른 밤색 머리카락은 중간중간 금발이 가볍게 섞여 있었다. 군인 가정에서 자라난 그녀는 어린 시절 잠시 독일에서 살았다. 그녀는 지붕 공사 자재 외판원과 바텐더 일을 했었고, 인류학과 사진에 관심을 두게 되어 프로코피 부부와 함께 일하게 되었다. 에릭은 작업장에 있는 탁자 위에 뼈를 올려놓고 표본 작업을 하는 법을 가르쳐주었다. 그들은 하루 여덟 시간에서 열 시간씩 함께 일했다. 문을 다 열어놓고 산업용 선풍기를 틀어놓은 채 자주 밤도 함께 샜다. 타일러는 10대 때부터 발목에 눈, 등 아래쪽에 나비, 나침반, 공작 깃털, 불새 등으로 온몸에 문신을 하고 있었다. 시간이 지나는 동안, 그녀는 왼쪽 골반의 빈 공간에 타르보사우루스 바타르의 커다란 두개골 문신을 추가했다.

뼈는 부서지기 쉬웠기에 모암이 떨어져 나가면, 에릭은 액체 경화제인 팔레오본드로 그것을 강화했다. 만약 어떤 조각이 부족하면, 다른 표본에서 임의의 다른 화석을 찾아 채워 넣었다. 또는 에폭시로 그 대체품을 조각하거나, 사우스다코타의 블랙힐스 연구소에서 주형으로 제작한 고르고사우루스 조각을 구매했다. 일단 모든 뼈가 준비되면, 그는 작업장 바닥에 뼈들을 늘어놓고 해부학적으로 정확하게 퍼즐을 맞추듯이 뼈를 맞추었다. 그럴 때면 공룡은 그의 발밑에서 마치 잠자는 개처럼 느슨하게 몸을 말고 있었다. 에릭의 친구 토니는 사다리를 타고 올라가서 에릭이 주둥이 옆에 무릎을 꿇고 앉아 양손은 허리에 짚은 채 카메라를 보며 웃는 사진을 찍었다.

"이게 우리의 티라노사우루스 골격입니다. 거의 끝난 거예요!"

어맨다는 페이스북에 그것을 게시했다. 한 친구가 물었다.

"그 쓰레기 더미처럼 보이는 게 12만 5,000달러까지 가격이 나간다면, 티라노사우루스의 입찰 시작 가격은 대체 얼마라는 거야?"

뼈대를 세울 시간이 없었기 때문에 투손에서는 탁자 위에 그 일부를 전시했다. 다른 거래상들은 에릭 프로코피가 세상에서 가장 용감하거나 가장 무모한 인간일 거라고 생각하면서 그 표본을 보기 위해 모여들었다. 그때까지 몽골 공룡 거래는 "두개 골만 또는 두개골을 포함하는 정도"였다고 콜로라도 출신의 존 경받는 상업적 화석사냥꾼인 마이크 트리볼드가 말했다. 그러나 프로코피가 내놓은 것은 "거대한 T. 렉스의 전체 골격, 정말이지 거대하고 매혹적인 공룡"이었다.

투손은 크고 매혹적인 공룡들을 위해 준비된 시장처럼 보였 기에 고생물학자들을 계속 당황스럽게 했다.《허핑턴포스트 Huffington Post》는 공룡이 "최신 인기 예술품"임을 선언하면서 "공 룡 뼈를 거래하기 위한 고급 시장이 번성하고 있다"라고 발표했 다. 그러나 T. 바타르가 외국 박물관에 팔리기를 바랐던 에릭의 희망에도 불구하고 그 골격은 끝내 투손에서 팔리지 않았다.

이제 자연사 관련 품목은 미국에서 매년 봄과 가을에 경매에 올려졌다. 경매장은 유망한 새로운 수익원으로 그 카테고리를 수용했다. I. M. 채잇과 다른 경매회사를 통해 물건을 판매해온 에릭은 T. 바타르를 마운트해서 2012년 봄에 열릴 경매에서 위 탁 판매하기로 했다.

거대한 땅늘보는 그가 복원한 화석 중에 가장 크고 복잡한 골 격이었고, 그가 처음부터 끝까지 작업했던 유일하게 중요한 공 룡은 로스앤젤레스 저택(그는 리어나도 디캐프리오의 집이라고 믿었 다)에 설치했던 타르보사우루스 두개골이었다. 그에게는 인터넷 에서 내려 받을 수 있는 청사진도 없었고, 백악기 공룡의 뼈와 관 절 조립에 관한 지침을 제공하는 유튜브 채널도 없었다. 에릭은 스스로 연구하면서 인터넷에서 여러 과학적 스케치를 내려 받았다. 거기에는 스탠 새크리슨이 발견한 하딩카운티 표본인 티라노사우루스 스탠과 1940년대 미국 자연사박물관이 피츠버그의 카네기 박물관에 판매한 AMNH 973, T. 렉스 정기준표본의 삽화도 있었다.

이처럼 큰 골격을 세우려면 1,000가지쯤 잘못될 가능성이 있었다. 골반의 무게만 해도 1,360킬로그램이 넘었다. 화석은 단지 옮겨놓는 것만으로도 부러질 수 있었다. 두개골들이 떨어져서 산산이 부서질 수 있었다. 볼트는 응력 파괴를 일으킬 수 있었다. 야금술 오류는 용접부의 완전성을 손상할 수 있었다. 만약 공학 기술에 문제가 생기면, 골격이 무너져 내리며 사람이든 물건이든 완전히 뭉개버릴 수도 있었다.

에릭은 구할 수 있는 최고의 철근을 사서 용접했다. 기초가 되어줄, 가로세로 약 40센티미터의 정사각형 강철 판 세 개를 만들고, 네 번째 판은 좀 더 작게 만들었다. 그는 세 개의 판 한가운데 꽁지깃이 달린 커다란 다트를 닮은 부착물을 세워놓았다. 각각의 다트에서 강철 막대 하나씩이 솟아올라 프레임에 연결되었다. 에릭은 움직이는 듯한 모습을 재연하기 위해 공룡의 각 부위를 형상화한 다음 고비의 뼈들과 위화감이 없도록 전체 구조물에 모래색의 페인트를 스프레이로 뿌렸다.

두개골은 어느 골격에서든 가장 중요한 부분이다. 그것은 고생물학자들이 종을 식별하는 데도 도움을 주고 뇌의 크기나 식습관 같은 특성에 대한 중요한 단서도 제공한다. 미적으로도 두개골은 중심을 차지한다. 조립을 마친 길이 1.2미터의 표본은 너무 무거워서 지게차로 운반해야만 했다. 두개골을 제자리로 옮겨 놓는 동안 그는 무게를 고려한 각도를 잘못 계산했다는 것을 깨달았다. 일단 권양기가 떨어져나가면, 공룡이 기울 것이 분명했다. 그는 위치를 조정하고 보강한 후에 다시 시도했다. 그가 밧줄을 치워도 두개골은 제자리를 지켰다. 늑골도 마찬가지였다. 척추도 그대로였다. 대퇴골과 경골도 제대로 섰다. 주둥이부터 꼬리까지, 7.2미터 길이의 골격이 단단히 자리를 잡았다. 흔히들 T. 렉스는 양손 사이에 농구공이나 누군가의 머리를 잡은 듯한 모습으로 서 있는 것이 가장 자연스러운 자세라고 말한다. 에릭은 그런 얘기를 한 번도 들어본 적이 없었음에도 그의 공룡은 그 자세를 하고 있었다. 턱은 벌어져 있고 다리는 움직이는 듯한 모습의 타르보사우루스는 마치 먹잇감을 쫓는 것처럼 보였다. 그것은 마치 플로리다의 햇빛 속으로 뛰쳐나가 세레놀라의 차량 진입로를 따라 달리다가 그대로 얼어붙어버린 것처럼 서 있었다.

에릭은 보냄스에 있는 톰 린드그렌에게 자신이 작업한 T. 바타르를 팔아달라고 제안했다. 린드그렌은 몽골 화석을 판매했고 에릭과 투브신을 연결해준 사람이었지만, 그와 독일 거래상인 안드레아스 구어는 공동 소유로 되어 있던 T. 바타르의 두개골 문제로 캘리포니아의 법정까지 가게 되었고, 결국에는 I. M. 채잇을 통해 33만 달러에 낙찰받은 "구매자 X"에게 그것을 판매하기로 동의했다. 그리고 이제 린드그렌은 고비 화석과는 전혀 얽히고 싶어 하지 않았다. 투브신이 죽은 이후 그는 몽골 공룡에 관해서라면 질색을 했다. 그래서 에릭은 데이비드 허스커비츠에게 판매를 제안했다.

허스커비츠는 헤리티지 옥션스에서 근무하고 있었으며, 그해에 8억 달러 상당의 수집품을 판매할 준비가 되어 있었다. 헤리티지는 매년 500건의 경매를 주최했으며 거의 200개국에서 75만 명의 온라인 입찰 회원을 확보하고 있었다. 허스커비츠는 논란이 많았던, "싸우는 한 쌍"으로 알려진 판타지아(스테고사우루스)와 드라큘라(알로사우루스)라는 이름의 와이오밍 공룡을 판매했다. 허스커비츠의 오랜 멘토인 헨리 갈리아노가 빅혼산맥의 그늘에 자리 잡은 텐슬립 마을 근처의 다나 발굴장에서 그 뼈들을 발견했다. 그 공룡들은 몽골에서 출토된 유명한 "싸우는 한 쌍"과 마찬가지로 싸우던 도중에 사망한 것으로 광고되었다. 그들은 중동에 있는 미공개 국가의 미공개 박물관에 270만 달러에 팔렸으며, 그 이후로는 결코 모습을 드러내지 않았다.

그 와이오밍 공룡들 덕분에 허스커비츠는 공룡 판매를 전문으로 하는 자연사 관련 중개인들의 위탁 판매 후보자 명단에서 가장 위쪽에 올라가게 되었다. 그는 헤리티지 옥션스에 자연사 관련 품목을 확장하고 싶었다. 그래서 5월 20일 T. 바타르를 가장 매력적인 품목으로 내세울 예정인 뉴욕시 경매를 통해 자연사가 독립 분야가 될 만한 저력이 있음을 증명해낼 작정이었다. 언론에 홍보할 때, 허스커비츠는 T. 바타르 골격을 "공개 시장에서는 절대로 만나볼 수 없는, 흠잡을 데 없이 완벽하게 보존된 표본"이라고 표현했다.

그러나 경매가 진행됨에 따라 몽골 정부는 대체 그토록 완전한 고비사막 공룡이 어떻게 뉴욕시 경매장에까지 가게 되었는지를 궁금해하며 계속 질문을 보내왔다. 에릭은 세인트오거스틴에서 허스커비츠, 크리스 무어 그리고 헤리티지의 공동 창업자이자 CEO인 짐 핼퍼린Jim Halperin과 긴밀한 접촉을 유지하면서 몽골 대통령까지 개입한 마당에 경매를 계속 진행해도 좋을지 이야기를 나누었다.

전화와 이메일로 헤리티지는 계속 판매자에게 의견을 물었다. 즉 에릭과 무어에게는 아직 물러날 기회가 있었다. 에릭은 자신에게 주어진 선택지가 마음에 들지 않았다. 이제 경매를 철회하면, 그는 투브신에게 지급한 돈과 너무도 절실한 수입을 둘 다 잃을 터였다. 하지만 계속 밀고 나간다면, 몽골과의 상황이 악화될 수도 있었다. 물론 엘베그도르지 몽골 대통령이 그에게 어떤 법적 조처를 취할 것 같지는 않았지만, 그래도 에릭은 위험을 감수하지 않기로 했다. 그는 핼퍼린에게 "크리스 무어와 상의해봤는데, 티라노사우루스 경매를 철회하기로 했습니다"라고 말했다.

그리고 나서 에릭은 다음 두 시간 동안 계속 자신의 선택을 재고했다. 결국 경매 준비가 진행되는 동안 그는 헤리티지에 이메일을 보내 마음을 바꾸겠다고 말했다. 이는 좀처럼 심각한 갈등이 없는 그의 현재 삶과 점점 복잡해지는 새로운 삶 사이의 경계선이 될 결정이었다.

자신의 고국에 T. 바타르의 경매 사실을 처음 알렸던 몽골 고생물학자 볼로르 민진은 뉴욕에서 박사 학위를 밟는 동안 여름마다 고향으로 돌아갔다. 처음에 그녀는 AMNH와 몽골의 공동답사에 참여했으며, 고국에서 고비 화석 현장답사를 하는 것이 무척이나 기뻤다. 일찍이 그녀는 컬럼비아대학교에서 박사 학위를 밟던 사우스캐롤라이나 출신의 젊은 고생물학자 조너선 가이슬러Jonathan Geisler를 만나 결혼했다. 가이슬러는 고래, 알락돌고래, 돌고래 같은 고래목 동물을 연구했으며, 볼로르는 쥐보다 별로 크지 않은 고대 포유류인 팔레오기의 다구치목을 연구했다. 볼로르는 과학자로서 자신을 증명하려고 노력하면서 숙련된 수집가이자 열정적인 고생물학 옹호자로서 미국과 몽골 동료들에게 깊은 인상을 남겼다.

2000년 5월 그녀가 박사 과정일 때, 미국 박물관에서 "싸우는 공룡: 몽골에서 온 새로운 발견"이라는 전시회가 열렸다. 그 전시회에는 볼로르의 영웅인 조피아 키엘란-자우오로우스카가 발견한 매혹적인 "싸우는 한 쌍"도 전시되었다. 관람객이 너무 많아서 박물관은 입장객 수를 제한하고 시간별로 들여보내야 했다. 한 공룡 애호가는 척추동물고생물학회의 회원 이메일 목록에 올라 있는 회원들에게 "지금까지 내가 본 그 어떤 화석보다 독창적이고 새로운 화석"이라고 이야기했다.

몽골 고생물학계의 원로인 린첸 바스볼드도 이 행사를 위해 뉴욕으로 날아갔다. 볼로르는 그를 환영하는 오찬에 초대되었을 때 매우 기뻤다. 게다가 자신이 그의 옆자리에 앉게 되었다는 사실을 알게 되었을 때는 벅찬 기분을 느꼈다. 바스볼드는 유라시아의 공룡 진화를 연구한 고비 수각류 공룡 전문가로서, 일찍이 새들이 공룡에서 진화했다고 생각했고, 갈리미무스와 오비랍토르과를 포함한 많은 공룡을 상세히 기술한 인물이었다. 볼로르는 그 나이 많은 과학자에게서 직업적인 조언과 지원을 받을 수 있기를 기대했다. 그녀는 원래 공룡을 전공하고 싶었지만 아버지가 손사래 치며 말렸던 탓에 포유류를 선택했고, 아버지의 경우에는 척추동물을 선택하려 했지만 마치 고비사막 공룡을 연구하는 몽골 전문가는 세상에 단 한 명이면 족하다는 듯이 주변에서 극구 말리는 바람에 무척추동물을 선택했었다. 바스볼드는 공룡에 대한 그녀의 관심을 꺾어놓았지만 그녀는 그리 놀라지 않았다. 하지만 그가 고생물학계를 "미래가 없는" 분야라고 하는 데는 충격을 받고 말았다. 그녀는 바스볼드 세대의 과학자들이 대중의 인식이나 관심 부족에 분개한 것은 아닌지 궁금해했다. 몽골에는 지질학자의 날은 있었지만 고생물학자의 날은 없었다.

하지만 볼로르는 좌절하지 않고, 남편과 아버지 그리고 어느 시점에는 잭 호너[Jack Horner]와 함께 고비 답사 프로젝트에 계속 참여했다. 잭은 심한 난독증 때문에 대학을 그만둔 건장한 몬태나 토박이였지만 공룡 연구를 통해 맥아더 상을 받았다. 고생물학 분야에서 호너보다 유명한 이름은 거의 없었다. 그는 북미 지역 최초의 공룡 알을 발견한 것으로 알려졌다. 암석 상점을 운영하는 몬태나의 화석사냥꾼 메리언 브랜드볼드[Marion Brandvold]가 커피 캔에 보관하고 있던 작은 뼈들을 그에게 보여준 덕분에 그런 발견이 가능했다.

호너는 여러 권의 책을 출판했으며, 스티븐 스필버그의 영화 〈쥬라기 공원〉에 자문도 했다. 그리고 볼로르가 그를 만났을 때는 몬태나 주립대학교에서 학생들을 가르치고 학교 내의 로키산맥박물관에서 큐레이터도 하고 있었다. 호너는 발달생물학과 관련된 프로젝트를 추진하면서 공룡 한 종의 표본을 최대한 많이 수집하고 있었고, 고비야말로 그런 표본을 찾아낼 최적의 장소로 생각했다.

볼로르는 2005년 호너의 현장 작업에 합류했고, 그다음 해에도 참여했다. 그때는 그녀가 속한 팀이 일주일 동안 67점의 공룡을 발견한 것으로 보고되었다. 호너가 보기에 몽골 고생물학계에는 두 가지 중요한 문제가 있었다. 첫째는 몽골이 국가 자체적으로 차세대 고생물학자와 시설을 개발해야 한다는 것이었다.

"몽골에 오면 반드시 봐야 하는 것이 바로 공룡입니다."

《디스커버Discover》잡지와의 인터뷰에서 그는 자연사박물관이야말로 몽골에서 최고의 관광자원이 되어야 한다고 말했다. 둘째는 고비 공룡 화석 밀렵이 위기점에 도달해 있다는 것이었다.

"밀수업자들은 고생물학자들이 점심을 먹는 동안 발굴 현장에서 곧바로 표본을 채취해갈 정도로 대담해졌습니다. 이곳에는 통제하는 사람도 없고, 불법 발굴에 대한 규제도 없습니다."

그가 덧붙였다.

2008년 박사 학위를 받은 볼로르는 호너와 함께하는 박사 후

연구직을 수락하고, 자신과 자신의 새로운 멘토가 공유한 몇 가지 걱정거리를 해결하기 위해 몽골공룡연구소라는 NGO 단체를 설립했다. 그녀는 몽골에 최첨단 공룡 박물관을 짓고 자신이 받은 서구의 교육을 통해 차세대 몽골 고생물학자들을 도우면서 밀렵과 싸우고 싶었다. 그러나 우선은 로키산맥박물관의 어느 동료와 함께 몽골 학생들을 위한 '상자 속의 박물관'이라는 것을 개발했다. 이는 볼로르가 '발견 트렁크'라는 것을 가지고 고비 지역을 여행하면서 아이들에게 화석의 중요성을 가르치는 교육 프로그램이었다.

일반적으로 정규교육을 마친 몽골 고생물학자들은 몽골 과학 아카데미에서 일했지만, 볼로르는 그렇게 하고 싶지 않았다. 그 기관은 공공복지와 교육에는 거의 관심이 없어 보였기 때문이었다. 바스볼드를 두 번째로 만났을 때, 그녀는 그와 협력할 수 있기를 바라면서 자신의 NGO에 관해 이야기했다. 하지만 그는 오히려 동요하는 것처럼 보였다. 그는 "당신은 당신의 이름에서 '공룡'을 떼어버려야 해요"라고 말했다. 그러고는 "이건 그냥 이익을 얻기 위한 사업으로만 하는 게 좋을 겁니다"라고 덧붙였다.

볼로르는 자신이 몽골인과 미국인 동료들의 존경을 받을 만한 성취를 이루었다고 믿었지만, 하버드와 버클리 고생물학박물관 그리고 척추동물고생물학회의 보조금을 받았던 경력이 포함된 그녀의 이력서는 그들에게 아무런 감명을 주지 못한 듯했다. 볼로르가 포유류를 연구했다는 사실 때문에 그들은 그녀가 자기자신을 공룡 전문가라고 부를 자격이 없다고 보았다. 그리고 그녀가 하고 싶은 일을 하기 위해 몽골과학아카데미를 우회하려는 것도 못마땅해했다.

볼로르는 AMNH과학자들의 지원은 받을 수 없으리라는 사실을 알았다. 사실 그녀를 훈련시킨 것은 AMNH과학자들이었다. 하지만 그들은 고비에서 발굴 허가를 내준 몽골과학아카데미와의 사이가 소원해질 것을 두려워해서 볼로르를 받아줄 수 없었다. 볼로르는 다른 고생물학자들로부터 그녀에 대한 부정적인 소문을 들었다는 몽골인들과 마주치곤 했다. 예를 들어, "그녀는 미국인과 결혼했으니, 이제 몽골 사람도 아니야" 같은 말이었다.

볼로르는 성인기의 대부분을 미국에서 보내고 미국인과 결혼했지만, 사실 미국 시민권자는 아니었다. 미국으로 귀화하기 위해서는 고국 몽골을 포기해야 했다. 몽골은 이중 국적을 허용하지 않았기 때문이다. 하지만 무엇보다도 볼로르는 미국에 계속 머물 계획이 없었다. 물론 그녀는 미국의 일부 지역, 예를 들어, 국립공원이나 유타주, 와이오밍주 같은 곳을 좋아하기는 했지만, 그곳은 고향이 아니었다. 이도 저도 아닌 중간에 끼인 상태는 국외 거주자에게는 고통이었다.

"우리가 고국을 떠나면, 사람들은 우리가 나라를 포기했다고 생각하지만 사실은 정반대예요. 우리가 더 애국자죠. 우린 변화를 이루어내려고 애쓰니까요."

그녀가 언젠가 말했다.

볼로르는 몽골 고생물학 공동체를 부인하려고 NGO를 시작한 것이 아니었다. 오히려 자신에게 아무런 기회도 주지 않는 시스템에 기여함으로써 그 공동체를 성장시키고 싶었다. 호너는 몽골 동료들과 함께 일할 방법을 찾아보라고 했지만 볼로르는 고생물학센터가 마치 외국 과학자들을 위한 "서비스 회사처럼" 운영되고 있다는 생각을 지울 수가 없었다.

"답사대가 옵니다. 차량을 제공하고 그들과 함께 나가세요. 만약 그들이 뭔가 발견하면, 종이에 그들의 이름을 적어서 붙이세요."

그녀는 몽골 고생물학자들이 고비 화석으로 자신들의 이름을 널리 알린 외국 과학자와 기관들에게 아무런 기대도 하지 않는다는 사실이 몹시도 불쾌했다.

"몽골 전역의 유물이 소수의 사람에 의해 다뤄지고 있어요. 난 그걸 깨려고 노력하고 있습니다."

그녀가 말했다.

그녀는 그 뼈들을 돌려받고 싶었다. 또한 그녀는 연구를 목적으로 외국의 고생물학자들이 빌려간 정기준표본을 포함한 많은 몽골 화석이 돌아오지 않고 있다는 사실 또한 신경 쓰였다. 수천 개의 화석이 여전히 미국, 러시아, 일본 등에 소장되어 있었다. 그녀가 1920년대 로이 채프먼 앤드루스가 수집한 뼈를 포함해 모든 몽골의 뼈가 고향으로 돌아와야 한다고 주장할 때마다, 일부 동료는 국수주의자 같다고 걱정했다. 심지어 그 논쟁에 아무런 이해관계가 없는 사람조차도 그녀의 논거에 점잖게 의문을 제기했다.

"몽골의 열악한 박물관 여건과 정부의 부패에 대한 뿌리 깊은 우려를 보건대, 화석은 미국 자연사박물관과 같은 장소에 있어야 더 안전하고 접근하기도 쉽지 않을까요?"

볼로르는 자신이 그 뼈를 되찾을 수 없다면, 적어도 아직 현장에 남아 있는 화석만이라도 보호해야 하고, 이를 위해서는 유명 인사를 활용해야 한다고 결론지었다. 그녀는 여러 정치인에게 편지를 보냈지만, 운이 따라주지 않았다. 그러다가 2011년 봄, 시장에 몽골 화석이 넘쳐나기 시작했을 때, 그녀는 유명한 작가이자 활동가인 오윤게렐 '오유나' 체데브담바가 연설을 하기 위해 시카고를 방문할 거라는 소식을 들었다.

오유나는 풀브라이트장학금으로 러시아의 대학교와 스탠퍼드대학원에 다녔으며 예일에서도 특별 연구원을 지냈다. 이제 40대 후반에 들어선 그녀는 국내외 청중에게 여성권을 연설했다. 젊고 날씬한 그녀는 세련된 정장 차림에 작은 귀고리와 작은 진주 목걸이를 하고 매끄러운 검은 머리에 잘 어울리는 짙은 붉은색이나 자두색 립스틱을 발랐다. 그녀의 편집자 중 한 명은 그녀를 "스스로 일군 성공을 가볍게 짊어진 풍부한 매력의 소유자"라고 묘사했다. 한 보좌관은 한때 오유나가 관료적 분쟁을 우호적으로 해결하는 것을 보고 "이제 나는 정치인이 무슨 일을 해야 하는지 이해했다"라고 말했다. 볼로르는 그녀의 시카고 행사에 찾아가서 "오유나 자매님, 몽골 화석에 관해 무언가를 할 수 있도록 부디 정치인들을 동원해주십시오"라고 말했다.

오유나의 전문 분야는 수질, 법 집행 그리고 여성의 공직 진출 등이었다. 대부분의 몽골인처럼 그녀도 공룡에 대해서는 한 번도 생각해본 적이 없었다. 볼로르는 그녀를 압박했다.

"우리는 우리가 무엇을 가졌는지도 모르는 상태에서 우리의 유산을 잃고 있습니다."

오유나가 보기에 볼로르는 국민의 의식을 높이고 싶지만, 그럴 입지가 부족한 열정적인 과학 옹호자였다.

"내가 읽어볼 만한 자료를 주세요. 그 주제에 관해 배울 수 있게요."

오유나가 말했다.

볼로르는 뉴스 기사와 서적을 모아 오유나에게 주고는 1년 동안 그것을 읽고 몽골 화석의 중요성에 관한 "훌륭한 기사"를 한 편 써달라고 부탁했다.

이미 꽉 차 있던 오유나의 '할 일 목록'에 갑자기 읽을거리가 추가되었다. 앤드루스의 전기인 『드래곤 헌터』, 호주 고생물학자이자 척추동물고생물학회 회장을 지낸 존 롱John Long의 『화석 거래상The Fossil Dealers』, 블랙힐스 사건에 관한 스티브 피퍼Steve Fiffer의 『티라노사우루스 수Tyrannosaurus Sue』 그리고 1800년대 후반 마시와 코프 사이의 뼈 전쟁을 다룬 마크 재프Mark Jaffe의 『화려한 공룡The Gilded Dinosaur』 등이었다. 앤드루스에 관해 읽은 후, 오유나는 매료되었다. 『화석 거래상』은 그녀에게 경종을 울렸다. 뉴스 기사를 통해서는 비판자들이 종종 "우리의 도난당한 자료"에 관해 아무런 조치도 취하지 않는다고 몽골을 비난한다는 사실을 알아차렸다.

1년이 지나고 그녀가 "훌륭한 기사"를 쓸 시간이 되었다. 오유나는 비과학자인 자신이 고생물학자처럼 글을 쓸 수는 없으리라는 사실을 잘 알고 있었다. 또한 그녀는 "다른 사람들에게 무엇을 해야 할지 설교하는" 정치인으로서 글을 쓰는 것도 편치 않았다. 그래서 몽골의 자연사박물관에 있는 공룡의 관점에서 기사를 쓰기로 했다.

그녀는 칭기즈칸을 제외하고는 몽골에 살았던 가장 사나운 생물인 타르보사우루스 바타르를 자신의 수석 해설자로 선정했다. 그녀의 글 「공룡의 꿈Dinosaur's Dream」은 이렇게 시작한다.

"얼마전부터 나는 몽골 고비 공룡들과 마음속으로 이야기를 나누고 있다."

T. 바타르는 자연사박물관의 명판이 "오직 고생물학을 공부하는 학생만이 이해할 수 있는" 방식으로 쓰여 있다는 사실이 마음에 걸렸다. 공룡 알들은 밀렵당하지 않는 꿈을 꾸었다.

"친애하는 몽골인 여러분, 제발 알을 훔쳐서 외국인에게 파는 걸 멈춰주세요."

몽골의 "싸우는 한 쌍"은 "사람들이 몽골에서 우리를 빼내는 것을 금지하는 법이 필요하다"고 목소리를 높였다. 만약 외국 과학자들이 화석 빌리는 것을 금지당한다면, 그들은 몽골에서 모든 연구를 진행함으로써 몽골이 갈채를 받게 할 수밖에 없을 것이다. "미국, 캐나다, 중국 과학자들이 우리 공룡으로 연구를 해서 유명한 과학 잡지 속의 스타가 되는 것"은 공평하지 않았다.

이 글은 1990년대 초반 창간한 신문인 《아드칠랄Ardchilal》에 실릴 예정이었다. 그리고 국제박물관의 날인 2012년 5월 17일 마침내 글이 실렸다. 그 글에서 T. 바타르는 "내가 아직 스타는 아니지만, 스타가 될 모든 잠재력은 가지고 있다"라고 했다.

그 잠재력은 이미 뉴욕시에 전시되었다. 오유나의 기사는 헤리티지 옥션스가 시사회를 열었을 때 신문에 실렸다.

　"공룡!"

　오유나는 그 문제를 엘베그도르지 대통령에게 가지고 갔다.

　"지금 나한테 공룡 얘기를 하는 겁니까? 난 당신을 과학 고문으로 임명한 게 아닌데요."

　그날 아침 오유나가 전화했을 때 대통령이 물었다.

　"이 공룡은 곧 팔릴 예정이에요. 누군가는 이의를 제기해야 합니다. 부디 제게 30분만 시간을 내주시겠습니까?"

　그녀가 말했다.

　오유나는 곧 대통령 집무실로 가서 볼로르가 그녀에게 숙제로 내주었던 공룡에 관한 책과 기사들을 펼쳐놓았다.

　"대통령님, 제가 고생물학자는 아니지만, 이 자료들을 다 읽었습니다."

　그녀는 엘베그도르지 대통령에게 말했다. 그러고 나서 대통령에게 헤리티지 카탈로그의 이미지를 보여주면서 "이 공룡은 몽골의 공룡입니다. 제발 몽골을 위해 공룡에 대한 권리를 주장해주세요"라고 말했다.

　"하지만 우리가 뭘 할 수 있죠?"

　엘베그도르지가 물었다. 오유나가 가처분 명령에 관해 설명하자 엘베그도르지는 "우리가 지면 어떻게 되는 겁니까?"라고 물었다. 오유나는 "우리가 진다고 하더라도 대통령님은 몽골의 재산권을 주장한 최초의 대통령이 되실 겁니다. 우리가 이긴다면,

몽골의 재산을 되찾은 최초의 대통령이 되실 테고요. 지금까지 국제 경매나 판매에서 몽골의 자산을 주장한 사람은 아무도 없었습니다"라고 대답했다.

그렇게 '긴급 호소문'이 엘베그도르지 대통령의 웹사이트에 게시되었다.

"몽골 대통령은 몽골의 재산일지도 모를 T-렉스 화석에 대해 우려를 표하고 있다."

공룡의 종이 무엇인지는 정확하지 않았고, 호소문은 오유나가 아닌 몽골의 교육부 장관이 엘베그도르지 대통령에게 경종을 울림으로써 게재된 것으로 정리되었지만 요점은 확실하게 전달되었다. 몽골은 누가 그 공룡을 팔려고 하는지 그리고 판매자는 어떻게 그것을 손에 넣었는지 알고 싶어 했다. 뉴스에서 그 소식을 다루기 시작했다. 데이비드 허스커비츠는 〈라이브 사이언스Live Science〉에 그 공룡이 합법적으로 미국에 들어왔으며, 위탁자들은 자신들이 '그 화석에 대한 소유권을 가졌다'는 사실을 서면으로 보증했다고 말했다.

한편 헤리티지는 그 공룡의 존재가 그들보다 앞서 있기에, 법률이 적용되지 않는다고 주장했다. 정말 불합리하기 그지없는 견해였다.

"그건 사우디아라비아가 그들 땅에서 나는 석유를 소유할 자격이 없다고 말하는 거나 마찬가지예요."

오유나의 남편이 말했다.

엘베그도르지 대통령이 법적 조치를 취하는 것에 동의한 후,

오유나는 변호사를 알아보기 시작했다. 텍사스주 휴스턴에서 로버트 페인터Robert Painter가 마지막으로 메시지를 확인했을 때, 그는 막 싱가포르로 출장을 떠나려던 참이었다.

제16장

몽골, 열강들의 각축장

엘베그도르지 대통령의 새로운 변호사에 관해 들었을 때, 사람들은 생각했다. 소규모 가족 회사에서 일하는 텍사스 변호사가 어떻게 몽골의 지도자를 대변한다는 거지? 그것을 이해하려면 민주주의 혁명의 첫날보다도 더 이전으로 돌아가야만 했다.

목축업자의 여덟 번째 아들로 태어난 차히아긴 엘베그도르지는 멀리 남서쪽 알타이산맥 기슭의 중국 국경 근처, 호수와 계곡에 에워싸인 호브드 출신이었다. 1963년에 태어난 그는 어린 시절 공산주의 소년단의 독특한 빨간 스카프를 "자랑스럽게" 두르고 다녔다. 그가 16세가 되었을 때, 그의 가족은 국경에서 남쪽으로 네 시간, 울란바토르에서 북서쪽으로 400킬로미터 떨어진 도시인 에르데넷까지 멀리 이사를 했다. 에르데넷은 당시 세계에서 네 번째로 많이 매장된 구리를 채취하기 위해 건설된 도시였다. 엘베그도르지는 고등학교를 졸업한 후 광산에서 기계공으로 일하면서 약 8,000명의 광산 노동자 대열에 합류했다. 그중 많은 사람이 러시아에서 출퇴근했다. 1년 후인 1982년에 그는 군에

징집되었다. 혁명 청년군을 이끄는 그의 지도력과 군대 신문에 시를 내는 감수성을 보고는 정부 관계자가 그에게 우크라이나의 리비프에서 군사 저널리즘을 공부할 것을 제안했다.

대학을 졸업한 후 엘베그도르지는 '붉은 별'이라는 의미의 《울란 오드Ulaan Od》라는 군대 신문사에서 일하기 위해 울란바토르로 이사했다. 1989년 즈음 그는 몽골 최초의 독립신문 창간을 고심하고 있었고, 페레스트로이카를 "시의적절하고 용감한 발걸음"이라고 부르면서 다른 젊은 혁명가들과 함께 민주주의 개혁을 옹호했다. 몽골은 조용히 소련의 종속에서 벗어난 최초의 동부 연합 위성국이 되었다.

엘베그도르지는 대학 때부터 연인이었던 볼로르마 하지드수렌과 결혼했는데, 그녀는 한때 버지니아주 로아노크의 경영대학원에서 공부했다. 엘베그도르지가 아드칠랄 신문사를 세우고 몽골에 새로 형성된 민주당 당원으로 의회에 입성할 준비를 하는 동안, 그들은 네 명의 아들을 두고 딸도 하나 입양했다.

몽골이 1990년 7월 말에 처음으로 다당제 선거를 준비하고 있을 때 울란바토르에는 모두 여섯 명의 미국인이 살았다. 조지프 레이크Joseph Lake 대사와 그의 아내가 일곱 번째와 여덟 번째 미국인이 되었고, 곧 "몽골인과 미국인은 놀랄 만큼 마음이 잘 통한다"는 사실을 알게 되었다. 레이크 대사는 몽골인이 그가 지금까지 함께 일해온 사람들 중에 가장 친절했으며, 몽골은 공산주의하에서 "진정으로 진보한" 몇 안 되는 소련의 위성국 중 하나였다고 말했다.

독립 참관인들은 최초의 다당제 선거가 공정하고 민주적이었다고 선언했다. 민주당은 국회에 소수의 의석을 차지하고 천천히 힘을 모았다. 제임스 베이커^{James Baker} 국무장관은 몽골이 긍정적이고 폭력 없는 민주주의로 이동할 것이 매우 확실해 보인다면서 미국은 몽골이 러시아와 중국 너머로 관계와 영향력을 넓히도록 "제3의 이웃 국가"가 되어줄 것이라는 제안을 가지고 몽골을 방문했다. 1992년 몽골이 새로운 헌법의 초안을 마련할 당시, 초안 작업에 초빙된 외부인 중에는 미국인들도 포함되어 있었다.

"몽골인들은 허황된 자존심 같은 것은 놀라울 정도로 없어 보여요. 자국의 헌법 제정을 외국인들에게 부탁하는 나라가 있다는 얘기를 들어본 적이 있나요?"

한 참가자가 《뉴요커》지와의 인터뷰에서 말했다.

헌법 초안 작업에 초빙된 외부인 중에는 사우스다코타의 수폴스 출신 기독교인 23명도 포함되어 있었다. 그들은 어쩌다 보니 이미 울란바토르에 와 있었고, '예수님을 위한 캠퍼스 십자군'의 창시자인 빌 브라이트^{Bill Bright} 박사의 권유로 몽골을 '선택'한 것이었다. 브라이트 박사는 2000년까지 지구상의 모든 사람에게 기독교를 전파하겠다는 목표로 전도 사업을 벌이고 있었고, 사우스다코타인들은 그 사업의 일환으로 영화 〈예수^{Jesus}〉를 몽골인들에게 보여주기 위해 울란바토르로 여행 온 것이었다. 지금과 마찬가지로 그때도 울란바토르는 작은 마을 같은 도시였다. 그곳 사람들은 신기하게도 상대가 자기 생각을 행동에 옮기기도 전에 그가 무엇을 할지 다 알고 있는 듯했다. 따라서 제복 차림의 남자들이 사우스다코타 사람들이 묵고 있던 호텔에 나타나 몽골에서 무엇을 하고 있는지 물어보기까지는 그리 오랜 시간이 걸리지 않았다.

"예수께서 우리를 보내셨습니다."

사우스다코타 사람 하나가 말했다. 이 대답을 들었을 때, 몽골 정부 지도자들은 사실이라고 믿기에는 너무 좋은 말을 그들에게 했다. 아마 다음과 같이 물었던 듯하다.

"그렇다면 그 예수라는 분이 우리가 헌법을 만드는 것을 좀 도와주실 수 있을까요?"

그렇게 해서 사우스다코타인 한 명이 종교의 자유에 관한 구절을 쓰는 것을 도왔다. 다른 부분은 '텍사스주 선거법 편람'과 미국 헌법에서 "글자 그대로 옮겨" 왔다.

사우스다코타 사람들은 폴란드에서 대학에 다니던 시절 밀워키 출신의 선교사와 함께 살았던 바트바야르[B. Batbayar]라는 국회의원을 만났다. 바트바야르는 몽골이 주정부 프로그램에 대응하려면 독립 TV 뉴스 방송국이 필요하다고 생각했기에 사우스다코타 사람들에게 방송을 시작할 기회를 주었다.

"그의 목표는 자유롭고 객관적인 뉴스 보도를 전국적으로 제공하는 것이었어요. 자유 언론 없이는 몽골의 젊은 민주주의가 무너질 거라고 믿었던 거죠."

사우스다코타 사람 중에 한 명이 나중에 설명했다. 바트바야르가 채널 8번, 이글 TV의 방송 면허를 확보하자 사우스다코타 사람들은 이를 감독하기 위해 비영리단체인 어몽재단AMONG Foundation을 설립했다. 어몽은 CNN 프로그램은 물론, 〈월튼네 사람들The Waltons〉과 〈천사의 손길Touched by an Angel〉 같은 미국 프로그램을 소개하면서 뉴스 룸, 스튜디오, 장비, 직원을 제공했다. 이 재단의 명시적인 사명은 "민주주의 정부 형태에 대한 이해를 증진하고, 자유시장 체계와 민주주의 사회의 가치를 장려하고 육성하는 것"이었지만, 확실한 것은 어몽의 사명에는 몽골인들의 개종도 포함되어 있었다는 점이다. 한 직원은 그 재단이 "지상에서 가장 불교적인 국가에서 종교의 자유를 보장하는" 헌법을 제정하도록 도움을 주면서 마치 불교가 다루기 힘든 골칫거리라도 되는 것처럼 생각했다고 증언했다.

그 밖에 또 누가 이글 TV나 다른 미디어의 배후에 있었는지 정확히 알기란 사실상 어려웠다. 지금도 마찬가지이긴 하지만, 당시 몽골 법은 실제 소유자는 누구고 운영자는 누구인지 또는 그들의 의도는 무엇인지 알아내는 것을 거의 불가능하게 했다. 소문에 의하면 언론 매체를 자신들의 공공 의제를 은밀히 퍼뜨리는 매체로 이용하려는 정치인이나 정치적 활동가가 지방 방송국을 소유하는 경우가 많았다고 한다. 이글 TV 관리자였던 미국인은 로이 채프먼 앤드루스가 1920년대에 '스퀴즈'라고 불렀던 뇌물이 "미디어 전반에 걸쳐 있던 일종의 전염병"이었다고 고백했다.

"뇌물은 거의 문화적이었다."

어몽은 이글 TV의 절반을 소유했고 나머지 절반은 몽골 미디어 회사로만 식별된 독립 단체가 소유했다. 몽골의 개인 소유주들은 일반적으로 '민주당원'으로만 확인되었지만, 일부 언론 보도에는 엘베그도르지를 포함한 창립자들의 이름이 언급되기도 했다. 이글 TV는 1995년 9월 28일 방송을 시작했다. 1996년 여름의 국회의원 선거가 채 1년도 남지 않은 때였는데, 민주당은 그 선거에서 처음으로 공산당의 의석이 없어지기를 희망했다.

이제 몽골의 민주주의는 급성장하고 있었고 몽골은 핵무기 청정 지역임을 스스로 선언했기 때문에, 조지 H. W. 부시 대통령은 재정 지원을 승인했다. 재정 지원액은 0에서 3,000만 달러로 급증했다. 베이커 국무장관은 '제3의 이웃 제안'을 기반으로 몽골에 돌아왔다. 처음에는 '수사적 몸짓'으로만 보였던 개념이 이제 외교정책과 법률로 체계화되었다. 전직 휴스턴 변호사이자 레이건 대통령 시절 백악관 비서실장을 역임한 베이커는 국제 공화 연구소International Republican Institute, IRI와 협력했으며, 이제는 IRI가 몽골에서 일하기 시작했다. 1996년 6월의 중대한 선거를 앞둔 기간에, 그들은 뉴트 깅리치Newt Gingrich 하원의원의 '미국과의 계약Contract with America(1994년 의회 선거운동 당시 미국 공화당이 발표한 문서로 공화당이 미국에서 최초로 다수당이 된다면 어떤 정책을 펼지 약속하는 정책 강령이었다 - 옮긴이)'을 모델로 삼는 예상 밖의 전략을 사용했다. 2년 전, 조지아주 공화당은 '보수 혁명'을 위한 전국 선거 청사진을 제시했고, 이를 통해 공화당은 하원의 의석을 싹쓸이했다. 공화당이 1952년 이후 처음으로 다수당이 되었던 것이다. 이제 국제공화연구소는 몽골의 당 지도자들에게 연합을 만들고, 성명서를 작성하고, 대중의 의견을 수렴하고, 캠페인을 전개하는 방법을 가르쳐주겠다고 제안했다. 미국 공화당의 컨설팅 제안을 받아들인 몽골 유일의 정당인 민주당은 깅리치의 '미국과의 계약'을 기초로 '몽골 유권자와의 계약'이라는 공약을 작성했다. 엘베그도르지가 부분적으로 작성한 이 공약은 세금을 내리고 사회복지 예산을 삭감하며 대부분의 국가 재산을 민영화할 것을 내걸었다. 50마리의 소와 양을 키우는 한 목축업자는《워싱턴 포스트^{Washington Post}》지와의 인터뷰에서 이렇게 말했다.

"나도 그 유권자와의 계약을 자세히 읽었습니다. 모두가 그랬을 겁니다."

이렇게 미국 공화당이 훈련시킨 몽골 민주당이 거의 1세기 만에 공산당 권력을 처음으로 무너뜨리면서 1996년 선거에서 승리했다. 35세의 엘베그도르지는 재선에 당선되어 총리로 임명되었다. 그러나 채 2년도 지나지 않아, 민주당원들이 소유한 대형 민간 은행에 국유 은행을 파는 정치적인 실수를 저지르게 되었다.

"그 불법적이고 부패한 합병으로 몇몇 민주당원과 그들의 친구가 극도로 부유해졌다."

몽골 국영 신문인《몽골 메신저^{Mongol Messenger}》의 편집자였던 미국인 마이클 콘^{Michael Kohn}이 이렇게 썼다. 몽골 인민혁명당이 항의의 표시로 의회 파업을 일으킨 후, 엘베그도르지는 사임할 수밖에 없었다. 그는 나중에 "맞아요, 은행 합병은 나쁜 생각이었습니다"라고 말했다.

그로부터 2년 후, 몽골이 경제적으로 무너져가는 동안, 그 어느 때보다도 파괴적인 조드가 겨울 동안 200만 마리의 가축을 죽였고, 또 다른 30만 마리의 동물은 봄철에 기아와 재앙적인 추위와 싸우다 죽고 말았다. 목동들은 우울증으로 자살했다. 엘베그도르지는 서둘러 미국으로 떠났다. 일단 그는 콜로라도대학교 경제연구소에 등록한 후, 2002년에는 에드워드 메이슨^{Edward S. Mason} 석학회원으로 하버드대학교 존 F. 케네디 행정대학원에 입학해 개발도상국과 과도기적 민주주의 국가의 지도자를 위한 중간 경력 프로그램을 수학했다. 그는 리더십의 권위자 로널드 하이페츠^{Ronald Heifetz}와 제프리 삭스^{Jeffrey Sachs} 같은 스타 교수들이 가르치는 과정에 등록했다. 삭스는 10년 전 소련이 해체되면서 모든 것이 "온갖 종류의 난장판"이던 러시아에서 한동안 머물렀었다. 그곳에서 그는 몽골 국경을 넘어간 사람들이 겪는 것과 같은 일에 직면했다.

"100퍼센트 빈 상점만 늘어선 거리가 말 그대로 몇 킬로미터쯤 이어졌다. 그러니 뭔가 사고 싶으면 암시장에 가야만 했다. 암거래 말고는 방법이 없었다."

서방 국가가 몽골 대통령으로 세울 누군가를 키우고자 했다면, 엘베그도르지야말로 이상적인 후보였다. 국가 안보 전문가들은 그가 미국에 관해 긍정적인 견해를 밝히는 것을 지켜보았다. 예를 들어, 그는 공립학교에서 배우는 기본 외국어를 러시아어에서 영어로 대체하고자 했고, 칭기즈칸이 법치주의에 따라 세워진 미국 같은 사회를 찬양했던 점을 특히 존경했다. 그의 미국 내 연고도 점점 커지고 있었고, 그중에는 헤리티지재단의 지도자들, 밥 돌Bob Dole 상원의원 그리고 노벨 경제학상 수상자인 밀턴 프리드먼(국가와 개인은 자유시장을 통해서만 생존한다고 주장했다)도 포함되어 있었다.

나오미 클라인Naomi Klein의 『쇼크 독트린: 자본주의 재앙의 도래The Shock Doctrine: The Rise of Disaster Capitalism』에 따르면, 프리드먼의 비판자들은 이 경제학자와 그의 강력한 추종자들이 "큰 위기를 기다렸다가 시민들이 아직 충격에 비틀거리는 동안, 민간에 국가 일부를 팔아 재빠르게 '개혁'을 영구화하는" 전략을 실천에 옮겼다고 주장했다. 클라인은 프리드먼식의 정책은 다국적기업이 부를 획득하도록 돕는 이념적인 연막이라고 썼다. 그리하여 필연적으로 등장한 것이 바로 "소수의 대기업과 일단의 부유한 정치인들 사이의 강력한 지배 동맹이었고, 두 그룹을 구분하는 선은 흐릿하고 끊임없이 변화하는 유동적인 것이었다." 프리드먼의 정책을 옹호하는 가장 열렬한 팬 중에는 중국과 소련에서 "자본가로 전향한 공산주의자들"이 있었다. 소련의 붕괴도 그들의 앞길을 방해하지는 않았다. 클라인은 "규제 없는 자유시장은 민주주의와 함께 간다"라는 생각에 대한 도전으로 자신의 책을 펴냈다. 엘베그도르지가 프리드먼의 교리를 너무도 추종했기에 그의 NGO인 자유연구소Liberty Institute가 프리드먼의 저서를 몽골어로 번역했다.

엘베그도르지는 2003년 봄, 미국에 머무는 시간이 끝나갈 무렵, 한때 "보수 두뇌집단의 학교"로 묘사되었던 미시간 맥키낵 공공정책센터에서 열린 지도자 회의에 참석했다. 그러고 나서 그는 헤리티지재단 회의에 참석하기 위해 뉴올리언스를 방문했고, 그곳에서 로버트 페인터라는 젊은 변호사를 만났다.

———

페인터는 텍사스에서 수년간 살았지만 원래는 웨스트버지니아 베클리 출신이었다. 그의 집안은 그곳에서 대대로 정치적 가계도를 형성해왔지만, 당시에는 정치에 거의 관여하지 않았다. 그는 웨스트버지니아대학교에서 학내 공화당원으로 활동하게 되었다. 그는 부시-퀘일 선거운동에 자원했으며, 청소년 공화당원을 조직하는 방법에 관한 지침서도 썼다.

키가 188센티미터였던 페인터는 라디오 아나운서처럼 깊게 공명하는 목소리에 사교성이 좋아 인맥이 넓었고, 머리는 교회 집사처럼 깔끔하게 빗질해 넘겼다. 그의 원래 꿈은 의사였지만, 1990년대 후반 베일러 법학대학원에 등록했다.

밥 돌의 1996년 대통령 선거운동에 참여하면서 페인터는 많은 사람을 사귀었고, 레이건 전 대통령과 당시 영국 총리였던 마거릿 대처와도 예상 밖의 친분을 쌓았다. 로스쿨에서 공부하는 동안, 그는 버지니아에 기반한 보수주의 청년 단체인 '리더십연구소'의 지원을 받아 '리버티포럼'이라는 비영리단체를 시작했다. 리더십연구소는 그와 그의 친구가 마셜대학교에서 보수 신문을 창간하도록 도와주었다. 페인터는 자신이 창간한 신문의 이름을 《리베르타스Libertas》라고 지었다. 한 달에 한 번, 그와 그의 친구들은 캠퍼스에 타블로이드를 배포했다. 그 신문은 마틴 루서 킹 주니어Martin Luther King Jr를 "공산주의 동조자이자 표절자"로 표현했고, 진보적인 정치 후보자를 지지하는 교수들을 폭로했다.

1999년 1월 말, 페인터와 친구들은 세계 최대의 연례 보수 모임인 CPAC, 즉 보수정치행동회의Conservative Political Action Conference에 참석하기 위해 워싱턴DC로 향했다. 비용은 리더십연구소가 냈다. 학생들은 댄 퀘일Dan Quayle과 올리버 노스Oliver North 같은 공화당 주요 인사를 만날 계획이었다. 존 애시크로프트John Ashcroft 상원의원을 위해 일했던 페인터의 친구 토니아 맥라티Taunya McLarty는 페인터 일행이 빌 클린턴 대통령의 탄핵 심판 과정을 참관할 수 있게 주선했다. 워싱턴 여행 후 2주도 지나지 않아,《리베르타스》는 "전국의 보수파 기부자"에게까지 신문을 보급할 계획을 발표했다. 최근 발행된 2만 5,000부가 "고소득 보수주의자"에게 우편으로 배송되었다. 페인터는 학교 신문에 "많은 보수주의 기부자들이 대학 캠퍼스에서 벌어지는 일에 관심이 많다"라고 말했다.

페인터가 법대를 졸업한 그해 말에 리버티 포럼은 해산되었다. 그는 휴스턴 지역의 유서 깊은 거대 기업인 '풀브라이트&자보르스키'에 입사해 의료 과실 영역을 담당했다. 몇 년 후 그는 월마트 법무팀에서 일하던 동료 변호사 맥라티와 결혼했다. 2005년 무렵 아이가 생기자 부부는 자신들이 사는 휴스턴의 고급스러운 챔피언포레스트 근처에 2층짜리 벽돌 건물을 구하고 페인터 법률회사를 개업했다.

그때쯤 페인터는 정부와 정치에 관해 배우려는 젊은 전문가들을 위해 '벨웨더 포럼'이라는 비영리단체를 설립했다. 이사, 회원, 고문에는 상원의원과 판사가 포함되어 있었고, 조지 부시 행정부의 국토안보부 장관 내정자와 텍사스 북부 지방 검사보로 선임될 제이 웨이머Jay Weimer 등도 영입할 예정이었다. 페인터는 베일러에서 시작했던 비슷한 프로젝트를 본뜬 스피커 시리즈(특정 주제를 두고 여러 명의 연사가 릴레이로 연설을 하는 것을 의미한다 - 옮긴이)를 계획했는데, 연사 중에는 워터게이트 사건의 괴한 버나드 바커Bernard Barker(1972년 닉슨의 재선 선거자금 모금위원회의 사주를 받고 민주당 전국위원회 본부에 침입해 도청장치 등을 설치한 혐의로 기소되어 유죄판결을 받았다 - 옮긴이)도 포함되어 있었다. 벨웨더 포럼은 그 도전이 "일반인에게 정치를 파는 것"임을 인정하면서, 사람들은 "정부에 영향력을 행사할 수 있는 핵심 세력이 되기를 은밀히 갈망한다"는 사실을 지적했다.

2003년 4월 벨웨더 회원들은 보수주의자들의 연례 모임인 '헤리티지재단 자원은행'에 참석하기 위해 뉴올리언스를 방문했다. "자유를 위한 전투에서 배운 교훈을 나누는" 것이 목적이었다. 페인터 부부는 당시 미국 법무부 장관이었던 그날의 기조연설자 존 애시크로프트와 인사를 나누고 싶었다. 페인터는 당시 노동부 장관이었던 일레인 차오Elaine Chao에게 말을 걸기 위해 기다리다가 "몽골 전 총리"라는 이름표를 달고 있는 아시아인을 보게 되었다. 흥미를 느낀 페인터가 그에게 다가가 말을 걸었고, 그와 엘베그도르지는 친구가 되었다. 두 달 후, 몽골 전 총리는 휴스턴의 벨웨더 회원들을 대상으로 연설을 했고, 변호사를 대상으로 하는 행사에서도 연이어 연사로 나섰다. 그는 200명의 청중에게 다음과 같이 말했다.

"아시다시피 몽골은 여기에서 1만 1,000킬로미터나 떨어져 있지만, 우리나라는 그 어느 때보다도 세상의 이쪽 지역에 더 가까워지고 있습니다."

누군가 엘베그도르지에게 몽골에 관해 물어보면, 그는 자기 고향을 세 부분으로 나누어 설명했다. 첫째, 몽골은 12, 13, 14세기에 위대한 제국이었다. 둘째, 몽골은 러시아 다음으로 세계에서 두 번째로 공산주의 국가가 되었다. 그의 믿음에 따르면 공산주의란 자유 기업과 재산 그리고 사업체의 개인 소유를 금지함으로써 범죄자를 만들어내는 체제였다. 셋째, 몽골은 경제적, 정치적 자유와 개혁을 추구하는 유일한 아시아 국가로 이행 중이었다. 엘베그도르지에 따르면, 사람들은 그런 개혁이 "아시아에서는 불가능한 것"으로 생각했다.

"몽골은 이런 개혁과 자유가 도입된다면 세계 어디에서든 효과를 낸다는 사실을 보여줌으로써 사실상 그런 고정관념을 깼습니다."

그는 덧붙였다.

"러시아와 중국 사이에 있는 몽골의 위치를 고려해보면 이런 종류의 이행은 매우 거대하고 도전적인 과제입니다."

가을쯤 그는 벨웨더포럼의 자문위원 자리와 하버드대학교 반지를 자랑하며 울란바토르로 돌아가 있었다. 그의 아내는 남편이 결혼반지 대신 하버드 반지를 끼는 것을 허락했다.

　엘베그도르지 전 총리는 2004년 6월에 몽골 인민혁명당 또는 구 공산당의 당원인 남바린 엥흐바야르^{Nambaryn Enkhbayar} 전 대통령과의 권력 분담으로 다시 총리가 되었다. 그리고 즉시 미국으로 손을 뻗었다. 그는 미치 매코넬^{Mitch McConnell} 상원 원내 부대표에게 보내는 서신에서 자신의 새로운 입장을 전하고, 평화적인 이행은 "민주주의와 인권에 대한 몽골인들의 지속적인 헌신"을 상징한다고 말했다. 그가 설립에 관여한 것으로 알려진 이글 TV가 한때 방송을 중단했다가 2005년 10월 22일 다시 방송을 재개한 첫날, 방송국은 온종일 미국 국방부 장관 도널드 럼스펠드^{Donald Rumsfeld}의 첫 몽골 방문을 생중계했다.

　곧 조지 부시 대통령은 "유라시아 민주주의의 포스터 아이(특정 자질이나 활동을 대표하는 전형으로 여겨지는 인물이나 대상을 의미한다－옮긴이)"이자 "바람직한 안보상의 이익"으로 불리는 국가를 방문한 최초의 미국 대통령이 되었다. 은퇴한 외교관 존 타식^{John Tkacik}은 《극동경제리뷰^{Far Eastern Economic Review}》에서 "미국은 몽골과 이해관계가 거의 없다"라고 썼다. 그는 "좀처럼 인정받지 못하기는 해도 몽골은 지정학적으로 매우 중요하다. … 150만 제곱킬로미터에 달하는 면적은 유라시아의 안정화 요소로서 러시아와 중국이라는 두 거대한 이웃 국가의 국경 분쟁이 심각해지지 않도록 막아주고 있다"라는 사실을 언급했다. 그동안 몽골 국민은 "자신들의 존재를, 러시아와 중국이 수세기 동안 차지하기 위해 싸워온 영토 이외의 다른 어떤 것으로도 생각하지 않았지만" 이제는 "세계 속에서 그들의 중요성에 매우 큰 자의식을 느끼고" 있었기에 미국 국방부 장관과 대통령이 연이어 방문하는 것을 보고 매우 흥분했다. 부시 대통령은 2005년 11월 21일 800명의 청중에게 "미국과 몽골은 공통점이 많습니다"라고 연설했다.

"둘 다 말을 타고 거친 평원을 길들인 개척자가 정착한 국가입니다. 둘 다 식민 통치의 멍에를 벗어버리고 성공적인 자유 사회를 건설했습니다. 그리고 우리 양국은 자유라는 대의를 향한 책임이 우리의 국경에서 끝나지 않으며, 우리 땅에서 자유가 살아남으려면 다른 땅에서도 자유가 성공해야 한다는 사실을 알고 있습니다."

부시 대통령은 9·11 테러 이후 이라크와 아프가니스탄에서 미국을 지원해준 것에 감사를 표하며, 몽골의 군사력 향상을 돕기 위해 1,100만 달러의 지원을 약속했다.

———

그 후 몇 년 동안은 소란스러웠다. 엘베그도르지는 젊은 민주주의가 살아나 비틀거리다가 다시 굳건해지는 동안 권력을 장악했다 내놓기를 반복했다. 그와 몽골 인민혁명당 지도자들이 서로를 부정행위로 비난했을 때는 잘 다듬어진 보도자료와 뉴스 기사가 배포되었다. 기사 속에서 옛 공산주의자들은 "부패의 대부들"로 매도당하고, 엘베그도르지는 "몽골의 토머스 제퍼슨"으로 치켜세워졌다. 어느 시점에 엘베그도르지는 붕괴하는 정부가

"국가에 위험한 상황을 만들었다"라고 경고했다.

재정비를 위해 엘베그도르지는 2007년 5월 페인터와 벨웨더 팀을 몽골로 초청했다. 민주당을 미국식 정치에 길들이기 위해서였다. 강사에는 전미총기협회 임원과 미국 입법교류 평의회 American Legislative Exchange Council(또는 ALEC)의 기금 모금자가 포함되어 있었다. ALEC는 우익 운동가들의 조직으로 한때 《뉴욕타임스》의 사설에서는 "소수자와 노인을 소외시키는 유권자 신분증법, 중산층에 해를 끼치는 반노조법, 환경보호규정의 해체"를 이끌어낸 단체라고 묘사되었다. ALEC은 무장한 민간인들이 총으로 사람을 살해할 수 있도록 더 많은 법적 재량을 제공한 '정당방위' 법안의 통과에 중요한 역할을 했다. 이 단체의 후원자 중에는 코흐 산업의 두 형제 찰스 코흐 및 데이비드 코흐(코흐 형제는 보수적이고 자유주의적인 두뇌집단, 캠페인, 대의명분 등을 크게 후원해왔다)와 관련 있는 재단이 포함되어 있었다. 몽골의 야당은 민주당이라고 불렸지만, 미국의 기준으로 보면 단연 우익이었다.

2009년 5월 대통령으로 출마한 엘베그도르지는 미국 관광객의 비자 요건을 폐지하고, 사형제도의 폐지도 추진했다. 그는 관광부를 신설하겠다는 계획을 발표하고 야크(몽골에 서식하는 솟과 동물 – 옮긴이)를 사유재산화했다. 수흐바타르 광장에서 소비에트 시대 중요 인사의 영묘를 없애고, 거대한 칭기즈칸 청동상을 정부 청사 앞으로 옮겨놓기도 했다. 그는 의심스러운 암살 시도의 대상이 되었을 뿐만 아니라 2008년 의회 선거 이후 투표의 정당성에 의문을 제기하며 치명적인 폭동을 선동한 혐의도 받았다.

한 아시아 분석가가 브루킹스 연구소의 보고서에서 밝힌 것처럼, 몽골은 갈수록 격화되는 빈부 격차에 직면해 있었다. 지난 20년간 이어진 민영화로 몇 안 되는 엘리트들이 불균형적인 자원을 통제하고 대다수 가난한 사람은 기본적인 서비스도 받지 못하는 체제가 구축된 탓이었다. 엥흐바야르 대통령은 조지 부시 대통령이 대외 원조를 "개혁"하기 위해 만든 밀레니엄 챌린지 코퍼레이션으로부터 무려 2억 8,500만 달러의 구호자금을 받기로 서명했지만, 그것마저도 그가 대통령직을 유지하는 데는 도움이 되지 않았다. 엘베그도르지가 2009년에 4만 1,770표 차로 엥흐바야르를 이겼을 때, 모두가 그 근소한 차이 탓에 더 큰 폭력 사태가 일어날 것을 걱정했다. 그러나 아무 일도 일어나지 않았다. 놀랍게도 엥흐바야르는 패배를 인정했다. 2009년 5월 24일, 엘베그도르지는 서구에서 교육받은 최초의 몽골 대통령이자 평생 공산당원이었던 적이 없는 최초의 몽골 대통령이 되었다.

동아시아에서 민주주의가 더욱 강력한 발판을 마련하는 것을 보기 위해 투자한 사람들에게는 엘베그도르지 대통령이 앞으로 두 번의 임기(8년)를 집권하고, 2012년 선거에서 민주당이 의회를 장악하는 것은 매우 중요한 일이었다. 지난 60년간은 몽골 인민혁명당이 대부분 의회를 장악해왔기에, 다음 4년 동안 의회는 무엇보다도 채굴 정책을 수립해야 했고, 몽골의 천연자원 채굴권을 확보하기 위해 외국에서 "쏟아부을" 것으로 예상되는 "수십억 달러"를 어떻게 분배할지 결정해야 했다. 분석가들은 몽골이 공정하고 투명하게 국정을 처리해 나간다면, 엄청난 광물 재산으로 "카타르처럼 안정적인 중산층 사회"를 만들어갈 수 있으리라고 진단했다. 하지만 계속 부패가 만연하면, 나이지리아와 비슷한 상황으로 추락하리라는 것이《가디언Guardian》의 예측이었다. 나이지리아는 1970년대의 석유 붐이 환경 파괴와 갈등으로 이어졌고, 부패한 관료들에 의해 나라의 부는 흩어졌으며, 일반 시민들은 빈곤에 허덕이고 있다.

몽골 정부는 마침내 오유톨고이 개발에 착수했다. 남부 고비에 있는 오유톨고이는 100년 이상 채굴이 가능한 구리와 금이 매장된 것으로 추정되는 광산이었다. 캐나다 기업 '아이반호마인즈'가 몽골인들과의 기나긴 협상 끝에 60억 달러에 채굴권을 따내고 모회사인 영국-호주 광업계의 거인 '리오틴토'와 함께 그곳을 개발하기로 했다. 최종 합의에 따라 아이반호마인즈는 오유톨고이 생산량의 66퍼센트를, 몽골은 34퍼센트를 받기로 했지만, 일부 국회의원들은 그 비율이 불공평하다고 생각했다. 이미 20억 달러 이상을 투자한 채굴 회사는 몽골 정부가 계약을 존중할 것으로 예상했기에 몽골의 갑작스러운 계약 불이행은 국제 투자자들을 불안하게 만들었다.

엘베그도르지 대통령은 안정적이고 친미적인 민주주의 국가로서 "더 많은 관심을 쏟을 가치가 있는" 곳으로 몽골을 계속 홍보했다. 지난 20년 동안 미국은 엄청난 양의 1인당 구호물자 꾸러미를 몽골에 지원했다. 그것은 세계에서 가장 크다고는 할 수 없을지라도, 거의 그에 필적하는 규모였다. 하지만 엘베그도르지는 더 많이 보내달라고 계속 압력을 넣었다. 그는 몽골을 세계

우라늄 연료 사업의 선두 주자로 만들 것을 잠시 생각해봤지만, 곧 "갑작스럽게 그 계획을 중단했다." 엘베그도르지가 원하는 것은 미국과의 무역 거래인 것으로 보였다. 그는 2011년 6월에 미국 국기가 그려진 머그잔으로 차를 마시며 《워싱턴포스트》에 이렇게 말했다.

"우리가 문제를 일으킨다면, 그러니까 빈 라덴이나 원자폭탄을 숨겨놓는다면, 미국이 더 많은 관심을 기울이겠죠."

당시 휴스턴 변호사 로버트 페인터는 몽골에서 다양한 서구의 사업상 이익을 대변하고 있었다. 그는 또 다른 회사인 '몽골리아 리서치 그룹 LLC'를 설립했다가 곧 자신의 비영리단체 이름을 넣어 '벨웨더 몽골'로 명칭을 변경했다. 이 회사의 웹사이트는 페인터 로펌의 주소와 전화번호를 제공하는 단일 페이지로 구성되어 있으며, "벨웨더 몽골은 몽골의 광산 및 인프라 프로젝트에 투자합니다"라는 글귀만 적혀 있었다. 미국도 역시 세인트루이스에 본사를 둔 민간 기업인 '피바디에너지'를 압박해 광산권 로비를 벌이고 있었다. 남부 고비의 타반톨고이 개발권을 따내기 위해서였다. 이곳에는 만족을 모르는 중국의 산업에 다음 반세기 동안 연료를 공급해주기에 충분한 점결탄이 매장되어 있었다. 중국인들이 타반 톨고이의 지분 대부분을 사들이지 못하도록 몽골 정부는 서둘러 전략적 외국인 투자법을 통과시켰다. 《뉴욕타임스》는 이를 "외국인 투자를 장려하면서 민족주의에 대한 요구를 달래기 위한 복잡한 정치적 안무"라고 평가했다. 한마디로 채굴은 엉망이었다. 그러나 많은 시민, 특히 젊은 도시인들은 엘베그도르지를 자연자원의 붐을 헤쳐 나갈 정치인으로 보았다. 지지자들이 보기에, 무엇보다도 그는 국영 항공사와 관세청에 대한 조사에 착수했다는 점에서 만연한 부패 앞에 안정과 도덕적 용기를 보여준 인물이었다. 한편 엘베그도르지를 비난하는 사람들은 그가 실패했다고 주장했다. 일부는 여전히 2008년 적어도 다섯 명의 목숨을 앗아간 선거 폭동에 대해 그를 비난했다.

엘베그도르지가 대통령에 선출된 날, 페인터도 그의 승리를 보기 위해 그곳에 있었다. 그는 VIP 자격으로 당선자의 연설을 보았고, 그 후에는 바양골 호텔의 베트남 식당 벨라지오에서 점심을 먹기 위해 대통령 당선인과 합류했다. 그때 엘베그도르지가 그를 돌아보며 물었다.

"다음은 뭔가요?"

"대통령님을 위해서요? 아니면 저를 위해서요?"

페인터가 물었다.

"우리를 위해서요."

엘베그도르지가 말했다.

다음 순서는 투표 집계기라는 것에 그들은 동의했다.

"대통령님이 집계기를 계속 밀고 나간다면, 그게 부정행위를 없앨 것이고, 우리는 민주당이 다음번 선거에서 승리하는 것을 보게 될 것입니다."

페인터는 엘베그도르지에게 말했다.

"대통령님은 이미 정권을 잡았습니다. 앞으로는 국회 다수당이 될 겁니다. 그리고 울란바토르 시장 선거에서도 승리할 테고요."

이후 몇 년 동안 페인터는 몽골의 투표 집계기 구매 계약을 중개했다. 마침내 토론토에 본사가 있는 민간 기업인 '도미니언 보팅 시스템'과 계약이 체결됐다. 도미니언의 프리미어 시스템은 광학 스캐너와 종이의 하이브리드를 특징으로 했고, 디지털로 집계한 결과를 하드카피 백업으로 제공했다. 도미니언의 창립자이자 CEO인 존 폴로스John Poulos는 도미니언의 장비를 부정하게 조작하는 것은 극도로 어렵겠지만, 일반적으로 전자 투표를 회의적으로 보는 사람들이 있음을 공개적으로 지적했다. 기계는 표를 잘못 배치하거나 지우고, 잘못된 당에 귀속시키고, '예'를 '아니요'로 집계한다고 알려져 있었다. 그것은 유독 미국에서만 일어나는 일이었다.

"우리의 통치제도는 투표의 신성함에 기초합니다."

투표 집계기가 초래한 대혼란에 대해 글을 썼던 시애틀 출신의 작가 베브 해리스Bev Harris가 지적했다. 그녀는 투표란 "국민이 모든 법률, 정부 지출, 세금, 선출직 공무원을 승인하기 위한 토대입니다. 하지만 우리가 투표 제도를 신뢰하지 않으면, 그 표들이 우리의 목소리를 대변한다는 사실도 절대로 받아들이지 않을 테죠"라고 말했다.

몽골은 오늘날의 가치로 거의 1,000만 달러에 상응할 도미니언 기계를 주문했다. 훗날 페인터는 당시 투표 집계기 구매를 도운 대가는 미국에 본부가 있는 어느 비영리단체에서 받았다고 이야기했지만, 구체적으로 어느 단체인지는 밝히지 않았다. 미국에는 "정치적이거나 준정치적인 능력"으로 외국인을 대리하는 사람들이 그들의 활동, 영수증, 지불금 등과 함께 해당 외국인 과의 관계를 공개하게 하는 외국인대리등록법^{FARA}이 있었지만, 페인터는 그 법에 따라 등록한 적이 한 번도 없었다. 그럴 필요가 없다고 생각했다는 것이 그의 대답이었다. 하지만 FARA 전문가들은 동의하지 않았다. 대통령과의 우정, 벨웨더포럼 자문단 내에서 대통령의 위치, 재선에 대한 대통령의 의지에도 불구하고, 페인터는 몽골의 투표 집계기 구매를 돕는 것에 윤리적 문제는 없었다고 했다.

"나는 그게 몽골에 도움이 될 거라고 생각했어요. 심지어 그런 새로운 체계를 갖추는 것이 민주주의에도 좋을 거라고 생각했습니다."

그가 말했다. 모두가 2012년 6월의 중요한 국회의원 선거 전에 새로운 투표 시스템을 마련하기 위해 서두르고 있는 동안, 페인터는 세부적인 것들을 해결하기 위해 몽골을 거의 12번이나 방문했다.

엘베그도르지를 향해 가장 큰 목소리를 낸 비난자는 그의 전임자였던 엥흐바야르였다. 그는 국회의원 선거에 출마할 계획이었고 아마도 다시 대통령 선거에 출마할 가능성이 컸다. 그래서 2012년 초봄에 엥흐바야르가 예상치 못한 부패 혐의로 기소되었을 때, 그 배경을 궁금해하는 사람들이 있었다. 엥흐바야르의 혐의는 호텔을 부당하게 사유화하고, 어느 불교 사원에 들여놓을 예정이었던 TV 장비를 유용하고, 그의 자서전 여덟 부를 불법적으로 한국에 배송한 것이었다. 그는 자신의 혐의를 거짓이라고 주장하며, 법원의 소환에 응하지 않았다. 2012년 4월 12일 밤, 엘베그도르지가 최근에 설치한 부패방지청IAAC 요원들이 귀가하던 엥흐바야르를 체포하려 했다. 그가 집 안으로 숨어버리자, 폭동 진압 경찰이 건물을 에워쌌다. 새벽에 경찰이 강제로 안으로 밀고 들어가 전직 대통령을 집 밖으로 끌어냈을 때, 맨발인 채 머리에는 검은 두건이 씌워진 그의 모습이 국영 TV를 통해 생중계되었다.

엥흐바야르의 동지들은 재빨리 엘베그도르지가 "정적을 제거"하려는 "노골적인 시도"를 한 것이라고 비난했다.《이코노미스트The Economist》는 "지난 총선 이후 부정선거를 주장하며 치명적인 폭력 행위를 선동한 책임이 엘베그도르지 대통령에게 있다는 사실을 보여주는 내부 정부 문서를 엥흐바야르 전 대통령이 공개했다"라고 보도했다.《가디언》은 엘베그도르지에 대한 일부 불만은 "다소 하찮아" 보인다고 지적했다.《뉴욕타임스》는 "몽골은… 법치와 적법한 절차가 드문 지역에서 민주주의의 보루로 미국 관료들에게 널리 칭송받아왔다. 그러나 그 명성이 이제 의문시되고 있다"라고 했다. 그에 대한 체포는 "소련 시대 관행으로의 위험한 회귀"처럼 보였다. 엥흐바야르의 변호사는 언론에 다음과 같이 말했다.

"모두가 몽골이 소련의 사슬에서 벗어나기를 희망했습니다. 그러나 이런 행태야말로 소련의 잔재입니다."

일부 사람들은 체포가 바트 쿠르츠Bat Khurts라는 정보 요원에 의해 진행되었다고 지적했다. 쿠르츠는 한때 산자수렌 졸릭 살해 사건의 몽골인 용의자를 납치 · 고문 · 강제 송환한 사건과 관련된 혐의로 독일에서 지명수배되어 있었음에도 엘베그도르지는 그를 부패방지청의 부국장으로 임명했다. 졸릭은 유명한 민주혁명 지도자였지만 국내 정계에서 존재가 부상하고 있을 때, 복면 괴한들의 칼에 찔려 사망했다.

엥흐바야르가 단식 투쟁을 시작하고 건강이 급격히 악화됐을 때, 미국, 호주, 영국의 인권 감시자들이 공정한 치료를 위해 로비를 했다. 이는 "몽골 민주주의의 사망"을 암시하는 걱정스러운 전개였다. 반기문 유엔 사무총장 등의 호소 이후 엥흐바야르는 보석금을 내고 석방되어 입원하게 되었다. 서양 기자들은 음식과 물 없이 열흘을 단식한 그가 매우 허약하고 수척해진 것을 발견했다. 역사적으로 몽골의 여러 기관 중 가장 부패한 것으로 유명한 법원은 그의 재판 날짜를 6월 4일로 정해 사실상 그의 출마를 효과적으로 차단했다.

"그들의 임무는 다음 달 국회의원 선거와 2013년 대통령 선거 전에 나를 범죄자로 만드는 것이었습니다."

엥흐바야르가 《뉴욕타임스》 인터뷰에서 말했다.

"광산업이 바로 그들이 이토록 잔인하고 반민주적인 방식으로 나를 기소하려는 이유입니다. 구리와 금이 사람들을 미치광이로 만들어왔어요."

엥흐바야르의 반대자들은 그야말로 몽골의 광물 자원을 자신의 손아귀에 움켜잡으려 한다고 주장했다. 엘베그도르지의 옹호자 중에는 그의 보좌관 오유나도 포함되어 있었는데, 그녀는 몽골 공룡을 보존하기 위해 싸우는 볼로르 민진의 동맹이기도 했다.

"이제까지는 사람들이 엥흐바야르를 너무 두려워해서 고소장을 제출할 수 없었던 겁니다. 그러다가 마침내 그를 법정에 세우게 된 거죠."

그녀는 엥흐바야르의 체포 방식을 긍정적인 신호로 받아들여야 한다고 《뉴욕타임스》에 말했다.

"경찰이 그를 체포하러 갔을 때, 아무도 구타당하지 않았고, 언론도 공개적으로 방송할 수 있었어요. 이게 바로 행동하는 민주주의의 징표죠."

5월 중순이 되자, 이 문제는 엘베그도르지가 가장 중요하게 여기는 국가의 고위 지도자들에게 비난을 샀다. 캘리포니아 출신의 민주당 상원의원인 다이앤 파인스타인Dianne Feinstein은 엥흐바야르의 건강과 적법 절차의 중요성에 대한 성명을 발표했다.

"그가 어떤 대우를 받았는지 추적해가는 것은 매우 힘겨운 일이었습니다."

그러자 엘베그도르지는 엥흐바야르가 공정하고 인간적으로 대우받았다는 보도자료를 내고 힐러리 클린턴Hillary Clinton 국무장관이 최근 몽골의 인권 공약을 칭찬했다는 사실을 모두에게 상기시켰다.

이 모든 일, 그러니까 엥흐바야르의 수치스러운 체포, 인권에 대한 미국의 훈계, 고착된 부패, 광산업과 관련된 논란, 치솟는 인플레이션, 엘베그도르지의 당이 6월 총선에서 승리하고 2013년에 대통령직을 유지해야 한다는 압력, 일부 서방 외교관들 사이에서 몽골이 민주주의에 대한 열망을 잃어가고 있는 것 같다는 우려가 커지는 상황 등이 T. 바타르가 경매에 나가기 직전에 일어난 것이었다. 엘베그도르지에게는 승리가 필요했다.

바로 그런 상황에서 오유나가 기회 하나를 들고 그를 찾아갔다. 당시에는 거의 말이 되지 않는 듯한 '공룡', '경매', '뉴욕'이라는 기회였다. 그녀는 엘베그도르지 대통령에게 다음과 같이 말했다.

"몽골을 위해 T. 바타르를 빼앗아 오세요. 그러면 영웅이 되실 겁니다."

대부분의 변호사와 마찬가지로 로버트 페인터도 공룡 관련 사건은 다뤄본 적이 없었다. 그러나 그는 베일러대학에서 배운 대로 문제에 접근했다.

"큰 그림을 보고 전략을 짜고 최대한 준비한 다음 주먹을 휘두른다."

가처분 명령은 확실한 첫 번째 수처럼 보였다. 그는 마크 노렐과 볼로르 민진이 헤리티지에 보낸 서신, 경매 목록, 몽골의 자연사 관련 법률의 영문 번역, 그 공룡의 뼈가 몽골에서 발견되어 도싯의 어느 화석 수집가에게 소유되었다가 복원 작업과 판매를 위해 플로리다로 보내졌음을 소개하는 영국 신문의 5월 16일 자 기사를 증거로 사용했다. 그런 다음 페인터는 소유권 문제가 해결될 때까지 T. 바타르의 판매를 금지하는 명령서에 서명해줄 판사를 서둘러 찾았다. 댈러스주 판사 카를로스 코르테즈^{Carlos Cortez}

335

가 이에 동의했다. 페인터는 경매 전날 토요일 아침 댈러스로 날아가 판사의 서명을 받은 후 헤리티지에 통보하고 뉴욕행 비행기에 올랐다.

일요일에 그는 볼로르 민진과 몇몇 다른 몽골인이 "우리의 도둑맞은 유물을 돌려달라"고 적은 현수막을 들고 매각에 항의하는 현장을 지나쳐서 경매장에 들어섰다. 페인터는 헤리티지가 그의 입장을 막으리라고 생각했지만, 아무도 그에게 접근하지 않았다. 경매가 시작되기를 기다리는 동안 그는 상품을 훑어보았고, 실제로 입찰에 참여해 운석으로 만든 손목시계를 낙찰받기도 했다.

독일의 바다나리 화석이 4만 달러에 팔린 후, 단상 옆에 서서 휴대전화로 누군가와 통화를 하던 헤리티지 대표 그렉 로한이 경매인에게 메모를 한 장 건네주었다. 경매인은 그것을 읽어보고 발표했다.

"이번 품목의 판매는 법원 절차에 달려 있을 것 같습니다."

경매인은 어떤 종이라도 대체로 온전한 공룡의 골격은 쉽게 발견할 수 없으며, 이 공룡은 75퍼센트 정도 완전한 것으로 광고되었다고 청중에게 설명하면서 다음과 같이 덧붙였다.

"천장이 3미터 높이인 방이라면 어디든 들어갈 수 있기에 매우 훌륭한 장식품이기도 합니다."

페인터는 헤리티지가 법원의 명령을 무시하고 판매를 진행하려 한다는 사실을 믿을 수가 없었다. 입찰이 87만 5,000달러에서 시작됐을 때, 그는 댈러스의 코르테즈 판사에게 전화를 걸고는 자신의 블랙베리를 높이 치켜들며 방 안에 있는 사람들에게 알렸다.

"이 경매를 방해하고 싶지는 않지만 지금 내 전화가 판사님과 연결되어 있습니다."

경매인은 페인터를 쳐다보기는 했지만, 속사포처럼 내뱉던 말을 멈추지는 않았다. 그는 90만 달러를 외쳤다.

페인터가 경매인을 향해 통로를 걸어 올라가자, 로한이 그를 막아섰다. 그들은 약 5초 동안 팔을 흔들며 좌우로 움직이는 침묵의 춤을 추었다. 페인터는 판매를 막으려고 했고, 로한은 페인터를 막으려고 했다.

"저와 함께 가시죠. 일단은 저와 함께 가세요."

로한이 말했다. 경비원이 중간에 끼어들어 페인터에게 말했다.

"선생님? 선생님, 이쪽으로 가시―."

"지금 판사님과 전화가 연결되어 있다고요."

페인터가 말했다.

"그건 좋습니다. 하지만 일단 밖으로 나가시죠."

경비가 말하면서 그에게 방 뒤쪽을 가리켰다.

헤리티지의 변호사가 나타났고, 페인터는 그에게 자신의 블랙베리를 건네주었다. 헤리티지 변호사가 텍사스 판사에게 사과하는 동안, 공룡은 매각됐다.

제17장

공룡 재판이 시작되다

중세 시대로 거슬러 올라가면 법 집행 당국은 불법행위에 이용된 것으로 의심받는 도구나 그 결과물을 압류했다. 미국의 방식은 17세기 영국의 해양법으로까지 거슬러 올라간다.《뉴요커》에 실린 사라 스틸먼Sarah Stillman의 기사에 따르면, 당시 "영국 왕실은 세관원이 집이나 선박으로 들어가 밀수품으로 의심되는 모든 것을 압수할 수 있도록 '가택 수색 영장'을 발부했다." 그녀는 그런 권한이 "미국 독립 혁명을 일으킨 주요 불만 사항 가운데 하나"였다고 썼다. 권리장전은 "불합리한 수색 및 압수"로부터 시민들을 보호했고, 적법한 사법절차와 공정한 대우 없이는 국민의 생명, 자유, 재산은 박탈당하지 않을 것이라고 약속했었다. 그러나 "의회는 머지않아 해적과 밀수업자에 대한 몰수 행위를 승인했다." 바다 멀리 떠나 있을지도 모를 선박이나 화물 주인을 기소하는 것보다는 선박과 화물을 압류하는 편이 훨씬 쉬웠기 때문이다.

어느 정도 휴면기를 보낸 후에, 그 관행은 라틴어로 '사물에 대한'이라는 의미의 'in rem' 소송, 즉 '대물' 소송으로 발전했다. 그 과정에서 검찰은 사람 대신 사물을 쫓아야 했기에 그런 사건들은, 예를 들어, '미합중국 대 약 64만 695파운드 값어치의 상어 지느러미'처럼 매우 흥미로운 이름을 갖게 되었다. 자산몰수법 덕분에 경찰기관은 형사 고발 없이도 개인의 재산을 몰수할 수 있었고, 압류한 물품이 범죄와 관련 있다는 직감만으로도 그것을 무기한 보관해둘 수 있었다. 현금, 자동차, 트랙터, 집, 코카콜라 통 등 종류를 불문하고 거의 모든 것을 압수할 수 있었다.

1970년대에 연방정부는 마약 밀매단 같은 범죄 조직을 기소하기 위해 이 법을 활용하기 시작했고, 자산 몰수의 범위도 확대되었다. 1984년 의회가 법무부 산하에 '범죄수익 몰수자산 기금'을 창설한 이후 몰수 속도는 무척이나 빨라졌다. 만약 몰수 자산과 관련된 범죄 희생자가 확인되지 않는다면, 정부는 몰수한 재산을 팔아 그 수익금을 가질 수 있었다. 정부가 범죄를 통해 조달된 것이 분명한 물품을 압수하고 거기 협조한 주들이 수익금 일부를 받게 되면서 범죄수익 몰수자산 기금은 빠르게 불어났다.

많은 주가 연방정부의 압류권과 유사한 권한을 지방 경찰에 주기 위해 법을 개정하는 동안 종종 가난이나 이민자라는 신분 때문에 제대로 저항조차 하지 못하는 무고한 사람들이 조직적으로 부당하게 재산을 빼앗기는 사태가 발생하자 비판의 목소리도 일기 시작했다. 의회는 2000년에 개혁을 시도했지만 주 법령은 계속 확산되었고 수입도 증가했다. 법무부의 몰수 관련 수입은 1985년 2,700만 달러에서 1993년 5억 5,600만 달러로 급증했다.

2012년 여름쯤, T. 바타르가 경매에 나왔을 때, 법무부는 연간 약 42억 달러에 달하는 재산을 몰수했다. 소문에 따르면, 그중 상당수는 사기당한 투자자와 같은 피해자들에게 반환되었다고 한다.

뉴욕 남부지법 자산 몰수 부서는 당시 미국 연방 검사 프릿 바라라Preet Bharara가 "범죄로 이익을 취하는 것"이라고 평했던 것을 가장 성공적으로 처벌한 곳이었다. 바라라는《뉴욕타임스》에 다음과 같이 말했다.

"자산 몰수는 이곳 문화에서 중요한 역할을 하며, 정부가 효율적이고 제대로 밥벌이를 하고 있다는 하나의 표시이기도 하죠."

2012년 한 해에만, 이 부서는 30억 달러의 범죄 관련 재산을 압류했다. 이는 단 한 곳의 미국 연방 지방 검찰청이 세운 기록으로는 독보적이었고, 전국 압류 금액의 68퍼센트를 차지했다. 일반적으로 '피고' 측 물품은 정부에 인도되었고, 그것과 관련된 용의자는 시간이 오래 걸리고 비용도 많이 드는 법정 다툼이나 투옥의 위험을 감수하기보다는 그냥 손을 떼버렸다.

뉴욕 남부지방법원SDNY 또는 '남부'에서 자산 몰수를 담당했던 검사보는 샤론 코헨 레빈이었다. 그녀는 뉴욕으로 옮겨오기 전에 워싱턴의 법무부 민간 부서에서 근무했다. 1996년 이래 그녀는 남부의 자금 세탁 방지 및 자산 몰수 부서를 운영하여 수십억 달러의 압류와 배상을 감독했다. 그녀가 가장 좋아하는 사건은 나치가 1939년에 약탈해간 에곤 실레Egon Schiele의〈발리의 초상Portrait of Wally〉의 반환과 관련된 것이었다. 이 그림은 오스트리아 박물관에 이어 뉴욕의 현대 미술관에 전시되었는데, SDNY는 작품의 소유권에 문제가 생기자 그것을 압수해버렸다. 이 사건은 결국 전쟁을 피해 피란을 떠나면서 〈발리의 초상〉을 남겨두었던 빈 미술상의 상속자들에게 1,900만 달러의 합의금을 지급하는 것으로 끝이 났다. 《버라이어티Variety》는 그 소송이 "예술계의 근간을 뒤흔들었다"고 보도했다.

"만약 도난당한 미술품이 미국 당국에 의해 압수된다면, 그게 어떻게 미술품으로 기능하겠습니까?"라고 미술관 관계자들은 주장했다. 레빈은 자신이 "역사적인 불의를 바로잡기 위해" 법을 이용한 것이라고 지적했다.

《내셔널 로 저널National Law Journal》은 레빈을 "오늘날 법조계에서 가장 뛰어난 75명의 여성 검사" 중 한 명으로 선정했다. 미국의 모든 연방 검사 중에도 레빈은 누군가 무언가를 빼돌리고 싶어 한다면 절대로 관심을 끌고 싶지 않은 법 집행관이었다. 뉴스를 통해 다툼이 벌어진 공룡에 관해 들었을 때, 레빈은 로버트 페인터에게 전화를 걸었고, 텍사스의 집으로 돌아가기 위해 라과디어 공항에 있던 그와 연결이 되었다.

"도움이 필요하신가요?"

그녀가 물었다.

"네."

그가 대답했다.

"다음에 무엇을 해야 할지 모르겠거든요."

"아, 저는 압니다."

레빈이 말했다.

페인터는 T. 바타르를 되찾으려는 엘베그도르지를 칭찬하는 보도자료를 냈다.

"이것은 그 중요한 공룡의 진정한 소유권을 증명하는 데서 한 걸음 더 나아가 몽골 국민의 승리일 뿐만 아니라 미국과 몽골 국민의 우정이 거둔 승리이기도 하다."

이제 그는 엘베그도르지가 공식적으로 레빈에게 편지를 보내 미국 정부의 개입을 요청해야 한다고 제안했다. 그런 움직임에 판매자(로버트 페인터와 몽골인들은 아직 그의 이름조차 모르고 있었다)가 공룡을 포기할지도 몰랐다. 엘베그도르지는 즉시 그의 제안에 따라 미국에 "법적 조치"를 요청했다.

곧 뉴욕의 파크애비뉴에 있는 헤리티지 사무실에 팩스로 출석 요구서가 도착했다. 국토안보부 산하의 국토안보수사국은 "소유자, 판매자, 위탁자, 선적업자, 수입업자, 수출업자" 그리고 구매자의 이름과 위치를 포함하여 "품번 49135, '최고의 티라노사우루스 골격'과 관련된 모든 기록"을 요구했다. 헤리티지는 연방 수사관에게 상업용 송장, UPS 항공 운송장, 세관 서류 등 그들이 가지고 있는 몇 안 되는 서류를 제출했다. 그 문서에는 에릭 프로코피와 크리스토퍼 무어라는 이름이 공개되어 있었다.

에릭은 헤리티지와 계속 접촉하고 있었다. 하지만 이제는 헤리티지가 당국의 조사에 적극 협력하겠다는 보도자료를 배포하는 등 점점 더 몽골인들과 공동 전선을 펴는 듯했다. 그들은 국제 고생물학자 팀이 그 뼈를 검사하고, 공식적으로 그 종과 기원을 확인하는 것에 합의했다.

협상을 며칠 앞두고 헤리티지는 돈 레셈Don Lessem이라는 사람에게서 놀라운 이메일을 받았다. 그는 자신을 "스티브 스필버그의 공룡 자문"이라고 밝히고는 "몽골 정부와도 가깝게 일했다"고 소개했다. 레셈은 필라델피아 출신의 전직 기자이자 자연사와 문화 유물 관련 전시 기획자이기도 했다. 그는 필드 박물관의 칭기즈칸 전시회에서 몽골 정부와 함께 일했고, 잭 호너와 함께 책도 저술했으며, 자연과학아카데미를 위해 기가노토사우루스 주물도 만들었다. 이제 몽골 문화부는 그에게 T. 바타르 문제를 조용히 해결해줄 것을 "비공식적으로" 요청했다. 그는 지금 이 상황이 모두에게 "악영향을 끼치고 있다"는 말도 덧붙였다.

"크리스 무어는 훔친 물건을 판매하려던 사람으로 여겨지고 있고, 이미 국토안보부에 시달리고 있습니다. 헤리티지는 출처가 매우 의심스러운 물건을 고의로 거래하려는 것으로 여겨지고 있죠. 그리고 몽골 정부는 자국의 문화유산 보호에 방만한 것으로 비쳐지고 있습니다."

운이 좋으면 그들은 "법정 출두나 언론의 부정적인 관심 없이" 상황을 진정시킬 수 있을 터였다. 레셈에 따르면 몽골인들은 헤리티지가 T. 바타르 거래를 중단한 것을 "몽골에 대한 위대한 봉사"로 여기고 있으며, 회사 관계자들은 "대통령으로부터 상을 받기 위해 울란바토르로 초대될 것"이었다. 헤리티지가 협력한다면 "동일한 명예와 상"이 크리스 무어에게까지 확대될 수도 있었다. 레셈은 무어를 몰랐지만 그를 좋아했다. 그는 에릭 프로코피도 알지 못했지만, 그에 대해서는 멍청하고 거만하다고 생각했다.

그러고 나서 그는 한 가지 제안을 했다. 어쩌면 몽골은 무어에게 T. 바타르를 선적하고 표본 작업을 하기까지 들어간 엄청난 비용을 보상해줄 수도 있었다. 레셈의 시나리오에 따르면, 몽골 정부는 무어에게 15만 달러를 지급할 것이다. 헤리티지는 과학적 진실성에 대한 의문이 제기되자마자 판매를 무산시킨 것으로 보일 것이고, 몽골은 자연사박물관에 전시할 멋진 공룡 뼈를 갖게 될 터였다.

"다른 대안, 즉 언론의 추가적인 질문과 법적인 다툼 쪽을 선택하는 것은 모든 관련자에게 훨씬 불쾌한 일이 될 겁니다."

만약 이 계획이 먹힌다면, "헤리티지는 의심스러운 표본을 팔려 했다는 책임을 면하고, 몽골 정부는 그것을 구해냈다고 말할 수 있게 됩니다"라고 그는 덧붙였다.

"물론 여기에는 많은 정치가 관련되어 있습니다. 역겨운 일이죠, 안 그런가요?"

에릭은 그런 거래에 자신만 소외되었다는 사실이 못마땅했다. 누구든 15만 달러를 받을 자격이 있다면, 그건 바로 자신이었다. 그 골격을 표본으로 만들기까지 24시간 내내 일한 사람은 바로 자신이었다. 그것을 시장에 내놓은 사람도 그였다. 그는 헤리티지에 다음과 같은 제안을 하려고 했다.

"적어도 내가 알고 있는 한은 이 표본과 관련된 모든 것이 합법적이지만, 그래도 내가 [중앙아시아] 화석 사업에 관여하고 있는 모든 사람에 관해 알고 있으니, 암시장을 없애고 모든 측면에서 이익이 될 만한 영구적 변화를 만드는 데 도움을 줄 수 있습니다. 만약 몽골 대통령이 정말로 이번 화석의 출처를 밝혀서 국민에게 좋은 인상을 심어주는 데만 관심이 있는 것이라면, 내가 그를 얼마든지 도울 수 있습니다. 물론 그가 기꺼이 협조하고 타협할 생각만 있다면요. 하지만 그가 그 공룡의 뼈를 되찾고 암시장을 종식하기를 원하는 것이라면, 그는 싸워야 할 것이고, 암시장은 더욱 깊은 지하로 들어갈 것입니다."

에릭의 반응은 화석 거래의 기회주의적이고 어두운 측면을 반영하는 것이었다. 암시장은 신화이자 실재였다. 허가가 존재하는 동시에 존재하지 않았다. 에릭은 자신이 몽골 공룡을 암시장에서 거래했다고 말하지는 않았지만, 공격적인 이메일은 확실히 그가 그런 것처럼 보이게 했다.

로버트 페인터는 돈 레셈의 제안에는 관심이 없음을 확실히 했다. 그는 모든 것이 외부인이나 심지어 몽골 정부 관계자를 관련시키기보다는 엘베그도르지 대통령의 집무실을 직접 통과해야 한다고 생각했다. 보상 거래의 기회는 처음 나타났을 때처럼 빠르게 사라졌다.

처분금지 가처분 명령이 내려졌기 때문에, 그 골격은 퀸즈의 서니사이드에 있는 미술품 보관 회사인 '카도간 테이트' 창고에 보관되었다. 헤리티지는 여전히 에릭이 가지고 있다고 주장하는 서류를 제출하기를 기다리고 있었다. 그 서류는 그와 무어가 애초에 T. 바타르 수출 허가를 받았음을 밝혀줄 것이었다. 에릭은 헤리티지 CEO 짐 핼퍼린에게 "정말 서류가 있다니까요"라고 말하며 발끈했었다.

"하지만 분명한 것은 몽골인들이 얼마나 우리에게 협력하느냐에 따라 우리가 정보를 제공할지 말지가 결정된다는 거죠."

특유의 엄숙한 태도로 핼퍼린이 그에게 말했다.

"내 변변찮은 소견으로는, 그런 태도를 보이는 것은 매우 어리석은 거라고 말하고 싶군요."

공룡에 대한 검사 절차는 6월 5일 퀸즈의 창고에서 예정되어 있었다. 에릭이 직접 공룡의 포장을 풀겠다고 하자, 몽골 정부는 그의 뉴욕행 경비를 대주었다. 그는 검사 당일 아침 고생물학자들이 도착하기 전에 먼저 창고로 걸어갔다. 그는 긴 탁자 위에 T. 바타르를 한 조각씩 꺼내놓았다.

검사팀은 고생물학자 히시그자브 속바타르Khishigjav Tsogtbaatar(몽골과학아카데미 산하의 국립고생물학센터를 운영하며 1993년《GEO》기사에 몽골의 상업적 화석 발굴과 관련된 연구자로 이름을 올렸다)와 캐나다 출신의 티라노사우루스 전문가 필립 커리 그리고 볼로르 민진으로 구성되어 있었다. 마크 노렐은 검사팀에 포함되지는 못했지만, 커리와 공동으로 보고서를 작성하기로 했다. 이 두 과학자는 고비에서 모두 40번의 현장답사를 했었다. 대표단의 다른 구성원은 엘베그도르지 대통령의 수석 보좌관인 챠가안P. Tsagaan, 매우 신중한 전직 장관 한 명 그리고 몽골 교육문화과학부 장관인 나란준B. Naranzun이었다.

현장에 도착한 검사팀은 몽둥이처럼 두꺼운 대퇴골과 기화기 크기의 척추뼈, 느슨해진 활처럼 휘어진 갈비뼈가 상자와 탁자 위에 가득 차 있는 것을 발견했다.

고생물학자들은 화석 하나하나의 색깔을 꼼꼼히 확인하고 치수를 측정했다. 해부학적 특징, 즉 불균형하게 작은 앞다리, 치아 소켓의 수, 돔 모양의 눈 뼈, 좁은 두개골 등을 자세히 관찰한 후, 그들은 공룡이 타르보사우루스 바타르라는 사실에 동의했다. 그것은 해당 공룡이 몽골의 것임을 의미했다. 카자흐스탄과 중국에서 발견된, 외따로 떨어져 있던 조각들을 제외하고는 T. 바타르의 표본 상당수, 특히 대체로 완전한 골격은 몽골의 네메겟 지층에서 또는 그 주변에서만 발견되었기 때문이었다. "상아색 얼룩"이 있는 "상당히 밝은" 색깔은 고비 지역에서 발굴된 다른 화석들과 일치했다. 과학자들은 해당 골격이 다른 표본의 조각들과 함께 조립되었다고 의심했지만, 확실히 알 수는 없었다. 하지만 그들은 해당 공룡의 골격이 매우 훌륭하게 복원되었으며, 그 작업은 해외에서 이루어졌다는 사실만은 확신했다.

검사에 참여한 고생물학자들의 보고서가 미국 연방 검사실로 전달되었다. 6월 19일에 샤론 레빈은 새로운 자산 몰수 사건인 미합중국 대 티라노사우루스 바타르 뼈 소송을 제기했다. 고소장에는 공개적으로 에릭 프로코피의 이름이 올라갔고, 그가 세관 서류에 "몇 가지 잘못된 진술"을 적어 넣음으로써 그 공룡이 몽골에서 미국으로 밀반입되었다고 적혀 있었다. 영국을 원산지로 명시한 것은 몽골에 대한 언급을 피하려는 분명한 의도를 나타냈다. 1만 5,000달러라는 총액은 헤리티지의 추정치와 100만 달러라는 실제 판매 가격과도 어긋났다. 내용물에 대한 설명, 그러니까 "두 개의 크고 거친 (복원 작업을 거치지 않은) 화석 파충류의 머리" 등의 설명은 그 화석을 사실 그대로 백악기 공룡의 잔해라고 부르는 것을 회피하려는 시도가 분명했다.

T. 바타르에 대한 압수 영장이 발부되었다. 연방 요원은 트럭을 퀸즈에 있는 창고 앞에 대놓고 공룡 뼈가 담긴 상자들을 실어서 그것들을 정부 저장 시설로 운반해 갔다. 에릭은 곧 레빈에게서 편지 한 통을 받았다. 공룡을 포기하거나 법정에서 합법적으로 소유권을 주장할 수 있는 35일의 기간이 그에게 주어졌음을 알리는 통지였다.

———

에릭은 헤리티지 소속 변호사에 의존하고 있었다.

"이보다 더 나은 변호사는 만날 수 없을 겁니다."

데이비드 허스커비츠가 그에게 말했다. 하지만 이제는 그가 스스로 법률 대리인을 고용해야 했다. 에릭은 평생 변호사를 고용할 일이 없었기에 우선 변호사를 어떻게 구해야 할지 알 수 없었고, 특히 자연사를 전문으로 하는 변호사를 어떻게 찾아봐야 할지 막막했다. 그가 어떻게 해야 할지 생각하던 중에 워싱턴 DC에 있는 베일리&에렌베르크라는 법률 회사의 피터 톰파^{Peter Tompa} 변호사가 그에게 연락을 해왔다.

톰파는 계약이나 고용 관련 사건을 주로 다루었지만 골동품이나 문화적 유물과 관련된 문제도 처리했다. 이번 사건을 위해 그는 미국 세관법과 국제무역을 전문으로 하고 한때 소더비에서 준법 감시 부사장으로 일했던 뉴욕 변호사 마이클 매컬러프 Michael McCullough와 협업하기로 했다. 매컬러프나 톰파는 공룡과 관련된 사건은 다루어본 적이 없었지만, 미술품 경매회사들이 화석을 팔고 있었기에 틈새시장이 저절로 나타나는 듯했다. 두 파트너는 에릭 프로코피를 무료 변론하고, 만약 재판에 승소한다면, 마지막에 공룡 판매 대금에서 수임료를 받기로 했다. 그들은 자신들의 새로운 고객에게 "백기사(적대적 인수에 직면하거나 파산 위기에 처한 기업을 구제하기 위해 나서는 선의의 주주나 조직을 의미한다 - 옮긴이)"가 나타나 공룡의 해골을 사서 몽골에 기부하는 조건으로 합의를 추진함으로써 몰수에 맞서볼 작정이라고 말했다.

에릭은 이제 자신이 경매를 위해 "골격을 확인하고 복원하고 설치하고 준비하는 데 상당한 비용"은 물론이고 자기 삶에서 1년이라는 시간을 들였다고 말하면서 공식적으로 T. 바타르의 소유권을 주장했다. 그는 모든 관련 문서를 정부에 공개해달라고 헤리티지에 요청했다. 크리스 무어도 변호사를 선임했다. 그는 수사관들과 협력했고 이후 그의 이름은 거의 언급되지 않았다.

헤리티지라는 이름도 그 이야기에서 사라졌다. 7월 4일 헤리티지 회장인 그렉 로한은 햄턴스로 길게 독립기념일 휴가를 떠났다. 어느 날 오후, 그는 그 경매 건에 관해 곰곰이 생각해보다가 이제 헤리티지는 자연사 관련 경매에 관해 재고해봐야 한다고 말했다. 얼마나 안타까운 일인가! 사람들은 자연사를 좋아한다! 예를 들어, 그의 아내는 언젠가 화석 물고기가 찍힌, 강에서 건져 올린 돌이 경매에 나온 것을 봤었다.

"마음속으로 아내는 '모서리를 잘 다듬어서 저 위에 유리 상판을 올려놓고 받침대를 만들면, 완벽한 테이블이 될 텐데'라고 생각했죠. 그다음에는 그 위에 놓인 암모나이트 화석 몇 개를 보고 다시 생각하죠. '어머 세상에, 저걸로는… 램프를 만들 수 있겠어.' 그래서 이제 우리 집 손님용 침실에는 암모나이트 램프가 있습니다!"

그는 항로를 바꿀 준비가 된 것 같았다.

"내 말은, 만약 당신에게 공룡 골격을 전시해놓을 넓은 공간이 있다면…."

그가 이렇게 말하다가 이내 고개를 저었다.

"타르보사우루스 입찰에 나섰던 사람은, 그걸 자신이 소유한 건물에 전시할 작정이었어요. 그러다가 이 모든 소동이 벌어지고 만 겁니다."

로한은 여전히 사태를 처리하려 애쓰고 있었다.

"그걸 위탁한 사람은 초짜가 아닙니다. 그는 수십 년간 고생물학자였어요. 암시장에서는 비도덕적인 과거와 출처 그리고 소유권 문제가 있는 거래가 성행하고 있죠. 하지만 사실상 소유권에 조금이라도 문제가 없다면, 소유주는 그걸 전 세계적으로 광고된 뉴욕시의 주요 경매회사에 위탁하는 것이 가장 좋은 방법입니다."

T. 바타르의 매각이 성사되었더라면, 헤리티지 옥션스는 170만 달러의 수익을 냈을 것이다. 물론 회사 전체의 수입에 비해 많은

액수는 아니지만, 그렇다고 무시할 정도는 아니었다.

"경매 직전에 소송이 제기되지 않았더라면, 더 많은 구매자가 있었을 테고, 훨씬 높은 가격에 낙찰이 되었겠죠."

로한이 말했다. 그게 그가 가장 애석하게 생각하는 점이었다. 이제는 날아가버린 수수료와 소송비용도.

"하지만 그건 사업에 따르는 불가피한 비용이죠."

그가 말했다. 그리고 분명하다는 듯이 덧붙였다.

"아무도 헤리티지는 잘못이 없다고 생각하지는 않는 것 같아요."

어쨌든, 그는 말했다.

"우리는 발을 뺄 겁니다."

그리고 그들은 정말 발을 뺐다.

지금까지 에릭은 언론에 한마디도 하지 않았지만, 이제는 이름까지 공개되고 몰수에 맞서 싸우는 입장이라서 성명을 발표해야 했다. 그는 공룡의 출처를 "확실히" 알지 못하는 상황에서 그것을 획득했음을 인정했다. 그는 일본에 있는 누군가에게서 그 뼈대를 사서 무어에게 팔았지만, 자신의 동업자가 표본을 준비할 시간이 부족해서 자신이 다시 가져왔다고 말했다. 일본에 있는 누군가에게서 샀다는 말은 홀리스 버츠에게 겁을 주려고 일부러 던진 말이었다. 그는 상업적인 거래상과 개인 수집가들이 "자연의 가장 소중한 보물 일부를 전 세계의 박물관에 가져다주는 중요한 역할"을 한다고 주장하며 계속 말을 이었다.

"상업적 고생물학 사업에는 과학 연구에서 무언가를 훔쳐낼 기회만 엿보는 밀수업자가 아닌, 고생물학을 사랑하는 지적이고 열정적인 사람들이 가득합니다. 나와 같은 사람이 아니었다면, 이 뼈들 중 일부는 덧없이 먼지로 바뀌어버릴 것이고, 그렇게 되면 우리 중 누구도 그것을 보거나 연구할 수 없게 될 것입니다."

그는 이번 소송이 그를 파괴하려고 한다면서 계속 말을 이었다.

"당신이 가진 모든 것이 집과 함께 불타버리는데, 보험도 들지 않았다고 상상해보십시오."

나중에 법정에서 그는 이렇게 주장했다.

"적어도 토머스 제퍼슨이 몬티첼로에 있는 자신의 집 현관 앞을 자연사박물관으로 개조한 이래, 미국에서는 화석 수집이 잘 확립되었을 뿐만 아니라 고생물학과도 얽히게 되었습니다."

그리고 여러 해 동안 중국, 몽골, 러시아, 카자흐스탄의 화석들은 "국제 시장에서 공개적으로 판매되었습니다"라고 주장하기도 했다.

이 사건은 9월 7일 미국 지방법원 판사 케빈 카스텔Kevin Castel에게 배당되었다. 카스텔은 후기 백악기 관련 사건에 관해서는 들어본 적이 없었다.

"아무래도 내가 전체 상황부터 파악해야겠습니다. 지금까지 내게 공룡 몰수 사건이 배당되었던 적은 없었거든요."

그가 법정에서 말했다.

에릭은 청문회를 건너뛰었다. 그것의 유일한 목적은 그의 사건이 재판에 넘겨져야 할지 말지를 결정하는 것이었기 때문이었다. 또한 그는 언론과 접촉하고 싶지도 않았다. 현재 그는 한 건의 공개 성명을 발표했다.

"나는 단지… 가족을 부양하려고 애쓰는 가장일 뿐, 일부 사람들이 묘사하는 것처럼 국제적인 공룡 뼈 밀수업자는 아닙니다."

판사는 에릭 프로코피가 누구인지 궁금해했다. 그의 이름은 항상 혀를 약간 꼬이게 했다. 누구는 프로코페이, 누구는 프로스코피, 누구는 프로콥시 그리고 누구는 코프로스키라고 발음했다. 하지만 프로-코피가 옳은 발음이었다. 프로코피. 그는 사람들이 자신의 이름을 어떻게 발음하든 고쳐주는 법이 없었다.

"그는 화석을 수집해서 그것으로 공룡을 만들어냅니다."

그의 변호사인 매컬러프가 판사에게 말했다.

"그 화석을 어떻게 손에 넣었나요?"

카스텔 판사가 물었다.

"돈을 주고 샀습니다."

"어디서요?"

"다양한 출처에서요."

"어떤 출처요?"

"공룡의 골격을 판매하는 거래상들에게서요."

해당 공룡의 골격이 하나 이상의 공룡 뼈로 조립되었다는 사실을 알고 나서 판사가 물었다.

"그렇다면 경매에 나왔던 골격이 한때 살아 있던 한 마리의 공룡에게서 나온 게 아니라는 말인가요?"

"제가 말하고자 하는 바가 바로 그겁니다."

매컬러프가 말했다. 대부분의 골격은 진짜 뼈였고, 그중 절반은 하나의 표본에서 나온 것이었다. 하지만 나머지 뼈들은 에릭이 그의 재고 물품과 블랙힐스연구소에서 구매한 주물과 다른 조각들을 각 부위에 맞게 조각한 것이었다. 그 탓인지 어느 날부터 갑자기 경매에 나갔던 T. 바타르는 '프랑켄슈타인' 공룡이라는 이름으로 불리게 되었다. 사실상 박물관은 같은 종은 물론이고 심지어 여러 다른 종의 동물 뼈를 조립해서 골격을 복원하는 것으로 알려져 있었지만, 그래도 '프랑켄슈타인'이라는 명칭은 다소 오해의 여지가 있었다.

판사는 그 골격이 진짜 몽골에서 나온 것임을 검찰이 증명할 수 있는지에 주목했다.

"바타르가 지구상의 다른 지역에서 살았을 가능성이 있습니까?"

저명한 고생물학자 5인이 법원의 질문에 "아니요. 문제의 화석이 몽골에서 발굴된 것은 거의 확실합니다"라는 답장을 보내왔다.

카스텔 판사는 확신이 없는 듯했지만, 계속 나아갔다.

"완전히 조립되었을 때, 이 공룡의 크기가 어느 정도 되는지 아나요?"

그가 물었다.

이 사건을 담당하는 검사보 마틴 벨Martin Bell은 길이가 약 7.3미터에 높이는 2.4미터쯤 된다고 대답했다.

"이 법정 안에 충분히 들어올 수 있겠네요."

판사가 말했다.

3부

제18장

무덤 도굴자, 탐욕스러운 악당, 과학의 파괴자

"그만 포기해."

친구들이 에릭에게 말했다. 그 공룡은 줘버리고 소송에서 손 떼고 다시 시작하라고. 하지만 어떤 이들은 그가 싸우기를 원했다. 너무 많은 돈을 잃어야 한다는 생각이나 포기해야 한다는 생각 자체를 견딜 수 없었기에 에릭은 계속 싸우기로 했다.

수입이 끊긴 탓에 프로코피 가족은 가진 것을 내다 팔기 시작했다. 포드 F550 픽업트럭이 3만 달러에 팔렸지만, 그 정도로는 충분하지 않았다. 주택담보대출은 12월 이후 이자가 밀린 상태였기 때문에 세레놀라는 언제 압류될지 몰랐다.

밤이면 에릭은 자신을 향한 대중의 악의가 얼마나 깊은지 측정하기 위해 쉴 새 없이 인터넷을 뒤지고 다녔다. 그를 알지도 못하는 낯선 사람들이 "무덤 도굴자", "탐욕스러운 악당", "과학의 파괴자" 등으로 그를 부르고 있었다. 어떤 이들은 그가 죽어버리거나 "지옥에서 썩어" 버려야 한다고 악담을 했다. 어맨다는 이모든 상황이 당황스러웠다.

"우리가 누굴 살해한 것도 아니잖아요!"

그녀는 계속해서 말했다.

"사람들은 우리가 마치 사치스럽고 부유한 삶을 살고 있는 것처럼 생각하지만, 이건 우리 스스로 일구어낸 삶이에요. 단지 남들에게 으스대고 싶어서 매달 1,500달러씩 할부금을 내야 하는 포드 F550을 가지고 있었던 것이 아니라 무거운 트레일러를 끌어야 해서 가지고 있었던 거예요. 난 근사한 것을 좋아하지만 가격이 더 싸기 때문에 전채요리 목록에서 식사를 선택하곤 했어요. 우리는 허튼 곳에 돈을 뿌려대는 사람들이 아니에요. 물론 우리도 몇 번 사치를 부리기는 했어요. 친구들을 바하마에 데려가기도 했으니까요. 하지만 결국 가진 것을 즐기지 못한다면, 일은 뭐하려고 하는데요? 우리가 아는, 수많은 성공한 사람은 가족의 돈이나 가족 사업을 통해 그걸 성취했어요. 하지만 에릭은 전혀 그렇지 않았기 때문에 난 항상 그를 자랑스럽게 생각했어요. 그는 무일푼에서 시작했어요. 그리고 지리멸렬했지만 자기 힘으로 살아남았고요. 차를 갖고 싶었을 때는 물론이고, 대학에 가고 싶었을 때도 그는 늘 스스로 해내야 했어요. 자신이 원하는 것을 현실로 바꾸어놓는 것은 꿈을 실현하는 것과 같은 거였죠. 부자가 되는 건 우리의 목표가 아니었어요. 처음 에릭을 만났을 때, 그는 그럭저럭 잘 해내고 있었지만, 그 방면의 최고는 아니었어요. 우리는 함께 최고가 된 거예요."

에릭의 세금 신고액을 보면 그가 10만 3,000달러가 약간 넘는 소득을 올렸음을 알 수 있었다. 그와 어맨다는 주택담보대출로

45만 달러를 빚지고 있고, 신용 카드빚이 7만 달러 이상이었으며, 블랙힐스 연구소에도 4만 1,000달러가 넘는 빚을 지고 있었다. 세금도 밀려 있었다. 대체로 그들은 한 달에 1만 1,000달러가 넘는 금액을 빚지는 셈이었다. 공룡 몰수는 아무도 예상치 못했던 차질이었다.

"미국 정부가 갑자기 개입했어요. 나는 그런 일이 일어날 수도 있다는 건 생각지도 못했어요."

어맨다가 말했다.

에릭은 여전히 몽골 공룡 여러 점을 가지고 있었고, 그걸 팔려고 했다. 에릭은 물러서는 대신 계속 표본 작업에 매달렸다. 부분적으로는 자신이 승소해서 계속 사업을 해나갈 수 있으리라고 생각했기 때문이었다. 심지어 연방정부의 단속에도 혹은 악명이 수요를 부채질하는 경향이 있음을 고려해보면, 오히려 정부의 단속이 그 원인일지도 모르겠지만, 어쨌든 다른 거래상들은 여전히 공공연하게 이베이와 독립 웹사이트에서 고비 뼈를 팔고 있었다. 프랑스의 한 판매자는 프로토케라톱스 앤드루시, 콩코랍토르 그라실리스, 오비랍토르 필로케라톱스 그리고 T. 바타르 등 전부 몽골어로 표기된 공룡을 판매했다. 에릭은 데이비드 허스커비츠가 어느 개인 고객에게서 주문받아온 오비랍토르의 표본 작업을 마쳤다. 하지만 그 판매는 무산되고 말았다. 고객이 그가 납품일을 맞추지 못했다고 주장한 탓이었다. 에릭은 극심한 공황상태에서 그 고객을 비난하기 시작했다.

"지금 내가 어떤 상황인지 알면서 이럴 수는 없는 겁니다. 이런 상황에서 당신 고객이 주문을 철회하는 건 용납할 수 없어요."

에릭은 허스커비츠에게 분노해서 말했다.

"이제 나는 파산 신청을 해야 할 가능성이 크다고요."

에릭의 민사 변호사들은 만약에 대비해서 뉴욕의 형사 변호사를 선임했다. 에릭도 대책을 세웠다. 그는 여권을 비닐에 담은 다음 집 아래쪽 공간으로 기어들어가서 숨겨놓았다. 누군가 자신을 추적하고 있을지 모른다는 생각에 휴대전화는 집에 두고 현금으로 트럭을 빌린 다음, 예전에 함께 통나무를 건졌던 친구 조의 헛간에 공룡으로 가득한 플라스틱 상자들을 보관해두었다. 에릭은 연방정부가 자신과 조의 관계를 알아내지는 못하리라고 생각했다. 그는 조와 거의 통화도 하지 않았고, 이메일은 주고받은 적도 없었다. 에릭이 아는 한, 조는 이메일 계정도 가지고 있지 않았다. 에릭의 조수인 타일러도 자신의 이름으로 창고를 하나 빌리고 그곳에 더 많은 뼈를 쌓아두었지만, 다시 한번 생각해보고는 화석을 다른 곳으로 옮겼다.

———

몽골에서는 경찰이 자체 조사를 시작했다. 정부는 에릭 프로코피가 몽골의 누구와 선이 닿아 있는지 그리고 에릭이 그곳에 찾아간 적이 있는지 알고 싶어 했다. 세관 기록을 조사한 결과 그가 세 차례나 몽골을 방문한 것으로 나타났다. 호텔 기록을 검색한 결과, 마지막 여행에서 그는 크리스 무어와 방을 함께 쓴 것으로 나타났다.

매번 세관은 그에게 방문 목적을 적게 했었다.

"관광."

두 번째와 세 번째 방문에서 그는 이렇게 적었다. 그러나 첫 방문 때에는 "사적 방문"이라고 적었고, 투브신이 적으라고 했던 현지 전화번호를 기록했다. 수사관들은 그 번호를 추적해서 전직 자연사박물관 직원인 투브신자갈 맘이라는 이름을 찾아냈다. 그 이름은 수사관들을 피스 애비뷰에 있는 민트 그린 빌딩으로 이끌었다. 용의자는 이미 몇 달 전에 죽었지만 그의 컴퓨터는 여전히 존재했다. 물론 저장된 자료는 이미 삭제되었지만, 수사관들은 삭제된 자료를 복원하고 이메일과 사진을 찾아냈다. 사진에는 공룡 뼈대와 뼈를 들고 자세를 잡은 투브신의 모습 등이 담겨 있었고, 이메일에는 공룡 뼈 판매와 관련해 에릭과 다른 거래상들에게 보낸 내용이 담겨 있었다. 투브신의 아내 보보는 9월 13일에 체포되어 최소 9일 동안 구금되어 있었지만, 기소되지는 않았다.

편지 한 장도 컴퓨터에서 발견되었다. 에릭이 몽골을 처음 방문하기 직전인 2008년 봄에 작성된 것으로 보였다. 그해 여름 선거가 치러지고 파괴적인 폭동이 일어나기 직전 같았다. 이때는 몽골이 "금지 물품, 희귀 동물… 광물 및 천연자원" 등을 가지고 불법적으로 국경을 넘는 행위에 대한 처벌을 강화하기 위해 형사법을 개정한 해이기도 했다. 편지는 "친애하는 버츠에게"라고 시작됐다. 내용은 다음과 같았다.

"우리가 치치비 호텔 1층 커피숍에 앉아 있는 동안, 당신은 내게 육식 공룡인 타르보사우루스의 머리를 하나 사겠다고 했습니다. 미화 4만 달러에 전체 골격을 모두 살 수만 있다면 크기는 작든 크든 상관없다고 하셨고요."

2007년 7월 12일 일본에서의 만남에서 '버츠'는 글쓴이에게 타르보사우루스의 앞발과 타르보사우루스의 두개골 세 개, 갈리미무스의 발과 벨로키랍토르의 두개골을 5,000달러에 사겠다고 이야기한 것으로 추정되었다. 편지에는 "내 제안에 따라 많은 원정대가 시골로 갔다"라고 적혀 있었다. 그들은 가격에 관해 이야기했다. 벨로키랍토르의 골격은 6만 5,000달러, 타르보사우루스는 7만 달러였고, "게르 임대 비용, 통관 문제 해결 비용, 운송 비용, 컨테이너 운송 비용"으로 2만 달러가 추가되었다. '버츠'에게서 송금이 지연되자 몽골인들은 잔금을 치르거나 두개골을 반환하라고 요구했다. 편지에는 "그들이 나를 여러 번 폭행하고 다치게 했습니다"라고 적혀 있었다.

편지에 따르면, 그때까지 '버츠'는 투브신에게 3만 7,600달러를 빚지고 있었다. 더 많은 공룡을 구매하고 싶다면, 그는 몽골로 직접 와서 절반 값을 선금으로 지급해야 했다. 발굴자들은 돈을 받아야 "고비에서 물건을" 가져올 것이라는 말도 적혀 있었다.

"난 그들에게 선금을 주거나 선적을 처리할 돈이 전혀 없습니다."

편지에는 선적 컨테이너 하나에만 2만 달러가 들어갈 거라고 덧붙여져 있었다.

"이 사업은 내가 100퍼센트 보증합니다. 당신은 절대로 손해 볼 게 없습니다."

편지에는 그렇게 적혀 있었다. 그러나 '버즈'는 서둘러야만 했다. "사람들이 점점 더 이곳에 주의를 기울이고 있습니다. 이곳 몽골에서는 모든 것의 가격이 오르고 있습니다."

방 세 개짜리 아파트의 한 달 임대료가 이제는 200달러나 되었다. 미국 대사관 보고서에 따르면, 2008년 말과 2009년 초의 세계 경제 위기는 "몽골의 통화, 자본, 주식시장을 무참히 공격했다." 투그리크(몽골의 화폐 단위 – 옮긴이)는 달러 대비 40퍼센트가량 하락했다.

수사관이 투브신의 활동에 관해 조사하는 동안, 오유나는 방송 프로그램에 나가 더 많은 정보를 요청했다. 곧 중요한 증인이 나타났다.

국립고생물학 연구소의 수석 화석 복원 기술자인 오트고는 베이지색 격자무늬 셔츠와 바람막이를 입고 경찰 본부의 의자에 앉아 무릎에 양손을 포개놓았다. 헤리티지 옥션스의 경매가 무산되고 4개월이 지난 9월 20일이었다. 백인 남자 네 명의 사진이 탁자 위에 한 줄로 놓여 있었다. 첫 번째는 후드티를 입고 페리스 대회전관람차를 등지고 선, 햇볕에 까맣게 그은 남성이었다. 두 번째는 에릭 프로코피를 휴대전화로 찍은 사진이었다. 뉴욕에 갔던 몽골 대표단 중 한 명이 T. 바타르 검사 당일 라퀸타 여인숙 로비에서 에릭 프로코피가 청바지와 갈색 니트 차림으로 소파에 앉아 휴대전화로 통화하는 모습을 몰래 찍은 것이었다. 세 번째는 식당 안뜰의 돌담에 웅크리고 앉아 있는 모호크족 원주민 남성이었다. 네 번째는 잭 월스 티셔츠를 입고 머리를 아주 짧게 깎은 청년의 셀카였다.

오트고는 즉시 두 번째 사진을 가리켰다. 그는 그게 에릭이라고 수사관들에게 말했다. 에릭은 2009년 여름 '바딤'과 함께 몽골에 왔다. 무슨 이유에선지 그는 토니를 바딤이라고 불렀다. 오트고는 고생물학자의 자격으로 일단의 여행객을 이끌고 노란색으로 표시된 도로 지도를 따라 80번 부지와 260번 부지를 돌아다녔다는 사실도 인정했다. 여행 중에 오트고는 오직 대화의 일부만 이해했지만, 미국인 한 명이 자신을 우크라이나어로 소개했었다는 사실을 기억해냈다. 그들은 "공룡 수집"을 돕는 고비 가족을 만났다. 그들은 에르긴 차브에서 공룡 알 하나를 발견했고 부긴자프에서는 "작은 뼈들"을 발견했다.

투브신의 컴퓨터에서 발견된 사진 중 하나에서는 에릭과 토니 중 한 명이 돌로 된 제방을 기어오르고 있었다. 그들은 매의 둥지를 보기 위해 바위를 기어올랐던 것이지만 화석 밀수라는 사건 탓에 그들은 그저 밀렵꾼으로만 보였다. 또 다른 사진은 사막에 있는 에릭이 클립보드를 들고 있는 모습을 보여주었다. 사실 그가 들고 있던 것은 뼛조각 수집에 사용하는 비닐 랩 뭉치였다. 두 번째 사진에는 오트고가 찍혀 있었다. 이제 그는 그 사실을 부인하지 않았다.

경찰은 곧 두 번째 조사를 위해 오트고를 불러들였다. 그는 2011년 투브신이 사망한 후 에릭이 급히 몽골로 돌아왔을 때의 상황을 세부적으로 공개했다. 투브신의 아내가 그에게 전화를 걸어서 "에릭이 여기 왔어요. 그를 만나주세요"라고 부탁했다고 한다.

"나는 그 민트 그린 건물로 갔고, 에릭은 크리스라는 잿빛 머리의 키 큰 영국인과 함께 있었습니다. 투브신의 아이들도 거기 있었어요. 나는 영어에 그리 능통하지 않아서 보보의 막내 아이가 통역했습니다. 우리는 자연사박물관에도 가고 기독교 교회에도 갔었죠. 테렐지 국립공원으로 소풍도 갔었어요. 몇몇 젊은이들이 우리와 함께 먹고 마시고 했죠. 우린 애정 어린 마음으로 투브신자갈과의 추억을 함께 나누었습니다. 두 외국인은 떠나기 전에 내게 그들의 다음번 고비 탐험에 함께하지 않겠느냐고 했어요. 그러면서 내게 명함을 줬고 나는 아들의 이메일 주소를 그들에게 주었지만, 그들의 명함은 잃어버렸습니다."

이것은 몽골 고생물학자가 자신이 그 T. 바타르 소송 사건과 관련 있다고 처음으로 인정한 사례였다. 그 정보는 철저히 비밀에 부쳐진 것은 아니었지만, 어쨌든 널리 공개되지 않았다. 자신이 고비 여행의 안내자 역할을 했다는 오트고의 인정에도 불구하고, 몽골 국민은 T. 바타르 사건은 몽골 과학자들과는 아무런 관련이 없다고 확신했다.

한 기자가 오유나에게 물었다.

"몽골 고생물학자들이 이 일에 연루되어 있어서 그렇게 많은 공룡 뼈가 나라 밖으로 밀반출되는 게 아닐까요?"

"저도 또한 몽골 고생물학자들이 밀수에 가담했을지도 모른다는 두려움을 가지고 있었습니다. 그들의 참여는 몽골 고생물학계의 평판에 영향을, 그것도 부정적인 영향을 미쳤을 거예요."

오유나가 말했다. 대중은 몽골 과학자들이 결백하다고 믿어야
만 한다고 그녀는 생각했다. 사실, 오트고 말고도 많은 고생물학
자가 연루되어 있었다.

1990년대에 투브신은 자신을 몽골 사립박물관연합의 수장이
라고 불렀다. 지인들에 따르면, 그것은 공산주의의 몰락 이후에
번성한 여러 NGO 중 하나였다. 일단 법이 골동품 가게와 사립
박물관을 허용해주자, 투브신은 자신만의 박물관을 열기를 희망
하면서 과학자 및 학자들과 계약을 맺기 시작했다.

1999년 봄, 그는 "지질학, 고생물학, 자연과학 연구자금 조달"
이라는 제목의 계약서에 서명했다. 그 계약에 따르면 투브신은
대학생과 연구원들을 위한 고생물학 답사 자금을 조달해야 했
고, 그 대가로 박물관 협회는 조사 결과를 보관하거나 판매하여
수익금을 대학과 나눌 수 있었다. 세 사람이 그 계약에 서명했다.
그중 한 명이 투브신이었다. 또 다른 한 명은 몽골 국립대학교의
부총장인 볼드수흐였다. 세 번째는 고생물학자인 알탕게렐 펄이
었다. 그는 다른 일로 옮겨가기 전에 미국 자연사박물관과의 초
기 공동 답사에 참여했었다.

펄은 뇌졸중으로 사망했다. 볼드수흐는 낚시 사고로 죽었다.
아니, 곧 죽을 예정이었다. 어느 시점에 오유나는 투브신과 관련
하여, 몽골 언론에 펄과 볼드수흐의 이름을 잠깐 언급했지만, 그
중 한 사람의 가족이 그녀를 고소하겠다고 협박하자 곧 입을 다

물었다. 몽골에서 그것은 매우 엄청난 위협이었다. 몽골의 명예훼손 법은 세계 최악의 법률 가운데 하나였기 때문이다. 그 혐의로 유죄판결을 받은 사람은 벌금과 함께 최대 6개월 동안 투옥될 수도 있었다. 수년 동안 미국 대사관은 몽골 정부에 명예훼손 법을 개정할 것을 촉구해왔었다. 그 법이 너무도 자주 사람들을 위협할 뿐만 아니라 진실을 말하는 것을 막았기 때문이었다. 하지만 아무런 변화가 없었다. 과학자와 상업적인 이익의 연관성을 확인해주는 볼드수흐와 펄에 관한 정보가 잠시 등장했다가 사라졌다.

투브신이 자신은 "허가"를 받고 화석을 판매하는 것이라고 이야기했을 때, 에릭은 그 말이 무슨 의미인지 실제로 캐묻거나 확인해본 적이 없었다. 에릭은 자신의 걱정거리는 오직 돈을 잃고 "사기당하는 것"이었다고 나중에 말했다.

"투브신은 소량 판매는 하지 않았어요. 그를 감당하려면 많은 돈을 잃을 위험을 감수해야 했죠. 그는 소수의 사람과 큰 건만을 거래하고 싶어 했어요. 그래서 많은 사람이 그와의 거래를 단념해야만 했죠."

에릭이 아는 거라고는 고비에 대략 50명쯤 되는 발굴자가 있고, 투브신은 그중 두 명과 함께 일한다는 것이었다. 에릭은 만약 서류가 필요하면 투브신에게 이메일로 보내달라고 하면 되리라고 생각했었다. 그는 투브신이 사망하리라는 생각은 해본 적도 없었다.

미국에서 미합중국 대 티라노사우루스 바타르 뼈 소송이 진행되고 있는 동안, 국토안보수사국은 뉴욕 남부지법과의 협력하에 또 다른 소송에 제출할 증거를 조용히 모으고 있었다. 연방 검사 마틴 벨과 국토안보수사국 수석 요원인 대니얼 브래이저는 에릭이 어디서 어떻게 누구와 사업을 했는지 알고 싶어 했다. 브래이저는 에릭이 랜드오레이크스에서 10대 시절부터 사용해온 AOL 계정에 대한 수색 영장을 발부받았다.

10월 17일 수요일 아침, 아래층 소파에서 잠들었던 어맨다는 아이들의 등교 준비를 위해 일찍 일어났다. 그녀는 손님용 화장실을 나와 계단으로 향하다가 한 남자가 앞쪽 창문을 통해 집 안을 들여다보는 것을 보고 소스라치게 놀랐다. 그녀는 문을 열어주면서 국토안보부 요원에게 왜 왔는지조차 묻지 않았다. 그녀가 기억하는 것은 누군가 그녀에게 "에릭 코프로키 씨 계십니까?"라고 물었고, 그녀가 "프로코피 씨 말인가요?"라고 되물었던 것이다. 그러자 요원 중 한 명이 "이런, 우리가 몇 달 동안이나 이름을 잘못 알고 있었군요"라고 대답했다.

에릭은 안방에 있는 커다란 검은색 셰이커 양식 침대에서 아이들과 함께 자고 있었다. 어맨다는 아이들을 각자의 방으로 데리고 가서 등교 준비를 해주며 말했다.

"이 아저씨들은 너희들이 입을 멋진 핼러윈 의상을 보러 오신 거야!"

그녀가 에릭에게 옷가지를 찾아준 후에, 요원들이 그에게 수갑을 채우고 다리에 사슬을 묶은 다음 밖으로 데리고 나갔다. 어맨다는 당황하지 않으려 애쓰면서 아이들을 학교로 데리고 갔다. 뉴욕에 있는 에릭의 형사 변호사인 조지스 레더먼에게 전화했다. 레더먼은 침착하게 협조하라고 이야기했다.

국토안보수사국 요원은 각 방을 돌아다니면서 사방에 알파벳 문자를 붙여 증거를 수집했다. 그들은 전화기, 화석, 주형, 복제물, 가족용 아이맥, 게이트웨이 노트북 두 개, 맥북 프로 하나, 샌디스크 저장 드라이브 두 개, 에릭의 여권(집 아래 숨겨놓은 것을 뜯어냈다), 세금 서류(어쩌다 보니 정문 옆에 놓여 있었다) 그리고 텅 빈 채로 다른 거래상의 이름이 붙어 있는 선적용 컨테이너를 챙겼다. 어맨다가 울기 시작하자, 요원 하나가 말했다.

"걱정하지 마세요, 그냥 물건이잖아요. 곧 다시 돌려드릴 겁니다."

어맨다는 현재의 상황이 전혀 낙관적으로 보이지 않았다. 그녀와 에릭이 "늘 천사처럼" 살아온 것은 아니었지만, 그래도 너무 부당하다는 생각에 소리를 지르고 싶었다.

"이건 그냥 물건이 아니에요. 내 인생 전부라고요."

더 나빠질 것도 없는 것처럼 보였을 때, 배달 트럭 한 대가 정문으로 들어왔다. 그 180여 킬로그램짜리 배송품은 에릭 앞으로 온 것이었고, 발신자는 베벌리힐스 경매장의 I. M. 채잇이었다. 연방 요원이 뉴욕의 검사 벨에게 전화를 걸었다.

"지금 무슨 일이 벌어졌는지 아마 못 믿을 겁니다."

조지스 레더먼이 어맨다에게 상자를 열지 말라고 했기 때문에 요원들은 또 다른 수색 영장을 받아와 그것을 직접 열었다. 그 안에는 2010년 12월 5일에 있었던 채잇 경매의 291번 품목 "오비랍토르의 무덤, 오비랍토르 필로케라톱스, 백악기, 중앙아시아"가 들어 있었다. 에릭의 소유로 판명난 몽골 공룡이 더 많이 발견됨에 따라 벨 검사는 10만 달러의 보석금을 청구하면서 치안판사에게 말했다.

"피고인의 사업과 관련된 법적 문제에 비춰볼 때, 이 새로운 행위는 실로 놀라울 따름입니다."

맨해튼에서 연방 당국은 그를 체포했음을 알렸다. 민사 소송은 뉴욕 남부지법의 돈세탁방지 및 자산몰수팀이 처리하고 있었지만, 벨 검사는 밀수와 관련된 혐의에 관해서는 복합사기 전담반 내에서 형사 사건으로 기소할 예정이었다. 국토안보수사국의 특수 요원인 제임스 헤이스가 언론 앞에서 단호하게 선언했다.

"우리는 이 불법적인 사업 관행이 미국에서 완전히 사라지기를 바랍니다."

프릿 바라라 검사는 이번 소송과 관련된 T. 바타르는 "단지 빙산의 일각"이며, "이번 수사로 우리는 선사시대 화석을 거래하는 1인 암시장을 발견해냈다"라고 말했다.

어맨다는 에릭이 "마치 악당이라도 되는 것처럼" 수갑을 차고 "마치 뭔가 나쁜 일을 저지른 것처럼" 족쇄에 묶인 모습을 보고는 입을 다물지 못했다. 플로리다의 법률은 다음과 같았다. 에릭은 연방 형사사법 제도에 따라 입건된 후에 자진 출두를 서약하고 풀려나 가택 연금 상태에 놓였고, 월요일 맨해튼 법정에 출두하라는 명령을 받았다. 그곳에서 그는 재판을 받을 때까지 구금되지 않기 위해 보석금을 내야 했다. 이번에는 에릭 스스로 경비를 마련해야 했다.

그날 오후 어맨다는 교도소로 가서 에릭을 태우고 아직 습격이 진행 중인 집으로 돌아왔다. 두 사람은 각각 100가지쯤 되는 일에 경악했다. 일단 아이들에게는 뭐라고 말해야 할지, 양쪽 부모님께는 뭐라고 해야 할지, 친구들은 뭐라고 할지, 에릭이 현재 중죄인으로 기소되었고 세레놀라를 담보로 잡혀야 할지도 모른다는 이 상황을 어떻게 해결해가야 할지 등이었다. 은행에는 돈이 얼마나 있었지? 앞으로 플로리다 포실즈와 다시 거래할 사람이 있을까? 에릭의 새로운 변호사가 말했듯이 이제 에릭은 "방사능을 가진" 것이나 마찬가지일까?

에릭은 그날 아침 감옥에 앉아 경찰이 어맨다에게 남편의 비밀을 알려줄지도 모른다는 걱정에 제정신이 아니었다. 만약 수사관들이 그를 감시하고 있었다면, 에릭이 자신의 조수였던 타일러와 몇 달 동안이나 바람을 피웠다는 사실을 알아냈을 것이다. 프로코피 부부는 타일러를 12월에 고용했고, 그들의 불륜 관계는 3월에 시작되었다. 에릭과 타일러는 그들이 같은 것을 좋아한다는 사실을 알았다. 즉 둘 다 "자연이 만든 보물 사냥꾼"이었다. 그들은 몇 시간이고 이야기를 나눌 수 있었다.

어맨다에게 타일러와의 관계에 관해 어떻게 털어놓아야 할지 고민하는 동안 에릭은 너무도 이상하게 행동했다. 따라서 어맨다는 에릭이 자살을 하거나 달아날까봐 걱정했다. 마침내 어맨다는 그에게 단도직입적으로 물었다.

"당신 바람피워?"

"그래."

"타일러야?"

"그래."

에릭은 이어서 이렇게 말했다.

"우리는 이럴 작정은 아니었어."

그 말은 어맨다가 듣기에는 마치 "난 당신을 죽일 작정은 아니었어. 그냥 총이 발사된 거야"라고 말하는 것 같았다. 에릭이 자세히 밝히기를 거부하는 것이 그녀를 화나게 했다. 그는 세레놀라에서 계속 살았지만, 얼마 후에 어맨다가 말했다.

"당신이 여기 있으면 내가 슬픔을 치유해갈 수 없어."

그래서 에릭은 타일러와 함께 이사를 나갔다.

어맨다가 비밀을 알았다고 해서, 에릭이 마음의 짐을 벗은 것은 아니었다. 죄책감이 그를 지치게 했다. 한때는 모든 것을 처리해내던 사람이 이제는 아무것도 처리할 수 없었다. 하루하루 그는 좀비처럼 변해갔다. 어맨다가 보기에 그는 거의 하룻밤 새에 완전히 다른 사람이 되어 있었다. 편집증, 분노, 무력감이 그를 지배했다. 그들의 은행 계좌는 고갈되었다. 친구와 가족들이 묻지도 않고 그들을 돕기 위해 끼어들었다. 어맨다의 오빠는 500달러짜리 식료품 카드를 보내왔다. 어맨다의 친구들은 그녀가 보지 않을 때, 지갑에 현금을 넣어두었다. 사람들은 사랑하는 사람이 아플 때 그러듯이 어맨다와 아이들을 위해 요리를 하고 아이들을 봐주겠다고 했다. 그들은 특정 품목을 이베이에서 팔아 수입을 냈지만, 이제는 자동차와 가구는 물론, 거의 모든 물건을 팔아야 했다. 세레놀라의 전면 테라스는 갑자기 어맨다의 비자바자 부스처럼 변해버렸다. 그들은 방에서 곧바로 물건을 내오고 벽에 걸린 것을 떼어내어 팔면서, 아이들에게는 걱정하지 말라고 말했다.

"이건 그냥 물건일 뿐이잖아."

10월 22일 월요일은 날이 춥고 흐렸다. 에릭은 자신의 변호사 조지스 레더먼과 함께 남부 맨해튼에 있는 연방 법원 앞의 계단을 올라가 보안 검색대를 통과했다. 그는 짙은 색깔의 양복에 빨간색 무늬가 있는 넥타이를 맸고, 마치 서류 가방처럼 노트북 가방을 들고 있었다. 오후 3시 7분에 그의 재판이 시작되었다.

미합중국 대 에릭 프로코피 사건에 적용된 죄목은 미국 법학에는 전례가 없는 것이었다. 1번 죄목은 그가 2010년 중국 미크로랩터를 수입하기 위해 세관 서류에 거짓말을 적은 것이었다. 2번 죄목은 그가 2011년에서 2012년 사이에 "영국을 통해 몽골산 공룡 뼈를 컨테이너 여러 개 분량" 수입하면서 그 내용물과 가치를 사실과 다르게 적은 것이었다. 3번은 그가 "사기 또는 바꿔치기를 통해 몽골에서 가져온 것"이라는 사실을 알고도 문제의 화석을 수입했다는 것이었다. 이 혐의만으로도 그는 최대 10년의 징역형을 선고받을 수 있었다.

에릭은 무죄라고 답변했다.

"재판을 기다리는 동안 피고를 투옥해야 할까요?"

"그는 도주의 위험이 있습니다."

검찰 측은 주장했다. 실제로 프로코피는 국제적인 연고도 있고 빠르게 도주 자금을 구할 수단도 있었기 때문이다.

판사는 그가 은행에 1,500달러, 현금으로 700달러를 가지고 있다고 답변했고, 이에 대해 마틴 벨 검사는 "예, 맞습니다. 하지만 그는 '50만 달러 상당의 공룡'을 깔고 앉아 있습니다"라고 대응했다.

벨은 좀 더 많은 보석금을 주장했다. 그러자 판사는 금액을 25만 달러로 인상하고, 재정적인 책임과 "도덕적 권고"를 할 수 있는, 적어도 한 명의 연대보증인을 세울 것을 요구했다. 세레놀라를 담보로 잡힌 에릭은 아버지를 보증인으로 선택했다. "내가 뭐라고 그랬니"라는 말을 듣게 될 것이 두렵기는 했지만, 그가 전화를 걸면 부모님은 랜드오레이크스의 집을 담보로 내주리라는 것을 알았기 때문이었다.

에릭이 그날 법원을 떠났을 때, 상업적 화석 업계는 급속히 악화 중인 에릭의 법적 문제에 관해서만 이야기하고 있었다. 그를 잘 아는 사람은 거의 없었지만, 그래도 그를 친구라고 생각하는 거래상들은 그쪽 업계에 종사하는 나머지 사람들에게 확신을 주기 위해 노력했다. 그들 중 누군가는 이렇게 말했다.

"아니요, 그렇지 않아요. 좋은 친구인데, 실수를 했을 뿐이에요. 헤리티지 옥션스가 미국 박물관의 화를 돋우고 있었잖아요. 박물관의 얼굴에 타르보사우루스를 가져다 대고 문지르는 거나 다름없으니, 그들도 반응을 할 수밖에 없었을 테죠."

스위스의 오랜 화석사냥꾼이자 자연사박물관 소유주인 커비

시베르$^{Kirby Siber}$가 당시 상업적 화석사냥꾼을 위한 무역 단체인 응용고생물학협회 회장이었던 조지 윈터스$^{George Winters}$에게 말했다.

"어차피 일어났어야 할 분쟁이었던 거죠."

시베르에 따르면, 상업적인 거래상들은 이미 오래전부터 자신들이 오해를 받고 중상을 당하는 것이 "양립 불가능한 견해(화석은 지극히 순수한 문화적 품목이라는 견해와 화석은 다른 물건과 마찬가지로 상업적인 품목이라는 견해)" 탓이라고 느꼈다. 그는 긴장을 유발하는 다른 문제는 없을지 궁금했다.

"나는 일부 공식 기관이 모든 화석 자원에 관한 소유권을 주장하면서 그것들을 오직 일부만 사용하는 상황이 반복해서 일어나는 것을 많은 나라에서 목격했어요."

시베르가 말했다.

"그게 바로 정말 '암시장'이 생겨나게 하는 원인입니다. 그리고 문화 자원과 상업 자원의 불공정한 독점이기도 하고요."

몇 주 정도 지나는 동안, 에릭은 형사소송에서 자신이 패소할 확률이 얼마나 엄청난지 깨닫기 시작했다. 만약 법정에 서는 것을 피해야 할 유일한 법원이 있다면, 그건 바로 뉴욕 남부지법이었다. 그곳 검사들은 거의 지는 법이 없었다. 또한 배심원들도 예측 불가능하기로 유명했다. 그들이 어떤 결정을 내릴지는 아무도 예단할 수 없었다. 그가 다시 살아날 최고의 방법은 탄원뿐이었다.

크리스마스 이틀 후 에릭은 뉴욕의 연방 법원으로 돌아왔다.

짧은 코트를 입은 그는 선글라스도 장갑도 끼지 않았고, 어정쩡하게 인상을 찌푸렸다. 치안판사가 그에게 기소 항목을 이해했는지 물었을 때, 에릭은 그렇다고 대답했다. 그러자 판사가 말했다.

"당신이 한 일을 말해주세요."

이 순간이 뜻밖의 사실을 드러낼 절호의 기회가 될 수도 있었지만, 고지식한 에릭은 그들이 기소한 내용을 인정하면서 혐의를 곧이곧대로 되풀이했을 뿐, 그 이상을 이야기하지는 않았다. 치안판사는 가장 먼저 에릭이 어떻게 몽골 화석에 대한 수출 허가를 받아냈는지 묻다가 갑자기 말을 멈추었다. 그러고는 질문의 방향을 바꾸는 바람에 앞선 질문에 대한 답을 얻지 못했다.

유죄를 인정한 에릭은 100만 달러의 벌금과 최대 17년의 징역형에 처해질 가능성에 직면했다. 만약 최고형이 선언된다면, 그는 50대 후반이 되어서야 출소할 수 있을 터였다. 그렇게 되면 그의 아이들은 20대일 것이다. 홀로 있을 때, 그는 그 생각에 흐느껴 울었다.

제19장

판결이 나다

어맨다는 2013년 5월 16일, 문제의 공룡이 경매에 나갔던 날로부터 거의 1년이 지난 시점에 이혼을 신청했다. 6월 11일, 프로코피 부부는 남남이 되었다. 12년의 결혼 생활이 20일 만에 끝나버렸다.

합의를 통해 에릭은 존보트와 평저선과 낡은 토요타 트럭과 박스 트럭을 갖기로 했다. 어맨다는 렉서스를 팔고 나서 샀던 2011년식 토요타 캠리를 받았다. 그들은 세레놀라가 100만 달러 이상에 팔리기를 바랐다. 합의서에 따라 그들은 판매에 따른 법적 비용을 내고 나서 어맨다는 수익의 60퍼센트를, 에릭은 나머지를 받기로 했다. 그 집은 궁극적으로 57만 5,000달러에 팔렸다. 법원은 에릭에게 한 달에 2,000달러의 양육비와 500달러의 이혼 수당 그리고 자녀의 의료비 75퍼센트를 부담하도록 명령했다. 아이들의 양육권은 공동으로 갖기로 했다.

게인스빌에서 프로코피 가족의 시간이 마지막을 향해 나아가고 있었기에, 그들의 친구 질 헤네시 셰이는 240쪽 분량의 사진을 모아 사진첩을 만들어주었다. 그 지역에서 프로코피 가족이 살았던 12년의 세월을 기념하는 것으로 제목은 '지루할 틈이 없어요Never a Dull Moment'였다. '지루할 틈이 없어요'는 뭔가 잘못될 때마다 어맨다가 써먹던 또 다른 모토였다. 사진첩 속의 사진들은 생일 파티, 부활절 달걀 찾기, 주택 리모델링, 주니어 리그 파티 그리고 T. 바타르에 대한 이야기를 들려주었다. 거기에는 에릭과 어맨다가 "리어나도 디캐프리오의 집 현관 로비에 공룡 두 개골 설치 중"이라고 해설을 달아놓은 사진도 포함되어 있었다. 어맨다는 세레놀라에 입주할 다른 가족도 그녀만큼 그 집을 사랑하기를 바라면서 게인스빌을 뒤로하고 윌리엄스버그 쪽으로 차를 몰았다. 킹스밀의 비상 수문 너머에 있는 어린 시절 집으로 그녀의 짐과 아이들의 짐을 옮겨놓는 데는 채 한 시간이 걸리지 않았다. 시월드 이후 처음으로 어맨다는 정규직 일자리를 찾기 시작했다.

얼마 지나지 않아 에릭과 타일러는 헤이스에 함께 살 집을 구했다. 물수리와 송골매가 펄떡이는 물고기를 움켜쥐고 둥지를 오가는 윌리엄스버그에서 동쪽으로 약 30분 거리에 있는 조지 P. 콜먼 기념 다리의 반대편에 있는 곳이었다. 자갈길 끝에 빨간 셔터와 끔찍한 분홍색 카펫이 깔린 하얀 집이 있었다. 아래층에는 세 개의 침실과 두 개의 욕실이 있고, 위층에는 두 개의 작은 침실과 한 개의 욕실이 있었으며, 일광욕실, 차고, 두 개의 별채가 있었다.

그 집의 이전 주인들은 어울리지도 않는 둥근 천장의 거실을 부엌에 붙여놓았는데, 그곳은 마치 스키장에서 솟아올라 있는 오두막처럼 보였다. 미닫이식 뒷문은 잠기지 않았다. 에릭은 모기가 들어오지 않도록 원래 손잡이가 있던 구멍에 걸레를 끼워 넣었다. 계단의 경사가 얼마나 가파른지 올라갈 때는 앞으로 몸을 바짝 기울이고 내려올 때는 뒤로 몸을 젖혀야 했다. 바닥의 리놀륨과 마찬가지로 위층 욕실의 벽지(오리 문양)도 다 벗겨져 있었다. 부엌 벽과 침실의 천장에는 구멍이 있었다. 통풍구는 막히고 마룻바닥은 느슨하게 풀려 있었다. 누군가 에릭에게 이런 식으로 살아가려면 너무 우울하겠다고 말했다. 감옥에 가게 될지도 모른다는 두려움 속에서 결과를 기다리고 있던 에릭은 "이건 우울한 축에 끼지도 못해"라고 대답했다.

돈이 필요했던 에릭은 여전히 연락이 닿는 거래상들을 위해 화석 표본 작업을 하거나 오래전 강에서 사냥할 때부터 가지고 있던 플라이스토세 물품들을 판매했다. 그와 타일러는 썰물 때마다 몇 시간씩 조개껍데기와 뼈를 찾아 해안선을 돌아다녔다. 버지니아주의 대표 화석이며 지금은 멸종된 가리비인, 상태가 좋은 체사펙텐 제퍼소니우스 하나만 건져도 최대 20달러까지 받을 수 있었다. 꾸준한 수입이 필요했기에, 타일러는 바텐더 일자리를 구했다. 에릭은 크레이그리스트에서 헐값에 내놓은 중고 밴 한 대를 발견했다. 측면의 패널에는 한때 유치원을 광고했던 다 벗겨져 나간 만화식 도안이 남아 있었다. 주말에 그와 타일러는 시골 경매장을 어슬렁거리며 저렴한 빈티지 물건들을 수집해 깔끔하게 수리하거나 단장한 후, 경매를 통해 팔거나 이베이에 내놓았다. 그들은 많은 양의 고철을 사서 고물상으로 직접 가져가면 현금을 받고 팔 수 있다는 사실을 알게 되었다. 그 후 두 사람은 버려진 집을 볼 때마다 안으로 들어가 "보물 사냥"을 했다.

한편 어맨다는 인테리어 디자인 회사에서 정규직 일자리를 구했다. 부유한 사람의 요트 개조를 돕는 일이었다. 어느 날 그녀는 용기를 내서 카운티 복지 사무소로 찾아가 자신과 아이들의 건강보험 가입에 관해 알아봤지만, 자격을 갖추려면 에릭을 자녀양육비 미지급으로 고소해야 한다는 안내를 받았다. 하지만 어맨다는 그렇게 하고 싶지 않았다. 그는 고통스러운 장질환인 크론병을 앓고 있었고, 염증성 눈병도 점점 악화되어 고생 중이었다. 어맨다는 아이들 아빠의 삶에 스트레스 하나를 더 얹어놓고 싶지 않았다. 그는 여전히 거의 파산 직전에 놓인 듯했다.

―――――

에릭이 장기 수감을 피할 가장 좋은 기회는 정부의 '협력자'가 되는 것이었다. 협력자들은 검찰이 그쪽 분야를 이해하도록 돕고, 그 대가로 장기 징역형과 높은 벌금을 피할 수도 있었다. 검찰은 비폭력적인 협력자에게 관대한 형량을 제안할 수 있었지만, 궁극적으로 선고를 하는 판사는 연방 지침 내에서 뭐든 원하는 대로 할 수 있었다. 사건 변호사들은 에릭이 협력자로 활동하게 되면 형을 살지 않아도 되리라는 데 의견의 일치를 보았다.

일단 그 절차를 시작하려면, 에릭은 법원에 프로퍼를 제출해야 했다. 프로퍼란 형사법의 맥락 내에서 법원이 형벌을 가볍게 해주길 기대하며, 피고인이 자발적으로 정보를 제공하겠다는 내용을 담은 정부와 피고인 사이의 문서 협약이었다. 그것은 피고인이 면책특권이나 증인 보호 같은 특정 결과를 보장받은 후, 공범자에게 불리한 증언을 하는 것과는 기본적으로 다르다. 프로퍼에게 제공되는 주요 보호 장치는 그가 뭔가에 관해 거짓말을 하지 않는 한, 검찰은 그가 폭로한 내용을 그에게 불리하게 사용할 수 없다는 것이다. 만약 에릭이 협조하지 않는다면, 그가 기대할 수 있는 결과는 감옥뿐이었다.

"궁극적으로 우리가 감옥인 거죠."

한 검사가 말했다.

"그리고 규칙은 협력자가 우리에게 솔직하지 않으면, 우리가 돌아와 물어뜯을 수 있다고 정해져 있습니다."

에릭의 적들은 그가 감옥에 갇히는 편이 훨씬 나았다. 다른 사람들은 에릭이 무모한 거짓말쟁이라고 생각하면서도 보호관찰이면 공정한 처벌이라고 느꼈다. 그중에는 T. 바타르 사건에 연루되어 양심의 가책을 느끼는 최소한 한 명의 과학자도 포함되어 있었다. 정부 관계자 한 명은 에릭을 '좀 더 동정이 가는 피고인 중 한 명'이라고 생각했다. 그는 "수지타산에 따라 움직이기는 했지만, 어쨌든 화석 자체에 진정으로 매혹되어 있었던 데다 다른 사람에게는 불가능한 방법으로 그것들을 예술작품으로 바꾸는 데서 기쁨과 자부심을 느끼고 있었기 때문"이었다. 자산 몰수 사건을 담당했던 미국 변호사 샤론 레빈은 에릭에 관해 덜 낙관적이었다.

"범죄의 측면에서 보면, 누가 죽은 것은 아니었죠. 그가 사람들에게 수백만 달러를 사기 친 것도 아니었고요. 그가 오사마 빈 라덴 같은 범죄자는 아니라는 거예요. 하지만 그는 몽골 사람들의 물건을 훔쳐서 그것으로 돈을 벌려는 음모에 가담했어요. 어쩌면 그는 가족을 부양하기 위해 사소한 악행을 저지르는 것뿐이라고 생각했을지도 모르지만, 결국 그런 행동의 결과로 처벌받게 될 거예요. 그는 위험을 감수했지만, 별 효과는 없었던 셈이죠. 아무도 그를 미워하지 않았고, 그가 악했던 것도 아니에요. 하지만 어쨌든 그는 불법적인 일을 했고, 그래서 체포된 겁니다."

검찰과 연방 요원들은 비웃음, 조증 등은 물론이고 분노, 수치심, 두려움 같은 정서적인 고통의 신호에 이르기까지 피고인들이 보이는 온갖 행동에 익숙했다. 그러나 프로코피는 도저히 속을 알 수 없는 사람이었다.

"그와 대화를 나누고 일련의 사건들을 이해하기까지는 시간이 걸렸습니다."

형사 사건에서 검사를 맡았던 마틴 벨이 나중에 법원에서 한 판사에게 말했다. 말이 많은 사람은 상대를 지치게 하지만, 적어도 그들이 지금 왜 그런 일을 하고 있고, 왜 그런 식으로 행동하는지에 관한 통찰을 제공한다. 수잔 올린이 『난초 도둑』에 적었던 것처럼 플로리다의 식물 밀렵꾼인 존 라로슈John Laroche는 언젠가 이렇게 말했다.

"사람들은 내가 저지른 일을 보고 생각하죠. 이게 도덕적인가? 이래도 되는 건가? 글쎄요, 모든 위대한 것이 그런 투쟁의 결과가 아닐까요? 원자력 같은 걸 보세요. 그것은 악마일 수도, 축복일 수도 있습니다. 악, 아니면 선인 거죠. 거기가 바로 유연성이 자리하는 곳이에요. 윤리의 가장자리. 거기가 바로 정확히 내가 살고 싶은 곳이죠."

하지만 에릭에게서는 그런 감정을 얻어낼 수 없었다. 관계자는 말을 거의 하지 않는 것이 그의 천성임을 깨달았다. 그리고 그것은 재판에서 그에게 불리하게 작용할 성격적인 특성이었다.

"그는 보통 사람은 믿기 힘들 정도로 어려운 사람이었어요. 단지 그의 의사소통 방식 때문에 말이죠."

그 소송과 관련 있던 누군가가 말했다.

그가 제출한 프로퍼의 핵심은 T. 바타르를 포기하고 더욱 많은 몽골 공룡이 유통되고 있다는 사실을 인정하는 것이었다. 에릭은 수사관들이 그의 이메일을 읽음으로써 이미 많은 것을 알고 있음을 인지했기에, 다른 사람을 배신하지 않고 협력하기를 원했지만, 검찰은 어쨌든 그들이 원하던 정보를 얻어갔다. 곧 몇몇 주에서 연방 요원들이 문을 두드리고 다니기 시작했다.

이 모든 일이 시작되었을 때, 에릭은 자신이 체포될 수도 있고, 그만큼 심각한 결과를 초래할 수도 있다는 생각은 해본 적이 없었다. 그에게 몽골로의 첫 여행은 금전적인 수입뿐만 아니라 모험의 측면에서도 똑같이 의미 있었다. 그것은 독일 거래상 안드레아스 구어의《GEO》표제 기사에서 본 설정과 다르지 않았다. 그는 한 번도 체포된 적이 없었으며, 체포를 두려워해야 한다고 생각해본 적도 없었다.

에릭의 어머니는 아들이 유죄를 인정한 것이 실수라고 생각했다. 그녀는 그가 맞서 싸우기를 바랐다. 그의 아버지는 형량 거래를 권했다.

"나는 네가 뭔가 잘못을 저지르기는 했다고 느끼지만, 그렇다고 일부러 그랬다고는 생각하지 않는다. 그냥 화석에 관여했고, 그게 다른 무엇보다도 네게는 중요했던 거지."

어느 날 빌은 랜드오레이크스에 있는 식당에서 점심을 먹으며 말했다.

"많은 사람이 화석에 푹 빠져 있지만, 그래도 잡히는 사람은 하나도 없어."

도리스가 말했다.

"잡힌다는 게 무슨 뜻이에요? 그건 화석에 관심 있는 사람은 모두 불법적으로 사냥을 한다는 의미잖아요."

에릭이 말했다. 그는 바비큐 갈비와 다이어트 콜라를 마시고 있었다.

"내 말은 네가 잡히지 않았다는 말이지. 그러니까… 넌 모든 걸 공개적으로 했잖아."

그의 엄마가 말했다.

"제대로 된 경로를 거치지 않았잖아. 그게 문제인 거지."

빌이 말했다.

"그래, 제대로 된 경로를 거치지 않았지."

도리스가 말했다.

"제대로 된 경로라는 건 아예 없어요."

에릭이 말했다.

"그래서 검찰이 소송을 이렇게 오래 질질 끌고 있는 거야. 그들도 뭘 어떻게 해야 할지 모르는 거지. 화석 클럽에서 우리는 화석 관련 일을 하는 사람을 많이 만났잖아. 그들은 모두 화석에 몰두해 있었지만, 그래도 다들 정규직을 가지고 있었어. 정말 화석에만 몰두해 있었던 건 너뿐이었다고."

도리스가 말했다.

"그렇지 않아요! 화석으로 생계를 꾸려가는 거래상이 얼마나 많은데요."

에릭이 말했다.

"그래, 몇 명쯤 있겠지, 맞아."

도리스가 말했다.

"수백 명은 돼요. 투손을 보면 알잖아요. 거기 오는 대부분의 사람이 그래요. 그들이 하는 일은 그게 전부라고요."

에릭이 말했다.

"난 수영을 하면 모든 걸 잊게 되더라. 가끔은 먹는 것도 잊어."

도리스가 주제를 바꾸었다.

에릭의 선고 공판 날짜가 다가옴에 따라, 도리스는 에릭의 어린 시절을 추억하게 하는 물건을 큰 갈색 봉투에 채워 넣었다. 학교에서 받은 상장, 화석, 수영 관련 신문 기사도 있었고, 다이빙 카드와 화석클럽 회원 카드도 있었다. 그녀는 공책 한 장을 뜯어내서 맞춤법이 틀린 것을 사과하며 아들에게 메모를 적었다.

내가 지금 몬가(뭔가) 미친 짓을 하고 있어…. 신문 기사 모아놓은 게 아주 많은데 그걸 너한테 보내주려고. 벼노사(변호사)가 너에 대해서 좀 더 잘 알았으면 좋겠어서 기사들을 보내주려는 거야. 난 그가 널 한 명의 절므니(젊은이)로 봐줘쓰면(봐줬으면) 좋겠어. 네가 사라오면서(살아오면서) 무슨 일을 했는지도 보고. 그러니까 내 말대로 해라. 이걸 그의 사무실로 그냥 다 보내. 나한테 그 사람 주소가 있으면 내가 보냈을 거야. 그렇지만 아빠는 너가 보내야 한다고 하네. 너의 공판일에는 우리도 거기 있을 거야. 포기하지 말고 당당이(당당히) 맡서거라(맞서거라).

그리고 그녀는 다음과 같이 덧붙였다.

너가 하는 모든 일에 행우니(행운이) 깃들기를 엄마가 항상 기도할게. 넌 내 아들이고 난 너를 정말 사랑한단다.

그녀는 메모를 접어서 봉투에 넣고 우편으로 보냈다.

2014년 6월 3일, 에릭은 이곳이 그의 생애에서 마지막 법정이길 간절히 바라며, 판사 앞에 섰다. 마흔 살까지 두 달이 남은 시점, 그는 자신이 가진, 하나밖에 없는 가장 좋은 정장을 차려입었다. 에릭은 항상 유튜브를 보고 넥타이를 매야 했지만, 법정에서는 아버지가 아들을 위해 넥타이를 매주었다. 이제는 에릭의 귀밑머리도 잿빛으로 희끗거렸다. 짙게 그은 그의 피부도 색이 옅

어지기는 했지만, 야구 글러브의 색깔이 변하듯이 아주 약간 흐려졌을 뿐이었다. 공룡, 고비, 투브신, 세레놀라 등은 이제 아주 먼 얘기 같았다.

판사는 죄를 자백한 밀수업자가 자신을 위해 무슨 말을 하는지 듣고 싶어 했다. 뉴욕 남부 지방 연방 법원 판사석을 16년간 지켜온 앨빈 헬러스타인^{Alvin K. Hellerstein}은 에릭의 유죄를 인정한 치안판사가 피고인에게서 끌어낸 증언이 만족스럽지 않은 듯했다. 그는 더 많은 것을 원했다. 변호사들이 그 내용을 보충했다. 도리스와 빌은 법정에 앉아 있었다. 그들은 슈퍼마켓이나 교회보다 더 멀리까지 운전해 가는 것을 싫어했지만, 버지니아까지 운전해 와야 했었다. 그곳에서부터 뉴욕까지의 나머지 여정은 타일러가 운전기사 노릇을 했다. 어맨다는 윌리엄스버그에서 따로 왔다. 에릭의 친구이자 동료 화석 딜러인 안드레아스 커너는 뉴저지에서 차를 몰고 왔다.

헬러스타인 판사는 앞에 놓인 탁자에 보호관찰 및 가석방 사무소의 양형 자료 조사서를 올려두었다.

피고인의 시민권: 미국

부양가족: 두 명

가명: 없음

이전 범죄 기록: 없음

피고인의 가족: 아버지, 83세, 은퇴한 교사. 어머니, 78세, 주부. 이부형제 한 명, 트럭 운전사. "그는 자신의 어린 시절을 '멋진'

것으로 묘사했고, 가정에는 아무런 문제가 없었던 것으로 확인되었다." 열 살 때 마을 강에서 스쿠버다이빙을 시작하면서 화석을 수집하기 시작했다. 부모와는 관계가 좋음.

이혼함. "그는 아내와 사이가 좋지 않았으며, 둘 사이에는 재정적인 문제를 포함해 많은 스트레스가 있었다고 말했다. 그는 전처가 항상 재정적인 안정을 추구했던 반면, 자신의 사업에는 굴곡이 많았다고 했다. … 그에게는 이번 소송이 마지막 지푸라기였다."

아들, 그레이슨, 6세. 딸, 리버스, 4세. "그는 아이들과 가족이 자신에게는 세상에서 가장 중요한 존재이며, 현재 그의 가장 큰 걱정은 그들에게서 격리되는 것이라고 진술했다."

여자 친구: 테일러, 36세. "그녀는 여전히 그의 곁을 지키고 있고, 매우 헌신적이다."

약물: 안 함.

음주: 가끔.

약물 검사 결과: 음성.

피고인의 고용 기록: 1992년부터 플로리다 포실즈 운영. 2005년 이래 계속 공룡과 관련된 일을 함.

현재 직업: "여전히 혼자 화석을 수집해서 표본 작업을 거친 다음 재판매하는 일을 한다. 또한, 팔려고 내놓은 부동산에서 고가구를 사들여 복원한 다음 재판매하는 일을 한다.

범죄자의 신체 조건: 키 180센티미터, 몸무게 95킬로그램, 문신 없음, 흉터 없음. 눈에 약간의 문제가 있으며, 안약 처방이 필요

함. "피고인은 티라노사우루스 바타르를 몰수당하기 전에 자신이 한두 차례 정신 건강 전문가와 상담했다고 언급했다. 항우울제 처방을 받았지만, 부작용 때문에 일주일 정도만 약을 먹고 복용을 중단했다는 사실도 이야기했다. 그는 모든 일을 잘 처리하기 위해 최선을 다하고 있다고 말했다. 그는 늘 일에 매달려 살던 이전보다는 현재 아이들과 훨씬 더 좋은 시간을 보내고 있다고 말했다."

양형 자료 조사서에는 에릭이 다시 예전으로 돌아가리라고 약속하는 내용은 없었다. 그를 위협했던 것은 헤리티지에 팔려고 내놓았던 100만 달러짜리 공룡이었다. T. 바타르 판매를 진행함으로써, 에릭은 자신도 모르게 자신의 기소에 이바지한 결과를 낳게 되었다. 다시 말해, 경매 결과가 공룡의 상업적 가치를 확정해버림으로써 법원이 더욱 높은 형을 선고할 수 있게 되었던 것이다.

에릭의 변호사는 그의 의뢰인이 밀수입한 사실을 인정했음을 확실히 하면서, 그가 몽골에서는 결코 잘못한 일이 없다는 주장을 유지했다. 판사는 "난 피고인이 자신의 책임을 얼마나 인정하느냐에 관심이 있습니다. 이미 일어난 일을 얼버무리는 사람은 자신이 저지른 범죄에 대한 책임감이 뚜렷하지 않기 때문입니다"라고 답변했다.

마틴 벨 검사는 판사에게 에릭이 몽골 법을 "명확하게 알고" 있었다고 믿어야 할 이유는 없지만, 어쨌든 몽골 헌법은 "몽골 국토 아래 묻힌 모든 자연물을 몽골의 재산"으로 규정하고 있다고 말했다.

"보세요, 그게 바로 유죄판결을 내리기 위해 필요한 전부입니다."

헬러스타인 판사가 말했다.

"암시장 사업이 대부분 그렇듯이 이 사건도 좀 특이합니다. 단순히 티라노사우루스의 뼈와 관련 있기 때문만은 아닙니다."

벨이 말했다.

"이 사건이 이례적인 이유는 무엇보다도 법 집행이 제대로 이루어지지 않는 영역이기에 대부분의 암시장이 빤히 보이는 곳에서 성행한다는 것입니다."

연방 법집행기관은 "최근에야 그 암시장의 윤곽을 알아차렸다"고 그는 말을 이었다. 다른 불법 밀거래는 "극비리에 처리"되는 등의 "일반적인 특징"을 가지고 있는 반면, 화석은 경매와 대규모 박람회 등에서 판매되었다.

"모두 못 본 척해주는 거죠."

헬러스타인 판사가 말했다.

"거의 그렇다고 볼 수 있죠."

벨이 말했다. 면밀한 조사를 통해 거래상들은 의심스러운 품목은 판매를 거부할 수도 있지만, 그런 면밀한 조사는 한동안 존재하지 않았다.

레더먼은 "외국법, 그러니까 몽골의 법에 대해 혼동이 좀 있었고, 그도 어느 정도 그 사실을 이해했습니다"라고 말하면서 에릭이 범죄의 대가는 아니라는 사실을 강조했다.

"레더먼 변호사, 프로코피 씨가 세관 신고서에 허위 사실을 적었다면, 뭔가 불편한 지식을 가리기 위해 그런 것이고, 그 불편한 지식이란 바로 법에 저촉되는 뭔가를 수입하고 있다는 사실이었으리라는 것이 내 느낌입니다."

판사가 대답했다. 벨은 피고인이 훌륭한 협조자였다는 사실을 언급하면서 "프로코피 씨가 정부에 실질적인 도움을 준 것에 대해 인정과 배려 차원에서" 관용을 권고하는 지극히 중요한 '501' 서한을 법원에 보냈다. 사실 T. 바타르 소송은 "법 집행의 전반적인 대의에 최종적으로는 순이익이 되리라는 것을 입증"했다. 연방 수사관들은 현재 24마리의 몽골 공룡이 유통되고 있다는 사실을 알았고, 몽골은 그것들을 차례로 되찾고 있었다. 또한 이제 법 집행기관은 화석 거래의 더 어두운 측면, 즉 벨의 견해에 따르면 "지금껏 무시되어왔던" 영역에 관해 더 많은 통찰력을 갖게 되었다. 사실 이 사건은 "법 집행의 르네상스"를 가져왔다. 당시로서는 프로코피가 최소한 간접적이라도 법 집행기관에 제공한 정보에 빚지지 않은 화석 관련 조사가 없었다. 이 사건은 "일반적으로 모호한 그 영역의 법 질서 유지와 관련해서 연방 법 집행부가 모두 힘을 합치게 하는" 결과를 불러왔다.

벨은 관용을 권유한다고 해서 에릭의 범죄가 "심각한 범죄"가 아니라는 의미는 아니라고 강조했다.

"이것은 문자 그대로 복제할 수 없는 천연자원입니다. 솔직히 영화 〈쥬라기 공원〉이 제안했던 일종의 [부활의] 힘이 필요할지도 모르지만, 그런 것은 현실에는 존재하지 않습니다."

그가 말했다. 그리고 그는 오비랍토르를 언급했다.

"1996년 영화 〈쥬라기 공원〉에는 많은 공룡이 우르르 몰려다녔죠. 1992년이었을지도 모르겠습니다. 어쨌든 당시 저는 어렸고, 어떤 경우든 간에 엄청난 경이를 느꼈습니다, 재판장님."

보호관찰 부서는 2년 6개월의 실형을 제안했다. 헬러스타인은 몇 분 동안 숙고할 시간이 필요했다. 그는 프로코피라는 사람과 그의 심정 그리고 반성의 가능성을 평가해봐야 했다. 레더먼은 에릭이 "이미 간접적으로 처벌받은" 정도를 고려해줄 것을 판사에게 요청했다. 그는 이혼했다. "사실상의 담보권 행사"로 집도 잃었다. 또한 그의 사업은 "실제적이든 인지적이든 간에 정부의 보복을 두려워하며 더는 그와 일하지 않으려는 다른 사람들에게 기피" 대상이 되고 있다. 에릭에게 말할 기회가 주어졌을 때, 그는 일어나서 미리 준비해온 진술서를 읽었다.

"저의 행위에 대해 법원과 정부에 사과하고 싶습니다. 제가 저지른 일은 옳지 않았고, 저는 그 막중함을 인식하지 못했습니다. 제 인생은 그 실수들 때문에 황폐해졌지만, 그래도 저는 고생물학에 대한 사랑을 잃지 않았으며, 합법적으로 사업을 재건하기를 희망하고 있습니다. 저는 진심으로 화석을 좋아합니다. 그리고 제 행위가 상업적인 고생물학과 학문적인 고생물학 사이의 관계를 해칠 원인을 제공해 피해를 준 것에 대해 후회합니다."

헬러스타인 판사는 에릭의 아버지와 같은 나이인 80대 초반이었다. 그는 9 · 11 보험 청구와 관련된 사건을 주재했고, 아부

그라이브 교도소에서 벌어진 수감자 학대 사건의 특정 증거를 공개하도록 연방정부에 명령했었다. 2008년 경제 붕괴로 이어진 대규모 모기지 사기로 유죄 판결을 받은, 몇 안 되는 월스트리트 경영인인 카림 세라겔딘에 대한 선고를 내렸다. 그 소송에서 헬러스타인은 상대적으로 관대한 처벌을 내렸다. 세라겔딘이 "그런 일을 가능하게 하는 분위기에서" 일했다는 사실을 참작했기 때문이었다. 헬러스타인 판사는 그 은행가의 행위들에 당혹감을 느꼈다고 고백하고는 법정에서 다음과 같이 말했다.

"이것은 점점 심화되는 미스터리입니다. 왜 이렇게 많은 훌륭한 사람이 나쁜 일을 할까요?"

헬러스타인은 곧 법정으로 돌아와 선고했다.

"프로코피 씨는 특별한 사람입니다. 그는 많은 사람이 따르지 않는 지식 분야를 따르고 있습니다. 그가 그 분야를 따르고 그것을 위해 시장을 창조하고 있다는 사실은 화석 연구에서 중요합니다. 또한 화석 연구는 지구에서 우리의 삶과 우리의 근원에 관해 이해하는 데 중요합니다. 따라서 그 점에 있어서 그는 칭찬받아야 합니다."

그러나 사회에서는 신뢰와 정직이 중요하다고 판사는 말을 이었다.

"그 점은 프로코피 씨가 평생 종사해온 분야와 관련해서 특히 중요합니다. 왜냐하면 그는 사실상 역사의 희소성으로 먹고살았고, 그 명성에 참여함으로써 실은 그 역사뿐만 아니라 그 역사를 제공하는 국가의 유산을 보존하는 데도 자신을 헌신해왔습니다."

판결은 억제책이 되어야 한다고 헬러스타인 판사는 말을 이었다. 그리고 에릭에게 6개월의 징역형을 선고함으로써 모두를 놀라게 했다.

법정에 있던 도리스와 빌은 충격을 받은 듯했다. 타일러는 흐느꼈다. 어맨다는 '좋아, 이 정도는 얼마든지 견딜 수 있어'라고 생각했다. 에릭의 머릿속에는 아이들과 떨어져 있어야 한다는 사실 외에는 아무런 생각도 떠오르지 않았다.

레더먼의 협상 덕분에 그는 3개월은 연방 교도소에서, 나머지 3개월은 사회 복귀 훈련 시설에서 보내게 되었다. 벌금은 없었다. 레더먼은 에릭이 아들딸과 함께 여름을 보낸 후 가을에 윌리엄스버그 근처에서 수감 생활을 하게 해달라고 요청했다. 요청은 받아들여졌다. 에릭은 2014년 9월 9일 오후 2시에 수감이 결정된 시설에 출두해야 했다.

며칠 후, 심야 토크쇼 사회자인 세스 마이어스^{Seth Meyers}는 그의 오프닝멘트에서 미합중국 대 에릭 프로코피 소송의 결과를 언급했다.

"교도소 생활에 관해 한마디 조언을 하자면, 다른 수감자들에게 당신이 뼈 밀수업자라는 얘기는 하지 말아요."

에릭은 그 장면의 클립을 페이스북에 게시했다.

"음, 적어도 자네는 유명하잖아."

한 친구가 댓글을 달았다. 에릭이 프로필 사진을 법정 예술가가 분필로 그린 자신의 얼굴 그림으로 바꾸었을 때, 누군가 말했다.

"당신 코는 그렇게 뾰족하지 않잖아요."

또 누군가는 "턱이 너무 크다"고 했다. 세 번째 사람은 이렇게 적었다.

"정말 몰라서 묻는 건데, 이 사람 누구야?"

제20장

타르보사우루스에 열광하는 사람들

몽골 사람들은 그 공룡 밀수업자에 관한 얘기 외의 다른 이야기는 거의 나누지 않았다. 그들은 약소국인 몽골이 미국과 같은 초강대국에서 칭기즈칸 스타일로 자신들의 국보를 되찾아온다는 사실이 무척이나 기뻤다. 공룡이라는 단어를 거의 입에 올려본 적도 없는 몽골 사람들도 에릭 프로코피가 어떻게 그 공룡 뼈를 몽골에서 빼내갔는지 추측해보는 것이 즐거웠다. 그들은 도난당한 황금 이야기를 통해 밀수를 이해해보려고 했다. 하지만 황금 도둑은 장이나 항문에 금덩어리를 숨기는데… 그런데 공룡이라는 건 도대체 얼마나 큰 거야? 그들은 알고 싶었다.

오유나는 몽골 공룡의 얼굴, 그 이상이 되었다. 헤리티지 옥션스의 경매는 몽골의 국회의원 후보 등록 마감 며칠 전에 있었다.

"당신은 하루에 열 번쯤 방송에 오르내렸잖아요. 그러니 직접 출마해보는 건 어때요?"

엘베그도르지 대통령이 그녀에게 물었다. 오유나는 이미 두 번이나 출마했었지만, 모두 낙선했다. 대대적인 선거운동을 하려면 비용이 많이 들었지만, 엘베그도르지는 걱정할 필요가 없다고 말했다. T. 바타르가 이미 무료로 충분히 홍보를 해주었기 때문이었다. 오유나는 마침내 의회에서 한 자리를 차지했으며, 엘베그도르지는 그녀를 문화 · 스포츠 · 관광부 장관으로 임명했다.

"고마워요, 공룡!"

그녀가 말했다.

로버트 페인터가 예측한 대로, 민주당은 몽골의 2012년 선거를 휩쓸었다. 민주당은 이제 광업, 운송업, 사법부와 관련된 법률과 규정을 포함한 모든 정책에 영향을 미치고 관련 인사를 임명할 수 있는 집약적인 권한을 가지게 되었다. 정부는 선거를 몇 주 앞두고 새로운 투표 집계기를 가동하기 위해 현지 소프트웨어 회사인 '인터렉티브 LLC'를 고용했다. 몽골인들은 그 기계를 보자마자, 카르 카이르챠그, 즉 '블랙박스'라고 불렀다. 국제 선거 참관인으로 몽골에서 일했던 줄리언 디어케스는 그 기계들이 "유권자들에게 (말 그대로) 일종의 블랙박스"였다고 썼다. 그는 "유권자들이 그들 자신은 물론이고 누구도 직접 관찰할 수 없는 개표 메커니즘을 어느 정도까지 신뢰할지"는 두고 봐야 한다고 말했다. 아홉 개 정당이 재개표를 요구했지만, 선거위원회는 거부했다.

2013년 대통령 선거를 준비하는 동안에도 유권자들의 질문은 계속되었다. 블랙박스는 누가 도입했지? 누가 비용을 냈을까? 누가 프로그래밍했지? 프로그래머를 누가 감독했을까? 이 기계들은 너무나 널리 퍼져 있는 우려와 음모론의 대상이 되어 유니버시티 칼리지 런던의 인류학자인 버모치르 둘암^{Bumochir Dulam}과 레베카 엠슨^{Rebecca Empson}이 마침내 그 끊임없는 소문에 관해 글을 쓰기에 이르렀다.

"그들은 '공정'하다고 주장하지만, 카르 카이르챠그가 조작되거나 '해킹'될 수도 있다는 음모론이 계속 만들어지고 있다"라고 그들은 적었다. "종합선거관리위원회가 블랙박스를 유지하고 운영하며, IT 담당자는 기계에 프로그램을 설치하고 업데이트하는 일을 하고 있다. 일부에 따르면, 이것은 권력을 쥔 정치인들이 선거관리위원회에 영향력을 행사하고 조종하여 그 기계들을 그들의 목적에 부합하는 수단으로 사용할 수 있다는 의미다."

한편 오유나는 문화유산과 관광에 초점을 맞추었다. 그녀는 2013년 말까지 50만 명의 외국인이 몽골을 방문할 것으로 예상했다. 특수 목적의 관광은 조류 관찰자, 스키어와 골퍼 그리고 영적 순례자들을 끌어들이는 이상적인 방법으로 보였다. 울란바토르에서 남쪽으로 약 50킬로미터쯤 떨어진 후시긴 밸리에 새로운 국제공항이 건설되고 있으며, 주변의 도시 개발 계획도 짜여 있었다. 오유나는 2015년을 "몽골을 전 세계에 의미 있게 홍보"하는 해로 만들겠다는 목표를 세웠다. 정부는 새로운 관광 구호를 시험하기 시작했다.

"유목민이 되어 몽골을 체험하세요."

다음에는 "몽골—하늘이 내린 유목의 땅"이라는 문구가 뒤따랐다.

하지만 고비만큼 관광객을 끌어들이는 곳은 없었다. 오유나는 새로운 관광 시대의 중심에 공룡을 가져다놓을 구상을 했다. 공룡은 몽골이 최근의 관광 침체와 구시대적 방식에서 벗어나도록 이끌어줄 것이었다. 몽골인들은 그들의 축제(얼음, 낙타, 독수리, 눈)를 좋아했지만, 그 행사가 언제 열리고 얼마나 오래 열리는지 정확히 아는 사람은 하나도 없었다. 일정을 모르니 관광 회사는 광고를 못 하고, 여행자들은 계획을 짤 수 없었다. 최근에 열린 몽골 경제 포럼 행사에서는 모두가 공룡이 "광범위한 잠재력"을 가지고 있다는 점에 동의했으며, 오유나는 이미 엘베그도르지 대통령의 T. 바타르 "회수 작전"을 활용한 공룡 중심의 관광 노선을 생각해두고 있었다.

"몽골 정부는 전 세계 고생물학자와 과학 애호가로부터 공룡 밀수가 진행되는 동안 아무것도 하지 않았다는 비난을 받아왔습니다."

그녀는 알자지라 방송과의 인터뷰에서 말했다.

"그러나 정부가 불법 화석 거래를 멈추고 싶어도 특별한 사례가 없었습니다. 따라서 T. 바타르 사건이 이상적인 상황이었던 거죠."

일단 미국이 공룡을 돌려주면, 그것을 어디에 둘지 결정하는 것은 오유나의 일이었다. 자연사박물관은 유지 상태가 좋지 않았기에 그다지 좋은 선택이 아니었다. 오유나는 새로운 박물관을 세워서 되돌려받은 T. 바타르를 중앙부에 세워놓기로 했다. 동료 각료들이 공룡 한 마리 때문에 박물관 하나를 통째로 만드는 것에 집요하게 반대했을 때, 오유나는 말했다.

"로이 채프먼 앤드루스 원정대는 몽골에서 1,500점의 뼛조각을 발굴해 갔고, 그 후에 다른 여러 나라 원정대가 또 많은 것을 가져갔습니다. 여러분이 그걸 모두 되찾아온다면, 최소한 열 개의 박물관은 채울 수 있을 겁니다."

정부는 새로운 건물을 지을 돈이 없었기에, 오유나는 오래된 건물의 용도를 변경하기로 했다.

러시아 공산당의 창립자 레닌을 기념하는 레닌박물관은 1980년에 개관한 2층짜리 정사각형의 모놀리스(단일 암석으로 만든 건물 – 옮긴이) 건축물이었다. 안에는 확대된 데스마스크처럼 눈을 감고 염소수염을 기른 채 받침대 위에 올라 있는 그의 흉상이 마치 작은 산처럼 우뚝 솟아 있었다. 거대한 레닌의 머리만 제외하면 장소는 완벽했다. 공간도 넓고 에어컨도 완비되었고 훌륭한 조명 시설도 있었다. 그리고 20년 전 민주혁명의 첫 단계가 전개되었던, 도시 중심가의 독립 광장에 자리 잡고 있었다. 그 건물은 몽골 인민혁명당이 주인이었고, 고급 식당, 노래방, 꽃집, 당구장 등이 입점해 있었다. 이전 문화부 장관들이 그 건물을 국유화하려 했었지만, 늘 소송에서 졌다. 하지만 오유나는 이길 자신이 있었다.

그리고 오유나는 이겼다. 레닌박물관은 개보수 후에 몽골공룡 중앙박물관으로 탄생할 예정이었고, 전국적으로 위성 박물관이 그 뒤를 따를 것이었다.

"우리에게는 공룡이라는 훌륭한 유산이 있지만, 사람들은 그 사실을 알지 못합니다."

2013년 초 그녀가 언론에 말했다. 그동안 오유나는 T. 바타르 골격이 임시로 머물 집을 찾아야 했다.

5월 6일 오전 11시에 소규모 인원(오유나, 볼로르, 필립 커리, 페인터 부부)이 뉴욕의 유엔 플라자에 있는 맨해튼 1호실에 모였다. 뉴스 카메라가 돌자 당시 이민 관세 수사청 청장이었던 존 모턴John Morton이 강단에 섰다. 세관은 지난 몇 년간 에바 브라운Eva Braun(아돌프 히틀러의 내연녀 – 옮긴이)이 아돌프 히틀러에게 준 것으로 추정되는 18캐럿의 황금 책갈피, 사담 후세인의 이미지가 그려진 크롬 도금한 AK-47 소총 같은 특이한 물건들을 본국으로 돌려보냈지만, 공룡은 사정이 달랐다.

"세관 업무에서 어떤 특정 반환물을 가장 특별한 것으로 식별하기는 좀 망설여지지만, 그래도 이것은 그동안 우리가 반환받은 것 중에서 가장 예외적인 것, 아니 좀 더 순화해서 말하면 가장 예외적인 것들 중에 하나라고 할 수 있을 듯합니다."

모턴은 《뉴욕타임스》와의 인터뷰에서 말했다. 그리고 이제 "우리는 몇몇 약탈자와 책략가의 탐욕이 한 국가 전체의 문화적 이익을 능가하는 것을 허락할 수 없다"라고 덧붙였다.

T. 바타르의 뼈 상자들은 정부 창고를 벗어나 대한항공 소유의 제트 여객기로 옮겨졌다. 대한항공이 이 공룡을 고향까지 무료로 보내주겠다고 제안했던 것이다.

울란바토르 시내에서 가장 큰 광장은 수호바타르 광장, 중앙

광장, 의회 광장 등으로 불려왔고, 가장 최근에는 칭기즈칸 광장으로 불린다. 칭기즈칸 광장은 "모든 몽골인의 자부심과 우상"을 기리는 이름이었다. 고대 도시의 석회암 중심부는 모두 사원과 궁전이었다. 한때 위엄 있는 성직자와 귀족이 춤과 레슬링을 보기 위해 모였던 곳에 이제는 아이들이 전기 장난감 자동차를 몰며 이리저리 돌아다니고 있었다. 붉은색이나 금색의 예복을 입고 노래를 부르는 라마승들도 기도를 하기 위해 모여들었다. 결혼식이 열리는 상서로운 날이면 콜로네이드(지붕을 떠받치도록 일렬로 세워놓은 돌기둥 - 옮긴이)가 지붕을 떠받치고 있는 정부 청사의 고풍스러운 계단 위로 칭기즈칸의 거대한 청동 발치에 신랑 신부의 모습이 나타났다.

광장에서 가장 눈에 띄고 어울리지 않는 건물은 미래지향적인 블루 스카이 호텔과 타워다. 높이가 18층인 타워는 하늘색 통유리와 강철로 만든 건물로, 그 모습은 상어 지느러미 등에 비유되었고, 정부 청사에서 바라보면 여성의 생식기처럼 보이기도 했다. 칭기즈칸의 제국은 한때 알려진 세상의 절반을 지배했지만, 이제 그는 푸른색 음순과 비교되는 건축물을 영원히 바라보고 있을 뿐이었다.

거의 7,600제곱미터 넓이의 이 광장에서는 군대의 행진(1920~1950년대), 민주혁명(1990년), 소형 비행기의 착륙(이론적으로 그런 일이 일어날 수 있다) 또는 팝업 공룡 박물관의 등장(2013년 5월 말)이 이루어졌다. 문제의 공룡은 3개월 동안 전시되었다가 시베리아 국경에서 남쪽으로 120킬로미터 떨어진 다르항 지방으로 잠시 이동했다.

오유나가 장관이 되었다는 것은 여전히 고생물학계에서 자신의 자리를 찾으려고 애쓰던 볼로르에게는 좋은 징조로 보였다.

"그녀는 몽골에 있는 동안에는 거의 거세당한 상태였어요."

나중에 오유나가 말했다.

"고생물학 공동체는 그녀를 매우 시기하거나 부정적으로 생각했죠. 그녀의 주요 주제가 지질학이었기 때문이에요. 그들은 모두 이렇게 말할 겁니다. '좋아요, 그녀가 지질학적으로 그 지역을 관찰하는 것은 허락하겠지만, 땅을 파는 것은 허용할 수 없습니다.' 볼로르가 T. 바타르 덕분에 명성을 얻게 되자, 고생물학자들은 모두 부러워하면서 '글쎄요, 그녀가 실제로 한 일은 아무것도 없잖아요'라고 말했어요. 우리가 '볼로르의 의견이 결정적이었습니다'라고 말하면, 그들은 '아니요, 당신과 로버트 페인터의 의견이 결정적이었죠'라고 대꾸했어요. 그들은 항상 볼로르를 견제했죠. 몽골 국민에게 물어보면 '아, 나는 볼로르를 존경해요'라고 대답할 겁니다. 하지만 과학자에게 물어보면 '볼로르는 한 게 없어요'라고 말할 걸요. 그들은 절대로 볼로르를 자신들의 영역에 들여놓지 않을 겁니다."

볼로르가 롱아일랜드에 살고 있는데도 오유나는 그녀를 팝업 박물관의 책임자로 임명했다.

문제의 공룡은 5월 17일 자정에 울란바토르에 도착했다. 신문에 오유나의 「공룡의 꿈」이 실린 지 1년 만이었다. 카키색 트렌치코트에 밝은 노란색 스카프를 두른 오유나는 활주로에서 비행기를 마중했다. 비닐로 꽁꽁 싸인 상자들이 화물칸에서 미끄러져 나오는 동안, TV 카메라는 마치 그 화물에 국가 원수의 유해가 담겨 있는 듯이 생중계로 그 뒤를 따라갔다.

며칠 후에 도착한 볼로르는 단 2주라는 자신의 임기 안에 팝업 전시회를 열어야 했다. 구조물은 칭기즈칸의 눈앞에 세워졌다. 높은 천장, 전시 플랫폼, 조명을 갖춘 전시 캐비닛 그리고 LED 스크린을 갖춘 조립식 사각 구조물이었다. 외부 장식으로는 오유나가 자신의 오빠에게 벽화를 맡겼다. 그림은 활짝 웃는 만화 캐릭터로 그려진 T. 바타르가 풍선과 몽골 국기를 손에 들고 자유의 여신상에서부터 몽골의 푸른 언덕과 게르에까지 길을 만들고 있었다. 박물관의 주제는 "나 고향에 돌아왔어요"였다.

오유나는 총리가 참석하기에 어울리는 제막식을 계획했다. 하지만 행사 전날 그가 참석을 취소했다. 몽골의 죽음 관련 속담은 뼈와 관련이 있었기에 T. 바타르 기념식에 참석한다는 것은 어떤 면에서는 '광장에서 죽어간다'라는 의미가 되었다. 오유나를 비난하는 사람들은 이미 그녀를 본Bone 오윤게렐 또는 공룡 장관이라고 부르고 있었지만, 그녀는 계속해서 "그건 뼈가 아닙니다. 그냥 돌에 불과해요"라고 설명했다. 그녀는 가장 큰 사원의 지도자들에게 부탁했다.

"부디 행사에 참석해서 과학에 공헌해주십시오. 사람들은 뼈에 대해 완전히 오해하고 있습니다. 제발 참석해서 여러분이 이 고생물학적인 발견을 존중한다고 말씀해주세요."

6월 8일 아침, 승려들을 포함해 수백 명의 관중이 수흐바타르 광장에 모였다. 흰 장갑을 낀 고위 인사들이 녹색 리본을 잘랐다. 개회사를 맡은 오유나는 관료적인 연설을 하는 대신 T. 바타르가 자신의 엄마와 재회하는 내용의 동화 한 편을 즉석에서 지어냈다.

팝업 박물관 내부에 들어선 방문객들은 몽골 역사상 어느 박물관에서 열렸던 전시회보다 효율적이고 유익한 전시회를 보게 되었다. T. 바타르는 고비 모래 위에 서 있었다. 관중은 카메라와 휴대전화를 높이 치켜들고 그 골격을 빙 돌아가며 찍었다. 한쪽 벽면에서는 미국 정부의 송환식과 공룡이 비행기로 도착하는 장면이 반복해서 영상으로 흘러나왔다.

로버트 페인터가 자신의 블랙베리를 손에 들고 헤리티지 옥션스의 그렉 로한과 맞붙어 싸우려는 듯한 사진을 포함한, 뉴욕시의 경매 관련 사진들도 전시되어 있었다. 페인터가 텍사스에 도착해 전시회에 자신의 블랙베리를 기증했을 때, 한 뉴스 방송국이 그를 인터뷰하는 장면을 장장 18분 동안이나 끊지 않고 생방송했다. 부정 투표와 부패에 관한 끊이지 않는 소문이 공룡전시회장까지 몽골 정부 관리들을 계속 따라다녔다. 어떤 소문에 따르면, 엘베그도르지의 재선을 지원하는 미국 정부가 T. 바타르 사건을 전부 설계했고 로버트 페인터는 CIA 소속이라고 했다. 일부 공무원들은 공룡을 자기 눈으로 직접 보기 전까지는 그 모든 이야기가 "지어낸 것"이라고 생각하기도 했다.

첫 4주 동안 팝업 전시회의 입장료는 무료였다. 총 26만 7,000명이 방문했다. 오유나는 안내원을 두 명만 고용하는 실수를 저질렀다. 그녀는 관람객의 규모를 보고 직원들에게 이렇게 말했다.

"좋아요. 여러분, 이것은 새로운 시대의 박물관, 새로운 종류의 전시회입니다. 그러니 여러분의 관리 능력도 바뀌어야 합니다. 모두가 안내원이고, 모두가 큐레이터가 되어야 해요."

그녀는 한 경비원에게 물었다.

"프로토케라톱스에 관해 들어봤나요?"

"프로토케라톱스라고 제대로 발음도 못 하겠는데요."

그가 말했다.

"프로-토-케라-톱스."

오유나가 말했다. 그녀는 또 다른 직원을 돌아보며 물었다.

"좋아요, 그럼, 그쪽 청소직원. '타르보사우루스 바타르'라고 말해보세요."

"타르보사우루스 바타르."

"이번에는 당신. '오비랍토르'라고 말해보세요."

"오비랍토르."

"그것들에 대한 간단한 설명을 외우세요. 내일부터는 여러분 모두가 교육자예요. 그러니, 이 단어, 이 단어 그리고 이 단어도 외우세요."

오유나가 그들에게 말했다.

나중에 팝업 전시장을 다시 찾은, 오유나는 그 직원들을 거의 알아보지 못할 뻔했다. 그들은 T. 바타르가 무엇이고, 공룡은 무엇이며, 고생물학은 무엇인지 설명하느라 정신이 없었다. 광장에서는 텐트 바자회가 열려서 행상들이 T. 바타르 장신구와 찻잔과 베개 같은 것을 팔았다. 사람들은 T. 바타르 티셔츠를 입고 야구 모자를 쓰고 있었다. 30명의 장애 아동 어머니가 직접 만든 T. 바타르 장난감을 팔고 있었다. 팝업 전시회의 인기에 힘입어, 울란바토르 시립박물관은 1920년대 미국 자연사박물관의 중앙아시아 탐험 관련 사진을 보여주는 "인디아나 존스: 몽골의 로이 채프먼 앤드루스"라는 제목의 전시회를 열었다. 큐레이터 퉁갈라그는 첨부된 사진집에 다음과 같이 적어 넣었다.

"이런 탐험은 몽골이 조류학, 지질학, 고생물학, 고식물학, 고고학 자원이 많은 과학적으로 독특하고 중요한 지역이라는 사실을 증명했다."

9월까지, 팝업 공룡 전시회는 약 2억 투그리크(약 8만 달러)를 벌어들였다. 2013년 말쯤, 몽골 정부는 약 75만 명이 T. 바타르 전시회를 관람했다고 주장했다. 캐나다에서 이 행사에 관한 비디오를 보면서 필립 커리는 말했다.

"몽골인들이 자신들의 [고생물학] 유산을 인식하게 된 것은 이번이 처음입니다."

몽골에는 국립 고생물학의 날은 없었지만, 국립 T. 바타르의 날은 생겼다. 날짜는 에릭 프로코피의 체포일인 10월 17일이었다.

———

미국이 T. 바타르를 몽골로 반환한 다음 날, 몽골 민주당은 만장일치로 2013년 대통령 선거 후보자로 엘베그도르지를 지명했다. 엘베그도르지의 이름이 강조된 문서가 내걸린 수흐바타르 광장 전시회에 T. 바타르가 전시되고 열흘이 지난 후, 대통령의 수석 보좌관이 말했다.

"T. 바타르의 반환은 몽골 국민과 미국 국민 간의 협력의 본질과 정신을 풍요롭게 했습니다. … 미국은 그들 자신이 정의의 표지라는 것을 다시 한번 세상에 보여주었습니다."

그로부터 39일 후, 엘베그도르지는 대통령에 재선되었다.

유럽안보협력기구OSCE를 대표하는 400명 이상의 외부 선거 참관인들이 몽골 전역에 흩어져서 선거를 감시했다. 선거는 전반적으로 개방적이고 공정한 것으로 여겨졌지만, OSCE는 우려를 표시했다. 종합선거관리위원회는 조직, 절차, "의사결정 면에서 전반적인 투명성의 부족"을 보여주었고, 새로운 투표 집계기를 선거 전에 점검하는 과정에서 기계는 "유효하지 않은 투표용지를 정확하게 집계"하지 못하는 "프로그래밍 오류"를 보였다. 도미니언 보팅 시스템이 오류를 확인했지만, 그것을 수정할 소스 코드는 제공하지 못했다. 그 회사는 오류를 너무 늦게 발견해서 기계의 프로그래밍을 다시 하기는 어렵다고 말했다. 도미니언은 오류가 "결과에 영향을 미치지 않을 것"이라는 보증서를 발급했다.

하지만 OSCE는 몽골 법에 따르면 당선자는 전체 투표수의 과반수를 얻어야 했기에, "[투표 집계 장비가] 무효표의 수를 정확히 집계해서 보고하는 것은 필수적이었다"라고 보고했다. OSCE는 또한 미디어 환경에도 문제가 있었음을 지적했다. 압도적인 대다수의 뉴스 매체가 "정치인에 의해 직·간접적으로 운영"되었기 때문이다. 몽골 언론인은 윤리적으로 금지된 두 가지 위법적인 일이 몽골에서는 흔하게 벌어진다고 했다. 즉 사람들이 뉴스보도에 돈을 내고 언론사 소유자들이 편집의 자율성을 방해함으로써 "흑색 홍보"로 상대편의 신용을 떨어뜨렸다. OSCE는 "미디어 소유권의 투명성 부족은 대중이 미디어가 전파한 정보를 충분히 평가할 수 없게 만든다"라고 보고했다.

엘베그도르지는 겨우 2만 표 차이로 재선되었다. 그러나 대중의 시위는 없었다. 평화가 유지되었다. 7월 10일, 그는 두 번째이자 마지막 임기를 맞아 대통령 선서를 했다. 전통 예복을 갖춰 입은 그는 수흐바타르 광장의 칭기즈칸 동상 앞에서 고개 숙여 절을 했다.

제21장

에릭 프로코피의 선물

감옥에 가는 것은 임박한 죽음을 아는 것과 느낌이 약간 비슷하다. 여러 일을 정리하고 끝내야 했다. 에릭은 소위 '자진출두'를 하기 몇 주 전에 큰 결정을 내리고 타일러와의 관계를 끝냈다. 그의 삶은 아이들과 어맨다 이외의 다른 사람을 포함시키기에는 너무 혼란스러웠다. 타일러가 버지니아를 떠나 플로리다로 가기 위해 낡은 사브에 올라탔을 때, 그들은 둘 다 무너졌다. 하지만 타일러가 말한 것처럼, 두 사람 다 "벽돌 몇 개가 떨어져나간 것"처럼 일종의 안도감도 느꼈다.

에릭은 임대료가 밀린 까닭에 조만간 헤이스의 강가 주택을 잃을 처지였다. 집을 비우기 전에 에릭이 마지막으로 한 일은 그와 타일러가 수리해서 다시 판매할 생각에 모아놓았던 수천 점쯤 되는 경매 품목을 치운 것이었다. 에릭은 경매회사와 계약을 맺고, 그들이 모든 것을 처분하게 했다. 경매회사가 토요일 아침에 와서 물품을 467개 품목으로 구분해놓을 예정이었다.

육로로 글로스터포인트를 오가는 유일한 방법은 콜맨 다리 기

409

슭의 요금소를 통과하는 것이었다. 에릭은 2달러의 통행료를 아끼기 위해 굳이 그럴 필요가 없을 때는 요금소를 오가지 않았지만, 경매 전날 저녁에는 요금소를 지나 요크타운으로 향했다. 늦여름의 들판과 선박 수리소, 라이징선 침례교회를 지나갔는데, 교회의 대형 천막에는 "신은 우리 모두를 증인으로 소환하셨습니다"라는 말이 적혀 있었다. 어맨다는 워터맨 박물관 주차장에서 그를 만났다. 13년 전 그들이 결혼식 예비 만찬을 열었던 곳이었다.

에릭은 아이들을 밴에 태우고 강가를 따라 되돌아갔다. 물수리 둥지를 지나고 아이들과 자신이 좋아하는 후안 멕시코 식당도 지나갔다. 그가 자갈 깔린 진입로에 들어서자마자, 아이들은 늘 그랬듯이 안전띠를 힘차게 풀어버렸다.

"그레이슨, 이리 올라와서 아빠 대신 네가 운전해봐."

에릭이 말했다. 그레이슨은 아빠의 무릎에 올라앉아 핸들을 움직였다. 다음은 리버스 차례였다. 아이는 작은 빨간색 작업장과 거대한 목련 나무를 지나갔다(언젠가 그 나무에 올라가 있던 뱀을 정원 호스로 착각한 적이 있었다).

나중에 아빠가 경매 물품을 분류하는 것을 보면서 그레이슨은 "다시 집으로 돌아가는 거예요, 아빠?"라고 물었다.

"비슷해."

에릭의 계획은 어맨다의 어머니 집에 있는 차고로 이사하는 것이었다. 에릭이 아이들의 외할머니 집으로 가면, 교도국이 에릭을 어디로 보내든 간에 아이들은 아빠가 집을 떠나는 순간까지 매일 얼굴을 볼 수 있었다. 사실상 그는 전국에 있는 연방 교도소 중 어디로든 보내질 수 있었지만, 윌리엄스버그에서 약 한 시간 거리에 있는 피터스버그에서 복역할 수 있게 해달라고 법원에 청원했다.

그는 냉동 피자를 데웠고 아이들은 〈페파 피그Peppa Pig〉를 틀었다. 피자를 먹는 동안 리버스가 물었다.

"아빠 우리가 가진 걸 전부 다 팔아야 해요?"

그는 그렇다고 대답했다.

"그렇지만 이건 내 미술 책상이잖아요."

아이가 말했다. 리버스는 작은 학교 의자에 앉아서 목제 표면 위에 양손을 펼쳐놓았다. 에릭은 잠시 생각해보고 말했다.

"걱정하지 마."

8월 10일 토요일 아침이 되었다. 강에는 해파리가 넘쳐났다. 지난밤의 달은 흐릿했지만 거의 보름달이었다. 10시에 경매 시사회가 시작될 무렵, 날씨가 흐려졌다. 호박색 음영이 들어간 안경을 끼고 양쪽 팔뚝 중간쯤에 두꺼운 금팔찌를 낀 다부진 체격의 남자 하나와 야구 모자를 쓰고 민소매 셔츠를 입은 남자들 그리고 반바지에 선바이저를 쓰고 땀에 젖은 냅킨으로 아이스티 잔을 감싸 잡은 여자들이 길을 따라 걸어 올라왔다. 에릭은 아이들을 어맨다에게 데려다주고는 그의 물질적인 삶에서 남은 것을 분류하느라 쉬지 않고 일했다. 그는 경매인이 속사포처럼 말을 쏟아내는 동안 거의 누구와도 대화하지 않고 온종일 유령처럼 어슬렁거렸다.

그는 경매를 통해 2만 달러를 손에 쥐기를 희망했지만, 총판매액은 1만 달러였고, 그중 40퍼센트는 경매인 몫이었다. 모두가 떠난 후 에릭의 옆집 이웃인 베니가 자신이 낙찰받은 하버 프레이트 용접기를 가지러 왔다. 그것은 에릭이 뼈대와 함께 울란바토르로 보내야 했던 T. 바타르 골조를 포함해 여러 마운트를 작업할 때 사용하던 것이었다. 그들이 차도에서 이야기를 나누고 있을 때, 한쪽 눈에 유리알을 박아 넣은 또 다른 이웃 노인 제리가 잔디 깎는 기계를 마치 자동차를 운전하듯이 몰고 나타났다. 제리가 시동을 끄자 베니가 밝게 말했다.

"안 그래도 내가 그리로 가서 자네 엉덩이를 걷어차줄 작정이었는데."

"쓸데없는 소리 말고, 지팡이나 얼른 장만해!"

제리가 말했다. 에릭은 그날 처음으로 웃었다.

수요일에 에릭은 마흔 살이 되었다. 그는 킹스밀의 차고로 온종일 많은 짐을 옮겨다놓았고, 나머지는 박스 트럭에 넣거나 고물상으로 가져가서 현금으로 바꿨다. 그리고 강가 집에 갔다가 현관문에 테이프로 붙여놓은 퇴거 통지서를 발견했다. 그는 그것을 건드리지 않고 잠시 가만히 바라만 보고 있었다. 그런 다음, 한마디도 하지 않고 문에서 그것을 떼어내 안으로 가지고 들어갔다.

그날 밤 그는 저녁을 먹기 위해 윌리엄스버그에서 아이들과 어맨다를 만났다. 어맨다는 웨이포인트라는 근사한 식당의 와인 룸을 예약해두고 엄마와 엄마의 남자친구 벤 그리고 몇 명의 친구를 초대했다. 그녀는 에릭이 좋은 음식을 먹고 자신이 사랑받는다는 사실을 느끼기를 바랐다. 리버스는 해마와 게가 그려진 여름 원피스를 입었다. 그레이슨은 주황색 체크무늬 브룩스 브라더스 셔츠와 흰색 바지를 입었다. 에릭은 헬륨 풍선이 둥둥 떠 있는 식탁 상석에 앉아 있었다. 그는 기뻐 보이는 동시에 산만해 보이기도 했다. 음식이 나오기 직전에 그는 변호사로부터 이메일을 받았다. 연방정부는 그를 윌리엄스버그 근처의 교도소로 배정하는 대신, 사우스캐롤라이나주 솔터스에 있는 교도소로 보낼 예정이었다.

"괜찮을 거야."

어맨다가 말했다.

"아니, 그렇지 않을 거야. 여기서 여섯 시간 거리라고!"

에릭이 말했다.

"정부에서 당신을 옮겨줄 수도 있어."

그녀가 말했다.

"나한테 신경도 안 쓸걸."

아이들이 생일 축하 노래를 부르고 나서 그들은 모두 케이크를 먹었다. 리버스는 직접 그린 그림책을 아빠에게 주었다. 그레이슨은 그에게 작은 상자 하나를 주었는데, 그 안에는 아우터뱅크스 해변에서 발견한 작은 게 한 마리가 들어 있었다. 게의 발 중 하나는 부러져 있었다.

다음 날 에릭은 거북 덴턴(가족이 차량 진입로에서 발견해 아이들의 수족관에 넣어둔 것이었다)과 함께 들어 있는 물고기를 모두 건져내서 물을 채운 양동이에 담아 윌리엄스버그로 운전해 갔다. 어맨다의 어머니 베티의 집에서 그는 차고로 이어지는 좁은 계단에 수족관을 다시 설치하고 물을 채운 후 물고기들을 집어넣었다. 거북은 괜찮았다. 하지만 몇 시간 만에 물고기는 수면에 둥둥 떠올랐고, 밤이 되었을 때는 모두 죽어 있었다. 큰 소리로 울어대는 에릭을 발견하고 어맨다가 말했다.

"슬퍼하는 거 지겹지도 않아? 이젠 받아들일 때도 되지 않았어?"

차고 구석의 화단에서 그들은 물고기 장례식을 치렀다. 그레이슨과 리버스는 어맨다의 아이폰으로 "장례식 나팔 소리"를 틀어놓고 하트 모양으로 돌을 배열했다. 색종이로 만든 묘비에는 "옛날 옛적에 여기 물고기 잠들다"라고 적혀 있었다.

교도소와 관련된 실수는 신속히 해결되었고, 에릭은 피터스버그의 보안시설에 배정되었다. 그는 트럭을 몰고 플로리다까지 밤새 14시간을 운전했다. 트럭은 보험에 가입되지도 않은 무등록 차량이었다. 열쇠로는 시동이 걸리지 않았기에 철사를 이용했다. 속도계가 파손되어서 그는 아이폰 앱을 사용했다. 연료계도 작동하지 않았기에 막대기로 이따금 연료 탱크 안을 찔러서 남은 기름을 확인해야 했다. 망가진 글러브 박스가 벌컥 열릴 때마다 그는 골판지 조각으로 문을 쳐서 닫았다. 계기판에는 철사가 매달려 덜렁거렸다. 트럭에서는 때때로 푹푹거리며 타이어 갈리는 소리가 났다.

거래상 친구들이 시간당 30달러를 주기로 하고 며칠간 표본 준비작업에 그를 고용했다. 그에게 용돈을 마련해주기 위해서였다. 베니스에 있는 친구 토니의 용접 공장에서 그는 화석 낙타의 잔해를 손질하며 딱히 누구에게랄 것도 없이 "작은 개 크기였어. 아니, 갓 태어난 사슴 크기쯤 되었겠네. 당시에는 말들도 그다지 크지 않았으니까"라고 혼잣말을 했다. 그러고 나서 그와 토니는 토니의 컴퓨터로 예전에 몽골에서 찍은 사진들을 보았다. 토니가 말했다.

"그 사람들은 항상 차를 마시려고 쉬어갔잖아. 정말 뜨거운 밀크 티였지. 어찌나 뜨거운지 녹은 용암이 딱 그 정도일 것 같았는데."

"말 젖이었어. 발효되지 않은…."

에릭이 말했다.

"이렇게 표현하면 되겠네. 그들은 자기들 입맛에는 환상적인, 발효시킨 암말 우유를 마셨다고. 투브신은 우리가 먹는 단단한 치즈라면 질색을 했잖아. 체다 치즈 같은 거. 그 친구는 그게 혐오스러웠나 봐."

토니가 말했다.

"말과 낙타 뼈 더미도 있고. 이건 사막 한가운데서 열린 화석 시장이네."

에릭이 대꾸했다.

"2분 전만 해도 시장에 아무도 없었어. 그런데 갑자기 땅에서 솟아났는지 상인들이 나타나서는 자기들 탁자로 달려가 우리에게 그 돌덩이들을 팔려고 했잖아."

토니가 말했다.

"그래, 대부분 돌덩이였지. 하지만 근사한 발가락뼈와 척추뼈 같은 것도 있기는 했어."

에릭이 말했다.

군사 기지, 자연사박물관, 소풍 사진도 있었다. 레슬링을 하는 에릭과 오트고의 사진. 승리한 독수리 자세를 잡은 오트고.

"난 엉덩이를 걷어차였었는데."

에릭이 말했다.

"그게 바로 다 큰 어른들이 모여서 술을 마시면 생기는 일이라고."

토니가 말했다.

에릭은 이른 저녁을 먹기 위해 조와 샬린의 집으로 운전해 갔다. 그는 조의 헛간에 공룡 뼈를 숨겨놓은 이래로 그곳에 한 번도 들른 적이 없었다. 샬린은 스파게티를 만들었다. 그들은 옛날에 함께했던 통나무 건지는 일에 관해 이야기했다.

조가 사라졌다가 거대한 권총을 들고 다시 식탁으로 돌아와 어디를 조준해야 할지 모르겠다는 듯이 총을 이리저리 흔들었다. 샬린은 교도소로 에릭을 면회 가겠다고 약속했다.

"아이들은 어떻게 생각해요?"

그녀가 물었다.

"애들은 몰라요."

그가 대답했다. 그와 어맨다는 아빠가 출장을 갔다고 말하기로 했다.

그들은 해 질 녘에 마당을 거닐다가 조가 씨앗을 받기 위해 백일초를 말리고 있는 탁자 앞에서 걸음을 멈추었다. 그는 강에서 발견한 총알 한 상자를 꺼냈다. 그런 다음 탁자에 탄환을 발사하고는 소나무를 자르기 시작했다. 어맨다의 표현대로라면 조는 "법정 시각장애인(완전한 실명은 아니지만, 운전 같은 안전을 위협하는 활동을 법으로 제한받는 시각장애인 – 옮긴이)"이었다. 따라서 그가 윙윙거리는 전통 톱날 쪽으로 나무를 밀어대는 것을 지켜보는 것은 마치 두 대의 자동차가 서로를 향해 돌진하다가 가까스로 충돌을 모면하는 것을 보는 듯한 기분이 들게 했다. 밖은 점차 어두워지고 있었지만, 정원 등은 고장 나 있었다. 박쥐가 처마 주변을 푸드덕거리며 날아다니는 동안 시각장애인 조는 계속 톱질을 했다. 그는 에릭을 아들처럼 생각했기에 그의 공룡을 숨겨준 것이었다.

"빌어먹을 정부 같으니라고! 망할 것들!"

그가 말했다.

한쪽 건물 안에 조는 보석 상점에나 어울릴 법한 유리 진열장을 설치하고 강에서 건져낸 보물을 보관해두었다. 녹슨 말뚝 하나, 악어 두개골 하나, 비버가 갉아먹은 창처럼 날카로운 나무 등이었다. 조는 화살촉 하나를 가리키면서 말했다.

"저게 바로 프로코피야."

그건 마치 누군가 "저게 바로 반 고흐야"라고 말하는 것 같았다.

자진 출두의 날은 따뜻하고 습했다. 킹스밀의 보도는 습기로 번들거렸다. 가을 낙엽이 거리에 흩뿌려져 있었고, 홈통은 황금색으로 막혀 있었다. 뒷좌석에 앉아 등교하는 길에 아이들은 바로 오늘이 아버지가 연방 재소자 21746-017번이 되는 날이라는 사실은 전혀 알지 못한 채 끊임없이 재잘거렸다. 학교에 도착했을 때, 에릭은 차에서 내려 아이들을 안아줄 수 없어서 차 안에 앉은 채로 "착하게 굴어야 해. 아빠가 사랑해. 나중에 보자"라고 말했다.

어맨다가 차를 운전해서 피터스버그로 가는 동안, 에릭은 구내식당 동의서 서류를 빤히 들여다봤다. 그가 작성해야 할 문서는 그것뿐이었다.

"에릭, 정말로 41달러짜리 라디오가 필요해? 라디오가 없어야 더 많은 일을 할 수 있을 거야. 그냥 그렇다는 거야. 그게 없으면 편지를 더 많이 쓰게 될지도 모르잖아."

어맨다가 말했다.

"편지 쓰는 일 말고는 할 게 없을 거라고."

"당신은 새로운 사람이 될 거야. 그들이 당신 라디오를 훔쳐갈걸."

"그럴 일 없어."

그들은 보안 수준이 낮은 수감 시설인 피터스버그 로가 어떤 모습일지 궁금했다.

"어쩌면 예쁜 텐트 안에 있을지도 몰라. 그래, 어쩌면 정말 캠프 같을지도 모르지. 제소자들이 어깨에 스웨터를 묶고 테니스를 치고 있을지 누가 알겠어. 그게 내가 상상하는 모습이야."

어맨다는 밝은 분위기를 유지하려 애썼다.

GPS에 따르면, 그들은 목적지에서 64킬로미터쯤 떨어져 있었다. 에릭은 2시까지만 들어가면 되었지만, 만약에 대비해서 12시 30분까지는 도착하고 싶었다.

"내가 아는 사람 하나가 '수감자들에게 해변 청소를 시킬 것 같다'고 하더라. 그 얘기를 듣는 순간 내가 '에릭이 좋아할 거야!'라고 했다니까."

그들은 제임스강을 건너갔다. 얼마 지나지 않아 어맨다가 "이제 12킬로미터 남았네. 나 배고파"라고 말했다. 에릭이 아무 대꾸도 하지 않자, 그녀가 물었다.

"당신 괜찮아?"

그는 대답하지 않았다.

"내가 뭐 해줄 거라도 있어?"

그는 대답하지 않았다.

"전에 한 번도 가본 적이 없는 곳으로 여행을 가는 것과 같은 거야."

어맨다는 맥도날드에 가기 위해 휴게소 쪽으로 빠져나갔다. GPS는 "경로를 다시 계산 중입니다"라고 말했다.

맥도날드에서 에릭은 쿼터 파운더를 먹고 나서 어맨다의 전화기를 빌렸다. 그리고 테라스로 나가서 어머니에게 전화를 걸었다. 그가 통화하는 동안, 매미 한 마리가 에릭의 쭉 뻗은 집게손가락에 앉더니 마치 애완 잉꼬처럼 그대로 머물렀다.

그들이 다시 도로로 나섰을 때, 에릭은 시간을 확인했다.

"1시 15분이면 도착할 거야."

어맨다가 말했다. 그들은 겨울에 대비해 요트를 씻어서 포장하는 일을 하는 소형선박 수리소를 지나갔다.

이슬비가 내리기 시작하자 어맨다는 앞 유리 와이퍼를 가볍게 작동했다. 와이퍼가 뽀드득 소리를 내며 유리를 가로질러 움직였다.

"돈이 한 푼도 없는 사람은 어떻게 한대? 칫솔도 살 수 없고…."

에릭은 아직도 구내식당 동의서를 바라보고 있었다.

"글쎄, 그러면 교도소 친구들에게 돈을 얻기 위해 뭐라도 해야겠지. 문신을 해준다거나 머리를 땋아준다거나. 뭘 할지는 각자가 생각해봐야 할 테고."

어맨다가 말했다.

"그렇군."

에릭이 대꾸했다.

그들은 주거 지역 안에 있는 2차선 도로 위에 있었다. GPS는 "500미터 앞에서 리버 로드로 우회전하십시오"라고 말했다. 어맨다는 에릭의 손을 잡았다.

"와, 여기 정말 멋진 길이네. 뉴포트뉴스의 리버 로드는 고급 주택이 즐비한 곳이야. 그리고 '리버스'가 있지. 리버스 로드."

우선 들판이 눈에 들어왔다. 그다음에는 급수탑 그리고 한 무리의 건물을 내려다보는 보안등이 보였다. GPS는 "목적지에 접근 중입니다"라고 말했다. 드넓은 들판을 바라보면서 어맨다가 말했다.

"음, 탈옥은 못 하겠네."

"내가 수용될 구역에는 심지어 울타리도 없어. 언제든 원하기만 하면 걸어 나갈 수 있다고."

그가 말했다.

"정말이야?"

"내가 자진해서 들어온 감옥에서 뭐하자고 탈옥을 해? 지금 당장이라도 원하면 탈출할 수 있어."

그가 짜증스럽다는 듯이 말했다.

어맨다는 표지판을 읽고 있었다.

"'행정, 주차, 창고.' 도대체 뭐야?"

주차장에서 그녀는 허리띠에 거대한 열쇠 꾸러미를 매달고 있는, 정복 차림의 직원을 발견했다. 그녀가 창문을 내린 채로 그의 옆으로 다가갔다.

"저기요! 여쭤볼 게 있는데요. 저쪽에 있는 게 자진 출두하는 사람이 가는 로 위성 캠프인가요?"

"아니요, 로는 저쪽입니다."

남자가 말했다. 그는 다른 직원을 불렀고, 그 직원이 어맨다에게 말했다.

"저를 따라오세요."

그러자 어맨다가 말했다.

"봐, 이 사람들 정말 친절하잖아, 에릭! 자기 밴으로 우릴 호위하고 있어."

피터스버그 로는 가시철조망이 올라가 있는 높은 울타리로 둘러싸여 있었지만, 왠지 기숙사처럼 보였다. 수감자들은 밖에서 역기를 들고 있었고, 한 명은 골프 카트를 몰고 다녔다.

"봐, 저 사람들은 음료수를 마시면서 걸어 다니고 있어! 운동하고 있잖아. 이거 좋은 징조야!"

어맨다가 말했다.

차를 경비 탑 밑에 주차하자, 에릭이 머뭇거리며 말했다.

"타일러에게 오늘 전화하겠다고 했거든."

어맨다는 아무 말 없이 그에게 전화를 건네주었다.

그녀는 이제 무엇을 해야 할지 알아보기 위해 행정처로 걸어갔다. 현관 바로 안쪽 보안 검문소에 교정 담당관이 있었다.

"안녕하세요! 오늘 전남편이 자진 출두하러 왔거든요."

"지금 당장 이리 오라고 하세요."

머리를 뒤로 바짝 틀어 올려 묶은 여성 교정관이 말했다. 어맨다가 에릭의 출두 시간이 2시까지라는 사실을 설명하려고 했지만 교정관은 이름을 묻거나 서류를 확인하지도 않고 계속 말했다.

"괜히 일 치르고 싶지 않으면, 당장 이리로 오는 게 좋을 겁니다. 그는 여기 12시까지 도착하기로 되어 있었어요."

어맨다는 전속력으로 차를 대놓은 곳까지 달려갔다. 에릭은 눈물을 훔치면서 전화를 끊었다. 어맨다는 차에 시동을 걸고 다시 행정처로 전력 질주했다. 남자 교정관이 밖으로 나와 언덕 아래 있는 방문자 주차장을 가리키며 그곳으로 가라고 했다. 그는 문에 비닐 가닥이 매달려 있는 버스정류장처럼 보이는 것이 방문자 부스인데, 그 안에 들어가면 전화기가 있을 거라고 말했다. 알고 보니 에릭은 그 전화기로 행정처에 전화를 걸어야 했는데, 지금 그가 바라보고 있는 건물이 바로 행정처였다. 에릭이 입을 열자 교도관이 말했다.

"내 말 잘 들어! 제대로 안 듣고 있잖아! 안에 들어가면 무조건 들어야 하니까, 지금부터 듣는 게 좋을 거야!"

"알겠습니다."

에릭이 조용히 대답했다. 주차하는 동안 어맨다가 말했다.

"내 생각에 저들은 자기들은 여기서 일하는 사람이고 당신은 아니라는 걸 당신에게 확실히 각인시키려는 것 같아."

방문객 부스에는 금속 벤치 하나, 탁자 하나, 형광등, 벽에 걸린 전화기 한 대가 있었다. 빨간색 전화로 전화하라는 지시가 적혀 있었지만 부스에 있는 유일한 전화기는 검은색이었다.

"그가 뭐라고 했더라? 전화가 오면 받으라고 했나?"

에릭이 말했다.

"그랬던 것 같아."

어맨다는 사람들이 벽에 휘갈겨 써놓은 숫자를 확인해봤다.

"4-3-5-7? 한 번만 해보자. 내가 할까? 난 안 무서워."

그들이 번호를 찾고 있을 때, 전화가 울렸다. 에릭이 전화를 받았다.

"가족과 작별인사를 하고 이리로 올라온다. 지금 당장."

단호한 여성의 목소리가 들려왔다.

어맨다는 에릭을 안아주고 말했다.

"그냥 대학이라고 생각해."

그는 그곳에서 빌리, 앤서니, 제이슨, 테리, 랜디, 닉, DB를 만났다. 한 명은 네이비실 출신이었다. 한 명은 코카인 불법거래로 들어온 시골 소년이었다. 한 명은 세금과 관련된 사건으로 들어온 전직 해안 경비대였다. 한 명은 데이브 매튜스 밴드(미국의 록밴드 – 옮긴이)의 돈을 횡령했다. 그중에는 보트에서 술에 만취해 도움을 청하는 허위 무전을 쳤던 사람도 있었다. 그는 그곳에서 메이데이라고 불렸다. 에릭은 몸무게가 204킬로그램이나 나가는 플라워스라는 남자와 팔 하나가 없는 레프티라는 사람도 만났다. 에릭이 몽골 공룡을 밀수한 혐의로 감옥에 들어왔다는 이야기를 듣고 그들은 그를 "인디아나"라고 불렀다.

단조로움은 꽤 빠르게 시작됐다. 6시 기상. 다시 침대로. 트랙을 도는 긴 산책. 점심. 낮잠. 배구. 도서관에서 DVD로 〈캡틴 필립스Captain Phillips〉 보기. 〈슈퍼맨Superman〉 보기. 트랙 다섯 바퀴 걸어서 돌기. 아이들에게 줄 동물 애너그램 그리기.

아홉째 날에 그는 트랙을 한 바퀴 달렸고, 다음날에는 1.6킬로미터를 그리고 그다음 날에는 그 두 배를 달렸다. 그는 뜨거운 차를 마시기 시작했다. 열두 번째 날, 그는 식당에서 아침 근무를 하게 되었다. 이제 그는 식당에서 나온 건조 고등어가 현찰과 같다는 사실을 알게 되었다. 즉 고등어 한 마리는 1달러와 같았다.

고등어 한 마리면 한 사람에게 일주일 동안 세탁을 대신하게 할 수 있었다. 18일 만에 어맨다가 면회를 왔지만, 분위기는 어색했다. 그 후 그녀는 다시 오지 않았다.

그는 감옥 일기를 썼다. 10월에 그는 교도소 운동장에서 낙엽을 주워와 포장용 스카치테이프로 코팅한 다음 백지에 붙여서 어맨다와 아이들에게 핼러윈 카드로 보냈다.

편지에 그는 "우리가 한 가족으로 무언가를 하는 상상을 해본다"라고 적었다. 어쩌면 크리스마스 후에 모두 함께 플로리다에 가서 그의 부모님을 만나거나 게인스빌에 가서 옛 친구들을 만나볼 수도 있을 것이었다. 혹은 어맨다가 일했던 곳을 아이들에게 보여주기 위해 시월드에 가볼 수도 있었다. 또는 봄 방학에 캘리포니아 북부로 여행을 갈 수도 있었다.

"나는 그곳들이 너무 좋았어. 우리 아이들에게 정말 많은 것을 보여주고 싶고 아이들이 세상을 볼 수 있게 돕고 싶어."

그는 썼다. 그는 우연히 교도소에서 보트에 관한 잡지를 하나 발견했다. 그는 굉장히 다양한 종류의 보트에서 아예 생활을 할 수도 있다는 사실에 매우 놀랐다. "그냥 떠난다"는 건 얼마나 근사한가.

아이들과 함께 가을을 보내는 동안, 어맨다는 자신이 에릭과 다시 합치는 것에 관해 희망을 품고 있었다는 사실을 깨달았다. 그런 일은 일어나지 않을 터였다. 그리고 어쩌면 그녀도 그걸 원하지 않을 수 있었다. 지금 그녀가 원하는 것은 다시 신용을 회복하고, 꼬박꼬박 세금을 내고, 혼자 힘으로 감당할 "안락한 둥지"

를 찾는 것이었다. 그녀는 잭슨 토머스 인테리어에서 일하는 것이 좋았다. 그곳에서 그녀는 주로 주택 인테리어를 담당했다. 오랜만에 삶이 다소 안정적으로 느껴졌다. 그녀는 이 삶이 앞으로 어떻게 전개되어나갈지 궁금했다.

어느 날, 어맨다는 반송 주소가 없는 두꺼운 봉투를 우편으로 받았다. 길고 얇게 자른 판지 두 조각을 마주보게 놓고 백지 한 장으로 꾹꾹 눌러 감싼 것이었다. 그녀는 골판지를 책처럼 펼쳤다. 안에는 몇 군데가 타원형으로 조악하게 잘려 있었다. 잘린 부분 안에는 화장지에 싸인 평평한 물체가 놓여 있었다. 화장지를 벗겨내자 인도 화살촉이 보였다. 바로 그 순간, 그녀는 에릭이 교도소에 갇힌 상태에서도 화살촉을 찾아낼 수 있다면, 절대로 보물 사냥을 멈추지 않으리라는 사실을 깨달았다.

제22장

출발, 공룡 버스!

볼로르 민진은 대체 누가 그 유명한 타르보사우루스 바타르의 골격을 파냈는지 알고 싶었다. 장소도 알고 싶었다.

고생물학자라면 누구라도 특정 화석을 땅속의 특정 구멍에 일치시키는 것은 불가능하다는 사실을 알고 있었다. 그것은 심지어 네메겟 같은 특징을 가진 지질학적 지형에서도 마찬가지였다. 만약 어느 밀렵꾼이 그 뼈를 파낸 것이 자신이라고 인정한다면, 그는 거짓말을 하고 있는 것이 거의 확실했다. 여러 가지 단서가 그 주장의 불합리함을 드러낼 테니까. 그중 하나는 최소한 100만 달러짜리 공룡이 법정에서 밝혀진 것처럼, 단일 생명체가 아니라 다양한 골격을 혼합한 것이라는 점이다. 그럼에도 여전히 볼로르는 자세한 정보를 원했다. 그러다가 곧 원치 않게 되었다. 그녀는 범죄 관련 정보를 캐고 다니는 것이 망설여졌고, 동료 몽골인들이 그녀를 밀고자로 오해하는 것도 원하지 않았다. 어쨌든, 그녀는 공룡 밀렵과 싸우는 또 다른 방법을 찾아냈고, 2015년 여름에는 이를 시도해보기 위해 몽골로 돌아갔다.

7월이 지독히도 더운 8월에 길을 내어주는 동안, 그녀는 어머니와 함께 몽골에 정착했다. 그녀의 아버지는 볼로르의 여동생이 살던 버지니아에서 췌장암으로 사망했다. 볼로르는 아버지의 휴대전화 케이스, 캐논 카메라 그리고 자동차를 물려받았다.

볼로르는 붐비는 수흐바타르 광장을 지나 도심을 빠져나왔다. 그리고 비포장도로를 달려가다가 자본주의 초기부터 몽골에서 운영되었고 덴버에 기반한 캐터필러 장비 회사인 '바그너 아시아'에 주차했다. 그녀는 전투복 차림의 경비원을 지나쳐서 단단한 안전모를 쓴 일꾼들이 지게차를 몰고 커다란 망치로 강철 막대를 두드리는 창고 쪽으로 걸어갔다. 근처에는 파란색 비닐 포장이 덮인 시내버스가 서 있었다. 버스 측면에는 긴 목에 통통한 꼬리가 달린 용각류의 이미지와 함께 '공룡—고대의 화석, 새로운 발견, 움직이는 박물관'이라는 소개글이 적혀 있었다.

1800년대 후반, 미국의 교육자들은 종종 생물학과 지리학을 다른 주제와 결합하는 방식 등을 통해 공립학교에서 자연과학을 효율적으로 가르칠 수 있는 방법을 논의했다. 매사추세츠주는 "자연 학습Nature-Study과 문학"을 개설했다. 캘리포니아에는 "자연 학습과 도덕 문화"가 있었다. 뉴욕시는 단순히 "자연 학습"을 추가하여 새로 개장한 미국 자연사박물관에서 대여한 새들을 10개의 작은 캐비닛에 전시하고는 공립학교 학생들에게 관찰하게 했다. 그 프로그램은 큰 인기를 얻음으로써 1904년부터 확장되기 시작했고 1916년에는 100만 명 이상의 학생들이 수강했다. "하나의 여행 가방으로 시작된" 이 기관의 "이동 박물관"은 오토바이 배달로 발전했고, 1930년대에는 개조된 구급차가 활용되었다. 1990년대에 AMNH는 시내버스를 워크 인 방식(걸어 들어가서 관람할 수 있는 방식 – 옮긴이)의 전시장으로 개조했다. 각각의 버스는 인류학이나 천문학 같은 다른 주제를 특집으로 다루었다. 버스가 다섯 개의 자치구를 가로질러 다니다가 공공 도서관이나 교회 밖에 주차하면 하루에 300명의 학생이 몰려들기도 했다.

그러나 결국 박물관은 이 프로그램을 중단했고, 2013년에는 버스를 기증하겠다고 발표했다. 볼로르는 고생물학을 고비로 들여야겠다고 결심했다. 전시품들은 아직 몽골 박물관에는 존재하지 않던 상호작용 방식으로 전시될 예정이었다. 다행인 점은 그들이 이미 고비 공룡을 전시해놓았다는 것이었다. 심지어 그중 한 종은 미합중국 대 에릭 프로코피 소송 사건으로 이제는 매우 유명해진 공룡이었다. 박물관은 그녀의 신청서를 승인했다. 얼마 지나지 않아 볼로르의 NGO인 몽골공룡연구소는 여전히 AMNH라는 약칭과 블룸버그(초창기에 그 프로그램에 자금을 지원했던 곳)라는 이름이 찍혀 있는, 개조된 위네바고 어드벤처러 버스를 소유하게 되었다.

그러나 문제가 발생했다. 길이 12미터, 무게 10톤 이상인 버스를 뉴욕시에서 세계의 반대편으로 옮겨와야 한다는 것이었다. 버스를 중국 톈진 항까지 10만 783해리를 옮기고, 울란바토르까지 육지로 수천 킬로미터나 더 이동시키려면 대체 얼마나 많은 돈이 들까?

박사 후 과정을 끝내고 나서 볼로르는 잭 호너와 가까운 곳에 머물렀다. 그 인근에는 로키산맥 박물관도 있었다. 일부 과학자들은 과학에 능숙하고, 일부는 평범한 사람들에게 그것을 설명하는 일에 능하며, 또 일부는 두 가지를 다 잘한다. 호너는 "사람들이 공룡에 흥분하게 하고, 다음에는 그들을 모집해서 그의 발굴 작업에 (무료로) 참여하게 하는 것"에 능했다. 덕분에 그는 "고생물학계의 톰 소여"라고 불렸다. 그 재능은 기금 모금에도 활용되었다.

로키산맥 박물관 이사회에는 마이크로소프트의 최고기술책임자였던 네이선 미어볼드Nathan Myhrvold 같은 부유한 과학 애호가가 포함되어 있었다. 미어볼드는 전문 요리사 겸 요리책 저자였으며, 한때는 마이크로소프트 공동 창업자인 폴 앨런Paul Allen과 팀을 이루어서 지적인 외계 생명체를 찾는 SETI연구소에 1,200만 달러 이상을 기부했다. 당시 "실리콘밸리가 가장 좋아하는 악당 중 하나"로 통하던 미어볼드는 그 가치가 50억 달러로 추산되는 자신의 투자회사 '인텔리전트 벤처'를 통해 수십억 달러의 특허를 장악함으로써 기술계를 짜증나게 했다.

공룡은 그의 많은 관심사 중 하나였다. 미어볼드는 공룡의 성장 속도에 관해 출판도 하고, 호너와 협력했으며, 용각류가 꼬리 끝을 마치 채찍처럼 초음속으로 획획 날릴 수 있었다고 이론화했다("그 컴퓨터 시뮬레이션은 컴퓨터에 쓰레기를 넣으면 쓰레기밖에 나올 게 없다는 사실을 증명해 보이는 또 다른 경우일 뿐입니다." 한 고생물학자가 불평했다).《뉴욕타임스》는 니컬러스 케이지와 리어나도 디캐프리오와 함께 미어볼드도 열렬한 화석 수집가로 지목했다. 그 사실은 그의 후원을 받은 호너와 볼로르가 공개적으로 경멸한다고 공언해온 상업적 관행에 그도 관여했음을 암시했다.

이사회에는 '에피쿠로스 펀드'라는 멕시코에 기반한 자산 관리 회사의 뉴욕 투자가인 게리 오스트롬도 포함되어 있었다. 1920년대 월스트리트에서 사모투자 회사인 'GL오스트롬&Co.'를 설립한 조지 오스트롬George Ohrstrom이 그의 가문 원로였다. 그가 1930년대와 1940년대에 인수한, 석유 굴착 장비와 펌프용 부품을 생산하는 회사 네 곳은 나중에 합쳐져서 엘리베이터를 만든 복합기업인 '도버 코퍼레이션'이 되었다. 그의 아들 조지 오스트롬은 조지 H. W. 부시 대통령의 그리니치카운티 통학 학교 친구였고, 조지 부시 대통령이 세운 석유 벤처 기업의 초기 투자자였다. 그의 아들 게리는 과학에 열광했다. 게리 오스트롬은 한때 몬태나주 보즈먼에 위치한 부동산환경연구센터 또는 PERC로 불리는 싱크탱크의 이사로 재직했다.

PERC는 "자유 시장 환경주의"라는 것을 장려했다. 그들은 그 것이 "재산권과 시장을 이용해서 환경 개선에 초점을 맞추는, 환경 문제에 대한 접근법"이라고 정의했다. 《PERC 보고서PERC Reports》가 2007년 가을호를 발간했을 때, 오스트롬도 이사회에 재직 중이었다. 가을호 기사 중에 "보리가 시들어가는 곳에서 화석 농장이 꽃을 피우다"라는 제목의 글은 화석 거래가 "과학에 끼치는 엄청난 해악"을 다루고 있었지만, "서부 평원의 척박한 토지 소유자들은 은행에 들고 갈 것이 있는 것에 기뻐한다"라고도 적고 있었다.

옛날 옛적에, 거실 벽에 걸린 진품 피카소는 그 소유주가 성공적으로 경제적인 정상에 올라섰다는 충분한 증거가 되어주었다. 이제는 유명 작가의 작품도 더는 성층권에 올라 있다는 증거가 아니다. 대신 부유층이 고용한 고급 장식업자들은 바쁘게 이베이에서 T. 렉스의 치아를 추적한다. 그리고 크리스티 경매에서 복원 작업이 이루어진 매머드 골격을 사기 위해 수백만 달러를 입찰거나, 30센티미터 크기의 공룡 알을 두고 경쟁을 벌인다. 그것 외에 무엇으로 서재에 흥미를 더하고, 출입구에 극적인 효과를 주며, 커피 탁자에 호기심을 얹을 수 있겠는가? 파베르제의 달걀(19세기 러시아의 알렉산더 3세가 부활절에 아내를 위해 보석세공인 파베르제에게 황금과 보석으로 장식된 알을 주문했다. 이때 총 54개의 달걀이 만들어졌으며, 하나의 가치가 수백억 원에 이른다 – 옮긴이)의 시대는 갔다!

오스트롬은 AMNH 버스를 뉴욕에서 울란바토르로 운송하는 비용을 지원함으로써 볼로르의 프로젝트에 재정적인 도움을 주었다. 볼로르는 "블룸버그"를 "오스트롬/에피쿠로스"라는 글귀로, "미국 자연사박물관"은 그녀의 NGO 이름으로 대체함으로써 차량의 외관을 새로 단장했다.

최근 그녀는 운전기사 겸 정비공으로 간볼드라는, 까만 머리에 키가 크고 조용하며 양 볼이 빨간 남성을 고용했다. 그는 울란바토르에서 시내버스 운전기사로 수년간 일했고, 볼로르는 그의 조용하고 순종적인 기질이 마음에 들었다. 그녀가 바그너 아시아의 주차장을 가로질러가는 동안 간볼드가 그녀를 기다리고 있었다. 볼로르는 그에게 새로운 와이퍼(주로 먼지를 털기 위한 것이지 비를 위한 것은 아니었다)를 건네주었고, 그들은 예비 타이어도 없는, 상태가 좋지 않은 타이어 한 짝에 관해 잠시 이야기를 나누었다. 고비에는 정비소는 물론, 견인 트럭도 없을 터였다. 그래서 월요일에 고비사막으로 가기 전에 타이어를 고쳐야 했다. 전시회의 터치스크린도 조심스럽게 사용해야 했고, 사람들이 차에 올라탈 때 계단을 낮추어주는 유압 시스템도 마찬가지였다.

간볼드는 배낭에 챙겨온 자신의 연장을 꺼냈다. 그는 버스 측면의 패널을 열어 차량의 내부를 드러냈다. 케이블과 호스를 꺼내는 그의 표정은 작은 동물을 치료하는 수의사가 물소의 생명을 구하려는 것처럼 당황스러워 보였다. 정비소의 정비공들이 호기심 넘치는 표정으로 모여들었다. 그들의 데님 작업복에는 "안전제일!"이라는 글자가 쓰여 있었다.

얼마 후, 볼로르는 구내식당으로 가서 작업복과 작업모를 착용한 남자들과 하이힐에 짧은 치마를 입은 여자들과 함께 줄을 섰다. 요리사가 스티로폼 포장 용기에 그레이비소스를 뿌린 구운 치킨과 쌀밥, 러시아 감자 샐러드 그리고 채 썬 비트를 담아주었다. 버스로 돌아온 그녀는 창문을 열어놓고 점심을 먹으며 간볼드와 의논했다. 창을 통해 뜨거운 바람이 불어 들어왔다.

계기반 위에는 그녀가 일정과 아이디어를 적어놓은 분홍색 가죽 노트가 있었다. 볼로르는 여전히 미국 자연사박물관에 한 번씩 찾아갔지만 그 기관에서 맡은 공식적인 업무는 이미 끝난 후였다. 마크 노렐과 마이크 노바첵과 그들의 팀은 이미 고비 현장 답사를 마치고 떠났다. 필립 커리는 곧 속바타르와 몇몇 학생들과 함께 동부 고비로 짧은 여행을 떠날 예정이었지만, 볼로르는 그 일정에도 역시 관여하지 않았다.

그녀는 오유나가 몽골 공룡중앙박물관의 소장으로 자신을 지명할지도 모른다고 생각했었다. 하지만 그 직책은 박물관 경험은 있지만 과학과는 관련이 없는 어느 여성에게 돌아갔다. 볼로르는 박물관의 수석 고생물학자로 고용되었지만 6개월도 지나지 않아 그만뒀다. 실망감이 우울증을 몰고 왔다. 때때로 모든 것을 그만두고 과학에만 집중하거나 몽골 고생물학에 관한 아동 도서를 쓰고 싶었다. 공룡 버스는 긍정적인 것처럼 보였다. 그녀는 사막으로의 순조로운 여행이 그녀가 계속 전진할 수 있도록 혹은 그녀의 교육 봉사를 확장할 기금을 모을 수 있도록 도와주기를 바랐다. 그녀가 몽골인들에게 정보를 준다면, 그들이 고비의 뼈를 대변할 수 있을 테고, 그러면 볼로르는 더 이상 고함을 질러대지 않아도 될 터였다. 몽골 과학아카데미는 여전히 그녀에게 수집 허가를 내주지 않았지만, 사람들에게 공룡에 관해 가르치면서 커다란 파란색 버스를 타고 돌아다니는 것은 누구의 허가도 필요하지 않은 일이었다.

월요일에 간볼드는 울란바토르를 벗어나 버스를 남쪽으로 몰았고, 볼로르는 "나는 공룡을 발굴한다"라는 글귀가 적힌 티셔츠를 입고 조수석에 앉아 있었다. 그들 뒤로는 임대한 랜드크루저 두 대와 러시아 우아즈 부한카 한 대가 볼로르의 프로젝트에 관심을 갖게 된 일단의 기자들을 실어 나르고 있었다. 울란바토르에서 사막의 가장 큰 도시인 달란자드가드까지 가는 2차선 도로의 중간 지점은 만달고비다. 그곳으로 가는 길에 라면과 만두를 먹고 화장실에도 들르기 위해 버스가 길가 카페 앞에 멈춰 섰다. 화장실은 땅속에 깊은 구덩이를 파고 그 위에 당장이라도 부서질 듯한 널빤지를 걸쳐놓은 옥외 임시 건물이었다.

버스가 한 무리의 아이들과 부모들을 끌어들였다. 아이들은 버스 양쪽에 그려놓은 거대한 생물의 삽화에 접근해도 되는지 확신하지 못하는 듯 주저하며 버스 앞으로 다가왔다. 볼로르는 문을 열고 계단을 내렸다. 그러자 고비사막에서 찾아온 첫 번째 아이들이 뉴욕시 아이들의 추억을 따라 버스 안으로 들어왔다. 즉석 워크숍을 시작하기에는 시간이 충분치 않았지만, 아이들은 몇 분 동안 공룡의 "발자국"에 자신들의 발을 맞춰 걸어보았고, "중생대의 불가사의"와 "저녁으로는 뭘 먹을까?"같은 전시들을 둘러보았다. 영어를 아는 아이들은 고생물학자들이 "공룡이 무엇을 먹고 살았는지 알아내기 위해 화석의 턱과 이빨을 조사했다"는 사실을 알게 되었다.

"무엇이 대량 멸종의 원인일까?"

벽을 둘러본 후에는 비디오 한 편을 볼 수 있었다. 조류 이외의 모든 공룡을 죽인 범인으로 생각되는 소행성의 충돌 장면을 재현해놓은 비디오였다.

버스가 문을 닫고 계속 전진했다. 버스는 연못 속을 걸어가는 소와 게르 하나 그리고 만화 속에 등장하는 한 쌍의 재담꾼처럼 포장도로 가장자리에 나란히 서 있는 말 두 마리를 지나쳤다. 고속도로가 험해지자, 캐러밴이 길을 벗어났고, 승객들은 팝콘처럼 튀어 올랐다. 만달고비에 있는 작은 시립 박물관에서 볼로르는 모든 사람을 인구 2만 명의 소도시이자 최근에 공항 활주로를 포장한 달란자드가드로 데려갔다. 그들은 달란자드가드 호텔에 투숙했다. 그곳은 내가 누구이고 어디 출신인가에 따라 지극히 검소하게 느껴질 수도 혹은 사치의 정수로 느껴질 수도 있는 곳이었다.

다음날, 볼로르는 공무원 몇 명과 현지 관광 책임자인 투멘델게르를 만났다. 달란자드가드에서 울타리가 있는 근사한 벽돌집에 사는 그는 정장에 하얀색 셔츠를 입고 미국 자연사박물관의 선물 가게에서 구입한, 공룡이 인쇄된 넥타이를 하고 있었다. 현지 언론이 소환되었다. 볼로르는 관광이라는 단어를 사용하면서 몽골어로 그녀의 계획을 설명했다. 자치 센터 앞 계단에서는 연설이 이어졌다.

아이들의 워크숍에서 볼로르와 조수 하나가 종이와 색연필을 나누어주었고, 아이들은 플라스틱 장난감 마스토돈과 공룡 알을 이용해서 과제를 했다. 다음으로, 볼로르는 아이들에게 플래시 카드를 나누어주었다. 일종의 퍼즐이었다. 학생들은 동물이 어떻게 화석이 되는지를 보여주는 코팅된 그림을 살펴보고 그것들을 올바른 순서로 배치해야 했다. 분명히 죽음이 맨 앞에 왔고, 그다음에 부식이 일어났으며, 마지막이 발견이었다. 하지만 이동은 분해 전에 일어났을까, 아니면 그 후에 일어났을까? 그리고 풍화작용은 언제 일어났고, 매장은 언제 일어났을까? 그 후, 볼로르는 동물 모양이 그려진 종이를 아이들에게 전달하고 어떤 생물이 공룡인지 생각해보게 했다. 공룡은 악어처럼 다리가 사방으로 퍼져 있는 게 아니라 몸통 아래 다리가 있다고, 볼로르가 설명했다. 공룡은 포유동물과는 다른 파충류였다.

아이들은 그들 앞에 놓인 작은 플라스틱 장난감들을 만지면서 열정적인 침묵 속에서 과제를 해나갔다. 플레시오사우루스가 아이들을 당황하게 했다.

"그래요, 그것도 '사우루스'라는 말로 끝나죠."

볼로르가 아이들에게 말했다.

"하지만 그건 공룡이 아닙니다!"

플레시오사우루스는 공룡 시대에 살았던 거대한 해양 파충류였지만, 그들의 발에는 물갈퀴가 있었고, 두개골도 다른 형태였다. 그녀는 검치호랑이의 이미지 하나를 들어 올렸다.

"이게 공룡인가요?"

"아니요!"

"이 악어는 어때요?"

"아니요!"

"이 T. 렉스는?"

"맞아요!"

T. 렉스를 바라보면서 아이들은 뾰족한 이빨이 입안에 가득하고 게르를 짓밟아버릴 만큼 크고 강한 동물이 세상에 존재했었다는 사실에 충격을 받았다. 그러나 볼로르에게는 더 충격적인 소식이 있었다. 바로 여기 고비에 한때 타르보사우루스 바타르라 불리는 놀랄 만큼 비슷한 동물이 살고 있었다는 것이다.

그날 오후 늦게 공룡 버스를 시내에 주차해놓은 채로, 캐러밴은 만달고비 박물관장이 모는 차가 이끄는 대로 달란자드가드에서 서쪽으로 움직여갔다. 볼로르는 예쁜 작업복을 벗어버리고 이제는 쥬시꾸뛰르 브랜드의 운동복에 커다란 선글라스와 운전용 장갑과 진주를 착용하고 있었다. 그녀는 캐러밴을 몰고 평평하게 트인 광활한 풍경 속을 오래된 오솔길을 따라 지그재그로 나아갔다. 그러다 새로운 길을 만들기도 하면서 세이지 덤불과 낮은 언덕을 통과해 30분 동안 물결 모양의 고비를 운전해 갔다. 8시 30분경, 해가 끝없이 이어지는 지평선을 따라 번져가는 동안, 게르 한 채가 시야에 들어왔다. 그 게르에서 약 200미터쯤 떨어진 곳에 언덕을 가로질러 나란히 서 있는 게르 두 채가 더 보였다.

그 너머, 자갈이 깔린 평평한 목초지에서 유목민들이 말 젖을 짜고 있었다. 부의 상징이나 다름없는 말을 이 가족은 수십 마리나 소유하고 있었다. 몽골의 말은 갈기와 꼬리는 길고, 다리는 짧았으며, 다부진 체구에 빠르고 강했다. 유목민은 말을 번식시키고 경주도 하면서 말을 거의 가족으로 여겼다. 대충 깎은 나무 막대 사이로 뻗어나간 밧줄을 따라 말 무리를 한데 묶어놓은 모습이 몽골의 상징적인 이미지다. 말발굽이 걷어차는 먼지가 석양을 조명처럼 등지고 얇게 비치는 필터처럼 공기 중에 매달려 있었다. 어린 소녀 하나가 아이락을 만들기 위해 말 젖이 담긴 양동이를 옮기느라 게르 안팎을 바쁘게 오갔다. 가족 구성원이 차례대로 액체가 담긴 통을 펌프질했다. 경주를 하다가 말에서 떨어져 끌려 들어온 어린 소년이 게르의 남자들 영역에 앉아 피를 흘리며 훌쩍이고 있었다.

가족은 아버지와 10대 딸과 훌쩍이는 소년과 아이들의 친할머니 그리고 한국 어딘가에서 일하고 있는 아이들의 어머니로 구성되어 있었다. 다른 두 채의 게르에는 친척과 목장 일을 돕는 사람들이 기거했다. 볼로르는 1년 전에 그 가족과 만났었기에 다시 만나게 되어 무척이나 기뻤다.

"우리 파티해요!"

그녀는 파티라는 것에 관해 즐겁게 묘사했다(그렇지만 별 기대는 하지 않았다). 사람들이 아이락을 마시다가 위를 움켜잡고는 로켓을 쏘듯이 구토를 하고 다시 아이락을 마셔대는 것이라고.

어둠이 내려앉고 그들이 있는 게르에 사람이 가득 찼을 때, 가장인 아버지는 작업용 딜과 챙이 달린 모자를 쓰고 가장 윗자리에 앉았다. 발전기나 태양 전지판으로 구동되는, 갓을 씌우지 않은 전구 하나가 희미하게 게르 안을 비추었다. 그토록 많은 사람이 게르 안에 들어올 수 없을 듯했지만, 어쨌든 모두 들어와 있었다. 남자 20명에 여자들과 아이들이 침대와 바닥에 자리 잡고 앉아 있었다. 가장이 손님들에게 질문하는 모습을 모두가 지켜보았다.

"당신 남편은 어디에 있습니까?"

"자녀는 있어요?"

"바지에 왜 구멍이 뚫려 있습니까?"

그가 한 손님의 손금을 봐주려다가 외국인의 손금은 볼 줄 모른다면서 포기했다. 모두가 코담배 병 하나를 전달하면서 가위바위보와 비슷한 게임을 했고, 가끔 노래도 불렀다.

"유목민은 정말 노래를 잘해요."

볼로르가 말했다.

누군가 혹시 공룡을 발굴하는 사람을 알고 있는지 물었다. 그들은 모른다고 대답했다. 하지만 어느 레슬링 챔피언이 완전한 공룡 한 마리를 샀다는 얘기나 뼈를 사려는 사람들이 울란바토르에서 찾아와 발굴자들에게 현찰뿐만 아니라 오토바이도 주었다는 말을 들은 적이 있다고 했다. 세렌게라는 여행 안내원은, 많은 몽골인이 연구나 조사 대상이 아닌 화석은 법적으로 발굴자가 가져도 된다고 믿는다는 사실을 설명해주었다. 그녀는 집에 공룡 알을 보관해둔 남자를 알고 있었다.

"언젠가는 그걸 팔 수 있을 거예요."

그녀가 말했다.

"그래서 그 가족은 그 알을 마치 보물처럼 지키고 있어요."

11시 30분에 저녁 식사가 준비되었다. 볼로르는 차량 한 대에 올라타고는 어두운 목초지를 가로질러 외따로 떨어져 있는 게르로 갔다. 그곳에는 한 부부가 어린 자녀들과 살고 있었다. 아내는 갓 구운 염소 고기를 석탄 불에서 꺼내 커다란 알루미늄 그릇에 담고 있었다. 방문자들은 염소 기름이 묻어서 아직 미끈미끈하고 고기 향이 배어 있는 돌멩이 하나씩을 건네받았다. 그러고는 그것을 뜨거운 감자처럼 이쪽 손에서 저쪽 손으로 번갈아 가며 던지라는 이야기를 들었다.

"건강에 좋아요. 특히 여성의 건강에 좋습니다."

세렌게가 말했다. 손님들은 바닥에 앉아서 알루미늄 그릇에 들어 있는 것을 꺼내 먹었다. 작은 은잔에 따른 보드카를 한 모금 씩 마신 다음, 운전기사들은 광활하고 반짝이는 사막의 하늘 아래서 자기 위해 밖으로 나갔다. 나머지 사람들은 말린 고기 조각이 걸려 있는 천장 아래에 침낭을 일렬로 깔았다. 사람들이 염소 뼈가 담긴 사발 쪽으로 발을 뻗은 채 포장된 프랑크푸르트 소시지처럼 나란히 누웠다. 달빛이 열린 문으로 비쳐들었다.

볼로르는 잠을 청하기 전에 몸을 풀어주려고 밤 속으로 걸어나갔다. 헤드램프가 풀밭 사이의 길을 비추었다. 램프를 끄자 밤이 너무도 어두워서 얼굴 앞에 손을 바짝 가져다 대도 보이지 않았다. 근처에서 눈에 보이지 않는 커다란 생물들이 콧김을 내뿜으며 부드럽게 흙을 밟았다.

달란자드가드에서 플레이밍 클리프까지 가는 길은 서쪽에서 서북쪽으로 자갈이 깔린 평원을 지나갔다. 운전기사는 전화선을 따라가는 유령 도로를 나아갔다. 그게 깊게 쌓인 눈길을 운전해가는 가장 좋은 수단이기 때문이었다. 강하고 차가운 바람이 세이지 덤불을 흔들어대며 거세게 불어왔다.

분홍색 하늘이 일몰을 암시하며 파랗게 변해갔다. 캐러밴은 목욕탕과 식당이 있는 관광객 게르 캠프로 갔다. 태양은 마치 지평선 아래서 밧줄이 꾸준하게 아래로 끌어당기는 것처럼 떨어지고 있었다. 이중 무지개가 나타났을 때, 모두가 아름다운 황혼 속에서 바얀작, 즉 플레이밍 클리프의 장관을 보기 위해 서둘러 차량 위로 올라갔다.

다음날 아침, 볼로르가 아침 식사를 마쳤을 때, 누군가 식당으로 달려 들어와서 어떤 관광객이 공룡 알을 발견했다고 말했다. 그녀는 벌떡 일어났다.

"어쩌면 내가 체포해야 할지도 모르겠군요!"

플레이밍 클리프에서 그녀는 계곡 위의 자갈밭에 주차했다. 현지인들이 탁자를 가져다두고 이런저런 돌덩이나 장신구 같은 것을 파는 곳이었다. 지역 관광 책임자가 이미 그곳에 나와 있었다. 볼로르는 한 쌍의 관광객을 따라 얼핏 보기에는 절벽 가장자리에서 떨어져 나온 듯한, 어느 노두 주위를 따라 걸어갔고, 그녀의 뒤를 관광 책임자가 따라왔다. 젊은 미국인 부부인 관광객은 절벽 위의 한 장소를 가리켰다. 그곳에는 암석 위로 뭔가 특이한 물체가 삐죽삐죽 튀어나와 있었다. 볼로르는 카메라가 그녀의 모든 움직임을 따라가는 동안 그 장소를 침울하게 바라봤다.

"우리에게 알려주셔서 고마워요."

그녀는 나중에 관광객들에게 말했다.

"아시다시피 우리에게는 많은 화석 지역이 있습니다. 화석이 너무 풍부해서, 누구나 찾을 수 있을 정도죠. 하지만 우리에겐 밀렵 문제가 있어요. 두 분이 발견한 것은 알둥지였어요. 오비랍토르 둥지. 두 분은 미국에서 오셨나요?"

그들은 그렇다고 대답했다. 그들은 노스웨스턴대학교 고생물학자인 로즈메리 부시Rosemary Bush 박사와 그녀의 남편인 입자물리학자 스티브 원Steve Won 박사였다. 그 부부는 부시 박사의 부모, 형제자매와 함께 휴가를 보내고 있었다. 그들의 발견은 그 전날 일어난 일이었다. 부시와 원 부부는 얕은 웅덩이 속으로 걸어 내려갔었다. 나중에 부시는 그곳이 "화석으로 흘러넘치는 곳"이었다고 묘사했다. 암벽 등반가이기도 한 원은 바위에서 마치 감자처럼 튀어나와 있는 물체들을 보고는 능선 쪽으로 수직으로 올라갔다.

"저거 알이야."

부시가 말했다. 그녀는 알 다섯 개를 파냈다. 그곳에 그대로 두면 "결국에는 중국 사업가들의 거실 장식품으로 전락"하게 될까 걱정스러웠기 때문이었다. 그녀와 원이 알들을 주차장으로 가지고 갔을 때, 그들의 여행 안내원은 야단법석을 떨었다.

"그곳에서 공룡을 최초로 발견한 사람들도 미국인이었어요! 그리고 이제 미국인이 더 많은 알을 찾아낸 겁니다! 이건 몽골에 무척이나 중요한 일이에요! 두 분이 5년이나 10년 후에 이곳을 다시 찾아온다면, 모두가 두 분을 알아볼 겁니다!"

그 발견은 이중 무지개가 나타난 것과 거의 동시에 일어났으니, 그날은 분명 축복받은 날이었다.

부시와 원은 그 알을 자신들의 게르로 가져가서 사진을 찍기 위해 식당에 있는 식탁 매트 위에 일렬로 늘어놓았다. 가장 큰 알이 대략 20센티미터쯤 되었다. 캠프의 주인은 관광 명소인 그곳에 알을 두고 싶어 했다. 사람들은 많은 공룡이 발굴되었다는 사실 때문에 그곳을 찾아왔지만, 대부분 화석은 구경도 못 하고 돌아가야 했다.

볼로르도 똑같은 생각을 하고 있었다. 어쩌면 밀렵, 정치, T. 바타르 소송, 공룡 버스, 몽골에 관한 새로운 관심 등이 궁극적으로는 그 목표를 향해 나아가고 있는지도 모를 일이었다. 세계에서 가장 위대한 고생물학적 발견의 현장인 고비사막은 최초로 현장 속의 공룡박물관이라는 실현 가능한 가능성을 가지고 있었다. 이제 때가 되었다.

이튿날 아침, 볼로르가 캠프에서 나왔을 때, 캠프 주인은 행운을 빌어주며 그녀의 타이어에 말 젖을 듬뿍 적셔주었다.

에필로그

로이 채프먼 앤드루스는 뉴욕시의 집으로 돌아가 미국 자연사박물관의 책임자가 되었다. 이베트는 1931년 3월 31일 파리에서 아내와 자식을 유기했다는 이유로 그와 이혼했다. 그의 인생에서는 탐험이 무엇보다도 우선이라는 게 이베트의 생각이었다. 그들에게는 두 아들, 조지와 케빈이 있었다. AMNH의 이사직을 맡은 지 1년 후인 1935년, 앤드루스는 맨해튼 주식 중개인의 미망인인 빌헬미나 '빌리' 크리스마스와 결혼했다. 그들은 도시에 아파트를 한 채 가지고 있으면서 코네티컷주 노스콜브룩의 오래된 농장을 사서 "폰드우드"라고 이름 붙였다. 1941년 11월 10일 사임할 때까지, 앤드루스는 박물관에서 30년 이상 근무했으며 그중 28년은 현장에 나가 있었다. 이사직은 명예였지만, 관료제는 그를 비참하게 만들었다. "나는 갇혀 있는 상황에 잘 적응하지 못했다"고 그는 썼다.

"생의 후반기에 접어들어서는 안락한 우리에 갇힌 야생동물과 같았다."

《뉴욕타임스》는 "과학적 모험을 극적으로 보이게 하는 그의 한결같은 재능"을 칭찬하면서 그의 새 출발을 축하했다. 앤드루스는 "박물관을 과학 교육에 활기를 불어넣는 장소로 만들었을 뿐만 아니라, 박물관의 화려한 전시홀이 도시의 가장 매혹적인 광경 중 하나라는 사실을 대중에게 각인시킴으로써 그곳으로 시민들이 모여들게 했다."

1953년에 그는 『공룡에 관한 모든 것』을 출간했다. 그 책은 필립 커리와 마이크 노바첵을 비롯한 미래의 고생물학자들에게 기쁨과 영감을 주었다. 앤드루스는 캘리포니아의 카르멜밸리로 이사했다. 앤드루스는 왜 미국 자연사박물관이 중앙아시아 원정대가 수집한 화석을 반환하지 않는지를 질문받았다. 몽골은 여전히 고비 화석을 도난당했다고 불평하고 있었다. 당시 일흔두 살이었던 앤드루스는 "완전히 말도 안 되는" 혐의라고 말했다. 그가 미래연구기금을 지원하기 위해 경매에서 5,000달러에 팔아치운 고비 공룡 알은 콜게이트대학교에서 과학 연구에 이용되고 있었다. 그 알은 로버트 H. N.호 과학센터에 있는 로버트 M. 린슬리 지질박물관의 중앙에 전시되었다. 2009년 10월, 그것은 "고강도의 보안 시설" 뒤편에서 공개되었다. 1957년 콜게이트 대학생 두 명이 훔쳐 가려고 했던 이래 처음으로 공개되는 것이었다.

앤드루스는 1960년 3월 11일 심장마비로 사망했고 고향인 위스콘신주 벨로이트에 묻혔다. 만년에 그는 몽골을 가장 생각나게 하는 애리조나 투손을 좋아하게 되었다. 2015년에는 플로리다 새러소타에 있는 작은 경매회사가 그의 소유물을 매각했다.

마크 노렐은 로이 채프먼 앤드루스가 첫 직장으로 지원했다가 후에 박물관장이 되어 돌아온 타워에서 일하면서 AMNH의 척추 고생물학 부서를 계속 이끌었다. 미국 자연사박물관은 몽골 과학아카데미와 협력하여 고비사막에서 연례 연구를 계속해나가고 있다. 1996년 『플레이밍 클리프의 공룡』을 출판했을 때, 마이크 노바첵은 공산주의의 붕괴가 가져온 개방은 "반드시 영구적인 것은 아니다"라고 지적했다. 그는 그것이 "기회의 창이며, 이 가공할 만한 세상 속에서 경고 없이 닫힐 수도 있다"라고 설명했다. 미국 자연사박물관에는 수천 점의 몽골 화석이 남아 있었다. 1920년대 중앙아시아 탐험대의 발굴 자료들이 여전히 전시되어 있고, 연구에도 사용되고 있으며, 박물관 소장품 속에도 들어 있었던 것이다.

필립 커리는 T. 바타르 골격을 몽골로 다시 가져가는 데 일정 역할을 했던 덕분에 몽골 정부의 환영을 받았다. 그는 고비와 캐나다 앨버타에서 계속 일했다. 2015년 9월, 필립 커리 공룡 박물관이 에드먼턴에서 북서쪽으로 다섯 시간 떨어진 곳에서 문을 열었다. 범죄소설 작가인 퍼트리샤 콘웰과 〈크리미널 마인드Criminal Minds〉의 스타 매슈 그레이 구블러 같은 유명 인사와 마찬가지로 커리와 함께 화석을 사냥했던 배우 댄 애크로이드가 오토바이를 타고 나타나는 것으로 개막 행사를 시작했다. 이 박물관은 "받을 수 있는 거의 모든 상과 표창장"을 받았지만, 개장한 지 채 1년도 지나지 않아 재정적인 압박을 받았다. 일부 사람들은 너무 외진 곳에 있는 것이 이유라고 생각했다.

2015년 가을, 오윤게렐 '오유나' 체데브담바는 몽골 화석의 반환을 요구하기 위해 미국 자연사박물관을 방문했다. 그녀가 영화 제작자 한 명과 함께 왔기 때문에 일부 사람들이 보기에는 그 행위 자체가 기회주의자의 정치적 연극처럼 느껴졌다. 그녀는 몽골 정부의 지도자가 바뀌면서 관광부 장관 자리를 잃었지만, 여전히 활동가 겸 작가로 일하고 있다.

볼로르는 몽골 공룡에 관한 아동 도서를 쓰고 싶다고 했었지만, 그 목표에 먼저 도달한 것은 오유나였다. 새로 설립한 몽골 공룡중앙박물관에 보내는 선물로 그녀는 자신의 즉흥적인 공룡 이야기(수흐바타르 광장에서 열린 팝업 전시회에서 들려주었던 것이다)를 『타르보사우루스 바타르 이야기』라는 책으로 펴냈다. 이 책은 몽골어와 영어로 인쇄되어 선물 가게에서 판매되었다. 책 내용은 이렇게 전개된다. 옛날 옛적에 … 타르보사우루스 바타르라는 젊고 모험심 강한 공룡이 살았어요. 그는 꿈을 꾸었죠. "언젠가 나는 유명해져서 앞으로 태어날 인간 아이들과 친구가 될 거야…." 수백만 년 후에 T. 바타르가 화석이 되었을 때, 밀렵꾼들이 나타났다. 그중에는 배낭을 메고 청반바지를 입은 키 큰 백인 남자 하나도 끼어 있었다. 밀렵꾼은 대부분 고비 출신이 아니었어요. 그들은 멀리서 왔죠. 그래서 그들은 친구들과 함께 타르보사우루스 바타르를 머나먼 곳으로 밀수해

갔어요. 엘베그도르지 대통령과 로버트 페인터가 T. 바타르를 구해냈다. 익명의 밀수꾼은 결국 미국 판사 앞에서 무릎을 꿇고 감옥에 들어갔다. 박물관으로 공룡을 관람하러 온 아이 중에 볼로르라는 이름의 여학생이 하나 있었다. **이제 넌 전 세계에서 인정받는 영웅이야.** 아이들이 T. 바타르에게 말했고, 공룡은 대답했다. **난 내가 소망했던 대로 아주 유명해졌어.**

———

몽골 공룡중앙박물관은 2014년 여름에 구 레닌박물관에서 개장했고, T. 바타르는 그곳의 스타 소장품이 되었다. 한편 건물 검사관은 구 자연사박물관이 지진을 견뎌낼 수 없다(울란바토르 근처를 중요 단층선이 지나고 있기 때문이다)고 결론 내렸고, 약 1만 점의 자연사 품목이 저장 시설로 옮겨졌다. 이제까지 발견된 가장 중요한 화석 중 하나인 "싸우는 한 쌍"도 고생물학센터 지하실의 구석 자리로 들어가야 했다. 보호 장비는 갖춰지지 않았다. 몽골과학아카데미는 새로 생긴 몽골 공룡중앙박물관에 가려져서 관심을 받지 못하는 상황을 피하려는 듯이 해외를 돌던 한 전시를 취소하고는 푸드코트, 실내 아이스링크, 아이맥스 극장이 있는 울란바토르 변두리에 새로 생긴 근사한 쇼핑센터에 전시품들을 전시했다.

———

오트고는 수석 표본 준비자로 계속 일했지만, 은퇴를 손꼽아

기다리고 있었다. 2015년 에릭 프로코피에 관해 물었을 때, 그는 당시 일어났던 일로 마음이 편치 않았다고 대답했다.

"어쩌면 누군가는 내가 그들의 화석 발견에 체계적인 도움을 줬으리라 생각할 테지만, 실은 그렇지 않아요. 난 단지 그들을 현장으로 데려갔을 뿐입니다. 그게 다예요. 나는 [안내자로서] 의무와 책임을 다했을 뿐이에요. 미안하게 생각하지는 않지만, 한편으로는 그에게 뼈를 팔았던 사람들이 몽골인이라는 사실은 유감스럽게 생각합니다. 몽골인이 그것을 팔지 않았더라면, 그도 그걸 사지 않았을 테니까요. 그는 그 뼈를 미국으로 가져가기 위해 많은 돈을 썼고, 그걸 팔기 위해 복원 작업도 했죠. 그러다가 몽골 정부가 미국에 이의를 제기하면서 그는 돈을 주고 샀던 것을 잃게 됐어요. 그도 어떤 면에서는 피해자예요."

속바타르는 계속해서 고생물학연구소와 몽골 과학아카데미 연구소를 운영했다. 그는 새로운 중앙박물관을 자신의 "두통거리"라고 부르며 다음과 같이 말했다.

"이것들은 불법 표본입니다. 우리는 그것이 어디서, 어느 지층에서 발굴됐고, 누가, 언제 찾아냈는지도 몰라요. 따라서 그것을 연구에 사용하는 것은 매우 위험합니다. 나쁜 정보를 전 세계로 퍼뜨리는 것이니까요."

속바타르는 T. 바타르 사건 탓에 "세계인이 몽골 사람을 완전히 미쳤고 멍청하다"라고 생각한다며 우려하고 있었다. 고생물학 분야에서 새로운 중앙박물관의 역할과 대중의 과학에 대한 이해는 "매우 복잡합니다"라고 그가 말했다.

"그 박물관이요? 그건 에릭 프로코피 박물관입니다."

———

투브신자갈의 가족은 피스 애비뉴에 있는 민트 그린 건물을 계속 소유했다. 2015년 여름에도 그들은 여전히 4층에서 여행사를 운영하고 있었다. 그곳에 있는 유리 진열장에는 거대한 정동석이 보라색 내장을 반짝거리며 들어앉아 있었다. 투브신의 미망인 보보는 남편이나 그의 사업에 관해서는 대화하려 하지 않았다. 그녀는 이미 한 번 구금까지 당했었다. 국제 인권 감시 기구는 일정 기간 이후에는 특정 비폭력 범죄에 대해서는 고발을 금지하는 법령을 제정할 것을 몽골 정부에 촉구했지만, 아직도 그 법안은 제정되지 않았다. T. 바타르 사건은 여전히 열려 있었다. 한편 투브신의 장남은 공룡 화석을 보관하던 지하 창고를 힙합 댄스 스튜디오로 바꿨다.

———

화석 거래상들은 투브신에 관해 말하는 것을 좋아하지 않는다.
"대체 뭘 두려워하는 건데?"
누군가 한 거래상에게 물었다. 그러자 그가 대답했다.
"지금 장난해?"
몽골에서 나온 모든 자료의 90퍼센트가 바로 투브신이 출처였다.
"내게 그것은 마약 거래나 마찬가지야. 그는 모든 걸 알고 있었어."

오유나의 남편 제프 폴트는 투브신과 그의 동료라고 알려져 있던 사람 중에 적어도 두 명이 죽었으니 수사가 계속.되어야 한다고 생각했다. 일부 사람들은 투브신이 누군가 더욱 부유하고 강력한 사람, 즉 폴트의 표현대로라면, "몽골 금융가"를 위해 일하고 있었을지도 모른다고 의심했다.

"선적 비용, 공룡 발굴 비용 등 누군가 선봉에서 자금을 대고 있었을 겁니다. 당신이 정말로 음모론에 관심을 기울인다면, 그자가 증인들을 없애버리고 있는 것은 아닌가 하는 의구심이 들 거예요."

―――――

무역 단체인 응용고생물학협회는 특정 국가들을 에워싸고 있는 소문과 잘못된 정보에 대처하기 위해 영어로 국제 화석 수집법을 연구하고 홍보할 계획을 발표했다.

"어느 국가에서든 하나의 기관에서 정확한 정보를 모두 얻을 수는 없다."

전직 AAPS 회장인 조지 윈터스가 최근 어느 글에 이렇게 썼다. 그리고 그 정보라는 것도 종종 "어떤 것이 합법적이라고 주장하는 한 개체와 정확히 그와 반대되는 것을 주장하는 또 다른 개체가 충돌한다." 윈터스는 "내가 접촉한 외국 기관은 대개 그들의 현행법을 인용하거나, 그것을 담은 실제 문서를 제공할 수 없었다"라고 썼다. 윈터스는 또한 도널드 월버그Donald Wolberg와 팻시 라이널드Patsy Reinard의 1997년 저서 『자연 세계 수집Collecting the

Natural World』의 개정판 작업을 위해 유타주립대학교의 동부 선사 시대 박물관 관장인 고생물학자 켄 카펜터^{Ken Carpenter}와 협력했다. 현재 절판된 이 책은 미국 50개 주 전체의 화석 규정을 다루었는데, 윈터스는 다음 판에는 국제법 관련 장이 포함될 것이라고 말한다.

———

T. 바타르 경매가 있고 얼마 지나지 않아 데이비드 허스커비츠는 헤리티지 옥션스에서 해고되었다. 그는 자신의 해고가 바타르 문제 때문은 아니었다고 말한다. 그는 여전히 자연사 관련 중개상으로 어느 때보다도 열정적으로 일하고 있다.

"바타르 사건 이전만 하더라도 나는 위탁자에게서 물건을 그냥 받아가도 아무 문제가 없다고 생각했어요. 만약 서류가 필요하면, 위탁자가 준비해줄 거라고 생각했으니까요. 그리고 서류 정리가 너무 번거롭기도 했고요….”

그가 말했다.

"그런 부담을 누군가에게 주고 싶지 않았어요. 보통 그 사람들도 마감이니 뭐니 해서 바쁘니까요. 그렇지만 어쨌든 바타르 사건 덕에 서류 작업은 반드시 해야 한다는 사실을 알게 됐죠.”

———

문제의 T. 바타르 골격을 낙찰받은 사람은 뉴욕시의 세무 변호사이자 개발업자인 70대의 콜먼 버크^{Coleman Burke}였다. 그는

1980년대에 '터널'이라는 악명 높은 나이트클럽이 있던, 웨스트 첼시 허드슨 강변의 냉장 창고를 소유했었다. 열정적인 야외 활동가이자 지질학 애호가이며, 화석사냥꾼이자 탐험가 클럽 회원이기도 했던 버크는 휑뎅그렁한 1층 바닥에 그 공룡을 설치할 계획이었다. 그는 거의 자신의 것이 될 뻔했던 그 낙찰품을 "궁극의 골동품"이라고 불렀다.

T. 바타르 소송 이후 많은 경매회사가 자연사 관련 부서를 없애버렸다. 헤리티지 옥션스는 공룡과 관련된 목록을 삭제했으며, I. M. 채잇도 몽골 화석 웹사이트를 삭제해버린 것으로 보였다. 2016년 6월, 이지 채잇Izzy Chait의 아들 조지프 채잇Joseph Chait은 366일의 징역형과 1만 달러의 벌금을 선고받았다. 코끼리, 코뿔소, 산호 등을 포함한 보호종을 재료로 만든 최소 100만 달러 상당의 야생동물 제품을 밀반입하려던 혐의였다. 이 사건은 미국 어류 및 야생동물 관리국장 댄 애시Dan Ashe와 뉴욕 남부 지방법원의 프릿 바라라 검사가 담당했다.

도널드 트럼프 대통령은 취임 직후 프릿 바라라를 해고했다. 어떤 사람들은 바라라가 그를 조사하려고 했기 때문이라고 생각한다. 바라라는 뉴욕대학에서 제안한 교수직을 수락했고, 팟캐스트를 시작했으며, CNN의 생방송 정치 분석가가 되었다.

2015년 샤론 레빈은 법무부를 떠나 전형적인 뉴욕 법률 회사인 '월머헤일'의 파트너가 되었다. 그녀가 법무부를 떠날 때, 한 전직 동료가 그녀를 "재산 몰수계의 베이브 루스"라고 불렀다. 법무부를 떠날 때쯤, 그녀는 거의 140억 달러의 자산 몰수를 감독했으며, 범죄 피해자에게 90억 달러 이상을 돌려주었다. 마틴 벨은 검사보로 뉴욕 남부지법에 계속 남아서 공공 부패를 기소하는 부서에서 일하고 있다.

———

국토 안보부 요원들은 몽골의 공룡 화석을 여러 주의 거래상에게서 압수했다. 최소한 두 명의 거래상이 범죄 혐의로 기소되었다. 거래상들이 권리를 포기한 바타르 두개골 중 하나는 프로골프 선수인 필 미켈슨과 연결되어 있었다. 그의 아내가 와이오밍의 잭슨홀에 있는 한 상점에 전시된 표본을 보고 그의 생일 선물로 구매했다고 한다. 니컬러스 케이지도 그의 T. 바타르 두개골을 연방정부에 반납했다. 프로코피는 리어나도 디캐프리오가 자신의 바타르 두개골에 돈을 더 얹어주고 렉스와 교환했다는 이야기를 전해 들었다. 미국은 모두 36마리쯤 되는 몽골 공룡을 본국으로 반환했고, 그중 상당수는 몽골 공룡중앙박물관에 전시되었다.

———

홀리스 버츠? 누가 알겠는가. 마지막으로 확인해봤을 때, 그는 여전히 일본에 있었고, 성게, 세금 환급, 춘분에 관한 게시물을 페이스북에 올렸다.

———

T. 바타르 사건에서 에릭 프로코피의 동업자였던 크리스 무어는 잉글랜드의 쥐라기 해안에서 화석사냥꾼으로 활동했고, 그 사건에 관해서는 전혀 공개적으로 논평하지 않았다. 그는 뮌헨에서 열리는 대규모의 10월 화석 전시회는 물론, 라임레지스에서 매년 봄에 열리는 화석 쇼에서도 그리고 가랑비가 내리는 5월의 어느 날 고향 차머스에서도 그 사건에 관한 논평을 제안받았지만, 논평을 거부했다. BBC는 최근 영국에서 가장 유명한 자연주의자인 데이비드 아텐버러 경이 출연하는 화석 사냥에 관한 새로운 다큐멘터리에서 그에 관한 내용을 특집으로 다루었다. 2017년, 메리 애닝은 라임레지스의 콕모일 광장에 새로 단장한 붉은 벽돌 박물관 한편에 새로운 전시 장소를 차지하게 되었다. 그녀와 관련된 많은 기념물이 그곳에 전시되어 있다. 런던의 자연사박물관에서도 여전히 그녀의 고생물학적 발견을 찾아볼 수 있으며, 그녀의 무덤은 바다가 내려다보이는 라임의 세인트 마이클 교회 묘지에 마련되어 있다.

———

프로코피의 변호사인 피터 톰파는 워싱턴DC에서 계속 변호사로 일했다. 마이클 매컬러프는 2014년 봄 윌리엄 펄스타인과 함께 국제 미술 시장에 초점을 맞춘 뉴욕의 법률 회사 '펄스타인&매컬러프'를 설립했다. 2016년 여름, 그들은 프로코피의 형사 변호사인 조지스 레더먼을 새로운 파트너로 맞아들였고, 회사의 명칭은 '펄스타인 매컬러프&레더먼'이 되었다.

————

티라노사우루스 수 사건 이후 블랙힐스 연구소의 피터 라슨은 자신을 제외한 모두를, 그중에서도 특히 정부를 심하게 비난했다. 그러고 나서 그는 자신에게도 어느 정도 책임이 있다는 가정을 해야만 유죄판결과 수감생활에서 살아남을 수 있으리라고(물론 감정적으로) 결론 내렸다. 자기연민 속에서 허우적대는 사람들은 그렇지 않은 사람보다 더 고통을 겪게 되고 다른 사람들에게도 더한 고통을 주게 된다는 사실을 깨달았기 때문이었다. 라슨은 정신적으로 덜 아파하고 피해의식도 덜 느끼면서 자신의 삶을 살아가고 싶었다. 그는 에릭 프로코피를 잘 알지 못했지만, 에릭도 언젠가는 자신과 똑같이 느낄 수 있기를 희망했다.

————

사우스다코타로 이사한 프랭크 가르시아는 덮개를 씌운 그림 같은 다리에서 데보라 바카로와 결혼했다. 그들은 정기적으로 화석을 사냥했고 집 지하실에는 노래방 기계를 설치했다. 최근 그들은 커스터에 '굿카르마'라는 자연사 상점을 열었다. 가르시아는 페이스북에 매달려 있지 않을 때면, 그곳에서 자신의 책을 판매했다. 그의 리지 발견을 기념하기 위해 플로리다 러스킨에 있는 리지 셸사의 구덩이에 역사적인 기념비가 세워졌다. 언젠가 프랭크는 한 기자에게 "내가 죽으면, 날 위해 울지 말아요. 나는 정말로 내 삶을 즐겼으니까요. 눈물은 내가 한 일을 하지 못한 누군가를 위해 아껴두세요"라고 말했다.

———

차히아긴 엘베그도르지 대통령은 2017년에 대통령직에서 물러났고, 그의 뒤는 부유한 민주당 내각장관이자 전직 프로레슬러인 칼트마 바툴가Khaltmaa Battulga가 계승했다. 정치적 소문을 좋아하는 몽골인들은 현재의 정부를 대상으로 이런저런 이야기를 이어가고 있다. 바툴가는 "자신의 득표를 계산"하기 위해 "미국에서 똑같은 개표기를 사려고" 한다는 의심을 받아왔다. 런던대학 인류학자인 버모치르와 엠슨은 이른바 엘베그도르지의 블랙박스에 대한 "소유권"과 통제권은 그가 [2017년] 전체 선거에 양향력을 행사했다는 추측"으로까지 확장되었음을 인식했다. 그들의 주장에 따르면, "이렇듯 앞을 보기 힘든 캄캄한 정쟁 속에서 사람들은 실제로 엘베그도르지"가 특정 후보자의 "당선"에 영향을 미쳤으며, 그가 "미래의 부패 혐의"로부터 자신을 보호하기 위해 "여러 차례 고의로 그들을 지지했고, 선거를 조작하기 위해 그들을 해당 자리에 배치했다." 2018년 3월 트럼프 대통령이 김정일 북한 국방위원장과의 정상 회담을 발표했을 때, 엘베그도르지는 몽골의 "중립적인 영역"에서 그 회담이 열리게 하려고 로비를 했다. 한편 바툴가는 미국이 "너무 멀리 있다"면서 미국과의 외교 관계의 중요성을 일축했다. 아마도 트럼프 행정부도 그렇게 느꼈을 것이다.

———————

로버트 페인터는 휴스턴에서 계속 변호사로 활동했으며, 몽골에서도 사업을 이어갔다. 2015년 초, 울란바토르 언론은 그가 몽골 정부와 맺고 있는 직업적인 관계에 의문을 제기했다. 국회의원 다섯 명은 장관 하나가 고비 구리 광산인 오유 톨고이 개발과 관련해 진행 중인 "법률 자문" 비용을 페인터 법률 회사에 지급하기 위해 연방 예산에 170억 투그리크(700만 달러 이상)가 넘는 돈을 추가했다고 주장했다. 해당 언론은 2014년 현재까지 페인터의 연봉으로 26만 달러가 조금 넘는 금액이 지급됐다고 보도했다. "이것은 납세자들에게서 거둬들인 공공 자금을 횡령하는 행위이자, 허가받지 않은 목적에 대한 불법적인 지출"이라고 《UB 포스트UB Post》는 보도했다. 페인터는 자신이 일에 대해 보수를 받았지만, 700만 달러라는 수치는 터무니없는 것이라고 주장하면서, 그들의 주장을 정치적 공격이라고 말했다. 그는 T. 바타르 사건과 관련해서 엘베그도르지 대통령은 에릭 프로코피가 형사 고발된 것을 유감스럽게 생각했고, 그가 체포되지 않기를 바랐었다고 말했다. 그것은 어디에도 공개되지 않았던 사실이었다.

"대통령은 그를 가엾게 여겼습니다."

페인터가 2018년 초에 말했다.

"그를 감옥에 보내길 원치 않았죠. 단지 공룡을 되찾기만을 바랐어요. 그는 미국 법을 존중했지만, 복수에는 관심이 없었습니다."

———

공룡 버스를 몽골에 들여오기 직전에 볼로르와 그녀의 가족은 서부로 여행을 떠나 유타와 콜로라도 국경에 걸쳐 있는 공룡 국립기념비에 들렀다. 그것은 1915년에 우드로 윌슨Woodrow Wilson 대통령이 알로사우루스, 어파토사우루스, 카마라사우루스, 디플로도쿠스 등 쥐라기 공룡을 발굴해낸 카네기 박물관 발굴장을 보존하기 위해 세운 기념비였다. 볼로르는 테아 아르테미스 키니언 부드후라는 과학 애호가를 만났다. 자원봉사자인 그녀는 오랜 기간 공원의 고생물학자로 일하는 댄 쳐르 밑에서 표본을 대중에 공개하고 발굴장의 지도를 디지털 방식으로 제작하는 일을 돕고 있었다.

부드후는 소설가 말콤 브레너의 딸이었다. 그는 몇 년 전에 병코돌고래와의 사랑으로 유명세를 치른 바 있었다. 그런 사실에 관해 농담을 하거나 브레너의 삶을 "마법 숭배자"나 "동물 성애 옹호자" 등의 표현으로 간단히 매도하기는 쉽다. 하지만 늘 그렇듯이 진실이란 복잡한 것이니, 누구든 남는 시간에 자유롭게 그 사실들에 관해 확인해보길 바란다. 부드후는 뉴멕시코 갤럽에서 브렉퍼스트 부리토를 먹고 드림캐처를 만들며 자라났고, 후에는 고대의 숲과 레드우드에 매혹되어 캘리포니아로 이주했다. 그녀의 어머니는 학자였다. 부드후는 어느 글에서 "진귀한 고서를 사랑하던 어머니 덕분에 오래된 것이 소중하다는 것을 배웠다"라고 밝혔다.

"나는 날마다 갈라진 포장도로에 앉아서 돌멩이나 빌린 연장으로 새 동전을 두드리고 망가뜨리며 시간을 보냈다. 그걸 더 가치 있게 만들기 위해서였다."

그녀는 고생물학자가 되고 싶었지만, 경제적인 안정을 위해 광고를 전공했다. 하지만 최근 "디지털 스토리텔러, 브랜딩 및 마케팅 전문가"와 "과학 옹호자이자 창의적인 전문가"라는 소개가 적힌 이력서를 들고 자신이 원래 사랑하던 분야로 돌아왔다.

유타주에서 볼로르를 처음 만난 순간, 부드후는 그녀에 관해 글을 쓰게 해달라고 청해왔고, 몽골의 봉사 프로젝트를 돕겠다고 제안했다. 오래지 않아, 당시 샌프란시스코에 거주하고 있던 부드후는 캘리포니아의 몽골공룡연구소를 비영리 기관으로 등록하고 웹사이트, 로고, 소셜미디어 업데이트 등의 작업을 통해 연구소가 대중적인 면모를 갖추게끔 도왔다. 2016년 2월 부드후와 볼로르는 '인디고고' 캠페인으로 4만 6,000달러를 모금했다. 덕분에 고비로 돌아가 프로그램 확대에 힘쓸 수 있게 되었다. 독자를 사로잡는 매력이 있는 작가인 부드후는 또한《지구Earth》같은 잡지 등에 볼로르에 관한 긍정적인 기사를 실었다.

볼로르는 몽골의 모든 화석을 몽골로 다시 가져오려는 사명감에 조직했던 자신의 캠페인에서 물러나 플레이밍 클리프에 공룡박물관을 짓는 일에 집중했다. 2017년 3월 그녀와 부드후는 부지를 찾아보기 위해 댄 처르와 필라델피아 건축가 월트 크림^{Walt} Crimm과 함께 바얀작으로 여행을 떠났다. 부드후는 바얀작으로의 여행을 "공룡 애호가들을 위한 거룩한 순례 여행"에 비유했지만, 현장에 정보가 부족하다는 사실을 매우 유감스러워했다.

"그곳에는 박물관도, 방문객 센터도, 공룡 발자국 길도 그리고 안내문도 없었다."

볼로르, 부드후 그리고 그들의 동료는 방문자가 화석의 발자취를 따라가서 선사시대 동물과 식물에 관해 배울 수 있는 공룡 국립 기념비 공원이나 배들랜즈 국립공원 같은 곳을 머릿속에 그려봤다. 그런 박물관을 지으려면 민간 자금을 조달해야 했는데, 그 부분은 아직 해결되지 않았다. 하지만 볼로르는 이미 지방 정부의 허가를 받아두었다.

그들은 플레이밍 클리프 가장자리에 서서 침식, 바람, 홍수, 기온 같은 다양한 걱정거리에 관해 생각해봤다.

"바얀작은 공룡 발굴에 완벽한 조건을 갖추고 있었다. 하지만 그런 조건 때문에 공룡 박물관을 건설하기에는 예외적으로 어려운 장소였다."

부드후는 나중에 이렇게 썼다. 박물관 건물은 주변 환경과 조화를 이루어야 한다는 점에 그들 모두 동의했다. 그들은 박물관을 바얀작의 상징적인 구조물로 만들고 싶은 유혹을 느꼈지만, 사실상 "바얀작의 진짜 걸작은 이미 자연에 의해 만들어져 있었다."

2018년 여름쯤에는 볼로르와 부드후가 함께할 만한 일이 거의 없었다. 부드후는 정규직 카피라이터로 일하고 있었다. 볼로르는《내셔널지오그래픽》이 몽골로 떠나는 12일간의 원정에 "전문가"로 참여하기로 서명했으며, 몽골 공룡연구소를 지속적으로 홍보했다.

———

법원은 에릭이 6개월 형량의 나머지 절반을 전자발찌를 착용하고 킹스밀에 있는 베티의 차고에서 가택 연금으로 대신하는 것에 동의했다. 그는 낮에는 자유롭게 나다닐 수 있었지만, 6시 통금 시간까지는 집에 들어가야 했다. 만약 그가 베티의 차고를 벗어난다면, 무선 네트워크가 연방 당국에 경고 메시지를 보내게 되어 있었다. 아이들이 질문해올 수도 있었기에 그는 발찌를 벗기 전까지는 청바지만 입기로 했다.

감옥에 그를 데리러온 사람은 어맨다의 어머니 베티였다. 어맨다는 비자바자에서 자신의 부스를 운영하면서 그레이슨과 리버스와 함께 그를 기다리고 있었다. 때는 2014년 12월 5일 금요일, 기온은 9도였다. 그는 교도소에서 배급한 청바지와 흰 운동화 차림에 덥수룩한 수염을 기르고 소지품이 들어 있는 종이 상자 하나를 들고 있었다. 교도소 밖으로 걸어나간 그는 보도에 상자를 내려놓고는 넓게 벌린 베티의 양팔 안으로 걸어 들어갔다. 그녀는 그를 태우고 리치먼드로 차를 몰았다. 에브리싱어스 부스의 모퉁이를 돌아서 아이들을 보았을 때, 그는 무릎을 꿇고 주저앉았다. 아이들은 비명을 지르며 그의 품 안으로 뛰어들더니 그의 우스꽝스러운 수염을 쓰다듬었다.

"어디, 아빠가 얼굴 좀 보자."

그가 말했다.

윌리엄스버그에 있는 베티의 집에 도착했을 때, 그곳은 그가 아예 떠나지도 않았던 듯했다. 그레이슨과 리버스는 "아빠 집에 돌아온 걸 환영해요"라고 쓴 배너를 보여주고는 다시 닌텐도 게임을 계속했고, 에릭은 자신의 아바타에게 '응가' 같은 이름을 지어주는 것은 예의가 아니라고 말해주었다. 나중에 그는 창문이 있는 욕실과 주방이 딸린 적당한 크기의 방 하나짜리 차고에 짐을 풀었다. 어맨다와 아이들이 미니 크리스마스트리와 포인세티아를 가져왔고 냉장고에는 다이어트 콜라를, 욕실에는 비누, 면도 크림, 면도기를 채워놓았다. 어맨다가 그를 보러 왔다. 에릭이 피터스버그에 가기 전에 옮겨다놓은 온갖 상자들을 둘러본 후, 그녀는 "이것들을 얼른 치워버리고 싶지 않아?"라고 물었다.

"그래, 하지만 아직 기회가 없었어. 차를 어떻게 해야 할지 고민 중이야."

그가 말했다.

밴은 고장 난 상태였다. 어맨다는 그가 교도소에서 가져온 상자에서 일기장을 꺼내 훑어보았다.

"감옥에서는 아이스크림을 먹은 후에 트랙을 걷는 거나 마찬가지였네. 교도소 밖에 있는 나머지 사람들은 한 시간에 150킬로미터쯤 달려야 하는 상황인데 말이야. 그 안에서는 '점심 먹고, 낮잠을 자고.' 이 정도면 감옥이 훨씬 편하겠는데."

"휴게실에 있는 공중 화장실 문 앞에서 낮잠을 잔다고 생각해보라고. 그게 당신이 말하는 교도소의 편안함이야."

에릭이 말했다.

어맨다는 일기는 잊어버리고 곧 상자에 관해 이야기했다.

"나 같으면 지금 당장 짐을 풀겠어. 다 풀어서 기부하겠다고."

그녀가 말했다.

다음날인 토요일에는 이슬비가 내렸지만, 기온은 15도가 넘었기에 에릭은 아이들을 화석 사냥에 데리고 갔다. 콜로니얼 파크웨이는 황금색으로 물들어 있었다. 그들은 서리라는 이름의 페리호를 타고 제임스강을 건넌 후, 막다른 길이 나올 때까지 차를 몰았다. 누군가가 거대한 크리스마스 화환을 매달아놓은 오래된 붉은 헛간을 지나치고 나서, 강 가장자리를 따라 내려가 숲을 통과하는 험한 길을 걸어갔다. 에릭과 타일러는 둘이서 또는 아이들과 함께 강둑에서 여러 번 화석 사냥을 했었다. 이곳은 그들이 가장 좋아하는 장소 중 하나였다.

그날은 하늘이 너무도 흐려서 아이들 중 하나가 물었다.

"달은 어디 있어요?"

가랑비가 떨어지기 시작했을 때, 강 위로 안개가 내려앉았다. 닻을 내린 소형 보트 한 척이 마치 그림 속의 한 장면처럼 유리 같은 물 위에 떠 있었다. 공기에서는 소나무 냄새가 났다. 에릭과 아이들은 미끄러운 통나무와 이끼 낀 바위 위로 발을 디디고 골풀 가닥을 밀쳐 길을 내면서 물 가장자리를 따라 걸었다. 옷에 도꼬마리 덤불이 걸렸다.

그들은 요크강 형성층에서 수천 개의 깨진 화석이 땅속에서 빛을 발하는, 깎아지른 듯한 절벽이 어렴풋이 보이는 곳에 이르렀다.

"저기다! 아니, 저기다!"

그들이 걸어가는 동안 그레이슨이 소리 질렀다.

"타란툴라 알이다!"(목련 씨앗이었다.)

"진흙 성이다!"(사이프러스 뿌리였다.)

그레이슨은 고래 뼛조각과 산호 조각을 하나씩 발견했다. 에릭은 다른 사람들이 놓치고 보지 못한, 진흙 속에 뒤집혀 있는 거의 완전한 체사펙텐 제퍼소니 화석(멸종된 가리비의 화석 – 옮긴이)을 발견했다.

리버스는 작고 완벽한 모양의 조개껍데기를 찾아 집어 들었다. 모래 위에는 조개껍데기 자국이 그대로 남아 있었다. 에릭은 진흙에 남은 자국을 보고 아이에게 말했다.

"그걸 주형이라고 한단다."

발목 모니터가 켜지고 가택 연금이 시작되기까지 2주가 걸렸다. 에릭은 별 반응 없이 타일러와 전화통화를 했다. 평소 할리퀸 로맨스에 등장하는 과장된 표현을 쓰곤 하던 타일러였지만, 이제 그녀가 할 말이라고는 딱 한마디뿐이었다.

"아내에게 돌아가."

그는 전당포에서 25달러에 터키석 반지를 샀다. 그는 버지니아를 떠나면 안 되는 처지였지만, 어맨다가 그녀 이름으로 차를 빌려주었기에 게인스빌로 차를 몰고 가서 타일러의 문 앞에 나타날 수 있었다. 세레놀라에서 멀지 않은 페인스 프레리에서 에릭은 반지를 꺼내 들고 타일러에게 청혼했다.

하지만 타일러에게는 새로운 남자 친구가 있었고, 그들은 노스캐롤라이나로 이사할 계획이었다. 타일러는 에릭의 청혼을 거절하고 그를 보내주었다. 그는 게인스빌에서 즉시 반지를 전당포에 맡기고 곧장 북쪽으로 돌아갔다.

동부 해안 중간쯤을 달리던, 그는 타일러에게서 문자를 받았다. 자신이 실수한 것 같다는 내용이었다. 며칠 후 그녀는 차에 짐을 꾸려서 버지니아로 돌아왔다. 에릭은 글로스터에 있는 전당포에서 반지를 하나 더 샀다. 어느 날 오후, 타일러와 함께 콜로니얼 파크웨이를 따라 차를 몰던 그는 요크강에 차를 세우고 다시 청혼했다. 이번에는 그녀도 좋다고 대답했다.

이제 그들이 하고 싶은 것은 아이들과 즐겁게 지내고 약간의 돈도 벌면서 어느 날부터는 다시 화석 사냥을, 어쩌면 와이오밍 공룡 사냥을 다시 시작하는 것이었다.

하루 이틀 시간이 흘러가는 동안, 그들은 어디에서 살아야 할지 생각해봤다. 일반적인 주택은 선택 사항이 아니었다. 에릭은 신용 조사에서 살아남지 못할 것이 뻔했다. 주택담보대출 또한 가능성이 없었다. 그는 하우스보트를 구하기 위해 이베이와 크레이그리스트를 들여다보기 시작했다.

2015년 1월 13일 빨간색 예인선 한 척이 목록에 등장했다. 주거용으로 마감되었고, 널찍한 실내공간을 갖추고 있었다. 배는 1941년 2월 18일 미 해군에 취역했던, 제2차 세계대전용 그물 보급 정비함이었다. USS 노카라는 이름의 이 배는 대어뢰와 대잠수함망을 깔아야 했던 선박 등급에 속해 있었다. 대어뢰와 대잠수함망은 한때 몽골인이 많이 살았고, 전략적으로 여러 나라가 탐내던 중국 동북부 영토인 만주에서 일본이 전쟁 전에 벌인 공격적인 행위 이후 필수가 되었던 국가 방어체계였다. 텍사스에서 건조된 노카는 뤼순에서 뉴올리언스로, 다시 키웨스트로, 또다시 마이애미로 이동했으며, 진주만 공격 5개월 전인 1941년 7월 4일에 노퍽에서 임무를 시작했다. 1946년 8월 5일에 퇴역한 노카는 해군 등록부에서 제명된 후 연달아 여러 소유주에게 팔렸으며, 그들은 노카의 이름을 도리스 러브-랜드, 러셀 16, 린 클레이 그리고 마지막으로 베이 퀸으로 바꾸었다.

이런 물건에 정통한 웹사이트들은 이 선박의 최종적인 상태에 대해 "운명을 알 수 없음"으로 기록해두었다. 그러나 마침내 그 배의 운명이 정해졌다. 베이 퀸은 에릭이 컴퓨터를 쳐다보고 있던 곳에서 72킬로미터 남쪽에 있는 노퍽에 아직 따지 않은 체리처럼 빨간색으로 정박해 있었다. 길이 24미터, 폭 6미터인 그 보트는 대략 18년 전에 떠다니는 집으로 개조되었다. 엔진과 조종장치는 제거되었지만 견인하여 부두에 정박하면 그 안에서 살 수 있었다. 갑판 아래는 침실과 욕조 딸린 욕실로 바뀌어 있었다. 주갑판에는 서재, 또 하나의 욕조 딸린 욕실, 식당 그리고 전기 스토브와 냉장고가 갖춰진 주방이 있었다. 광고에는 "타일 바닥은 선체의 휘어진 면을 따라가기에 앞으로 나아갈수록 오르막이다"라고 적혀 있었다. 나선형 계단이 서재에서 상부 갑판으로 이어졌고, 그곳에는 침실이 두 개 더, 욕조 딸린 욕실이 하나 더 있었다. 이곳에는 예전에 조타실로 쓰이던 공간도 있었다. 그 예인 선에는 중앙난방, 에어컨, 온수 히터, 건조기 겸용 세탁기 등이 설치되어 있었다. 에릭은 이 정도면 그들에게 더 필요한 것은 없을 것 같다고 생각했다.

판매자는 2만 9,000달러를 원했고 주말에나 보트를 보여주겠다고 했지만, 에릭은 기다릴 수가 없었다. 요트 정박지의 이름은 공개되지 않았지만 에릭은 구글어스에 접속해서 노퍽 해안선의 위성 이미지를 검색했고, 마침내 레블 마리나에서 뚜렷한 빨간색 점을 찾아냈다. 그는 곧장 그리로 차를 몰고 가서 판매자에게 제안을 넣었다. 에릭은 부모에게 빌린 돈 2만 2,000달러에 합의를 봤다.

타일러도 베이 퀸으로 이사했다. 주변에는 저인망 어선 몇 척과 돛단배 몇 척이 함께 정박해 있었다. 그중에는 '지루할 틈이 없어요'라는 의미의 'Never a Dull Moment'라는 이름의 선박도 있었다. 에릭의 보호 관찰관은 그 예인선을 살펴보고 나서 에릭이 차고를 떠나 좀 더 일찍 그곳으로 이사하는 것에 동의했다. 보트에 모터가 없는 것이 허가에 일정 부분 영향을 미쳤다.

에릭과 타일러는 목재 벽널로 장식한 선실을, 바다에서 건져 낸 오래된 물건과 타일러가 즐겨 수집하는 돋보기 유리로 장식하고 책상 위에는 프랑스 해양 탐험가 자크 쿠스토^{Jacques Cousteau}의 서명을 걸어놓았다. 물 위의 밤은 너무도 조용해서 그들은 물 밑에서 새우가 마치 베이컨이 구워지는 소리처럼 치르르거리며 움직이는 소리까지 들을 수 있었다.

가택 연금이 끝나고 나서는 집행유예 1년이 시작되었지만, 에릭은 전보다 훨씬 자유로운 상태가 되었다. 그는 크레이그리스트에서 2005년식 검은색 포드 익스플로러를 샀다. 총 주행거리는 25만 7,000킬로미터였고, 휠캡은 세 개가 남아 있었으며, 에어컨은 망가졌기 때문에 700달러라는 헐값에 인수할 수 있었다. 일을 해야 했기에, 그는 페이스북에 '자연사'라는 상업 화석 포럼을 시작했고 상어 이빨을 팔면서 자신이 처음 이 일을 시작했던 곳으로 돌아갔다. 2015년 추수감사절 전날, 그와 타일러는 노스캐롤라이나 숲에 있는 임대 오두막에서 결혼식을 올렸다.

다음 해 봄, 어맨다는 조지 브라이언과 약혼했다. 그들은 11월에 결혼식을 올렸는데, 역시나 추수감사절 결혼식이었다. 그즈음에 군은 조지를 서배너(미국 조지아주 동부 항구도시 – 옮긴이)에 파견했고, 이제 어맨다는 늘 원했던 대로 해변에서 살게 되었다.

아이들과 떨어져 있을 수 없었기에 에릭과 타일러는 함께 따라갈 계획을 세웠다. 그들은 남동쪽으로 돌아간다는 생각이 마음에 들었다. 게인스빌에서는 세 시간 거리였고, 에릭의 부모님이 살고 있는 랜드오레이크스에서는 다섯 시간 거리였다. 잠시 그들은 베이 퀸을 처분할 생각을 했지만, 곧 마음을 바꾸었다. 그것을 서배너로 끌고 가려면 엄청난 비용이 들 것이기에, 그들은 엔진을 다시 장착하고 600해리의 해안선을 따라 직접 배를 몰기로 했다. 그들은 침실로 사용하던 조타실을 비우고 조종장치를 복원했다. 에릭은 배 밖에 모터 한 쌍을 장착하기 위한 장비와 낡은 보스턴 웨일러(해안까지 빠르게 나아가기 위해 필요했다)를 들어 올릴 승강기를 배 뒤편에 용접해 붙였다. 타일러는 부표의 의미와 선박 항로의 위험성을 배우기 위해 항해 안전 교육 과정에 등록했다. 여행에는 몇 주가 걸릴 터였다. 밤이면 그들은 닻을 내릴 것이다. 또한 도중에 개를 입양하고, 배를 다시 칠하고, 배 밑에 들러붙은 따개비도 문질러 떼어낼 작정이었다.

버지니아를 떠나기 전에 그들은 대부분의 물건을 창고에 끌어다 넣고, 선상의 가구들은 번지점프 밧줄로 안전하게 묶었다. 선미에는 미국 국기를 올렸다. 계류용 밧줄은 7월의 어느 날 아침에 풀렸다. 높은 조타실에서 에릭은 자신의 늙은 전쟁 보트를 강으로 이끌고 들어가 고향의 물가 쪽으로 향하게 했다.

감사의 글

화석은 우리가 지구의 역사와 그 안에서 인간의 위치에 관해 어떻게 생각하는지, 그 방식에 가장 큰 영향을 미쳐온 몇몇 사람의 삶에 영감을 주었습니다. 어린 시절, 레이철 카슨은 앨러게니강을 탐험하다가 조개껍데기를 주워들었을 때, 사라진 바다와 그 안의 삶이 궁금해졌다고 합니다. 나는 이 프로젝트를 진행하면서 그녀의 주목할 만한 책들, 특히 『우리 주변의 바다The Sea Around Us』를 종종 떠올렸습니다. 엘리자베스 콜버트의 『여섯 번째 멸종The Sixth Extinction』은 지구의 과거와 미래에 관한 또 한 편의 매혹적이고 놀라운 명상입니다. 스탠퍼드대학교의 민속학자 에이드리엔 메이어Adrienne Mayor의 저서는 초기 미국사와 과학사에서 화석 발견자의 역할을 이해할 수 있게 도와주었습니다. 컬럼비아대학교의 역사학자 모리스 로사비의 연구는 몽골의 역사와 문화를 맥락화하는 데 결정적인 역할을 했습니다. 나는 또한 인류학자 잭 웨더포드의 책 『칭기즈칸과 현대 세계 만들기Genghis Khan and the Making of the Modern World』를 포함한 그의 연구에서도 도움을 받았습니다.

에릭 프로코피와 그의 가족은 이 프로젝트의 결과가 어떨지 사전 확답을 받지 못했음에도 허심탄회하게 그들의 삶을 내게 열어주었습니다. 에릭, 어맨다, 타일러, 에릭의 부모님 도리스와 빌은 나와 몇 번이고 만나서 이야기를 나누었는데, 주로 플로리다, 버지니아, 조지아 등에서 개인적인 만남을 갖고 민사 소송과 형사 소송 그리고 그런 법적 조치를 둘러싼 여러 사건과 선택들에 관해서 이야기했습니다. 이들과의 대화는 2012년부터 2018년 봄까지 《뉴요커》에 "다툼 거리"라는 제목으로 연재되었습니다. 프로코피 일가는 또한 스크랩북, 사진, 서신 등은 물론이고 화석 거래상의 삶과 T. 바타르 소송 사건의 세부적인 내용을 담은 다른 자료들도 공유해주었습니다. 또한 콜먼 버크, 프랭크 가르시아, 데이비드 허스커비츠, 안드레아스 케르너, 피터 라슨, 토머스 린드그렌, 토니 페레즈, 벅하드 포흘, 그렉 로한, 커비 시베르, 마이크 트리볼드, 셜리 울리히, 발리 울리히, 조지 윈터스 등 공식적으로 대화를 나누어준 다른 상업적 화석사냥꾼, 자연사 중개인, 수집가, 경매 업계 임원들에게도 감사드립니다.

이 프로젝트를 통해 고생물학, 지질학, 화석생성론, 층서학 등 수백 가지 분야의 여러 과학자를 만나 전문 지식을 공유할 수 있었습니다. 만약 이 책에서 내가 실수를 범했다면, 그건 전적으로 나의 책임입니다. 스미스소니언의 커크 존슨, 앨버타대학교의 필립 커리 그리고 미국 자연사박물관의 마크 노렐은 시작 단계에서부터 특히 많은 도움을 주었습니다. 척추동물 고생물학자인 토머스 홀츠는 러시아 과학자 말레프의 번역된 논문을 소개해주고 척추동물 고생물학자를 위한 역동적인 리스트서브^{listserv}(특정 그룹에 속한 전원에게 전자 우편 등으로 메시지를 자동 전송하는 시스템－옮긴이)를 연결해줌으로써 내게 적시에 도움을 제공했습니다. 많은 고생물학자, 지질학자, 화석 복원 전문가들에게도 감사하며, 너무도 당연하게 볼로르체체그 민진에게도 고마움을 전합니다. 그녀는 자신의 성장 배경, T. 바타르 사건에서 그녀의 역할 그리고 과학을 지키려는 노력에 관해 나와 몇 번이고 이야기를 나누어주었습니다.

나를 도와준 모든 선한 사람들에게 나는 오래오래 기억해야 할 감사의 빚을 지고 있습니다.

역자의 글

2013년 미국에서는 공룡을 피고로 하는 미국 대 티라노사우루스 바타르 재판이 시작된다. 이 전대미문의 소송은 '체포'된 공룡을 고국 몽골로 돌려보내기 위한 것으로 소송의 배후에는 불법적인 화석 거래와 에릭 프로코피라는 '공룡 사냥꾼'이 있다.

이 책은 바로 이 소송의 주인공인 공룡에 관한 이야기이자 에릭과 같은 화석 사냥꾼에 관한 이야기이며, 소송의 이면에 얽혀 있는 불법적인 화석 거래와 고생물학, 자연사 발굴, 심지어는 국제 정세에 관한 이야기이기도 하다.

우리에게는 다소 생소한 개념인 공룡 사냥꾼은 지구 곳곳을 돌아다니며, 자연사 화석을 발굴하여 상업적으로 거래하고, 종종 연구기관이나 박물관에 기부도 하는 일단의 사람들을 의미한다. 고생물학자들은 그들이 단지 돈에 눈이 멀어 인류 공동의 유물인 자연사를 약탈해 상업적으로 거래하는 악랄한 장사치에 불과하다고 주장한다. 하지만 화석 사냥꾼들은 그들이야말로 세월과 함께 풍화되어버릴, 인류의 소중한 유물인 공룡 화석을 회수

하고 지키고 '창조'하는 역할을 한다고 반박한다.

　사실상 아무리 가치 있고 거대한 공룡 화석이라 할지라도 발굴하지 않은 채 사막에 그대로 놓아둔다면 한낱 돌덩어리에 지나지 않으며, 설사 이를 발굴해 파낸다고 하더라도 그 자체로는 단지 뼛조각 이상의 의미를 부여할 수 없다. '구슬이 서 말이라도 꿰어야 보배'라는 속담처럼, 해부학적 지식과 기술을 이용해 뼈를 맞추고 '마운트'하는 과정을 거쳐야만 비로소 인류 유산으로서 가치 있는 공룡 화석이 탄생하게 되는 것이다. 따라서 과학계와 화석 사냥꾼의 이 오래된 논쟁에서 어느 쪽의 주장이 진실에 더 가까운지 단적으로 판단하기란 쉬운 일이 아니다.

　이 책은 2009년에 답사 보도 형태로 시작되었던 것이, 심도 있는 취재와 연구를 거쳐 2018년 최종적으로 책의 형태가 되어 나온 것이다. 따라서 전체 관련 저술 기간만 해도 거의 10년에 이른다. 그 사실을 뒷받침하기라도 하듯이 저자는 각 주제별, 등장인물별, 국가별, 지역별로 매우 세부적인 묘사와 배경설명을 덧붙여 놓았고, 덕분에 화석이나 공룡에 문외한이라 '자부'하는 독자일지라도 찬찬히 읽어나가다 보면 책의 중반쯤에는 어느새 흥미로운 공룡 화석의 세계에 흠뻑 빠져들어 시간 가는 줄 모르게 될 것이다.

　몇 가지 재미있는 내용을 소개해 보자면, 미국에서 화석이 본격적으로 돈이 되기 시작한 때는 일명 '티라노사우르스 수'라는 화석이 760만 달러에 거래된 직후부터였다. 그때부터 미국에서는 화석 사냥이 활성화되기 시작했고, 보존 상태가 좋은 화석 한

점만 발견하면 "한 가족이 아이들을 대학까지 공부시키거나 목장에 설정된 대출을 갚을 수도"있게 되었다. 한 마디로 마당에 작은 묘목 한 그루를 심다가 인생역전의 기회를 잡을 수도 있게 된 것이다.

또한 100년 전쯤에는 벌목꾼이 숲에서 나무를 잘라 묶어서 물에 띄워 제재소까지 떠내려 보냈는데, 그 와중에 간혹 묶여 있던 통나무가 물속으로 가라앉기도 했다. 오늘날에는 그것을 인양해 판매하는 것을 직업으로 삼아 살아가는 사람들이 있는데, 그 나무로 제작한 가구는 부르는 게 값이라고 할 만큼 고가에 팔려나간다고 한다. 일명 '통나무 화석'이라고 불릴만하지 않는가.

그리고 화석 사냥꾼 계에서 인디아나 존스의 모델이라고 불리는 로이 채프먼 앤드루스(탐험가이자 동물학자이다)는 1922년 고생물학자로 이루어진 탐험대를 이끌고 몽골 고비사막으로 들어가서 이듬해 공룡의 석화된 알들을 발견했는데, 흥미로운 사실은 "그때까지 아무도 공룡이 어떻게 새끼를 낳는지 알지 못했다"는 것이다. 어쨌든 이날 탐험대는 동심원으로 놓여 있던 13개의 공룡 알을 찾아냈고, 이 발견이 일반인들이 공룡이라는 존재를 의식하도록 하는 데 무엇보다도 큰 공헌을 하게 되었다.

소위 말하는 공룡 '덕후'가 아닌 다음에야 우리 일반인이 알고 있는 공룡에 관한 지식은 사실상 영화 〈쥬라기 공원〉의 내용을 넘어서지 못한다고 해도 과언이 아닐 것이다. 그리고 우리가 영화 등을 통해 얻은 단편적인 지식은 공룡의 종류와 크기와 습성이라는 기초적인 내용을 크게 벗어나지 않는다. 이 책의 진정한 미덕은 바로 이 부분에서 시작한다. 즉, 우리 중 대다수는 아무리 공룡에 관심이 있다 한들 미국 자연사박물관이나 몽골의 고비사막까지 찾아가서 공룡 화석을 직접 보거나 발굴할 수 없다. 그러나 이 책이 탄생하는 계기를 마련해준 에릭 프로코피나 빙하기의 왕으로 소개되는 프랭크 가르시아, 제임스 허튼(1700년대 후반 스코틀랜드 농부이자 자연주의자), 피터와 닐 라슨 형제(티라노사우루스 수 사건과 관련된 인물들), 헨리 갈리아노(세계 최초이자 유일한 골학 매장, 맥실러&맨더블 운영자), 안드레아스 구어(독일계 보석감정사), 로이 채프먼 앤드루스와 월터 그레인저(고생물학자), 메리 애닝(화석 사냥꾼이자 아마추어 고생물학자) 등에 관한 이야기를 읽어 내려가다 보면 고생물학이라는 학문이 그리 멀리 있지 않은, 일반인이 열정을 쏟기에 충분히 매력적인 학문이자 분야라는 사실을 깨닫게 해줄 것이다.

물론 이 책은 단지 공룡에 대한 독자의 관심을 환기하고자 쓰인 것은 아니다. 책의 주요 내용은 에릭 프로코피와 백악기 말기 공룡인 타르보사우루스 바타르 화석과 관련된 실제 소송 사건을 기점으로 공룡 밀수출을 막고자 노력하는 몽골 고생물학자 볼로르체체그 민진의 노력과 그 상황을 정치적으로 이용하고자 하는 몽골 대통령, 화석을 몽골로 되돌려 보내려는 미국연방정부 간의 분쟁과 힘겨루기 그리고 당시의 정치적 셈법은 물론이고 고생물학자와 공룡 사냥꾼 간의 갈등과 고뇌이다.

하지만 미국 스미스소니언자연사박물관 소장이자 고생물학자인 커크 존슨이 말했듯이 "공룡은 과학으로 가는 관문이고, 과학은 기술로, 기술은 미래로 가는 관문"이다. 어쩌다가 이 엄청 나다 못해 터무니없을 만큼 거대한 생명체가 지구상에 존재하게 되었으며, 또 어쩌다가 이 매혹적인 동물이 6,600만 년 전까지 거의 1억 6,600만 년이라는 오랜 기간을 생존하다가 멸종했는지 연구하다 보면, 인류는 필연적으로 미래와의 연결고리를 발견하게 될 것이다. 바로 그 역사의 현장에 우리도 함께하기 위해서는 지금보다는 좀 더 공룡 화석에 관심을 기울일 필요가 있을 것이다.

앞마당에서도 흔하게 화석을 찾아내는 미국 같은 나라에서 일반인이 화석 수집에 처음 관심을 갖도록 계기를 만들어 주는 화석을 '관문 화석'이라고 한다. 예를 들어, 미국 플로리다의 관문 화석은 해변에서 흔하게 발견되는 상어 이빨(한 마리가 평생 최대 3,000개의 이빨을 가진다고 한다)이다. 나는 이 책이 바로 우리나라의 독자들에게 일종의 관문 화석이 되어주기를 기대해 본다.

공룡 사냥꾼

초판 1쇄 인쇄 2020년 4월 17일
초판 1쇄 발행 2020년 4월 30일

지은이 페이지 윌리엄스
옮긴이 전행선
펴낸이 유정연

편집장 장보금
책임편집 조현주 **기획편집** 백지선 신성식 김수진 김경애 **디자인** 안수진 김소진
마케팅 임충진 임우열 이다영 박중혁 **제작** 임정호 **경영지원** 박소영

펴낸곳 흐름출판(주) **출판등록** 제313-2003-199호(2003년 5월 28일)
주소 서울시 마포구 월드컵북로5길 48-9(서교동)
전화 (02)325-4944 **팩스** (02)325-4945 **이메일** book@hbooks.co.kr
홈페이지 http://www.hbooks.co.kr **블로그** blog.naver.com/nextwave7
출력·인쇄·제본 (주)상지사 **용지** 월드페이퍼(주) **후가공** (주)이지앤비(특허 제10-1081185호)

ISBN 978-89-6596-380-6 03400

이 도서의 국립중앙도서관 출판예정도서목록(CIP)은 서지정보유통지원시스템 홈페이지(http://seoji.nl.go.kr)와
국가자료공동목록시스템(http://www.nl.go.kr/kolisnet)에서 이용하실 수 있습니다.(CIP제어번호: CIP2020014025)